普通高等教育“十一五”国家级规划配套辅导教材

水力学学习指导与习题解答

赵明登 编著

中国水利水电出版社
www.waterpub.com.cn

内 容 提 要

本书为国家级精品课程水力学系列教材之一，内容包括水利水电类水力学各章节的学习指导、内容提要、例题分析解答、习题与答案，书中含有例题165个，思考题221个，作图题36个，计算题及证明题173个，共计595个题目，另外还有武汉大学近两年的水力学期末考试真题和研究生入学考试真题。

本书可供水利水电类、土木建筑类等专业学生学习、复习与备考之用。

图书在版编目（CIP）数据

水力学学习指导与习题解答/赵明登编著．—北京：中国水利水电出版社，2009（2021.1重印）

普通高等教育"十一五"国家级规划配套辅导教材

ISBN 978-7-5084-6343-8

Ⅰ．水…　Ⅱ．赵…　Ⅲ．水力学-高等学校-教学参考资料　Ⅳ．TV13

中国版本图书馆CIP数据核字（2009）第032677号

书　　名	普通高等教育"十一五"国家级规划配套辅导教材 **水力学学习指导与习题解答**
作　　者	赵明登　编著
出版发行	中国水利水电出版社 （北京市海淀区玉渊潭南路1号D座　100038） 网址：www.waterpub.com.cn E-mail：sales@waterpub.com.cn 电话：（010）68367658（营销中心）
经　　售	北京科水图书销售中心（零售） 电话：（010）88383994、63202643、68545874 全国各地新华书店和相关出版物销售网点
排　　版	中国水利水电出版社微机排版中心
印　　刷	北京市密东印刷有限公司
规　　格	184mm×260mm　16开本　15.25印张　362千字
版　　次	2009年5月第1版　2021年1月第4次印刷
印　　数	8001—10000册
定　　价	**42.00**元

前　言

本书为国家级精品课程水力学系列教材之一，内容包括水利水电类水力学各章节的学习指导、内容提要、例题分析解答、习题与答案，可供水利水电类、土木建筑类等专业学生学习、复习和备考之用。

学习指导部分根据教学大纲要求，介绍了各章节中哪些内容是需要重点掌握的，哪些内容是需要一般了解的，指导学生在学习中抓住重点，做到事半功倍。

内容提要部分简明扼要地列出了各章节的基本概念、基本公式、基本方程、基本理论和方法等。在某些方面给出了新的公式和计算方法，例如在明渠水面线计算中，给出了新的迭代公式和结构简单、思路清晰、使用方便的计算程序；在管网计算中，给出了便于书写和编程的级数形式的公式和方程。

例题分析解答部分对武汉大学水力学教材中的习题作了详细的分析解答，并增加了部分类题思考题，引导读者举一反三，掌握解题的方法和思路。

习题与答案部分给出了思考题、作图题和计算题三种类型的习题和简单解答。思考题可以增强学生对基本概念的理解，作图题、计算题可以提高学生分析问题和解决问题的综合能力。近两年的期末考试真题和研究生入学考试真题可以帮助学生了解考试范围、考题类型和难度，做好应试准备。

感谢武汉大学水力学国家级精品课程项目对本书出版的资助，感谢项目负责人李大美、槐文信教授对本书编写的大力支持；感谢童汉毅教授对本书内容的认真审阅和有益建言。

感谢槐文信、童汉毅、赵昕、张晓元、齐鄂容、杨小亭、杨中华、曾玉红等提供部分期末考试真题和研究生入学考试真题。

感谢在武汉大学水力学教研室工作过的所有教师，书中也凝结着他们的智慧和汗水。感谢兄弟院校的同仁，他们的成就对本书的编写有很大的启发和鞭策作用。

由于作者的水平和能力所限，书中难免出现错误或不妥之处，恳切希望读者提出宝贵意见，我们会尽力修正完善。

作 者

2008年12月20日

于武汉大学

目　录

第一章 绪 论

一、学习指导

水力学主要研究液体的受力平衡和机械运动规律及其在实际工程中的应用。液体的基本特性，特别是液体的受力特性是本章重点内容之一，它是液体平衡和运动的基础；液体的黏滞性也是本章重点内容，它是运动液体产生能量损失的根本原因。本章的难点是连续介质的概念，它是水力学研究对象的基本假设，要正确理解其意义。液体的黏滞性也是本章的难点，必须掌握黏滞性的概念、黏滞力的大小和黏性系数的变化规律。液体的其他力学性质及量度，如惯性、质量与重量、密度与重度、压缩性与膨胀性等，相对比较简单，易于理解和掌握。表面张力在水力学和水利工程计算中一般可以不予考虑，只是在实验室测量中有时需注意毛细现象的影响。

二、内容提要

1. 连续介质假定

液体都是由分子组成的，分子间有间隙，分子在不停地随机运动，因此，从微观角度讲，以分子作为研究对象，液体随着时间和空间都是不连续的。如果假定液体是由许多质点（微团）组成，这些质点之间没有间隙，也没有微观运动，连续分布在液体所占据的空间内，就可以认为液体是一种无间隙地充满所在空间的连续介质，从宏观来看，表征液体的所有物理量都可以看作是时间和空间的连续函数。

2. 水的受力特性

水（液体）可以承受压力、不能承受拉力。液体受到剪切力作用后，容易发生流动变形，因此，静止液体不能承受剪切力，液体运动时可以承受剪切力。

3. 惯性、质量和密度

（1）惯性是物体具有保持原有运动或静止状态的物理性质，质量是惯性大小的量度，常用符号 m 表示，常用单位是克（g）、千克（kg）等。

（2）液体的密度是单位体积液体的质量，常用符号 ρ 表示，常用单位是克/米^3（g/m^3）、千克/米^3（kg/m^3）等；水的密度随温度和压力变化，但这种变化很小，水力计算中常把水的密度视为常数，$\rho=1000\text{kg/m}^3$。

4. 重力和重度

（1）重力是物体受到地球引力作用的大小，常用符号 G 表示。重力的常用单位是牛顿（N）、千牛（kN）等。

（2）液体的重度是单位体积液体的重力，也称容重。常用符号 γ 表示，重度的常用单位是千牛/米^3（kN/m^3）等；水的重度也随温度变化，这种变化也很小，在水力计算中常把水的重度视为常数，$\gamma = 9800\ \mathrm{N/m^3}$。

（3）液体的比重是液体的重度和水的重度之比，常用符号 $S_{液}$ 表示。比重没有单位，也没有量纲。例如，水银的比重为

$$S_{水银} = \frac{\gamma_{水银}}{\gamma_{水}} = \frac{133230\mathrm{N/m^3}}{9800\mathrm{N/m^3}} = 13.6$$

（4）重度和密度的关系为

$$\gamma = \frac{G}{V} = \frac{mg}{V} = \rho g \tag{1-1}$$

5. 黏滞性

（1）黏滞性是液体抵抗剪切变形（相对运动）的物理性质。当液体处在运动状态时，若液体质点之间（或流层之间）存在相对运动，则质点之间将产生一种内摩擦力来抗拒这种相对运动（图 1－1）。液体的这种物理性质，称为黏滞性。它是运动液体产生能量损失的根本原因。

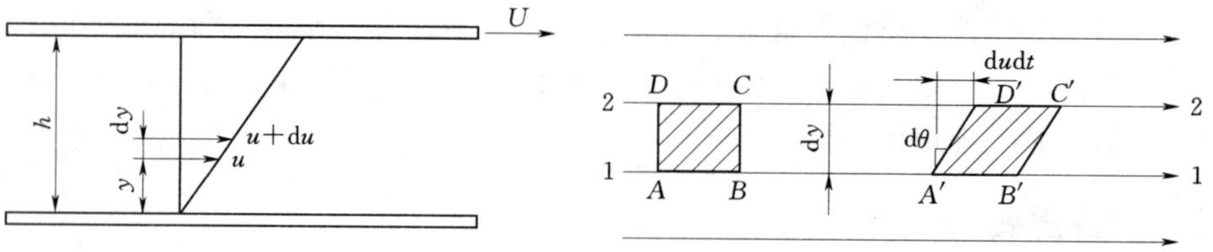

图 1－1

（2）牛顿内摩擦定律。两层液体间的内摩擦力 F，与接触面面积 A 成正比，与液体相对运动的速度梯度 $\mathrm{d}u/\mathrm{d}y$ 成正比，与液体的黏性大小有关。可以写成表达式

$$F = \mu A\frac{\mathrm{d}u}{\mathrm{d}y} = \mu A\frac{\mathrm{d}\theta}{\mathrm{d}t} \tag{1-2}$$

或

$$\tau = \frac{F}{A} = \mu\frac{\mathrm{d}u}{\mathrm{d}y} \tag{1-3}$$

式中：τ 为单位面积上的内摩擦力；$\mu = \rho\upsilon$ 为反映液体黏滞性的动力黏性系数（动力黏度），μ 的常用单位为 $\mathrm{N\cdot s/m^2}$（牛顿・秒/米^2）或 Pa・s；υ 为运动黏性系数（运动黏度），常用单位为 $\mathrm{m^2/s}$（米^2/秒）或 $\mathrm{cm^2/s}$。

（3）黏性系数随压强变化较小，一般可以忽略，液体的黏性系数随温度的增大而减小，气体的黏性系数随温度的增大而增大。水的运动黏性系数 υ 可用下列经验公式计算

$$\upsilon = \frac{0.01775}{1 + 0.0337t + 0.000221t^2} \tag{1-4}$$

其中，t 为水温，以℃计，υ 以 $\mathrm{cm^2/s}$ 计。

6. 压缩性

（1）压强增大时，分子间的距离减小，宏观体积减小，这种性质称为压缩性，也称弹性。

（2）液体的压缩性大小可用体积压缩系数 β 或体积弹性系数 $K = 1/\beta$ 来量度。体积压

缩系数是单位压强增量下体积的相对变化率，即

$$\beta=-\frac{\frac{\Delta V}{V}}{\Delta p} \tag{1-5}$$

式中：Δp 为压强增量；ΔV 为体积变化。

β 的常用单位为米²/牛顿（m^2/N）。β 随温度和压强而变化，但变化不大。在一般水利工程设计计算中，可以忽略水的压缩性，相应地把水的密度和重度视为常数。但在研究管道水击问题时，则必须考虑水的压缩性。

7. 表面张力

（1）表面张力是由于两种介质交界面两边分子引力不平衡而在交界面上产生的拉力。

（2）表面张力的大小可用表面张力系数 σ 来量度。σ 是液体表面单位长度所受的拉力，单位为牛顿/米（N/m）。

（3）水的表面张力很小，在水力计算中一般不考虑它的影响。在实验室使用细玻璃管作测压管时，应注意由于表面张力作用引起的毛细现象会影响测压管读数。

8. 作用在液体上的力

（1）表面力作用在液体表面上，其大小与作用面面积成正比。与作用面正交的力称为压力；与作用面相切的力称为切力。单位面积上的表面力称为应力。

（2）质量力作用在液体内每个质点上的力，其大小与液体的质量成正比。最常见的质量力有重力和惯性力等。单位质量水体所受的质量力称为单位质量力（$f=F/m$），单位质量力具有加速度的单位（m/s^2）和量纲。

三、例题分析解答

【例 1－1】 20℃时水的重度为 $\gamma=9.789kN/m^3$，动力黏度为 $\mu=1.005\times10^{-3}N\cdot s/m^2$，求其运动黏度 υ。20℃时空气的重度 $\gamma=11.82N/m^3$，运动黏度 $\upsilon=0.150cm^2/s$，求其动力黏度。

解： 对于水

$$\rho=\frac{\gamma}{g}=\frac{9789N/m^3}{9.8m/s^2}=998.88\ (kg/m^3)$$

$$\upsilon=\frac{\mu}{\rho}=\frac{1.005\times10^{-3}N\cdot s/m^2}{998.88kg/m^3}=1.006\times10^{-6}\ (m^2/s)$$

对于空气

$$\mu=\rho\upsilon=\frac{\gamma}{g}\upsilon=\frac{11.82\times0.15\times10^{-4}}{9.8}=1.809\times10^{-5}\ (N\cdot s/m^2)$$

（提示：注意单位换算）

【例 1－2】 如图 1－2 所示的黏度计，两筒间距 $\delta=0.3cm$，内盛待测液体，悬挂着的内筒半径 $r=20cm$，高度 $h=40cm$，外筒以角速度 $\omega=10rad/s$ 旋转，内圆筒不动，此时测得内筒所受力矩 $M=4.905N\cdot m$。试求该液体的动力黏度 μ。（假设内筒与外筒之间液体速度呈线性变化，内筒底部与该液体的相互作用力可以忽略不计。）

解： 作用在侧壁上黏性切力产生的力矩为

$$M = Fr = A\mu\frac{\mathrm{d}u}{\mathrm{d}y}r = 2\pi r^2 h\mu\omega\left(\frac{r}{\delta}+1\right)$$

$$=2\times3.14\times0.2^2\times0.4\times\mu\times10\times\left(\frac{0.2}{0.003}+1\right)=68.0\mu$$

所以 $$\mu=\frac{M}{68.0}=\frac{4.905}{68.0}=0.072\ (\mathrm{Pa\cdot s})$$

类题思考：如果内筒和外筒均为圆锥形，则内筒所受力矩为多少？（ω,h,r,δ,μ 不变）

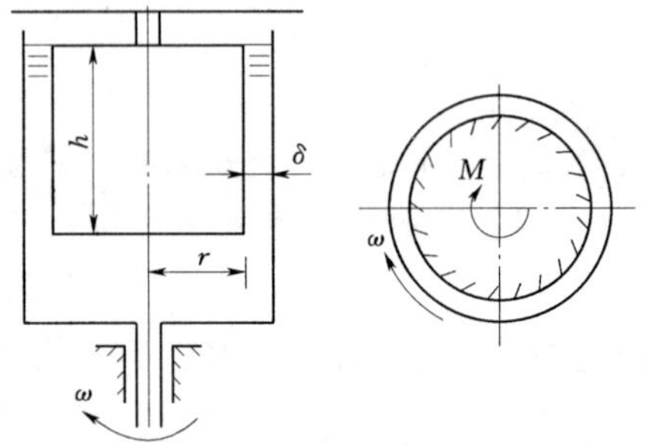

图 1-2

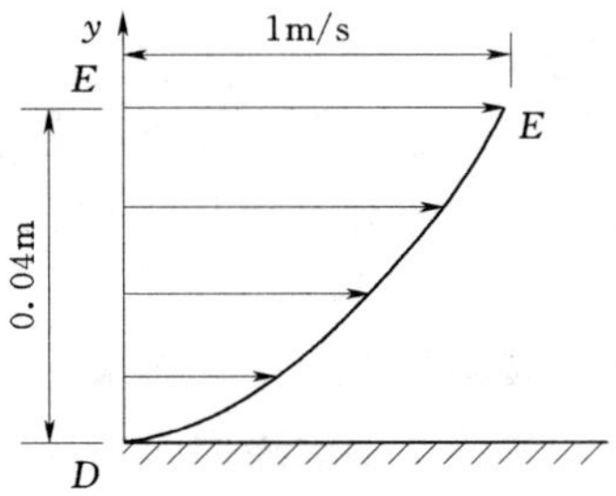

图 1-3

【例 1-3】 如图 1-3 所示水流在平板上运动，靠近板壁附近的流速呈抛物线形分布，E 点为抛物线端点，E 点处 $\mathrm{d}u/\mathrm{d}y=1$，水的运动黏度 $\upsilon=1.0\times10^{-6}\mathrm{m^2/s}$，试求切应力沿断面的分布规律及 $y=0\mathrm{cm}$，$2\mathrm{cm}$，$4\mathrm{cm}$ 处的切应力。

解： 设流速分布 $u=Ay^2+By+C$，利用给出的条件确定待定常数 A，B，C。

（1）根据实际流体的无滑移现象，当 $y=0$ 时，$u=0$，因此 $C=0$。

（2）当 $y=0.04\mathrm{m}$ 时，$u=1\mathrm{m/s}$，则有

$$1=A\times0.04^2+B\times0.04$$

（3）E 点有

$$\frac{\mathrm{d}u}{\mathrm{d}y}=2Ay+B=1$$

联立上述方程求得：$A=-600$，$B=49$。

$$\tau=\mu\frac{\mathrm{d}u}{\mathrm{d}y}=\upsilon\rho(2Ay+B)$$

由此可见均匀流横断面上切应力沿断面是呈直线分布的。

当 $y=0$ 时，代入数据可得：$\tau=4.9\times10^{-2}$ Pa；当 $y=0.02$ 时，$\tau=2.5\times10^{-2}$ Pa；当 $y=0.04$ 时，$\tau=1\times10^{-3}$Pa。

类题思考：如果靠近板壁附近的流速呈线性分布，切应力沿断面的分布规律如何。

【例 1-4】 已知活塞的直径 $d=0.14\mathrm{m}$，长度 $l=0.16\mathrm{m}$。活塞在汽缸内做往复运动，活塞与汽缸内壁的间隙 $\delta=0.4\mathrm{mm}$，其间充满了 $\mu=0.1\mathrm{Pa\cdot s}$ 的润滑油。活塞运动速度 $u=1.5\mathrm{m/s}$，润滑油在间隙中的速度按线形分布，求活塞上所受到的摩擦阻力。

解： 流速梯度 $$\frac{\mathrm{d}u}{\mathrm{d}y}=\frac{u}{\delta}=\frac{1.5}{0.4\times10^{-3}}=3.75\times10^3(1/\mathrm{s})$$

切应力 $$\tau=\mu\frac{u}{\delta}=0.1\times3.75\times10^3=3.75\times10^2\ (\mathrm{Pa})$$

活塞所受的摩擦阻力

$$F = \tau A = \tau\pi dl = 3.75\times10^2\times3.14\times0.14\times0.16 = 26.38\text{N}$$

【例 1－5】 图 1－4 为一个底面积为 50cm×50cm、质量为 5kg 的木块，沿着 5∶12 的斜面向下以速度 u=0.25m/s 匀速运动。已知木块底面与斜面之间的油层厚度为 δ=1mm，润滑油的比重为 0.92，求油的动力黏度 μ 和运动黏度 υ。

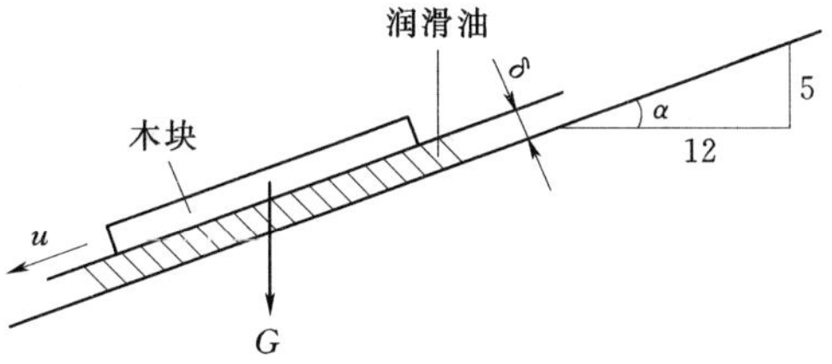

图 1－4

解： 木块在运动方向上的重力分量与润滑油的摩擦力相平衡，即

$$mg\sin\alpha = \mu A\frac{\mathrm{d}u}{\mathrm{d}y}$$

由于油层很薄，可以近似取润滑油中的速度为线性分布，即

$$\frac{\mathrm{d}u}{\mathrm{d}y} = \frac{u}{\delta}$$

则

$$\mu = \frac{mg\sin\alpha\delta}{Au} = \frac{5\times9.8\times0.001\times5}{0.5^2\times0.25\times\sqrt{12^2+5^2}} = 0.3015\ (\text{Pa}\cdot\text{s})$$

$$\upsilon = \frac{\mu}{\rho} = \frac{0.3015}{0.92\times1000} = 3.278\times10^{-4}\ (\text{m}^2/\text{s})$$

四、习题与答案

1. 概念题（判断、填空）

1－1　液体不能承受切力。　（　　）

1－2　液体的内摩擦力与正压力成正比，与作用面面积无关。　（　　）

1－3　速度越大，液体的内摩擦力越大。　（　　）

1－4　液体的黏性系数随温度的增加而____，气体的黏性系数随温度的____而增加。

1－5　单位质量力、运动黏度和动力黏度的常用单位分别为______、______、______。

1－6　水力学中连续介质的基本假定是____________________________。

1－7　已知二元明渠断面的流速分布为抛物线，如图 1－5 所示，则其切应力分布 $\tau-y$ 为______分布，切应力最大值在______处。

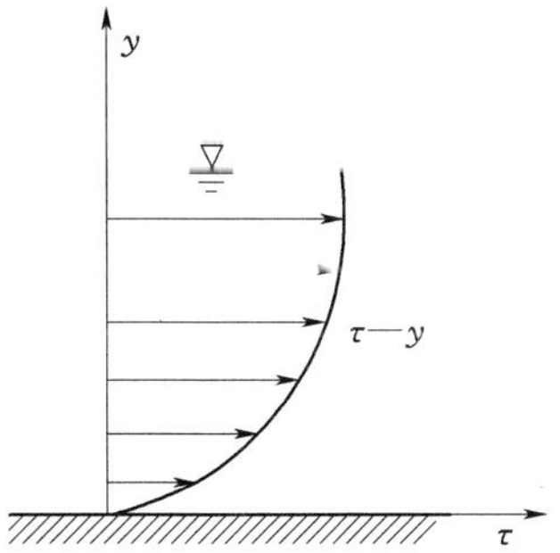

图 1－5

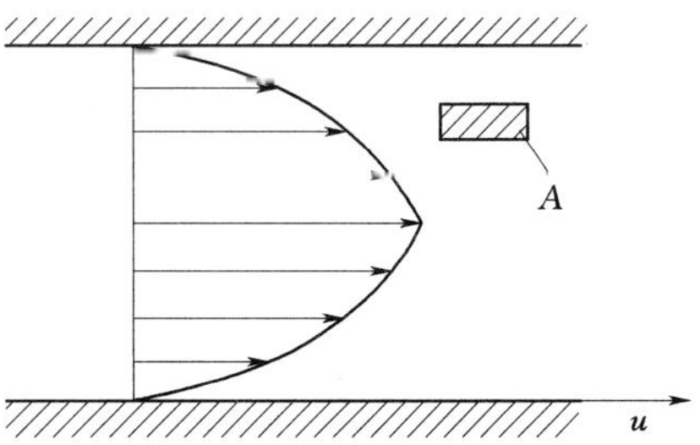

图 1－6

1－8　图 1－6 为管道过水断面水流流速分布图，从其对应部位取出水体 A，则水体顶面所受切应力的方向与流向______，底面所受切应力的方向与流向______。

2. 计算题

1－9　已知 20℃时海水的密度 $\rho=1.03\text{g/cm}^3$，试求其比重和重度。

1－10　设水的体积弹性模量 $K=2.19\times10^9\text{Pa}$，试问压强改变多少时，其体积才可以相对压缩 1%？

1－11　如图 1－7 所示，平板面积为 40cm×45cm，厚度为 1.0cm，质量 $m=5\text{kg}$，沿着涂有厚度 $\delta=1.0\text{mm}$ 油的斜面向下做等速运动，其速度 $u=1.0\text{m/s}$，带动油层的运动速度呈直线分布，求油的动力黏度 μ 和运动黏度 υ。（$\rho_{油}=950\text{kg/m}^3$）

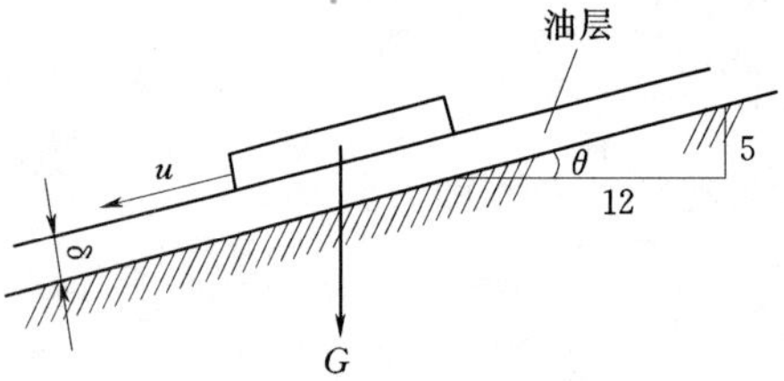

图 1－7

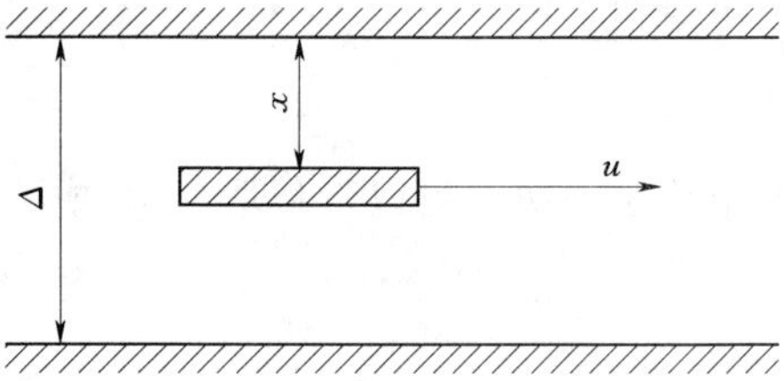

图 1－8

1－12　如图 1－8 所示，两平行边界的缝隙 Δ 内充满动力黏度为 μ 的液体，其中有一面积为 A 的极薄的平板在距上边界的距离 x 处以速度 u 平行移动。求平板所受的拖力 T（缝隙内的流速按直线分布），平板在什么位置运动时所受的拖力最小。

1－13　如图 1－9 所示的盛水容器，该容器以等角速度 ω 绕中心轴（z 坐标轴）旋转。试写出位于 $A(x,y,z)$ 处单位质量所受的质量力分量的表达式。

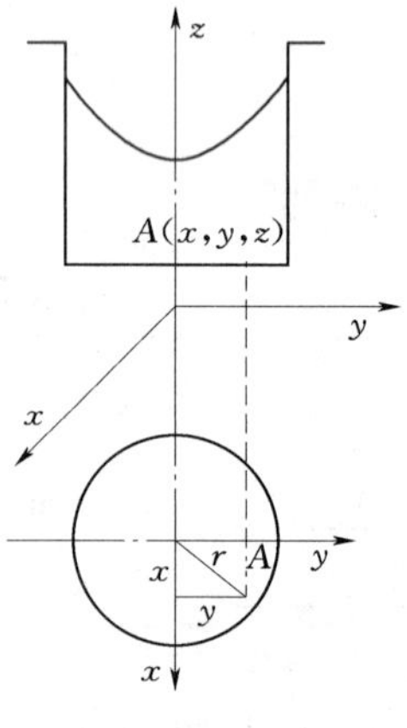

图 1－9

3. 答案

1－1（错）。1－2（错）。1－3（错）。1－4（减小、增加）。1－5（m/s^2、m^2/s、Ns/m^2）。

1－6（略）。1－7（线性、渠底 $y=0$）。1－8（相反、相同）。

1－9　$\rho=1030\text{kg/m}^3$，比重 $s=\dfrac{\rho}{\rho_{水}}=1.03$，重度 $\gamma=\rho g=10.094$（kN/m^3）。

1－10　$\text{d}p=-K\dfrac{\text{d}\upsilon}{\upsilon}=-2.19\times10^9\times(-1\%)=2.19\times10^7$（Pa）。

1－11　$mg\sin\theta=\tau A,\tau=\mu\dfrac{\text{d}u}{\text{d}y},\mu=\dfrac{mg\sin\theta}{A\dfrac{u}{\delta}}=0.1047(\text{Pa}\cdot\text{s})$；$\upsilon=\dfrac{\mu}{\rho}=1.102\times10^{-4}(\text{m}^2/\text{s})$。

1－12　$\tau=\tau_{上}+\tau_{下}=\mu\dfrac{u}{x}+\mu\dfrac{u}{\Delta-x},T=\tau A=\mu\left(\dfrac{u}{x}+\dfrac{u}{\Delta-x}\right)A$，管中心：$\dfrac{\text{d}T}{\text{d}x}=0,x=\Delta/2$。

1－13　离心力 $F=m\dfrac{u^2}{r}=m\omega^2 r$，重力 $G=mg$，单位质量力：$f_x=\omega^2x$，$f_y=\omega^2y$，$f_z=-g$。

第二章　水　静　力　学

一、学习指导

水静力学是研究液体处于静止状态时的力学规律及其在实际工程中的应用。这一章是理论力学中的静力学理论和高等数学中的微积分方法相结合然后在静止液体中的应用。首先要理解“静止”是一个相对的概念，这里所谓“静止状态”是指液体质点之间不存在相对运动，因此，液体的黏滞性不起作用，没有黏性切应力。本章主要内容是研究静水压强和静水总压力。对于静水压强部分要掌握静水压强的特性、静水压强的变化规律、静水压强的测量和计算；静水总压力的计算实际上是理论力学的分布力求合力问题，重点是掌握平面上静水压强分布图的绘制和曲面上压力体图的分析绘制。本章的难点有：①复杂情况下，特别是出现负压时压力体图的绘制；②液体平衡微分方程的推导和应用条件。由于学时限制，对于几种质量力同时作用的液体平衡和浮体与潜体的稳定性适当了解即可。

二、内容提要

（一）静水压强及其特性

1. 静水压强的特性

单位面积上的静水压力称为静水压强，通常用符号 p 表示，常用单位为 N/m^2 或 Pa。静水压强具有两个重要的特性：

（1）静水压强的方向与作用面的内法线方向重合，即垂直指向作用面（不能受拉，没有切力）。

（2）静水压强的大小与其作用面的方位无关，即同一点处各方向上的静水压强大小相等。

2. 等压面及其特性

由压强相等的各点所组成的面称为等压面。在静止的或相对平衡的连通液体中，等压面的重要特性是：等压面即是等势面、等压面与质量力正交。

3. 量度压强的基准

（1）绝对压强 p_{ab} 。以设想的没有气体存在的完全真空作为零点起算的压强称为绝对压强。

（2）相对压强 p。以当地大气压强作为零点起算的压强称为相对压强，也称计示压强或表压强。

（3）真空及真空压强 p_v。绝对压强值总是正的，而相对压强值则可正可负。当液体某处绝对压强小于当地大气压强时，该处相对压强为负值，称为负压，或者说该处存在着真空。用绝对压强比当地大气压强小多少来表示。

真空压强、相对压强与绝对压强之间的关系为

$$p = p_{ab} - p_a (p_a \text{ 为当地大气压强}) \tag{2-1}$$

$$p_v = p_a - p_{ab} = |p| \qquad (p_{ab} < p_a) \tag{2-2}$$

(4) 汽化压强 p_{vp} 。当液体某处的绝对压强低于某一数值时，液体就会迅速蒸发、汽化，该处压强便不会再下降，此时液体的压强称为饱和蒸汽压强，或汽化压强。水的汽化压强随着温度增高而增高。

4. 量度压强的单位

压强的大小可以用应力单位、大气压强的倍数、液柱高等表示，相互换算关系见表 2-1，例如，一个工程大气压用水柱高可以表示为

$$h = \frac{p_{at}}{\gamma} = \frac{98000}{9800} = 10\ (mH_2O)$$

如用水银柱表示，则因水银的重度取为 $\gamma_H = 133230N/m^3$，故有

$$h = \frac{p_{at}}{\gamma_H} = \frac{98000}{133230} = 0.7356\ (mmHg)$$

表 2-1 压强单位换算表

用应力单位表示	千牛/米^2 (kPa)	1	0.001	101.325	98.00	9.800	0.1332
	牛/米^2 (Pa)	1000	1	101325	98000	9800	133.23
用大气压表示	标准大气压 (atm)	0.00987	9.87×10^{-6}	1	0.9672	0.09672	0.00131
	工程大气压 (at)	0.0102	1.02×10^{-5}	1.034	1	0.1	0.00136
用液柱高表示	米水柱 (mH_2O)	0.102	1.02×10^{-4}	10.34	10	1	0.0136
	毫米汞柱 (mmHg)	7.50	0.0075	760.6	735.6	73.56	1

(二) 液体平衡微分方程式

1. 微分方程式

$$X - \frac{1}{\rho}\frac{\partial p}{\partial x} = 0,\ Y - \frac{1}{\rho}\frac{\partial p}{\partial y} = 0,\ Z - \frac{1}{\rho}\frac{\partial p}{\partial z} = 0 \tag{2-3}$$

或

$$dp = \rho(Xdx + Ydy + Zdz) \tag{2-4}$$

液体平衡微分方程式表明了处于平衡状态的液体中表面力压强的变化率和单位质量力 (X, Y, Z) 之间的关系，哪个方向有质量力的作用，哪个方向就有压强的变化；哪个方向不存在质量力的作用，哪个方向就没有压强的变化。

2. 积分方程式

$$p = p_0 + \rho(W - W_0) \tag{2-5}$$

方程的适用条件是不可压缩均质液体，ρ 为常数，质量力是有势力，W 为力势函数。

(三) 重力作用下的静水压强

1. 基本方程式

在质量力只有重力的静止液体中，不可压缩均质液体(ρ 为常数)所满足的基本方程式为

$$z + \frac{p}{\gamma} = C \tag{2-6}$$

式中：C 为积分常数；z 代表某点到基准面的位置高度，称为位置水头（图 2-1），它表示单位重量液体从某一基准面算起所具有的位置势能（简称单位位能）；$\frac{p}{\gamma}$ 代表该点到自由液面间的铅直距离，称为压强水头，它表示单位重量液体所具有的压强势能（简称单位压能）；$z+\frac{p}{\gamma}$ 称为测压管水头，表示单位重量液体所具有的势能。

因此，水静力学基本方程表明：静止液体内各点单位重量液体所具有的势能相等。对其中的任意两点 1 及 2，式（2-6）可写成

$$z_1+\frac{p_1}{\gamma}=z_2+\frac{p_2}{\gamma} \tag{2-7}$$

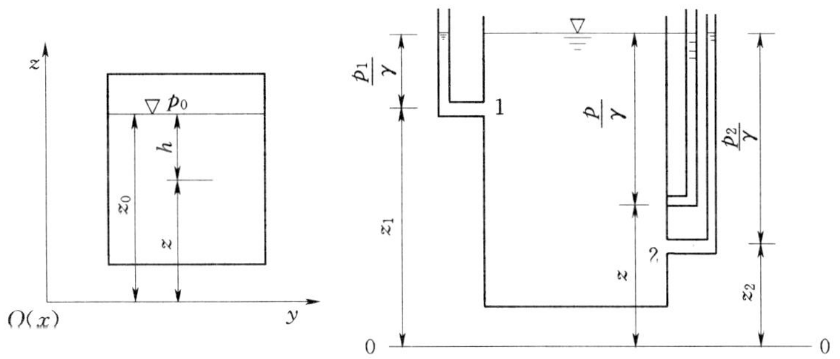

图 2-1

2. 计算公式

计算静水压强的基本公式为

$$p=p_0+\gamma h \tag{2-8}$$

式中：$h=z_0-z$ 表示该点在自由液面以下的淹没深度。

静止液体内任意一点的静水压强由两部分组成：一部分是表面压强 p_0，它遵从帕斯卡定律等值地传递到液体内部各点；另一部分是液重压强 γh，也就是从该点到液体自由表面的单位面积上的液柱重量。

由式（2-8）可以看出，淹没深度相等的各点静水压强相等，因此，等水深面、水平面即为等压面，它与质量力（即重力）的方向垂直。如图 2-2（a）所示的连通容器中过 1、2、3、4 各点的水平面即等压面。对于不连通或不相同的液体，如液体被阀门隔开，

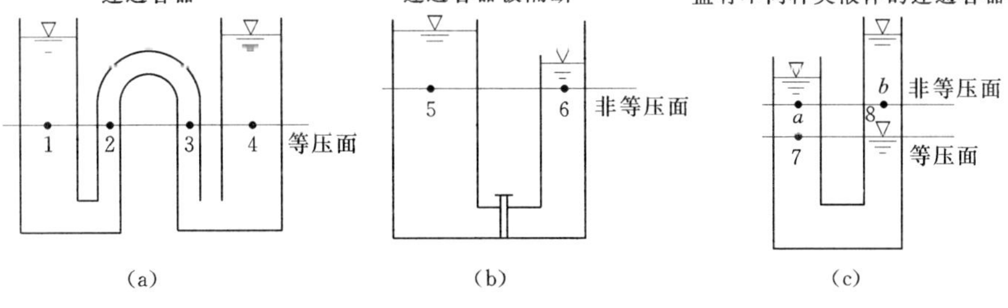

图 2-2

$$y_C = y_0 + \frac{l}{3}\frac{a+2b}{a+b} \qquad (2-15)$$

$$y_D = y_0 + \frac{l}{2}\frac{l(a+3b)+2y_0(a+2b)}{l(a+2b)+3y_0(a+b)} \qquad (2-16)$$

此式可以直接计算梯形，对于三角形平面，取 $a=0$；对于倒三角形平面，取 $b=0$；对于矩形或平行四边形平面，取 $a=b$。当平面顶边位于水面时，取 $y_0=0$。

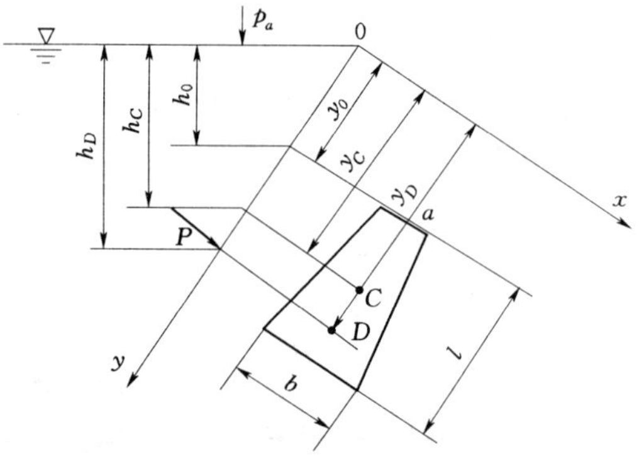

图 2-7

（五）曲面上的静水总压力

1. 二向曲面上的静水总压力

作用在二向曲面 EF 上（图 2-8）的静水总压力 P 的水平分力 P_x 等于作用于该曲面的铅直投影面 $E'F'$ 上的静水总压力，亦即投影面 $E'F'$ 形心点的压强 p_c 乘以投影面面积 A_x

$$P_x = p_c A_x = \gamma h_c A_x \qquad (2-17)$$

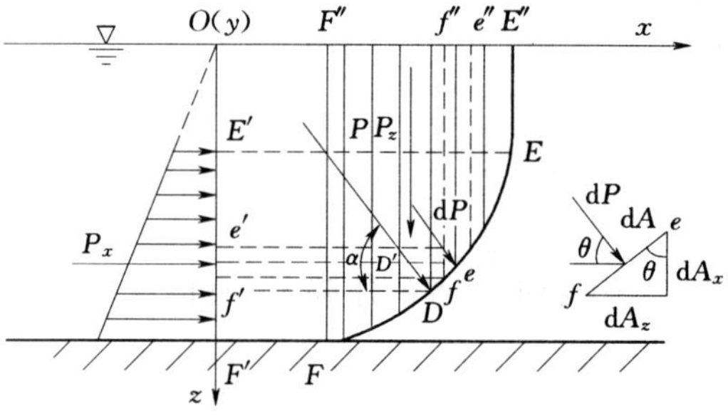

图 2-8

作用在二向曲面 EF 上的静水总压力 P 的铅直分力 P_z 为

$$P_z = \gamma V_P \qquad (2-18)$$

式中：V_P 为压力体的体积。

2. 压力体

压力体应由下列界面所围成：①受压曲面本身（EF）；②受压曲面在自由液面（或自由液面的延展面）上的投影面（$E''F''$）；③从曲面的边界向自由液面（或自由液面的延展面）所作的铅直面（$EE''FF''$）。

三、例题分析解答

【例 2-1】 一圆锥形开口容器，下接一弯管。当容器空着时，弯管上读数如图 2-9 所示。问圆锥内充满水后，弯管上读数为多少？

解：（1）设容器空着时，左边水柱高为 h，以 0—0 为等压面有

$$\gamma h = \gamma_{水银} h_{水银},\ h = 13.6\times0.6\times\sin30° = 4.08\ (\text{m})$$

（2）设容器充满水后左边水银面下降 Δh，以 1—1 为等压面有

$$\gamma(3.0+4.08+\Delta h) = \gamma_{水银}[(0.6+\Delta h)\sin30° + \Delta h]$$

$$7.08+\Delta h = 13.6\ (0.3+1.5\Delta h)$$

$$\Delta h = 0.155\ (\text{m}),\ 读数\ l = 0.6+0.155 = 0.755\ (\text{m})$$

【例 2-2】 一容器如图 2-10 所示，已知 A 处真空表读数为 22cmHg，求 E、F 两管中的液柱高 h_1, h_2 值。及容器左侧 U 形管中的 h 值。

解：以 20 等高面为等压面

$$-0.22\times13.6\times9800+(25-20)\times0.8\times9800=0.8\times9800h_1$$

得
$$h_1=5-\frac{0.22\times13.6}{0.8}=1.26(\text{m})=126\ (\text{cm})$$

以 15 等高面为等压面

$$0.8\times9800\times1.26+9800\times(20-15)=9800h_2$$

得
$$h_2=0.8\times1.26+5=6.008(\text{m})=600.8\ (\text{cm})$$

以 10 等高面为等压面

$$9800\times(6.008+15-10)=13.6\times9800h$$

得
$$h=0.809\text{m}=80.9\text{cm}$$

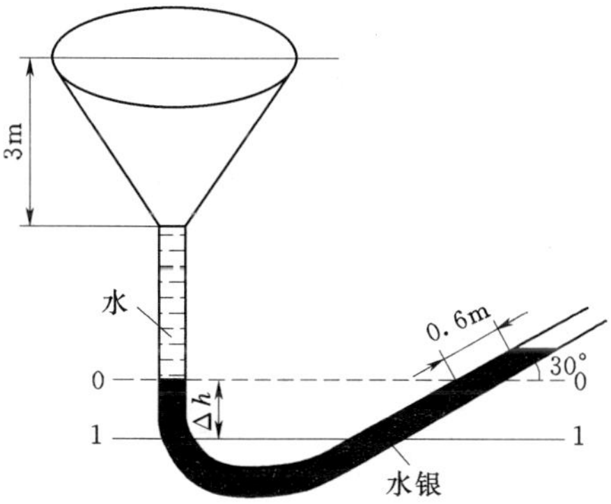

图 2-9

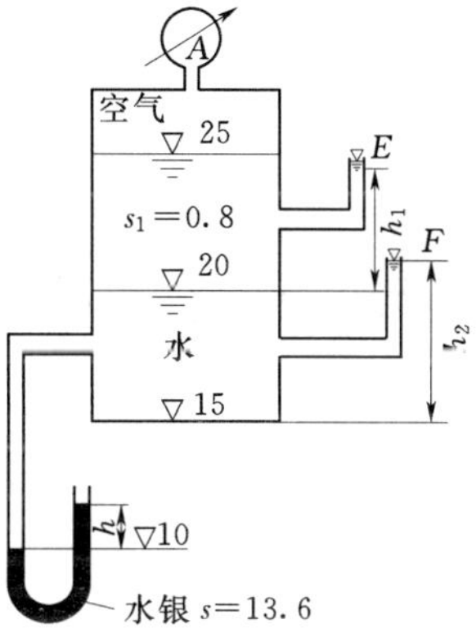

图 2-10

【例 2-3】 试按图 2-11 所示复式水银测压计的读数计算锅炉中水面上蒸汽的绝对压强 p_{ab}。已知 $H=3\text{m}$，$h_1=1.4\text{m}$，$h_2=2.5\text{m}$，$h_3=1.2\text{m}$，$h_4=2.3\text{m}$，水银的相对密度 $s=13.6$。

解：从已知点压强 p_a 计算未知点压强 p_{ab}

$$\begin{aligned}p_{ab}&=p_a+\gamma_{水银}(h_4-h_3)-\gamma_{水}(h_2-h_3)+\gamma_{水银}(h_2-h_1)-\gamma_{水}(H-h_1)\\&=98000+13.6\times9800\times(1.1+1.1)-9800\times(1.3+1.6)\\&=98000+9800\times(13.6\times2.2-2.9)=362.796(\text{kPa})\end{aligned}$$

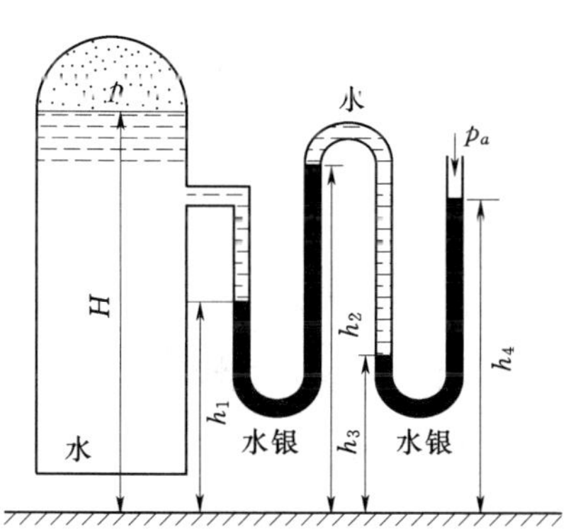

图 2-11

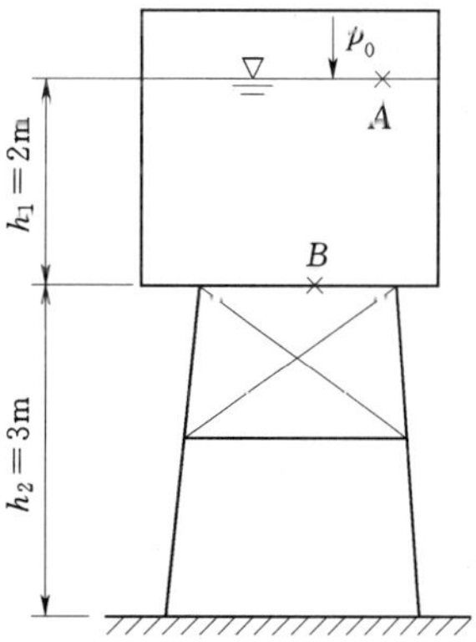

图 2-12

【例 2-4】 一水箱装置如图 2-12 所示，箱底高出地面 $h_2=3\text{m}$，箱中水深 $h_1=2\text{m}$，其表面压强以绝对压强计为 0.7 个工程大气压，要求：(1) 以地面为基准面，求出 A、B 两点的单位位能与单位压能；(2) 以水箱中水面为基准面，求出 A、B 两点的单位位能与单位压能，并在图上标明。

解：(1) $z_{A1}=h_2+h_1=3+2=5(\text{m})$，$z_{B1}=h_2=3(\text{m})$

$$\frac{p_{A1}}{\gamma}=(0.7-1)\times10=-3(\text{mH}_2\text{O}),\ \frac{p_{B1}}{\gamma}=\frac{p_{A1}}{\gamma}+\gamma h_1=-3+2=-1(\text{mH}_2\text{O})$$

$$z_{A1}+\frac{p_{A1}}{\gamma}=5-3=2(\text{mH}_2\text{O}),\ z_{B1}+\frac{p_{B1}}{\gamma}=3-1=2(\text{mH}_2\text{O})$$

(2) $z_{A2}=0\text{m}$，$z_{B2}=-2\text{m}$

$\frac{p_{A2}}{\gamma}=-3(\text{mH}_2\text{O})$，$\frac{p_{B2}}{\gamma}=-1(\text{mH}_2\text{O})$，与基准面无关。

$$z_{A2}+\frac{p_{A2}}{\gamma}=z_{B2}+\frac{p_{B2}}{\gamma}=-3(\text{mH}_2\text{O})$$

【例 2-5】 在如图 2-13 所示的挡水斜壁面上装有一半径 $R=0.5\text{m}$ 的半球形盖。半球形盖中心 O 点在水面下的深度 $H=1\text{m}$。斜壁与液面的夹角 $\alpha=30°$。求螺栓 a、b 上的拉力与切力。

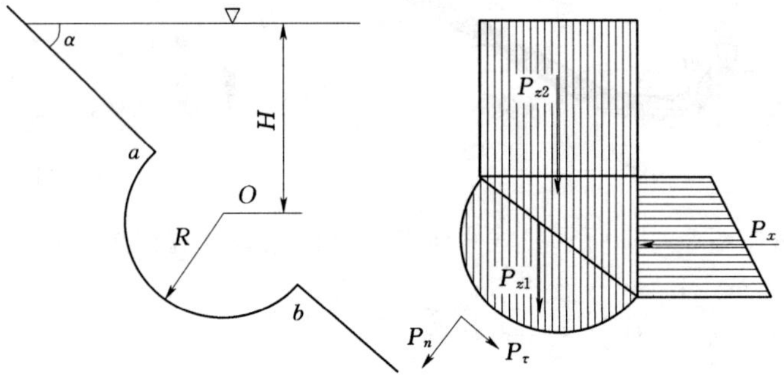

图 2-13

解：螺栓 a、b 上所受的力等于半球形盖上所受的水压力。为计算半球形盖上所受的水压力，先绘制半球形盖上的压力体图（图 2-13），从图中可以看出，水平方向的压力为 P_x，铅直方向的力 $P_{z1}+P_{z2}$，其中，P_{z1} 等于半球形盖中水体的重量，P_x 和 P_{z2} 的合力正好等于圆 aOb 上的压力 P，由此可得

$$P_{z1}=G_{水}=\gamma\frac{2\pi R^3}{3}=9800\times\frac{2\pi}{3}\times0.5^3=2566\ (\text{N})$$

$$P=\gamma H\pi R^2=9800\times1\times3.14\times0.5^2=7693\ (\text{N})$$

拉力为 $$P_n=P+P_{z1}\cos\alpha=7693+2566\times\cos30°=9915\ (\text{N})$$

切力为 $$P_\tau=P_{z1}\sin\alpha=2566\times\frac{1}{2}=1283\ (\text{N})$$

类题思考：①当平面壁铅直时，作用于螺栓 a、b 上的拉力与切力；②当倾斜的平面壁逆时针转 120°与水面线成 150°角时，作用于螺栓 a、b 上的拉力与切力；③球形盖和孔

口尺寸不变，当球形盖在里面盖住孔口时，作用于螺栓 a、b 上的拉力与切力。

【例 2-6】 一盛油车厢内盛有相对密度 $s=0.92$ 的原油如图 2-14 所示，车厢宽 3m，深 3.5m，长 10m，静止时油面上尚余 1m。为了使油不致从车厢内溢出，问车厢随小车沿水平方向加速运动时允许的最大加速度为多少？若将车厢顶部密封，整个车厢充满原油，当车厢随小车以 $a=3.5\text{m/s}^2$ 的加速度沿水平方向加速时，求前后顶部的压强差。

解：（1）将坐标原点取在自由表面中心点，则自由液面方程为

$$ax+gz=0$$

由题意，正好要溢出时，$x=-5\text{m}$，$z=1\text{m}$，代入上式得

$$a=-\frac{gz}{x}=-\frac{9.8}{-5}=1.96\ (\text{m/s}^2)$$

（2）当车被密封时，前后等压面铅直高度差为

$$\Delta z=-\frac{a}{g}\Delta x=\frac{3.5}{9.8}\times 10$$

$$\Delta p=\gamma_s\Delta z=0.92\times 9800\times\frac{3.5}{9.8}\times 10=32.2\ (\text{kPa})\qquad \text{（后部大于前部）}$$

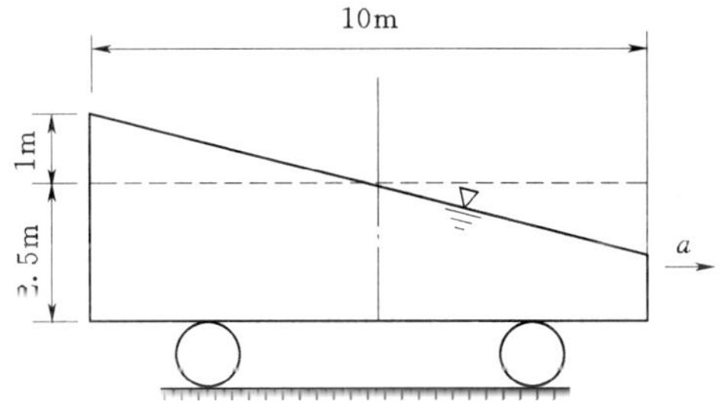

图 2-14

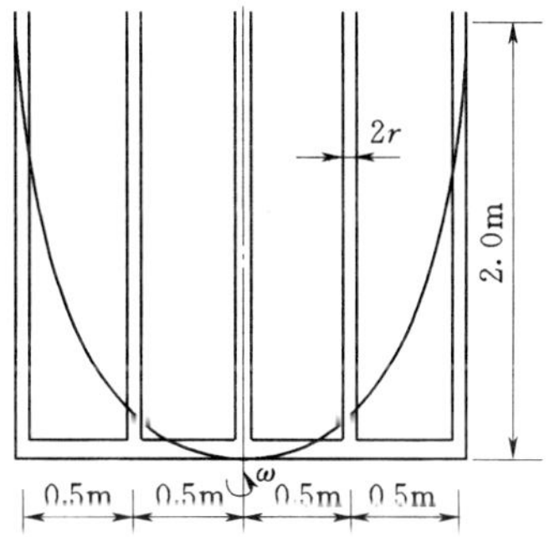

图 2-15

【例 2-7】 五根相互连通的半径均为 r 的开口小管绕中心铅直轴旋转时，形成的自由表面如图 2-15 所示，试求其旋转角速度 ω 及静止时各管中的水深 h。

解：以中心处管子底部为坐标原点，则自由液面方程为

$$z=\frac{\omega^2x^2}{2g}$$

由边界条件 $x=1\text{m}$，$z=2\text{m}$，得

$$\omega=\frac{\sqrt{2gz}}{x}=\frac{\sqrt{19.6\times 2}}{1}=6.26\ (1/\text{s})$$

自由液面方程 $z=\dfrac{\omega^2x^2}{2g}$ 可求得 $x=0.5\text{m}$ 时，$z=0.5\text{m}$。

由于是小管，每个管内不考虑液面高度差，静止和转动时管中的液体体积相等，即

$$5\pi r^2h=2\times\pi r^2\times 0.5+2\times\pi r^2\times 2$$

计算可得 $h=1\text{m}$。

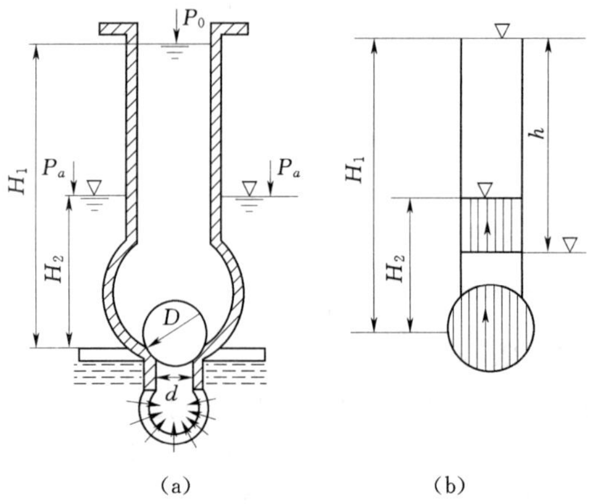

图 2-19

类题思考：①当平面壁铅直时，作用于塞子上的静水总压力；②当倾斜的平面壁逆时针转90°与铅直线成一45°角时，作用于塞子上的静水总压力；③塞子和孔口尺寸不变，当塞子从外面向里面塞住孔口时，作用于塞子上的静水总压力。

【例 2-11】 图 2-19 所示为一水泵吸水阀门的圆球形底阀，其直径 $D=150\text{mm}$，装于直径 $d=100\text{mm}$ 的阀底上，圆球为实心体，其重度 $\gamma_1=83.3\text{kN/m}^3$。已知 $H_1=2\text{m}$，$H_2=1\text{m}$，问在吸水管内液面上真空为多少时，才能将底阀打开？

解： 球重
$$W=\gamma_1 V_{球}=83.3\times\frac{4}{3}\pi\left(\frac{D}{2}\right)^3$$

压力体可绘制如图 2-19（b）所示，受到的作用力为（向上）

$$P_z=\gamma_{水}(V_{球}+V_{柱})$$
$$=\gamma\left[\frac{4}{3}\pi\left(\frac{D}{2}\right)^3+\frac{\pi}{4}d^2(h-H_1+H_2)\right]$$

由 $P_z=W$ 得

$$\gamma_1\frac{4}{3}\pi\left(\frac{D}{2}\right)^3=\gamma\left[\frac{4}{3}\pi\left(\frac{D}{2}\right)^3+\frac{\pi}{4}d^2(h-H_1+H_2)\right]$$

$$83.3\times\frac{4}{3}\pi\left(\frac{0.15}{2}\right)^3=9.8\times\left[\frac{4}{3}\pi\left(\frac{0.15}{2}\right)^3+\frac{\pi}{4}\times0.1^2(h-2+1)\right]$$

$$h=1+\frac{4}{0.1^2}\times\frac{4}{3}\times\left(\frac{0.15}{2}\right)^3\times\left(\frac{83.3}{9.8}-1\right)=2.69\ (\text{m})$$

吸水管液面上的真空压强为 $p_v=\gamma h=9800\times2.69=26.4\ (\text{kN/m}^2)$

【例 2-12】 图 2-20 所示为一盛水筒，筒底有一圆孔，被一圆台形塞子塞着。圆筒连同塞子一起放置于另一大的盛水容器内，所有尺寸如图所示。试求作用于塞子上的静水总压力。

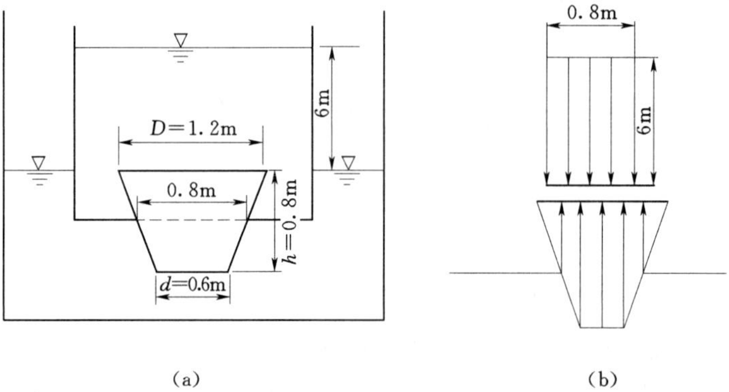

图 2-20

解： 压力体如图 2－20（b）所示。

$$P_z=\gamma_{水}(V_{柱}-V_{台})$$

$$=\gamma\left[\frac{\pi}{4}\times0.8^2\times6-\frac{\pi\times0.8}{3}(0.3^2+0.6^2+0.3\times0.6)\right]$$

$$=24.38(\mathrm{kN}),方向向下$$

类题思考：塞子和孔口尺寸不变，当塞子从下面向上面塞住孔口时，作用于塞子上的静水总压力。

【例 2－13】 图 2－21 所示一球形容器完全充满水，球上部顶点处的压强恰好等于当地大气压强。球内水的重量为 W。证明作用于每一铅垂面剖分的半球上的静水总压力为 $W\sqrt{13}/4$。如过球心水平剖分该圆球，则作用于下半球面上的静水总压力为作用于上半球面上的静水总压力的 5 倍。

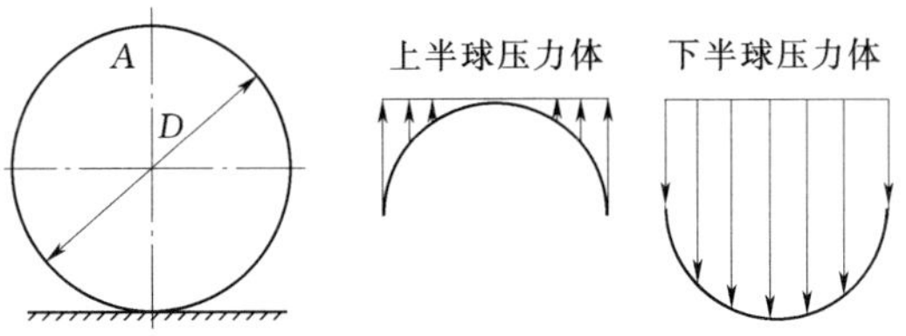

图 2－21

解：（1）铅直面剖分。

$$P_x=\gamma\frac{d}{2}\frac{\pi d^2}{4}=\gamma\frac{4}{3}\pi\left(\frac{d}{2}\right)^3\times\frac{3}{4}=\frac{3}{4}W$$

$$P_z=\frac{1}{2}W$$

$$P=\sqrt{P_x^2+P_z^2}=\sqrt{\left(\frac{3}{4}\right)^2+\left(\frac{1}{2}\right)^2}W=\frac{\sqrt{13}}{4}W$$

（2）水平剖分。

作用于下半球的力比上半球上的力恰好多一个球的水重，上下半球上的力分别为

$$P_{上}=\gamma\left[\frac{\pi d^2}{4}\frac{d}{2}-\frac{2\pi}{3}\left(\frac{d}{2}\right)^3\right]=\frac{1}{4}W,\ P_{下}=W+\frac{1}{4}W=\frac{5}{4}W,\ \frac{P_{下}}{P_{上}}=5$$

类题思考：如果是直径为 D 的实心球放入水深为 D 的水池中，作用于各半球面上静水总压力的大小方向有无变化。

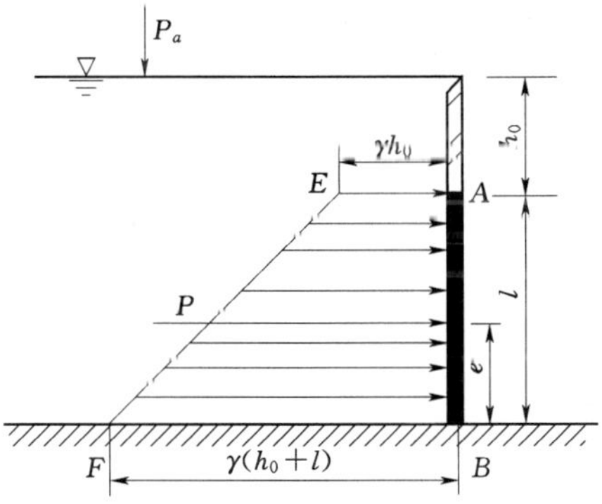

图 2－22

【例 2－14】 设有一铅直放置的水平底边矩形闸门，如图 2－22 所示。已知闸门高度 $l=2\mathrm{m}$，宽度 $b=3\mathrm{m}$，闸门上缘到自由表面的距离 $h_0=1\mathrm{m}$。试绘制压强分布图并求作用于闸门的静水总压力。

解：（1）绘制压强分布图。A 点压强为 γh_0，B 点压强为 $\gamma(h_0+l)$，压强分布图为梯形分布如图 2－22 中 $ABEF$ 所示。

（2）静水总压力大小为

$$P=\gamma h_c A=\gamma\left(h_0+\frac{l}{2}\right)lb=9.8\times10^3\times\left(1+\frac{2}{2}\right)(2\times3)=117.6(\mathrm{kN})$$

静水总压力 P 的方向垂直指向闸门平面。由式(2－16)得压力中心 D 距自由表面的位置为

$$y_D = y_0 + \frac{l}{2}\frac{l(a+3b)+2y_0(a+2b)}{l(a+2b)+3y_0(a+b)} = h_0 + \frac{l}{2}\frac{4l+6h_0}{3l+6h_0} = 1+\frac{2}{2}\times\frac{4\times2+6\times1}{3\times2+6\times1} = 2.17(\text{m})$$

$$e = h_0 + l - y_0 = 0.83(\text{m})$$

类题思考：如果闸门是由两块高度 $l=2\text{m}$、宽度 $b=3\text{m}$ 的直角三角形组成，求作用于每个直角三角形上的静水总压力的大小和作用点。

【例 2-15】 绘制图 2-23 所示图形中指定挡水面上的水平方向静水压强分布图及压力体图。

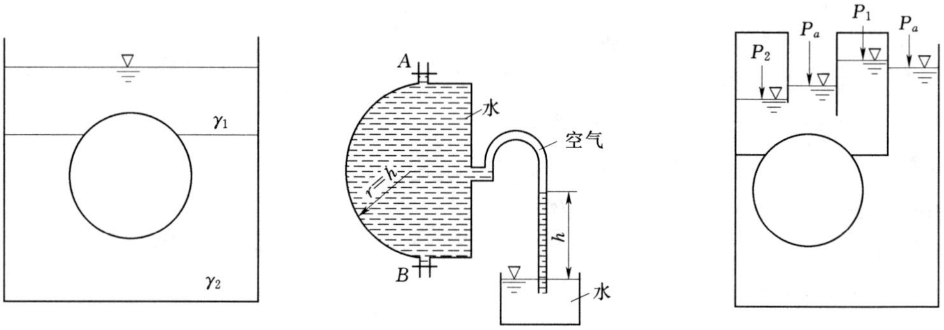

图 2-23

解： 图 2-23（a）的压力体图为整个球体，但计算铅直压力时，上部分体积应乘以 γ_1，下部分体积应乘以 γ_2，压强分布图中上下两段的斜率不同；图 2-23（b）的压力体图为半个球体，压力方向向下，压强分布图中箭头方向向右，外面为大气压，里面为负压。图 2-23（c）的压力体图为整个球体和上部一段圆柱体，压强分布图中上下两段交界处压强不同。最终绘制的压强分布图及压力体图如图 2-24 所示。

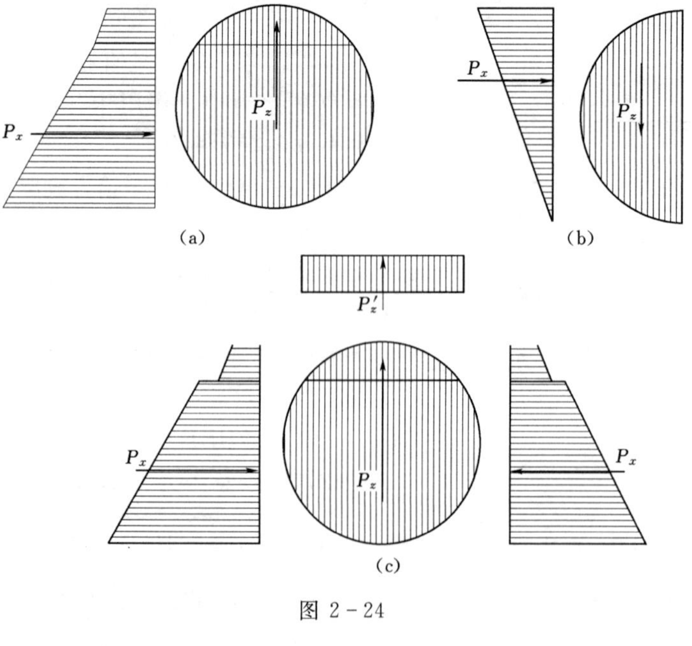

图 2-24

四、习题与答案

1. 概念题（判断、填空、选择）

2-1 静水总压力的压力中心就是受压面的形心。 （ ）

2-2 二向曲面上的静水总压力的作用点就是静水总压力的水平分力与铅直分力的交点。 （ ）

2-3 图2-25所示为两块置于不同液体中的矩形平板，它们的宽度 b，长度 L 及倾角 α 均相等，则两板上的静水总压力作用点在水面以下的深度是相等的。 （ ）

图2-25

2-4 在一盛水容器的侧壁上开有两个小孔 A、B，并安装一U形水银压差计，如图2-26所示。由于 A、B 两点静水压强不相等，水银液面差 Δh 不等于0。 （ ）

2-5 图2-27所示为一盛水容器。当不计瓶重时，容器作用于地面上的力等于水作用于瓶底的总压力。 （ ）

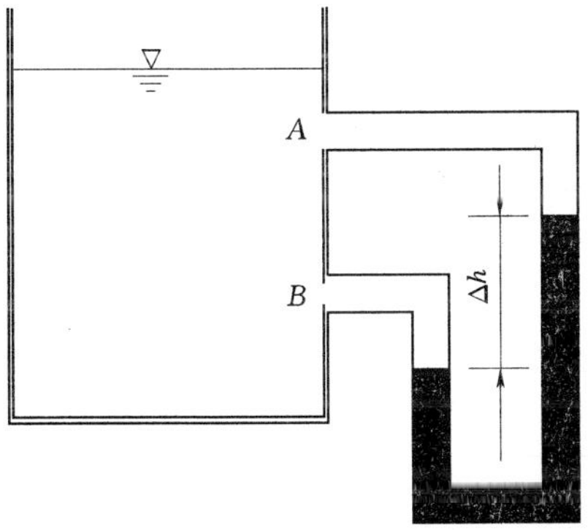

图2-26

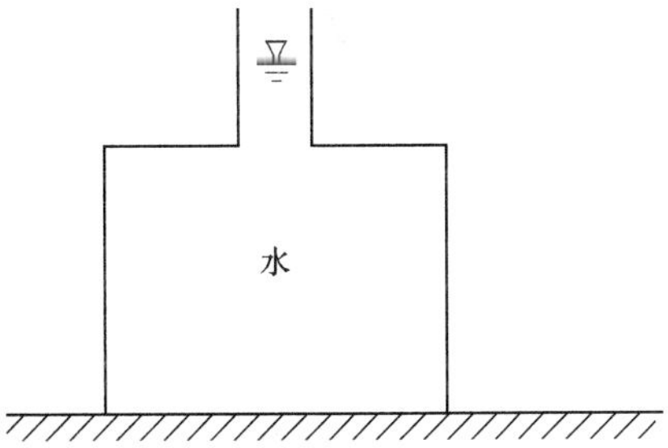

图2-27

2-6 物体在水中受到的浮力等于作用于物体表面的静水总压力在铅直方向的分量。 （ ）

2-7 欧拉液体平衡微分方程式________。 （ ）

(1) 只适用于静止状态液体　　(2) 不适用于相对平衡液体

(3) 不适用于相对运动液体　　(4) 不适用于实际液体

2-8 真空压强的最小值是________；真空压强的最大值是________。

2-9 液体中，测压管水头 $(z+p/\gamma)$ 的能量意义是________。

2-10 液体中，位置水头 z 的能量意义是________；压强水头 p/γ 的能量意义是__________。

2-11　欧拉液体平衡微分方程的力学意义__________________。

2-12　静水压强的两个特性是__________，__________。

2-13　等压面的特性是__________________________。

2-14　如图 2-28 所示，选择下列正确的等压面：______________________。　（　　）

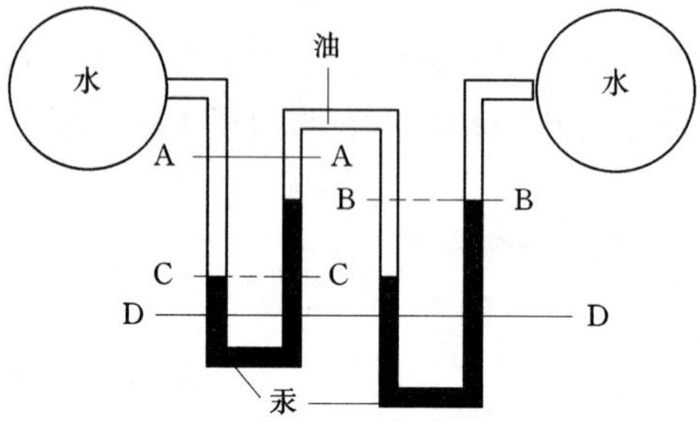

图 2-28

（1）A—A　（2）B—B　（3）C—C　（4）D—D

2-15　平衡液体中的等压面必为_________________。　（　　）

（1）水平面　　（2）斜平面

（3）旋转抛物面　　（4）与质量力相正交的面

2-16　图 2-29 所示的四个容器内的水深均为 H，则容器底面静水压强最大的是___________。　（　　）

（1）a　（2）b　（3）c　（4）d

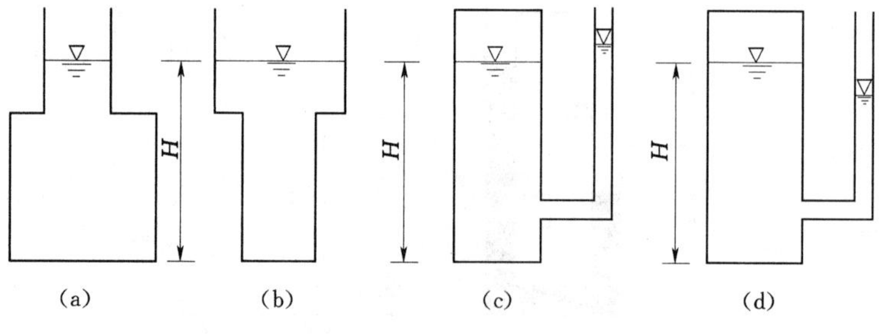

图 2-29

2-17　图 2-30 所示的容器 a 中盛有密度为 ρ_1 的液体，容器 b 中盛有密度为 ρ_1 和 ρ_2 的两种液体，则两个容器中曲面 AB 上压力体及压力关系为___________。　（　　）

（1）压力体相同，且压力相等　　（2）压力体相同，但压力不相等

（3）压力体不同，压力不相等　　（4）压力体不同，但压力相等

2-18　如图 2-31 所示有一倾斜放置的平面闸门，当上下游水位都上升 1m 时（虚线位置），闸门上的静水总压力__________。　（　　）

（1）变大　　（2）变小

（3）不变　　（4）无法确定

2－19 有一水泵装置，其吸水管中某点的真空压强等于 $3mH_2O$，当地大气压为一个工程大气压，其相应的绝对压强值为________________。 （ ）

（1） $3mH_2O$ （2） $7mH_2O$

（3） $-3mH_2O$ （4） 以上答案都不对

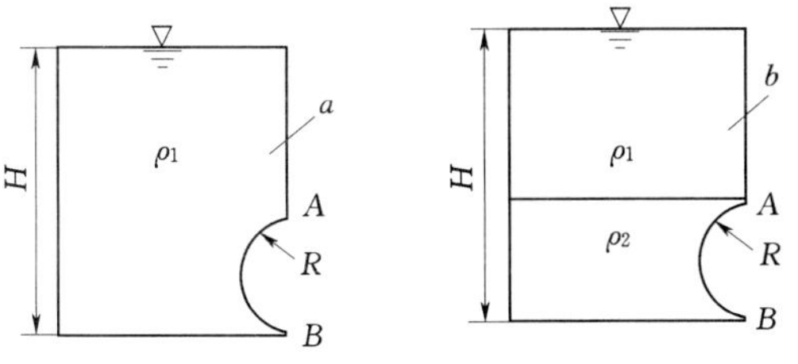

图 2－30

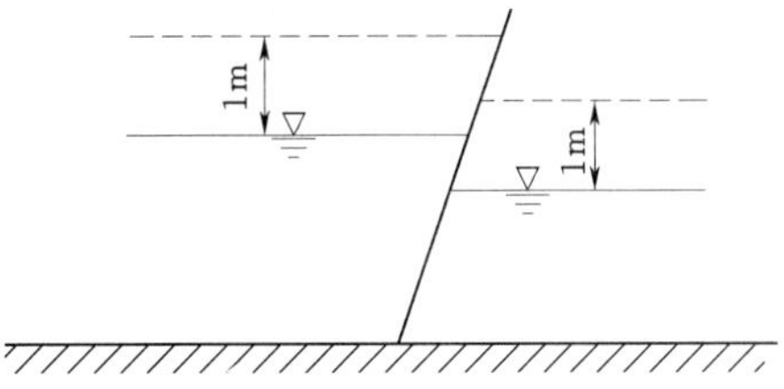

图 2－31

2. 作图题（压强分布图、压力体图）

2－20 绘出图 2－32 中曲面上的压力体图，并标出水压力铅直分力的方向。

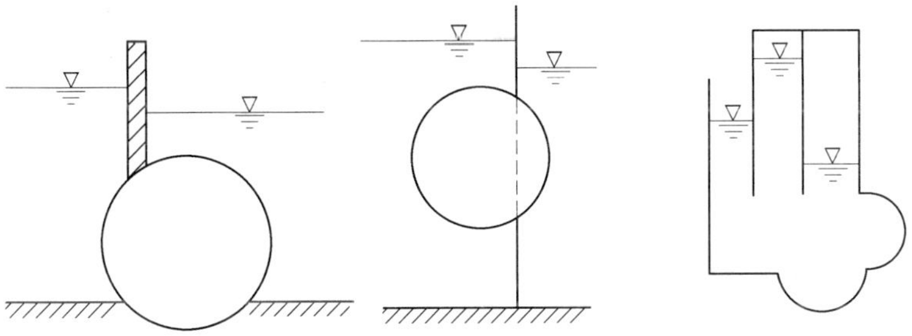

图 2－32

2－21 三个圆球各充满液体后的测压管液面如图 2－33 所示，试绘出各球面的压力体图，并标出力的方向。

2－22 绘出图 2－34 中指定平面上的静水压强分布图。

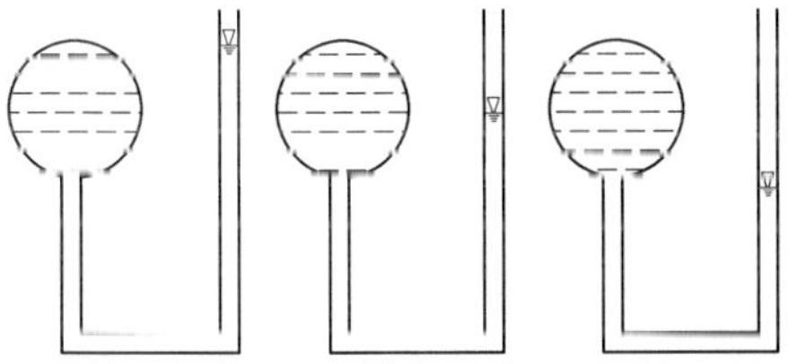

图 2－33

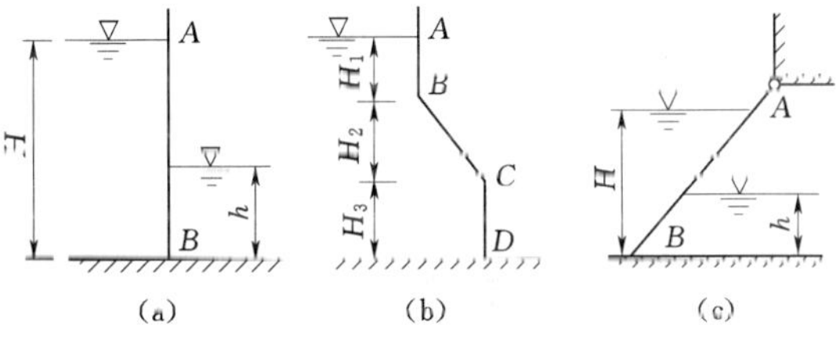

图 2－34

2－23 如图 2－35 所示，压力水箱上角装有一圆柱体压力表，读数为 19.60 kPa，箱中盛满水。试绘出作用于圆柱面 ABC 上的水平压强分布图和压力体。

2－24 绘出图 2－36 中 AB 曲面上水平压强分布图和压力体图，并标出水压力铅直分力的方向。

2－25 容器 A、B 分别以加速度 a 和等角速度 ω 运动，如图 2－37 所示。分别绘出

液面下深度 h 处的等压面形状，并标明该等压面上质量力 F 的分布图。

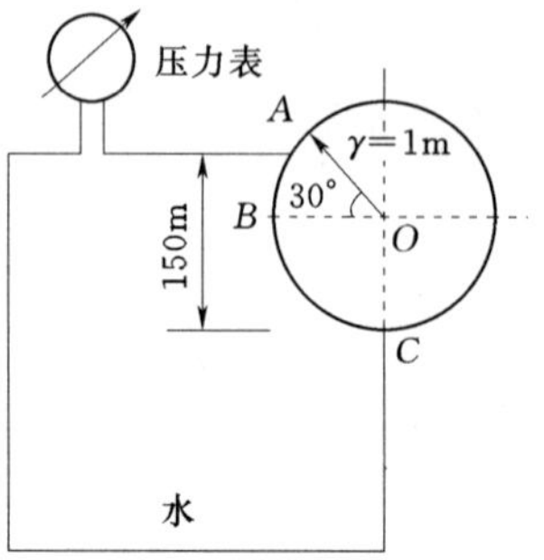

图 2-35

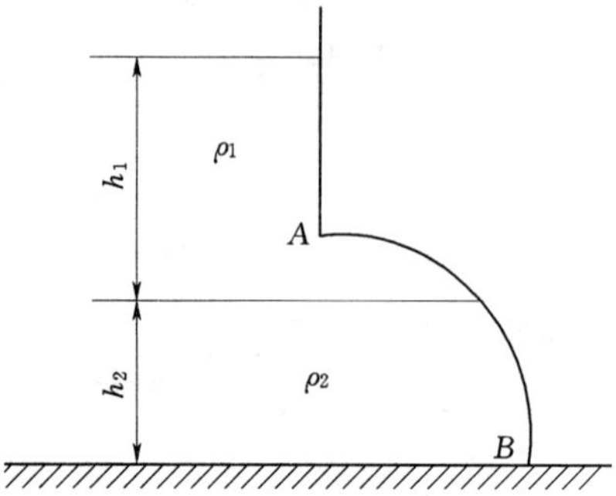

图 2-36

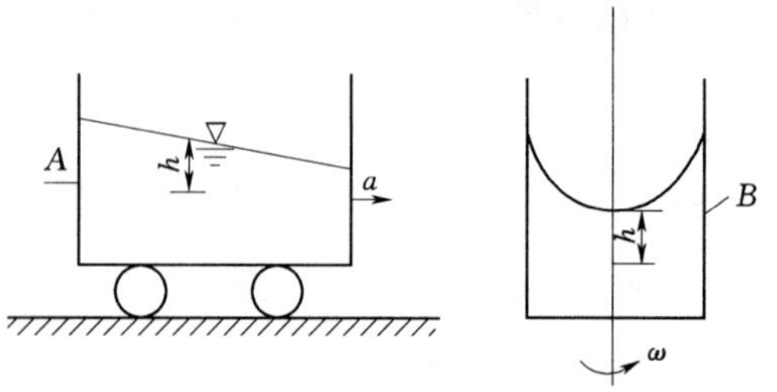

图 2-37

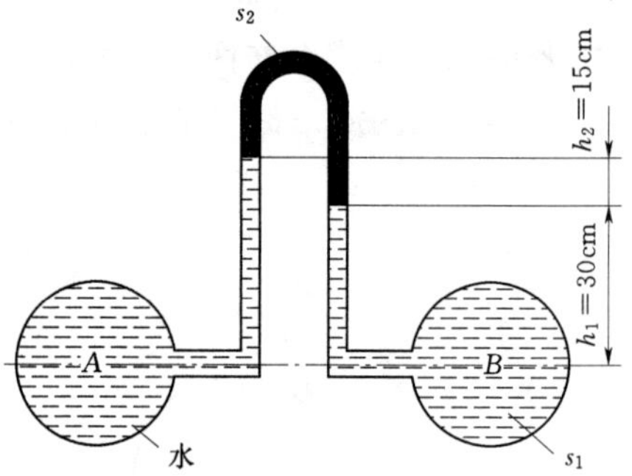

图 2-38

3. 计算题证明题

2-26　图 2-38 为一倒 U 形差压计，左边管内为水，右边管内为相对密度（即比重）为 $s_1=0.9$ 的油。倒 U 形管顶部为相对密度为 $s_2=0.8$ 的油。已知左管内 A 点的压强 $p_A=98\text{kN/m}^2$，试求右边管内 B 点的压强。

2-27　如图 2-39 所示，两液箱具有不同的液面高程，液体重度均为 γ'，用两个测压计连接如图，试证：$\gamma'=\dfrac{\gamma_1 h_1+\gamma_2 h_2}{h_1+h_2}$。

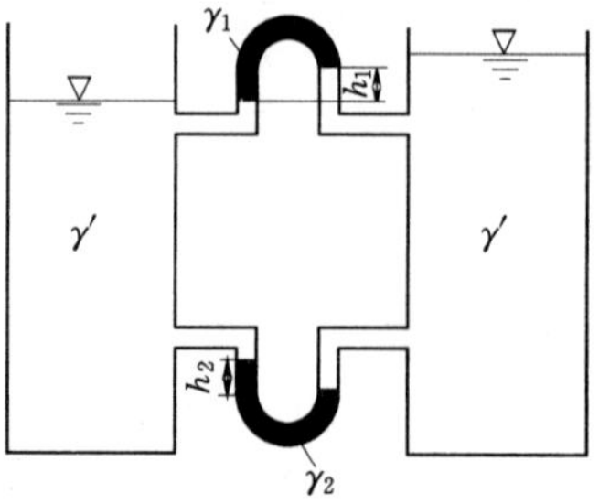

图 2-39

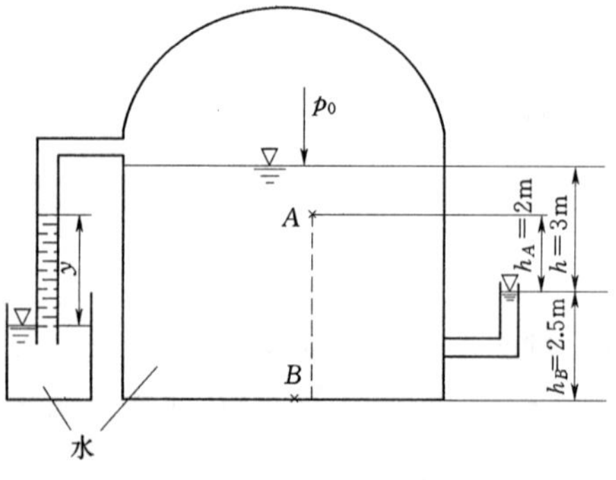

图 2-40

2-28 密闭容器盛水如图 2-40 所示，已知 $h=3\text{m}$，$h_B=2.5\text{m}$，$h_A=2\text{m}$，求容器内点 A、点 B 及液面上的相对压强及绝对压强，并求图中所示 y 值。

2-29 图 2-41 所示为一沉没于海中的潜艇的横断面图，气压计测出潜艇内的绝对压强$\dfrac{p_s}{\gamma_{Hg}}=84\text{cmHg}$，已知海水的相对密度 $s=1.03$，试求潜艇的沉没深度 y。

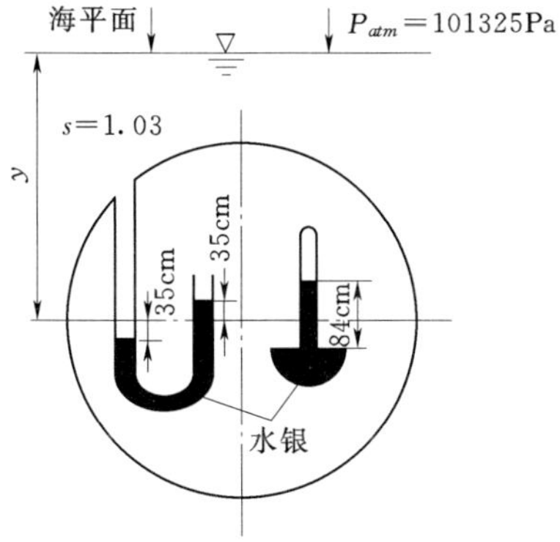

图 2-41

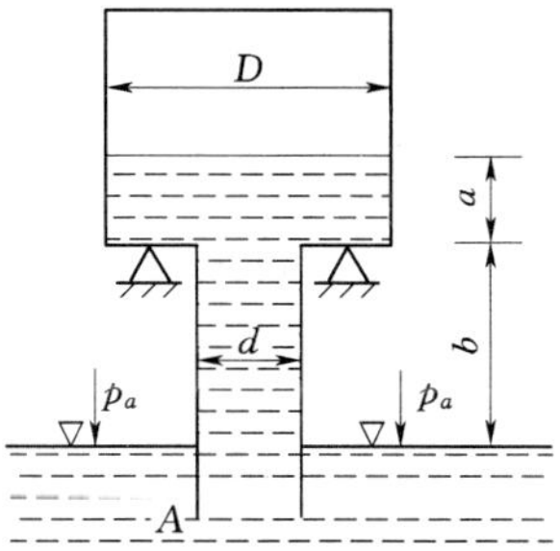

图 2-42

2-30 如图 2-42 所示直径 $d=0.3\text{m}$ 和 $D=0.8\text{m}$ 的圆柱形薄壁容器固定在位于贮水池 A 水面以上 $b=1.5\text{m}$ 处的支承上，在其中造成真空使水池中的水被吸入容器，由此使得容器内液面高出水池水面 $a+b=1.9\text{m}$。已知容器重 $G=980\text{N}$，试确定支承受力大小。

2-31 图 2-43 所示一宽为 b 的容器，内有隔板 CD 将容器内的液体分为前后两段，长为 $2l$ 和 l，已知前后段水深分别为 h_1 和 h_2，试求隔板 CD 不受力时容器沿水平方向加速的加速度为多少?

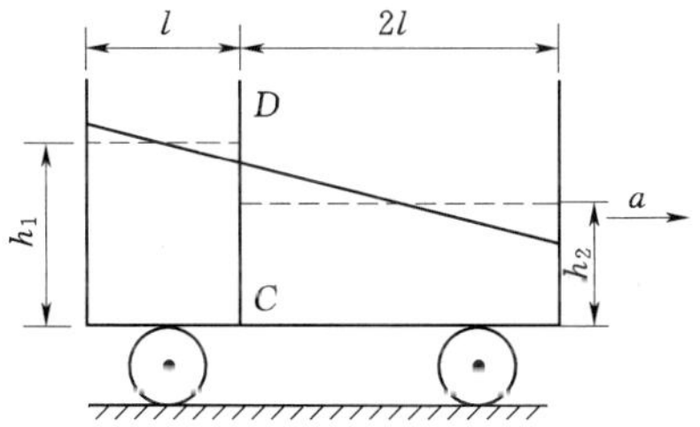

图 2-43

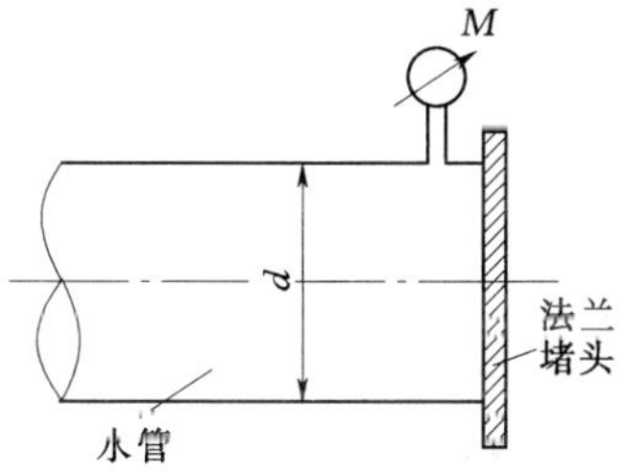

图 2-44

2-32 如图 2-44 所示输水管道试压时，压力表 M 读数为 10atm（工程大气压），管道直径 $d=1\text{m}$。求作用与管端法兰堵头上的静水总压力。

2-33 图 2-45 所示为一盛水的球形容器，容器下部由基座固定，求作用于螺栓上的力。

2-34 一封闭容器如图 2-46 所示。容器中水面的绝对压强 $P_0=91.5\text{kPa}$。中间插入一个两端开口的玻璃管。当空气恰好充满全管而不流动时，求玻璃管伸入水中的深度 h。

2－35　一等宽度折角形闸门，折角 $\alpha=120°$，如图 2－47 所示可绕 A 轴转动。已知 $L=2\text{m}$。不计门重及摩擦力，求闸门开始自动倾倒时的水深 h。

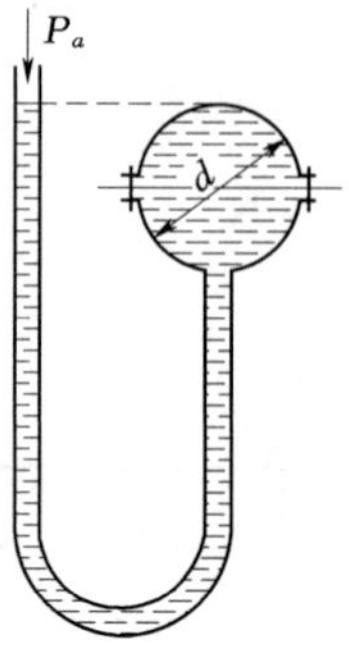

图 2－45

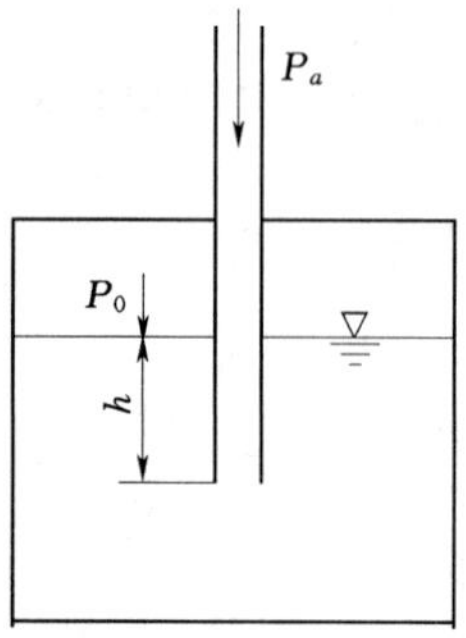

图 2－46

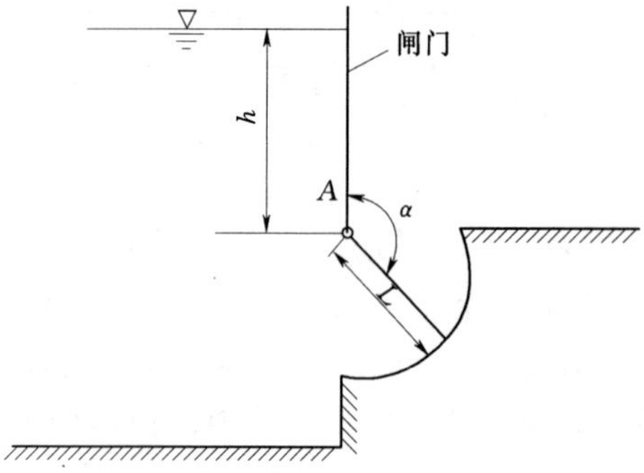

图 2－47

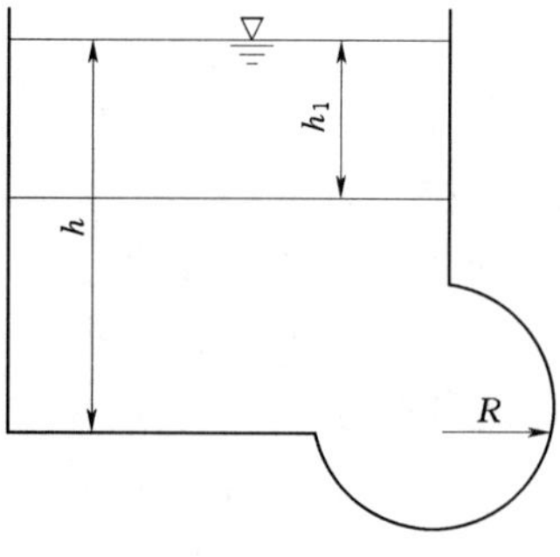

图 2－48

2－36　一曲面的形状为 3/4 个圆柱面，半径 $R=0.8\text{m}$，宽度（垂直于纸面）为 1m。圆心位于液面以下 $h=2.58\text{m}$，如图 2－48 所示。容器中盛有密度为 $\rho_1=816\text{kg/m}^3$ 的液体，其深度 $h_1=0.98\text{m}$，其下为密度为 $\rho_2=1000\text{kg/m}^3$ 的液体。

（1）绘制曲面的水平分力的压强分布图和垂直分力的压力体图。

（2）求作用于曲面的静水总压力的大小和方向。

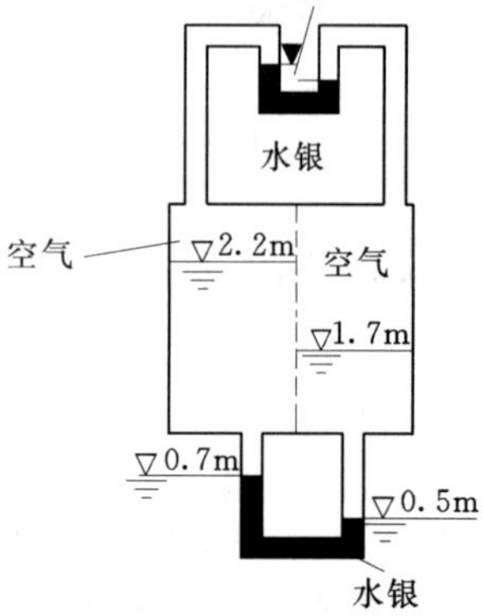

图 2－49

2－37　一容器左侧盛油，右侧盛水，上、下各接一水银压差计。各液面标高如图 2－49 所示。已知油的密度 $\rho_{油}=816\text{kg/m}^3$。求容器顶部压差计液面高差 h。

2－38　一矩形水箱中盛有液体，水箱沿倾斜角为 θ 的斜面以加速度 a 向下滑动（图 2－50）。试确定箱内液体表面的形状。

2－39　图 2－51 所示为一直径 D 的圆球（不计重量）在密度分别为 ρ_1 和 ρ_2 的两种液体作用下处于平衡状态。试导出 D 与 ρ_1，ρ_2，h_1，h_2 之间的关系式。

2－40　在石油库斜壁的圆孔上装有一直径 $D=1.2$ m 的

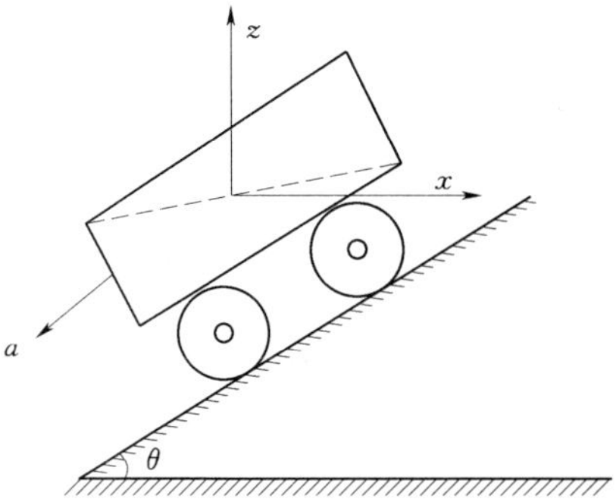

图 2-50

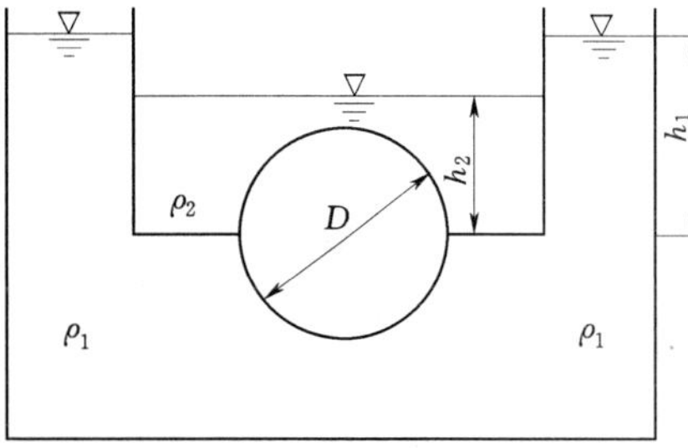

图 2-51

半球形盖（图 2-52）。半球形盖中心 O 点在液面下的深度 $H=4\text{m}$。斜壁与液面的夹角 $\alpha=30°$，石油的密度 $\rho=900\text{kg/m}^3$。求螺栓 a、b 上的总拉力。

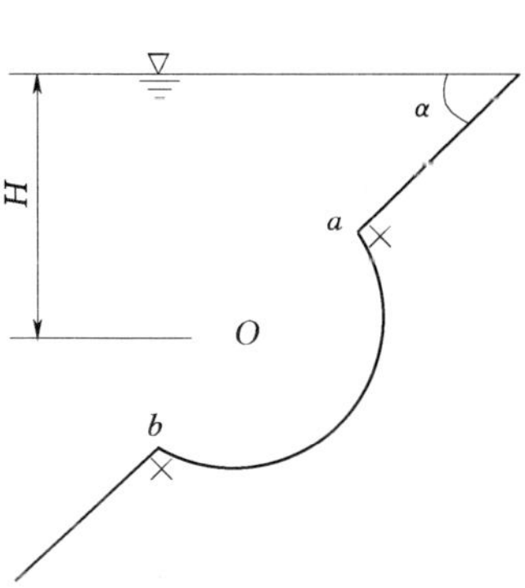

图 2-52

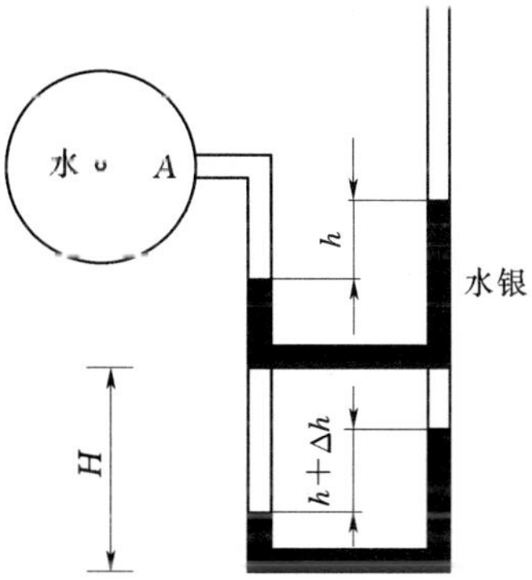

图 2-53

2-41 用 U 形水银测压计测量 A 点的静水压强，其读数为 h（mm），如图 2-53 所示。令 A 点压强不变，若将 U 形管下降高度 H（mm），则水银测压计读数放大为 $h+\Delta h$（mm）。试证明：$\Delta h=H/13.1$。

2-42 在盛满液体的容器壁上装有一个均质圆柱体，如图 2-54 所示。由于圆柱体浸在液体中，必受到一个向上的浮力作用。若摩擦力很小，在浮力产生的力矩的作用下，此圆柱体可绕 O 轴不停转动，这种说法对不对？为什么？

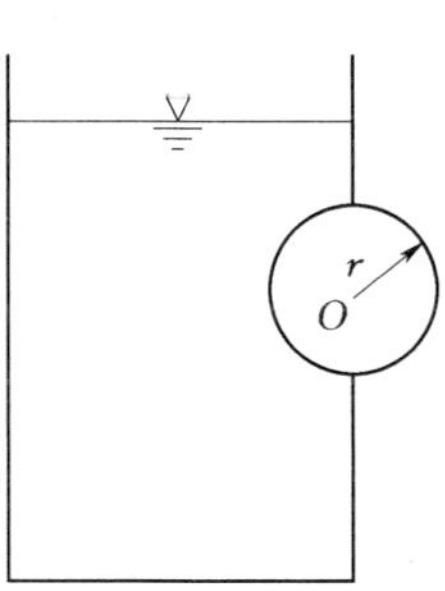

图 2-54

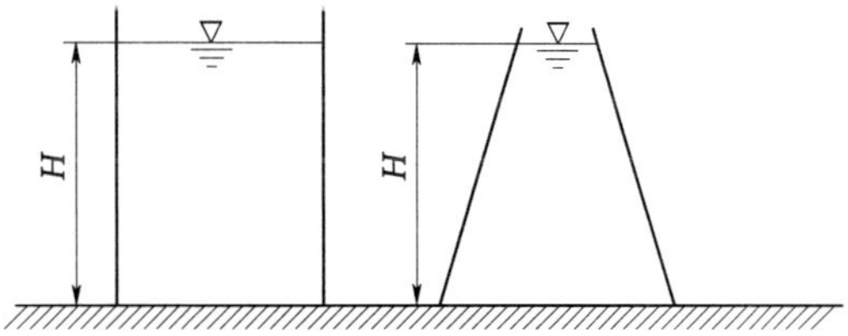

图 2-55

2-43　如图2-55所示，两个置于水平面上的容器，一为圆柱形，一为圆台形。容器重量不计，水面均为大气压强。当水深 H 和底面积 A 均相等时，问：(1) 容器底部所受的静水压强是否相等？(2) 底面所受的静水压力是否相等？(3) 桌面上受的压力是否相等？为什么？

4. 答案

2-1（错）。2-2（错）。2-3（对）。2-4（错）。2-5（错）。2-6（对）。2-7（1）。2-8（0，1个大气压）。2-9（单位重量液体所具有的势能）。2-10（单位重量液体所具有的位能，单位重量液体所具有的压能）。2-11（处于平衡状态的液体中表面力（压强）的变化率和单位质量力（X，Y，Z）之间的关系，哪一方向有质量力的作用，哪一方向就有压强的变化，哪一方向不存在质量力的作用，哪一方向就没有压强的变化）。2-12（静水压强的方向与作用面的内法线方向重合，即垂直指向作用面（不能受拉，没有切力）、静水压强的大小与其作用面的方位无关，同一点处各方向上的静水压强大小相等）。2-13（等压面即是等势面、等压面与质量力正交）。2-14（3）。2-15（4）。2-16（3）。2-17（2）。2-18（1）。2-19（2）。2-20～2-25（略）。

2-26　$p_B = p_A - \gamma(h_1 + h_2) + \gamma s_2 h_2 + \gamma s_1 h_1 = 97.4\text{kPa}$。

2-27　两个比压计所测的水头差相等，$\dfrac{\gamma' - \gamma_1}{\gamma'}h_1 = \dfrac{\gamma_2 - \gamma'}{\gamma'}h_2, \gamma' = \dfrac{\gamma_1 h_1 + \gamma_2 h_2}{h_1 + h_2}$。

2-28　$p_A = -19600\text{Pa}$，$p_B = 24500\text{Pa}$，$p_0 = -29400\text{Pa}$；$p'_A = 78400\text{Pa}$，$p'_B = 122500\text{Pa}$，$p'_0 = 68600\text{Pa}$；$y = 3\text{m}$。

2-29　$101325 + 1.03 \times 9800(y + 0.35) = 0.84 \times 13.6 \times 9800 + 0.70 \times 13.6 \times 9800$，$y = 9.95\text{m}$。

2-30　$F = G_{水} + G_{容器} = \rho g \dfrac{\pi}{4}(D^2 a + d^2 b) + 980 = 9800 \times \dfrac{\pi}{4}(0.8^2 \times 0.4 + 0.3^2 \times 1.5) + 980 = 3989$ (N)。

2-31　自由液面方程：$ax + gy = 0, a(-l) - g \times \dfrac{2}{3}(h_1 - h_2) = 0, a = \dfrac{2g(h_1 - h_2)}{3l}$。

2-32　$P = \gamma \times \left(10 \times 10 + \dfrac{d}{2}\right)\dfrac{\pi d^2}{4} \approx 100\gamma \dfrac{\pi d^2}{4} = 100 \times 9800 \times \dfrac{\pi \times 1^2}{4} = 769.7$ (kN)。

2-33　$F = \gamma\left[\dfrac{\pi d^2}{4}\dfrac{d}{2} - \dfrac{2\pi}{3}\left(\dfrac{d}{2}\right)^3\right] = \gamma\pi \times 2^3\left(\dfrac{1}{8} - \dfrac{1}{12}\right) = 10.26$ (kN)。

2-34　$h = \dfrac{p_a - p_0}{\gamma} = \dfrac{98000 - 91.5 \times 1000}{9800} = 0.663$ (m)。

2-35　$P_1 = \dfrac{1}{2}\gamma h^2$，$P_2 = \gamma h L + \dfrac{\gamma}{2}L^2 \sin 30°$，$\dfrac{1}{2}\gamma h^2 \times \dfrac{1}{3}h = \dfrac{\gamma h L^2}{2} + \dfrac{\gamma}{2}L^3 \sin 30° \times \dfrac{2}{3}$，$h = 3.759\text{m}$。

2-36　$P_x = p_c A_x = [\rho_1 g h_1 + \rho_2 g(h - h_1 - R/2)]Rb = 15.68$ (kN)。

$P_z = \rho_1 g h_1 Rb + \rho_2 g(h - h_1)Rb + \dfrac{3}{4}\pi R^2 b \rho_2 g = 33.58$ (kN)；$P = 37.06$ (kN)；

$\theta=64.97°$。

2-37 $p_{0油}+\rho_{油}g(2.2-0.7)+\rho_{Hg}g(0.7-0.5)=p_{0水}+\rho_{水}g(1.7-0.5)$，$\rho_{Hg}gh=p_{0油}-p_{0水}$，$h=0.202\text{m}$。

2-38 液面方程为 $a(\cos\theta)x+(a\sin\theta-g)z=0$；液面对水平面的倾斜角 $\tan\beta=\dfrac{z}{x}=\dfrac{a\cos\theta}{g-a\sin\theta}$。

2-39 球处于平衡状态 $\left(\dfrac{\pi D^2}{4}h_2-\dfrac{\pi D^3}{12}\right)\rho_2 g=\left(\dfrac{\pi D^2}{4}h_1+\dfrac{\pi D^3}{12}\right)\rho_1 g$，$D=\dfrac{3(\rho_2 gh_2-\rho_1 gh_1)}{\rho_1 g+\rho_2 g}$。

2-40 $R_N=\rho gH\dfrac{\pi}{4}D^2+\rho g\dfrac{\pi}{12}D^3\cos30°=43.4$（kN）。

2-41 $(\gamma_{Hg}-\gamma)h=\gamma_{Hg}(h+\Delta h)-\gamma\left(H+\dfrac{\Delta h}{2}\right)-\gamma h$，$\Delta h=\dfrac{\gamma H}{\gamma_{Hg}-\gamma/2}=\dfrac{H}{13.1}$。

2-42 不对，圆柱体还受到一个向右的压力作用，压力和浮力对 O 轴的力矩正好为 0；圆柱体表面任意一点的压力方向指向轴心，合力必然指向轴心，对轴心的力矩必然为 0。

2-43 相等，相等，不相等。

但是对于不同的过水断面，式（3－3）中的常数一般是不同的。因为均匀流是渐变流的极限情况，所以均匀流过水断面的动水压强符合静水压强分布规律。

10. 过水断面、流量与断面平均流速

（1）过水断面。与流向（流线）正交的横断面称为过水断面。过水断面不一定是平面，流线互不平行的非均匀流过水断面一般是曲面（图 3－1）。

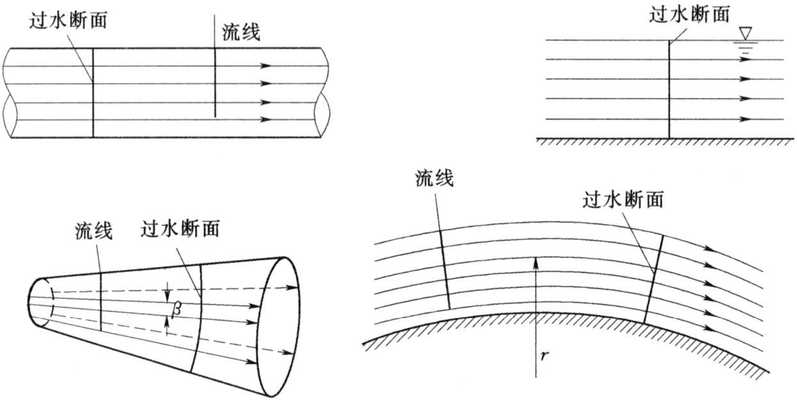

图 3－1

（2）流量。单位时间内通过过水断面的液体体积称为流量，以 Q 表示。流量的单位是米^3/秒（m^3/s）。总流的流量等于所有微小元流的流量之和，即

$$Q=\int_A u\mathrm{d}A \tag{3-4}$$

（3）断面平均流速。一般断面流速分布不易确定，此时可根据积分中值定理引进断面平均流速 v，使

$$\int_A u\mathrm{d}A = vA = Q \tag{3-5}$$

这就是说，假定总流过水断面上流速按 v 值均匀分布，由此算得的流量 vA 应等于实际流量 Q。

（二）连续性方程

1. 连续性微分方程

连续性微分方程可以由质量守恒定律推导出来：

$$\nabla\cdot\vec{u}=\frac{\partial u_x}{\partial x}+\frac{\partial u_y}{\partial y}+\frac{\partial u_z}{\partial z}=0 \tag{3-6}$$

适用条件：均质不可压缩流体，恒定流动或非恒定流动，连续性微分方程说明不可压缩流体体积膨胀率为零，流体微团的体积不变，质量守恒。

2. 恒定总流连续性方程

恒定总流连续性方程是水力学的 3 个基本方程之一，它是质量守恒原理在水力学中的应用。对于恒定均质不可压缩水流，流入某一控制体（管段）的流量之和等于流出这一控制体的流量之和。用公式可以表示为：

$$\sum Q_{入} = \sum Q_{出} \tag{3-7}$$

例如，对于图 3-2 所示的管段，连续性方程可以写为：

$$Q_1 + Q_2 = Q_3 = Q_4 + Q_5 \tag{3-8}$$

对于图 3-3 所示的单一管道来说，连续性方程为

$$Q_1 = Q_2, v_1 A_1 = v_2 A_2 \tag{3-9}$$

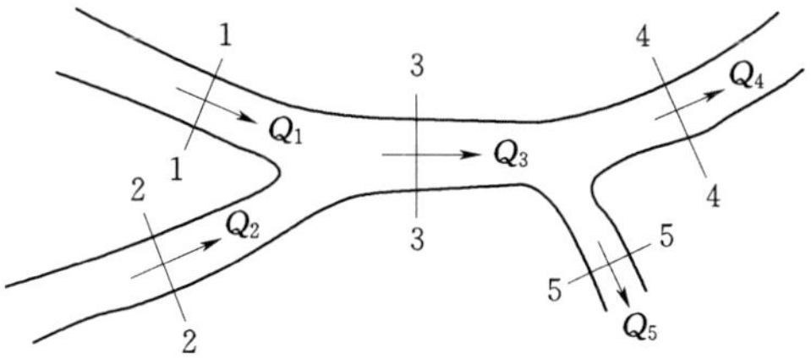

图 3-2

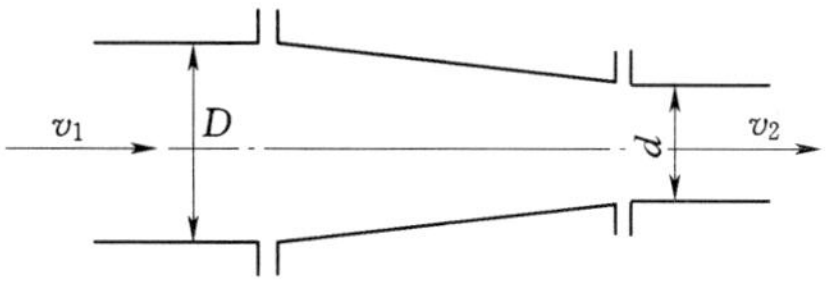

图 3-3

式（3-9）表明，不可压缩液体的恒定总流中，任意两过水断面的断面平均流速与过水断面面积成反比。

（二）能量方程

1. 能量方程的基本形式

恒定总流的能量方程为：

$$z_1 + \frac{p_1}{\gamma} + \frac{\alpha_1 v_1^2}{2g} = z_2 + \frac{p_2}{\gamma} + \frac{\alpha_2 v_2^2}{2g} + h_w \tag{3-10}$$

式中：α 为动能修正系数，是实际动能与按断面平均流速计算的动能之比值，对于流速分布不均匀的圆管层流，$\alpha=2.0$，对于流速分布较均匀的紊流，$\alpha=1.05\sim1.10$，在工程计算中常取 $\alpha=1$；h_w 是总流单位重量液体从断面 1—1 到断面 2—2 的平均水头损失。

2. 有支流流入或流出的能量方程

若在两断面间有支流汇入［图 3-4（a）］或分出［图 3-4（b）］，相应的能量方程分别为：

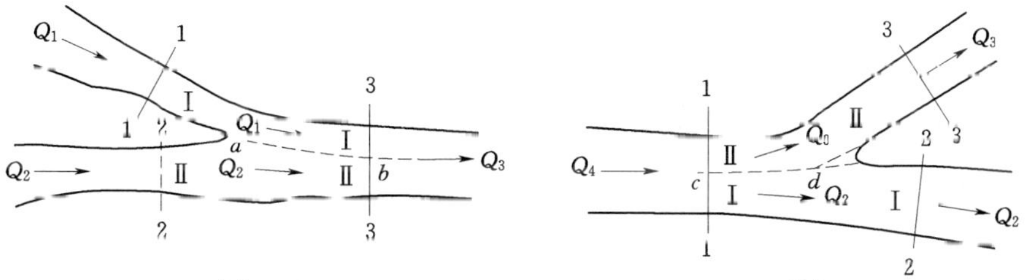

（a）　　（b）

图 3-4

汇流：

$$z_1 + \frac{p_1}{\gamma} + \frac{\alpha_1 v_1^2}{2g} = z_3 + \frac{p_3}{\gamma} + \frac{\alpha_3 v_3^2}{2g} + h_{w1-3} \tag{3-11}$$

$$z_2 + \frac{p_2}{\gamma} + \frac{\alpha_2 v_2^2}{2g} = z_3 + \frac{p_3}{\gamma} + \frac{\alpha_3 v_3^2}{2g} + h_{w2-3} \tag{3-12}$$

分流：

$$z_1+\frac{p_1}{\gamma}+\frac{\alpha_1 v_1^2}{2g}=z_2+\frac{p_2}{\gamma}+\frac{\alpha_2 v_2^2}{2g}+h_{w1-2} \tag{3-13}$$

$$z_1+\frac{p_1}{\gamma}+\frac{\alpha_1 v_1^2}{2g}=z_3+\frac{p_3}{\gamma}+\frac{\alpha_3 v_3^2}{2g}+h_{w1-3} \tag{3-14}$$

3. 有能量输入输出时的能量方程

当总流在两断面间通过水泵或水轮机时（图 3-5），水流额外地获得或输出能量，则总流的能量方程相应改为：

$$z_1+\frac{p_1}{\gamma}+\frac{\alpha_1 v_1^2}{2g}\pm H_m=z_2+\frac{p_2}{\gamma}+\frac{\alpha_2 v_2^2}{2g}+h_w \tag{3-15}$$

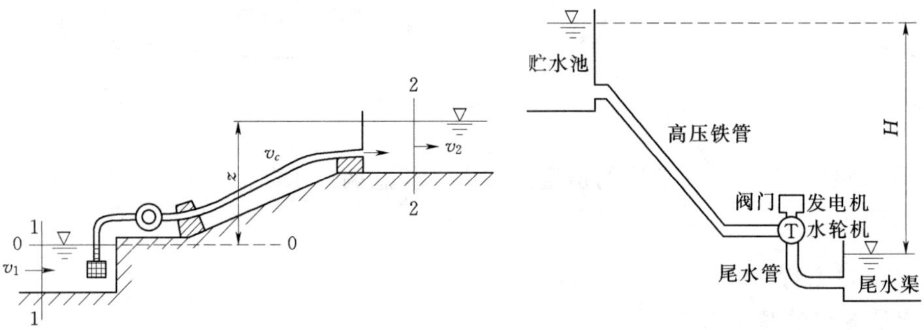

图 3-5

对于水泵系统，H_m 表示单位重量液体流过水泵所获得的能量，称为水泵的扬程。其大小为：

$$H_m=\eta_p\frac{N_p}{\gamma Q} \tag{3-16}$$

式中：N_p 为水泵的功率，W（W=Nm/s）；η_p 为水泵的效率；γ 为水的重度，N/m^3；Q 为流量，m^3/s。

对于水轮机系统，H_m 表示单位重量水体给予水轮机的能量，称为水轮机的工作水头。其大小为：

$$H_m=\frac{N_t}{\eta_t\gamma Q} \tag{3-17}$$

式中：N_t 为水轮机的功率；η_t 为水轮机的效率。

4. 应用能量方程注意事项

（1）所选取的过水断面尽量在渐变流断面，但两过水断面间的流动可以是急变流。应将渐变流过水断面取在已知参数较多的断面上，并使能量方程含有所要求的未知数。

（2）所选渐变流断面上各点势能$\left(z+\dfrac{p}{\gamma}\right)$为常数，而且断面上各点平均动能$\dfrac{\alpha v^2}{2g}$相同。过水断面上的代表点原则上可以任意选取，为方便起见，对于管流代表点通常取在管轴线上，对于明渠流代表点通常取在自由液面上。

（3）方程中动水压强 p_1 与 p_2，原则上可用绝对压强，也可用相对压强，但对同一问题必须采用相同的基准。在水力计算中，一般用相对压强比较方便。

(4) 位置水头的基准面可以任意选取，但对于同一个能量方程两个过水断面必须选取同一基准面，通常使 $z \geqslant 0$，计算比较简便。

(四) 动量方程

1. 恒定总流动量方程

实际工程中经常需要计算水流与固体边壁间的相互作用力，此时需要采用动量方程。恒定总流动量方程可以由理论力学中的动量定理推导出来：

$$\sum \vec{F} = \sum \rho Q_{出} \vec{V}_{出} \beta_{出} - \sum \rho Q_{入} \vec{V}_{入} \beta_{入} \tag{3-18}$$

式中：$\sum F$ 为作用于水体上的所有外力；$Q_{入}$、$V_{入}$ 为流出控制体的流量、流速；$Q_{出}$、$V_{出}$ 为流出控制体的流量、流速；$\beta_{入}$、$\beta_{出}$ 为进、出口断面动量修正系数，一般渐变流的 $\beta = 1.02 \sim 1.05$，工程上常近似取 $\beta = 1.0$。

因动量方程为矢量方程，故在实际应用时，应将力和速度在某一坐标系中进行投影，利用投影方程进行计算。动量方程的分量形式，即投影方程为：

$$\sum F_x = \sum \rho Q_{出} V_{出x} \beta_{出} - \sum \rho Q_{入} V_{入x} \beta_{入} \tag{3-19}$$

$$\sum F_y = \sum \rho Q_{出} V_{出y} \beta_{出} - \sum \rho Q_{入} V_{入y} \beta_{入} \tag{3-20}$$

$$\sum F_z = \sum \rho Q_{出} V_{出z} \beta_{出} - \sum \rho Q_{入} V_{入z} \beta_{入} \tag{3-21}$$

例如图 3-6 所示的水平放置三叉管段的动量方程可以写为：

$$\sum F_x = \rho Q_2 V_{2x} \beta_2 + \rho Q_3 V_{3x} \beta_3 - \rho Q_1 V_{1x} \beta_1 \tag{3-22}$$

$$\sum F_y = \rho Q_2 V_{2y} \beta_2 + \rho Q_3 V_{3y} \beta_3 - \rho Q_1 V_{1y} \beta_1 \tag{3-23}$$

三叉管中水体受到的外力有断面压力 $P_1 = p_1 A_1, P_2 = p_2 A_2, P_3 = p_3 A_3$，管壁对水流的作用力 F_x、F_y，力的方向和流速方向如图 3-6 所示。投影后动量方程的分量形式为：

$$-F_x + P_1 - P_2 \cos\alpha - P_3 \cos\beta = \rho Q_2 V_2 \beta_2 \cos\alpha + \rho Q_3 V_3 \beta_3 \cos\beta - \rho Q_1 V_1 \beta_1 \tag{3-24}$$

$$F_y - P_2 \sin\alpha + P_3 \sin\beta = \rho Q_2 V_2 \beta_2 \sin\alpha - \rho Q_3 V_3 \beta_3 \cos\beta \tag{3-25}$$

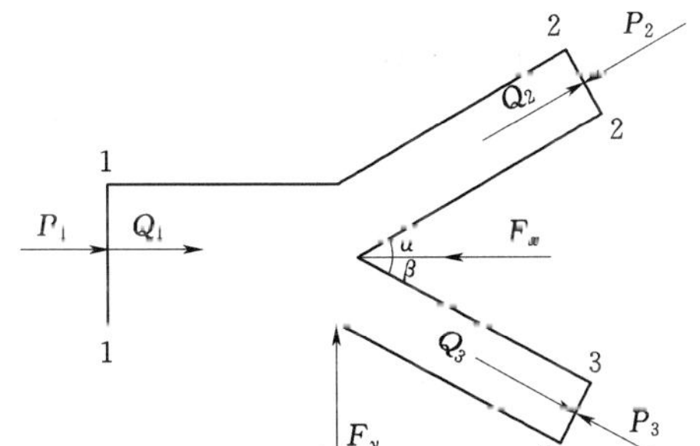

图 3-6

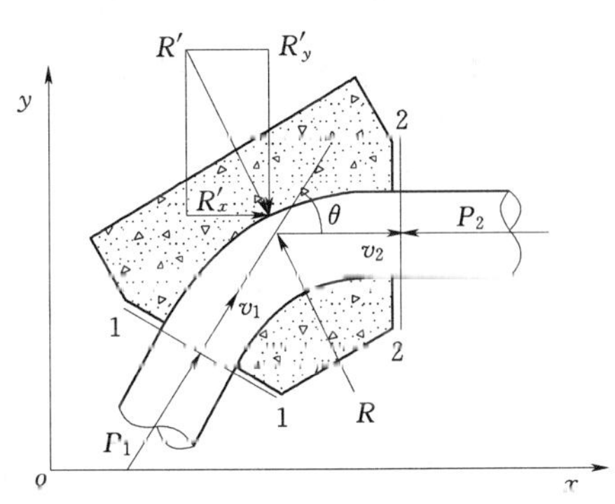

图 3-7

2. 动量方程解题步骤

(1) 如图 3-7 所示，选取断面和控制体（1—1、2—2）。

(2) 分析控制体上的受力情况（P_1、P_2、R'）。

(3) 选取坐标系（oxy）。

(4) 根据流速和作用力的分量大小，写出动量方程的分量式。

（5）联立求解动量方程。为了确定一些未知参数，在求解动量方程时，往往要与连续性方程和能量方程联立求解。

（五）运动微分方程及其积分

1. 理想流体的运动微分方程

理想流体的运动微分方程又称欧拉运动方程组，可以由牛顿第二定律推导出来：

$$f_x - \frac{1}{\rho}\frac{\partial p}{\partial x} = \frac{\mathrm{d}u_x}{\mathrm{d}t} = \frac{\partial u_x}{\partial t} + u_x\frac{\partial u_x}{\partial x} + u_y\frac{\partial u_x}{\partial y} + u_z\frac{\partial u_x}{\partial z} \tag{3-26}$$

$$f_y - \frac{1}{\rho}\frac{\partial p}{\partial y} = \frac{\mathrm{d}u_y}{\mathrm{d}t} = \frac{\partial u_y}{\partial t} + u_x\frac{\partial u_y}{\partial x} + u_y\frac{\partial u_y}{\partial y} + u_z\frac{\partial u_y}{\partial z} \tag{3-27}$$

$$f_z - \frac{1}{\rho}\frac{\partial p}{\partial z} = \frac{\mathrm{d}u_z}{\mathrm{d}t} = \frac{\partial u_z}{\partial t} + u_x\frac{\partial u_z}{\partial x} + u_y\frac{\partial u_z}{\partial y} + u_z\frac{\partial u_z}{\partial z} \tag{3-28}$$

2. 伯努利方程

（1）在一定条件下，对欧拉运动微分方程组积分可以得到伯努利方程。

$$z + \frac{p}{\gamma} + \frac{u^2}{2g} = 常数 \tag{3-29}$$

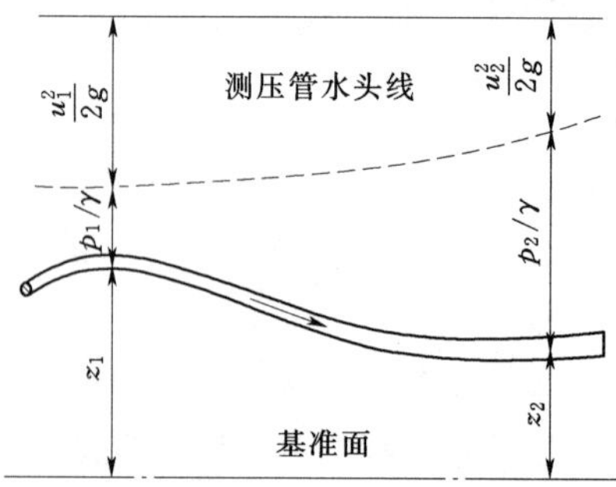

图 3-8　流线（元流）的水头变化

（2）伯努利方程适用条件：重力作用下、理想的、不可压缩流体、恒定流动、同一流线上。

（3）伯努利方程的物理意义：如图 3-8 所示，位置水头 z、压强水头 p/γ 和测压管水头 $z+p/\gamma$ 的物理意义已在第二章中介绍过，而 $u^2/2g$ 称为流速水头，是单位重量流体所具有的动能。$H=z+\frac{p}{\gamma}+\frac{u^2}{2g}$ 称为总水头，是单位重量流体的总机械能。伯努利方程的物理意义为：同一流线（元流）上的机械能守恒。

3. 黏性流体的运动微分方程：

不可压缩黏性流体的运动微分方程又称为纳维尔—斯托克斯方程组，也可以由牛顿第二定律推导出来：

$$f_x - \frac{1}{\rho}\frac{\partial p}{\partial x} + \upsilon\nabla^2 u_x = \frac{\partial u_x}{\partial t} + u_x\frac{\partial u_x}{\partial x} + u_y\frac{\partial u_x}{\partial y} + u_z\frac{\partial u_x}{\partial z} \tag{3-30}$$

$$f_y - \frac{1}{\rho}\frac{\partial p}{\partial y} + \upsilon\nabla^2 u_y = \frac{\partial u_y}{\partial t} + u_x\frac{\partial u_y}{\partial x} + u_y\frac{\partial u_y}{\partial y} + u_z\frac{\partial u_y}{\partial z} \tag{3-31}$$

$$f_z - \frac{1}{\rho}\frac{\partial p}{\partial z} + \upsilon\nabla^2 u_z = \frac{\partial u_z}{\partial t} + u_x\frac{\partial u_z}{\partial x} + u_y\frac{\partial u_z}{\partial y} + u_z\frac{\partial u_z}{\partial z} \tag{3-32}$$

方程左边分别为质量力项、压力梯度项和黏性力项，右边的加速度又称为惯性力项。

4. 黏性流体的应力

黏性流体存在 9 个应力，包括 3 个压应力和 6 个切应力，其中有 6 个独立的分量。应力与变形的本构关系式为：

$$p_{xx} = p - 2\mu\varepsilon_{xx} = p - 2\mu\frac{\partial u_x}{\partial x} \tag{3-33}$$

$$p_{yy}=p-2\mu\varepsilon_{yy}=p-2\mu\frac{\partial u_y}{\partial y} \tag{3-34}$$

$$p_{zz}=p-2\mu\varepsilon_{zz}=p-2\mu\frac{\partial u_z}{\partial z} \tag{3-35}$$

$$\tau_{xy}=\tau_{yx}=2\mu\varepsilon_{xy}=\mu\left(\frac{\partial u_y}{\partial x}+\frac{\partial u_x}{\partial y}\right) \tag{3-36}$$

$$\tau_{yz}=\tau_{zy}=2\mu\varepsilon_{yz}=\mu\left(\frac{\partial u_z}{\partial y}+\frac{\partial u_y}{\partial z}\right) \tag{3-37}$$

$$\tau_{zx}=\tau_{xz}=2\mu\varepsilon_{zx}=\mu\left(\frac{\partial u_x}{\partial z}+\frac{\partial u_z}{\partial x}\right) \tag{3-38}$$

在水力学里称 $p(x,y,z,t)=\frac{1}{3}(p_{xx}+p_{yy}+p_{zz})$ 为动水压强，其大小与作用面方位无关。

（六）液体微团运动形式与有势流动

1. 液体微团运动的基本形式

液体微团（质点）的运动与刚体不同，除了平动和旋转外，同时还有线变形和角变形。

2. 线变形

微团（质点）线变形的大小用线变形速率量度，即单位时间内在单位长度上的线变形，x、y、z 方向的线变形速率分别为：

$$\varepsilon_{xx}=\frac{\partial u_x}{\partial x},\ \varepsilon_{yy}=\frac{\partial u_y}{\partial y},\ \varepsilon_{zz}=\frac{\partial u_z}{\partial z} \tag{3-39}$$

3. 角变形

微团（质点）角变形的大小用角变率量度，即单位时间内角变形的一半，Oxy 面、Oyz 面、Ozx 面上角变率分别为：

$$\varepsilon_{xy}=\varepsilon_{yx}=\frac{1}{2}\left(\frac{\partial u_y}{\partial x}+\frac{\partial u_x}{\partial y}\right) \tag{3-40}$$

$$\varepsilon_{yz}=\varepsilon_{zy}=\frac{1}{2}\left(\frac{\partial u_z}{\partial y}+\frac{\partial u_y}{\partial z}\right) \tag{3-41}$$

$$\varepsilon_{zx}=\varepsilon_{xz}=\frac{1}{2}\left(\frac{\partial u_x}{\partial z}+\frac{\partial u_z}{\partial x}\right) \tag{3-42}$$

4. 转动

质点（微团）转动的快慢用旋转角速度量度，即单位时间内分角线的转动角度，绕 Ox 轴、Oy 轴、Oz 轴的旋转角速度分别为：

$$\omega_x=\frac{1}{2}\left(\frac{\partial u_z}{\partial y}-\frac{\partial u_y}{\partial z}\right),\quad \omega_y=\frac{1}{2}\left(\frac{\partial u_x}{\partial z}-\frac{\partial u_z}{\partial x}\right),\quad \omega_z=\frac{1}{2}\left(\frac{\partial u_y}{\partial x}-\frac{\partial u_x}{\partial y}\right) \tag{3-43}$$

流体微团旋转角速度与流速矢量的关系为：

$$\vec{\omega}=\omega_x\vec{i}+\omega_y\vec{j}+\omega_z\vec{k}=\frac{1}{2}\text{rot}\,\vec{u}=\frac{1}{2}\nabla\vec{u}=\frac{1}{2}\begin{vmatrix}\vec{i} & \vec{j} & \vec{k}\\ \dfrac{\partial}{\partial x} & \dfrac{\partial}{\partial y} & \dfrac{\partial}{\partial z}\\ u_x & u_y & u_z\end{vmatrix} \tag{3-44}$$

5. 有旋流动和无旋流动

有旋流动是流体微团绕自身某一轴旋转的流动，旋转角速度 ω_x、ω_y 和 ω_z 至少有一个不为 0。无旋流动是流体微团不绕自身轴旋转的流动，其旋转角速度 $\vec{\omega}=0$，即

$$\frac{\partial u_z}{\partial y}=\frac{\partial u_y}{\partial z},\quad \frac{\partial u_x}{\partial z}=\frac{\partial u_z}{\partial x},\quad \frac{\partial u_y}{\partial x}=\frac{\partial u_x}{\partial y} \tag{3-45}$$

无旋流动一定是有势流动（简称为势流），有势流动一定存在一个速度势函数。

6. 平面势流的流速势函数

（1）流速势函数 $\varphi(x, y, t)$ 存在的条件是流动为无旋流（势流）。

$$\frac{\partial u_y}{\partial x}=\frac{\partial u_x}{\partial y} \tag{3-46}$$

（2）流速势函数和流速的关系为

$$u_x=\frac{\partial \varphi}{\partial x},\quad u_y=\frac{\partial \varphi}{\partial y} \tag{3-47}$$

（3）不可压缩流体的平面无旋流动的流速势函数满足拉普拉斯方程。

$$\frac{\partial^2 \varphi}{\partial x^2}+\frac{\partial^2 \varphi}{\partial y^2}=0 \tag{3-48}$$

7. 平面势流的流函数

（1）流函数存在条件是流动满足不可压缩流体连续性方程。

$$\frac{\partial u_x}{\partial x}+\frac{\partial u_y}{\partial y}=0 \tag{3-49}$$

（2）流函数与流速的关系为

$$u_x=\frac{\partial \psi}{\partial y},\quad u_y=-\frac{\partial \psi}{\partial x} \tag{3-50}$$

（3）不可压缩流体的平面无旋流动的流函数满足拉普拉斯方程。

$$\frac{\partial^2 \psi}{\partial x^2}+\frac{\partial^2 \psi}{\partial y^2}=0 \tag{3-51}$$

（4）同一流线上流函数值相等，所以等流函数曲线 $\psi(x, y, t)=C$ 就是一条流线，而不同流线的流函数值不同。

（5）两条流线的流函数值之差等于同一时刻这两条流线之间的单宽流量，即

$$q=\psi_2-\psi_1 \tag{3-52}$$

其中“单宽”是指在与流动平面相垂直的方向上为单位宽度。

8. 流网

平面势流的流线与等势线正交。等势线族与流线族交织成的正交网格称为流网。流网不仅可以显示流动的方向，也可以显示流速的大小。因为两条流线之间流量不变，所以流线较密集的地方流速较大。

9. 欧拉积分方程

$$z+\frac{p}{\gamma}+\frac{u^2}{2g}=\text{常数} \tag{3-53}$$

适用条件：恒定流、有势流（无旋流）、质量力仅为重力，适用范围为整个流场。

三、例题分析解答

【例 3－1】 已知流速场 $\vec{u}=(6+2xy+t^2)\vec{i}-(xy^2+10t)\vec{j}+25\vec{k}$，求空间点 M（3，0，2)在 $t=1$ 时的加速度。

解： $a_x=\frac{\partial u_x}{\partial t}+u_x\frac{\partial u_x}{\partial x}+u_y\frac{\partial u_x}{\partial y}+u_z\frac{\partial u_x}{\partial z}=2t+2y(6+2xy+t^2)-2x(xy^2+10t)$

$$a_x|_{M,t}=2+2\times 0\times(6+2\times 3\times 0+1^2)-2\times 3(3\times 0+10\times 1)=-58$$

同理 $a_y|_{M,t}=-10$，$a_z|_{M,t}=0$， $\vec{a}=-58\vec{i}-10\vec{j}$

【例 3－2】 图 3－9 所示收缩管段长 l=60cm，管径 D=30cm，d=15cm，通过流量Q=0.3m^3/s。如果逐渐关闭闸门，使流量线性减小，在 30s 内流量减为零。求在关闭闸门的第 10 秒时，A 点的加速度和 B 点的加速度（假设断面上流速均匀分布）。

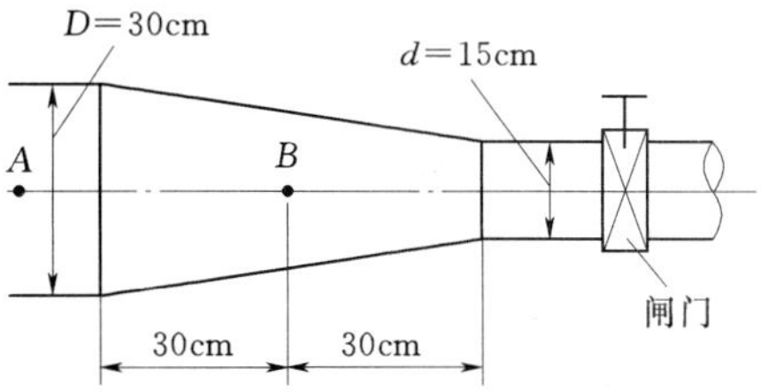

图 3－9

解： 流量线性减小，管中流量随时间变化的表达式为

$$Q=0.3\left(1-\frac{t}{30}\right)=0.3-0.01t$$

对于 A 点所在的均匀流管段，管内流速为

$$u=\frac{Q}{\frac{1}{4}\pi D^2}=\frac{4\times(0.3-0.01t)}{\pi\times 0.3^2}$$

$$\frac{\partial u}{\partial x}=0,\quad \frac{\partial u}{\partial t}=\frac{-0.01\times 4}{\pi\times 0.3^2}$$

$$a_A=\frac{\partial u}{\partial t}+u\frac{\partial u}{\partial x}=-0.1415\ \mathrm{m/s^2}\quad（与时间无关）$$

对于 B 点所在的非均匀流管段，管内流速为

$$u=\frac{Q}{\frac{1}{4}\pi d_x^2}=\frac{4\times(0.3-0.01t)}{\pi\times(0.3-0.25x)^2}$$

$$\frac{\partial u}{\partial x}=\frac{2(0.3-0.01t)}{\pi(0.3-0.25x)^3},\quad \frac{\partial u}{\partial t}=\frac{-0.01\times 4}{\pi(0.3-0.25x)^2}$$

$$a_B=\left(\frac{\partial u}{\partial t}+u\frac{\partial u}{\partial x}\right)_{t=10,x=0.3}=56\mathrm{m/s^2}$$

【例 3－3】 试求下列各种不同流速分布的流线和迹线。

(1) $u_x=\frac{-cy}{x^2+y^2},u_y=\frac{cx}{x^2+y^2},u_z=0$ 。

(2) $u_x=x^2-y^2,u_y=-2xy,u_z=0$ 。

解： (1) $\frac{\mathrm{d}x}{u_x}=\frac{\mathrm{d}y}{u_y}\Rightarrow\frac{\mathrm{d}x}{\frac{-cy}{x^2+y^2}}=\frac{\mathrm{d}y}{\frac{cx}{x^2+y^2}}\Rightarrow x^2+y^2=c'$

流线为圆心在原点的同心圆，恒定流迹线与流线重合。

(2) $\dfrac{dx}{x^2-y^2}=\dfrac{dy}{-2xy}\Rightarrow -2xydx-(x^2-y^2)dy=0\Rightarrow d(-3x^2y+y^3)=0\Rightarrow$ $y^2-3x^2y=c$

恒定流流线与迹线重合。

【例 3-4】 已知流体的速度分布为 $u_x=1-y, u_y=t$ 。求 $t=1$ 时过（0，0）点的流线及 $t=0$ 时位于（0，0）点的质点轨迹。

解：(1) 流线

$$\frac{dx}{1-y}=\frac{dy}{t}\Rightarrow y^2-2y+2tx+c=0\ (t\ 为参数)$$

由 $t=1$，$x=0$，$y=0$ 代入得：$c=0$。故所求流线方程为

$$y^2-2y+2x=0$$

(2) 先由迹线方程

$$\frac{dy}{u_y}=\frac{dy}{t}=dt$$

解得：

$$y=\frac{t^2}{2}+c_1\ (t\ 为变量)$$

将上式代入迹线方程

$$\frac{dx}{u_x}=\frac{dx}{1-y}=dt$$

解得：　$dx=(1-y)dt=\left(1-\dfrac{t^2}{2}-c_1\right)dt,\ x=(1-c_1)t-\dfrac{t^3}{6}+c_2$

$t=0, x=0, y=0\Rightarrow c_1=0, c_2=0$ 所求迹线方程为，$\begin{cases} x=t-\dfrac{t^3}{6} \\ y=\dfrac{t^2}{2} \end{cases}$

【例 3-5】 有一底坡较陡的渠道如图 3-10 所示，水流为恒定均匀流，设 A 点距水面的铅直水深为 3.5m。以过 B 点的水平面为基准面计算 A 点的位置水头、压强水头、测压管水头并在图上标明。

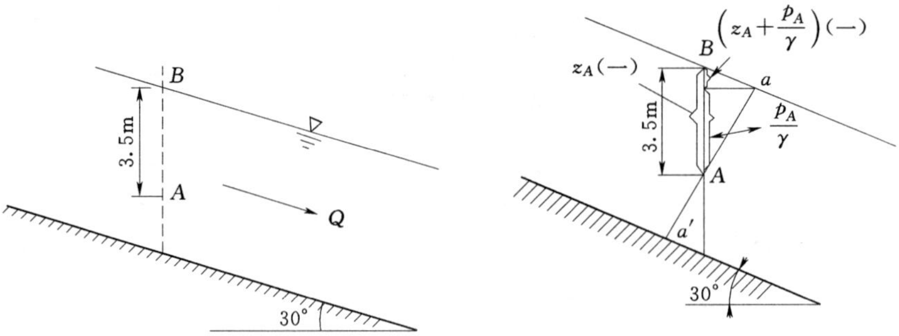

图 3-10

解：过 A 点取过水断面 $a—a'$，以 B 点为基准面

$$z_A=-3.5\text{m}, z_a=-(3.5-3.5\times\cos^2 30°)=-0.875(\text{m})$$

过水断面 $a—a'$ 的压强符合静水压强分布，各点测压管水头相等：

$$z_A+\frac{p_A}{\gamma}=z_a+0=-0.875(\text{m})$$

$$\frac{p_A}{\gamma}=z_a-z_A=3.5\times\cos^2 30°=2.625(\text{m})$$

【例 3-6】 如图 3-11 所示，水流从水箱经过管径 $d_1=5\text{cm}$，$d_2=2.5\text{cm}$ 的管道在 C 处流入大气，已知出口断面平均流速为 1m/s，求 AB 管段的断面平均流速。

解：根据总流连续性方程

$$A_1v_1=A_2v_2\Rightarrow v_1=\frac{A_2}{A_1}v_2=\left(\frac{d_2}{d_1}\right)^2 v_2=\left(\frac{2.5}{5}\right)^2\times 1=0.25(\text{m/s})$$

【例 3-7】 对于不可压缩液体，下面的流动是否满足连续性条件？

(1) $u_x=2t+2x+2y, u_y=t-y-z, u_z=t+x-z$

(2) $u_x=x^2+xy-y^2, u_y=x^2+y^2, u_z=0$

(3) $u_x=2\ln(xy), u_y=-3\dfrac{y}{x}, u_z=4$

解：(1) $\dfrac{\partial u_x}{\partial x}+\dfrac{\partial u_y}{\partial y}+\dfrac{\partial u_z}{\partial z}=2-1-1=0$，满足。

(2) $\dfrac{\partial u_x}{\partial x}+\dfrac{\partial u_y}{\partial y}+\dfrac{\partial u_z}{\partial z}=2x+y+2y+0=2x+3y\neq 0$，不满足。

(3) $\dfrac{\partial u_x}{\partial x}+\dfrac{\partial u_y}{\partial y}+\dfrac{\partial u_z}{\partial z}=\dfrac{2}{xy}y+\left(-\dfrac{3}{x}\right)+0\neq 0$，不满足。

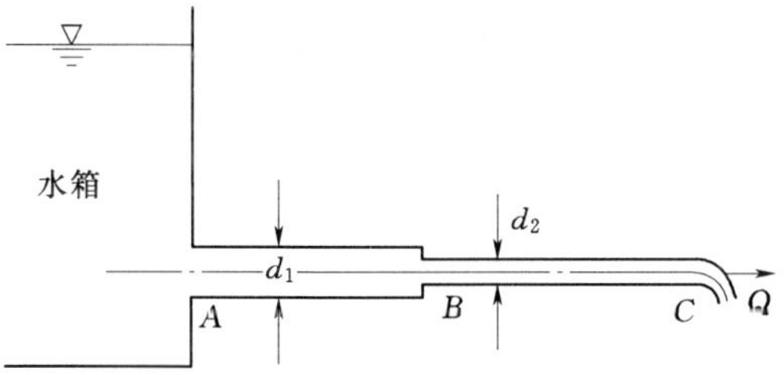

图 3-11

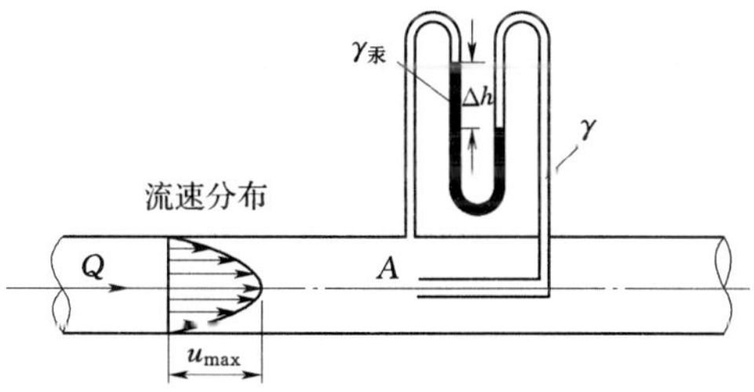

图 3-12

【例 3-8】 如图 3-12 所示，某一压力水管安有带水银比压计的毕托管，比压计中水银面的高差 $\Delta h=2\text{cm}$，求 A 点的流速 u_A。

解：$\dfrac{u_A^2}{2g}=\dfrac{\gamma_H-\gamma}{\gamma}\Delta h$

$$u_A=\sqrt{2\times 9.8\times\left(\frac{13.6-1}{1}\right)\times 0.02}=2.22(\text{m/s})$$

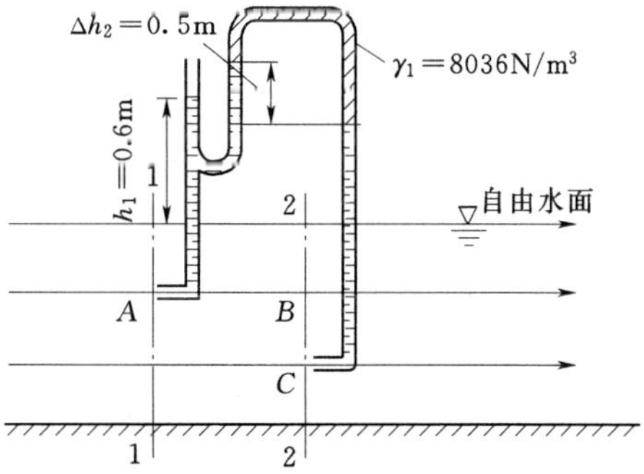

图 3-13

【例 3-9】 在一宽浅式明渠中产生均匀流，现用和比压计相连的两根毕托管量测流速，已知 A、B、C 各点位置如图 3-13 所示，$\gamma_1=8036\ \text{N/m}^3$。

当毕托管位于 A、B 两点时比压计中的液面差 $\Delta h_1=0.3\text{m}$，$h_1=0.6\text{m}$，当毕托管位于 A、C 两点时比压计中的液面差 $\Delta h_2=0.5\text{m}$。求 C 点的流速 u_C 。

解：根据 A 点的毕托管水头求 A 点速度：

$$\frac{u_A^2}{2g}=h_1,\quad u_A=\sqrt{2gh_1}=\sqrt{2\times9.8\times0.6}=3.43(\text{m/s})$$

当毕托管处于 A、B 两点时有：

$$z_A+\frac{p_A}{\gamma}+\frac{u_A^2}{2g}-\left(z_B+\frac{p_B}{\gamma}+\frac{u_B^2}{2g}\right)=\frac{\gamma-\gamma_1}{\gamma}\Delta h_1 \tag{1}$$

当毕托管处于 A、C 两点时有：

$$z_A+\frac{p_A}{\gamma}+\frac{u_A^2}{2g}-\left(z_C+\frac{p_C}{\gamma}+\frac{u_C^2}{2g}\right)=\frac{\gamma-\gamma_1}{\gamma}\Delta h_2 \tag{2}$$

由（1）－（2）得：$\left(z_C+\frac{p_C}{\gamma}\right)-\left(z_B-\frac{p_B}{\gamma}\right)+\frac{u_C^2}{2g}-\frac{u_B^2}{2g}=\frac{\gamma-\gamma_1}{\gamma}(\Delta h_1-\Delta h_2)$

由于流动为均匀流 $z_C+\frac{p_C}{\gamma}=z_B+\frac{p_B}{\gamma},u_A=u_B$ ，则得：

$\frac{u_C^2}{2g}=\frac{\gamma-\gamma_1}{\gamma}(\Delta h_1-\Delta h_2)+\frac{u_B^2}{2g}$ 代入数据解得：$u_C=3.325\text{m/s}$

【例 3－10】 圆管水流如图 3－14 所示，已知：$d_A=0.2\text{m}$，$d_B=0.4\text{m}$，$p_A=6.86\text{N/cm}^2$，$p_B=1.96\text{N/cm}^2$，$v_B=1\text{m/s}$，$\Delta z=1\text{m}$。试问：（1）AB 间水流的单位能量损失 h_w 为多少米水头？（2）水流流动方向是由 A 到 B，还是由 B 到 A？

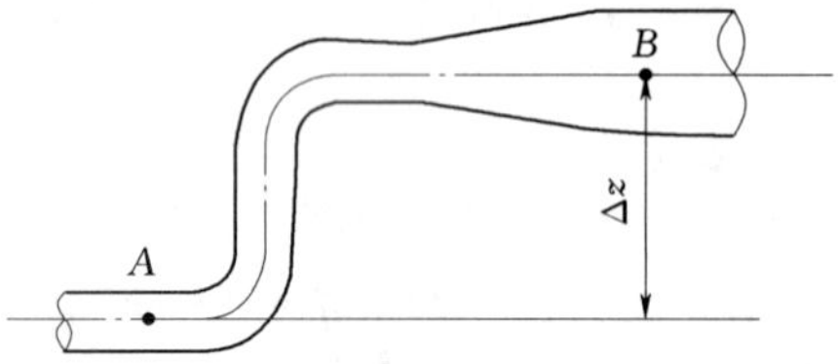

图 3－14

解：设水流由 B 到 A

则根据能量方程有：

$$h_{wAB}=\left(z_B+\frac{p_B}{\gamma}+\frac{\alpha_B v_B^2}{2g}\right)-\left(z_A+\frac{p_A}{\gamma}+\frac{\alpha_A v_A^2}{2g}\right)$$

$$=\left(1+\frac{1.96\times10^4}{9800}+\frac{1^2}{2\times9.8}\right)-\left\{0+\frac{6.86\times10^4}{9800}+\frac{\left[1\times\left(\frac{0.4}{0.2}\right)^2\right]^2}{2\times9.8}\right\}=-4.765\text{m}<0$$

假设错误，水流由 A 到 B，单位能量损失 h_w 为 4.765m 水头。

【例 3－11】 有一渐变管，与水平面的倾角为 45°，其装置如图 3－15 所示。1—1 断面的管径 $d_1=200\text{mm}$，2—2 断面的管径 $d_2=100\text{mm}$，两断面间距 $l=2\text{m}$，若重度 γ' 为 8820N/m^3 的油通过该管段，在 1—1 断面处的流速 $v_1=2\text{m/s}$，水银测压计中的液位差 $h=20\text{cm}$。试求：（1）1—1 断面到 2—2 断面的水头损失 h_{w1-2} ；（2）判断液流流向；（3）1—1 断面与 2—2 断面的压强差。

解：1—1 断面与 2—2 断面的测压管水头差为

$$\left(z_1+\frac{p_1}{\gamma}\right)-\left(z_2+\frac{p_2}{\gamma}\right)=\frac{\gamma_H-\gamma'}{\gamma}h$$

$$=\frac{133230-8820}{8820}\times0.2=2.82\text{m 油柱高}$$

压强差 $\frac{p_1-p_2}{\gamma}=z_2-z_1+2.82=\sqrt{2}+2.82=4.23\text{m}$ 油柱高

设液流从 2—2 断面流向 1—1 断面，则

$$h_w=\left(z_2+\frac{p_2}{\gamma}+\frac{\alpha_2 v_2^2}{2g}\right)-\left(z_1+\frac{p_1}{\gamma}+\frac{\alpha_1 v_1^2}{2g}\right)$$

$$=\left(z_2+\frac{p_2}{\gamma}\right)-\left(z_1+\frac{p_1}{\gamma}\right)+\frac{\alpha_2 v_2^2}{2g}-\frac{\alpha_1 v_1^2}{2g}=-\frac{\gamma_H-\gamma'}{\gamma}h+\frac{v_2^2-v_1^2}{2g}$$

$$=-\frac{133230-8820}{8820}\times0.2+\frac{8^2-2^2}{2\times9.8}=-2.82+3.06=0.24\text{m 油柱高}>0$$

假设正确，液流从 2—2 断面流向 1—1 断面。

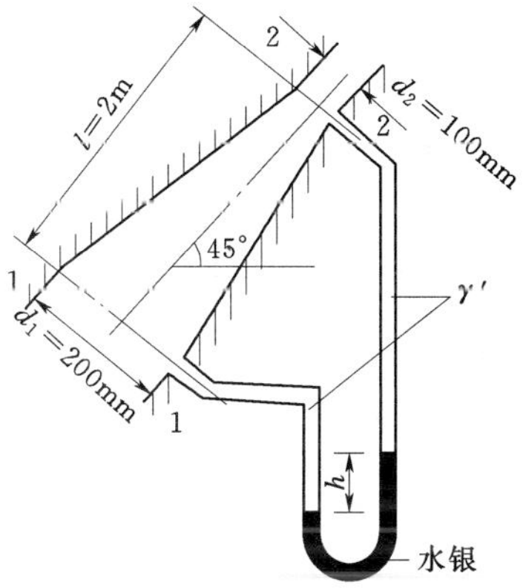

图 3-15

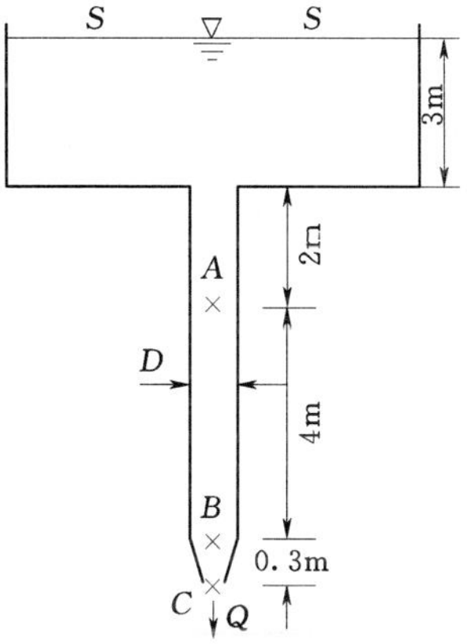

图 3-16

【例 3-12】 铅直管如图 3-16 所示，直径 $D=10$cm，出口直径 $d=5$cm，水流流入大气，其他尺寸如图所示。若不计水头损失，求 A、B、C 3 点的压强。

解： 以 C—C 面为基准面，水面 S—S 至 C—C 面的能量方程为：

$$z_S+\frac{p_S}{\gamma}+\frac{v_S^2}{2g}=z_C+\frac{p_C}{\gamma}+\frac{v_C^2}{2g}$$

$9.3+0+0=0+\frac{p_C}{\gamma}+\frac{\alpha_C v_C^2}{2g}$ $\alpha_C\approx1$，自由出流：$p_C=0$

$v_C=\sqrt{2\times9.8\times9.3}=13.5$ (m/s)

$v_A=v_B=v_C\left(\frac{d}{D}\right)^2=13.5\times\left(\frac{5}{10}\right)^2=3.375$ (m/s)

水面至 A—A 断面能量方程为：

$$z_S+\frac{p_S}{\gamma}+\frac{v_S^2}{2g}=z_A+\frac{p_A}{\gamma}+\frac{v_A^2}{2g}$$

$$9.3=4.3+\frac{p_A}{\gamma}+\frac{v_A^2}{2g}\Rightarrow\frac{p_A}{\gamma}=5-\frac{3.375^2}{2\times9.8}=4.42\text{m 水柱}$$

$$p_A=9.8\times4.42=43.3\ (\text{kN/m}^2)$$

水面至 B—B 面能量方程为：

$$z_S+\frac{p_S}{\gamma}+\frac{v_S^2}{2g}=z_B+\frac{p_B}{\gamma}+\frac{v_B^2}{2g}$$

$$0.3+\frac{p_B}{\gamma}+\frac{v_B^2}{2g}=9.3, p_B=9.8\times\left(9-\frac{3.375^2}{2\times 9.8}\right)=82.50\ (\mathrm{kN/m^2})$$

【例 3-13】 如图 3-17 所示，溢流坝过水的单宽流量 $q=29.8\mathrm{m^3/s\cdot m}$，已知 1—1 断面到 c—c 断面过坝水流的水头损失 $h_w=0.08\frac{v_c^2}{2g}$。求 h_c 及 v_c。

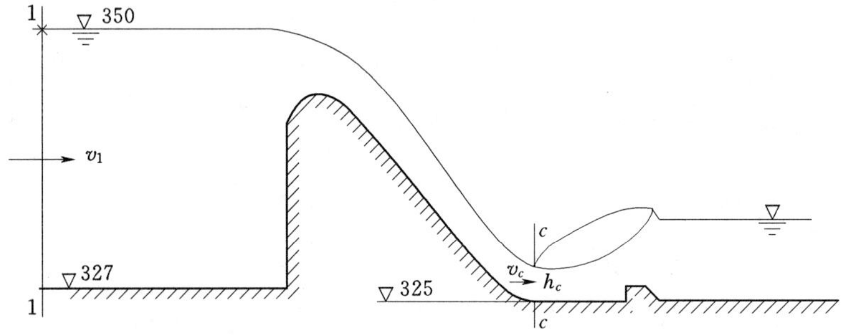

图 3-17

解： $$v_1=\frac{q}{h_1}=\frac{29.8}{350-327}=1.30\ (\mathrm{m/s})$$

1—1 和 c—c 断面能量方程为：

$$z_1+\frac{p_1}{\gamma}+\frac{v_1^2}{2g}=z_c+\frac{p_c}{\gamma}+\frac{v_c^2}{2g}+h_{w1-c}$$

$$350-325+0+\frac{\alpha v_1^2}{2g}=h_c+0+\frac{\alpha_c v_c^2}{2g}+0.08\frac{v_c^2}{2g}$$

由连续性方程：

$$q=h_c v_c=29.8\ \mathrm{m^3/s\cdot m}$$

联立求解得：

$$v_c=20.7\mathrm{m/s}, h_c=\frac{q}{v_c}=\frac{29.8}{20.7}=1.44(\mathrm{m})$$

【例 3-14】 图 3-18 所示为一抽水装置。利用喷射水流在喉道断面上造成的负压，可将容器 M 中的积水抽出。已知 H、b、h，如不计水头损失，喉道断面面积 A_1 与喷嘴出口断面面积 A_2 之间应满足什么条件才能使抽水装置开始工作？

解： 由水面至 1—1 断面能量方程得：

$$h+b=\frac{\left(\frac{Q}{A_1}\right)^2}{2g}$$

由水面至 2—2 断面能量方程得：

$$H=\frac{\left(\frac{Q}{A_2}\right)^2}{2g}$$

两式相比得：

$$\frac{A_2}{A_1}=\sqrt{\frac{h+b}{H}}$$

类题思考：不计水头损失，如果 $\frac{A_2}{A_1}$ 大于、等于、小于 $\sqrt{\frac{h}{H}}$ 会出现什么情况？

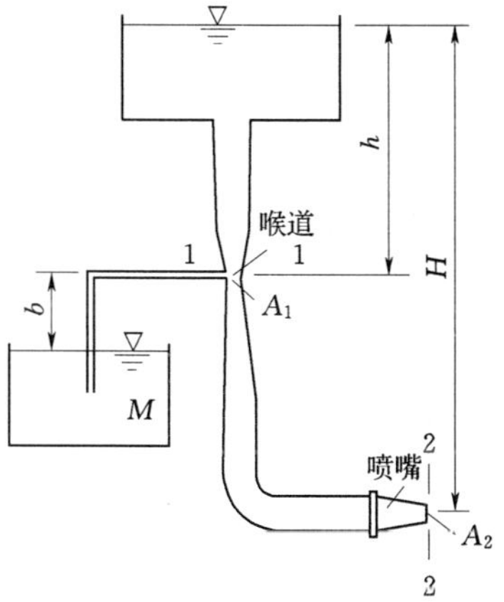

图 3-18

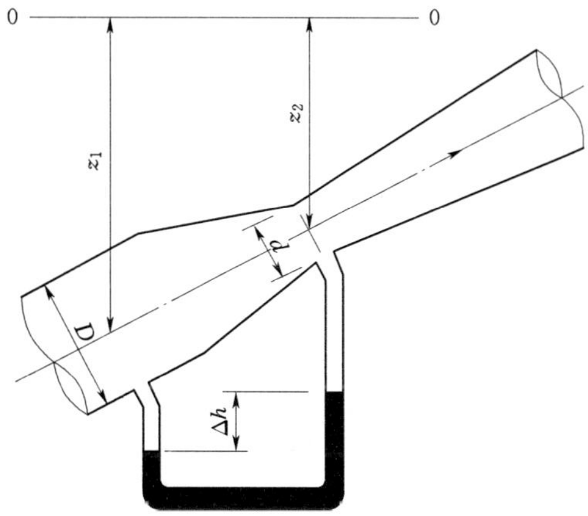

图 3-19

【例 3-15】 文透里流量计装置如图 3-19 所示，$D=5\text{cm}$，$d=2.5\text{cm}$，流量系数 $\mu=0.95$，在水银比压计上读得 $\Delta h=20\text{cm}$。试求：(1) 管中所通过的流量；(2) 若文透里管倾斜放置的角度发生变化时（其他条件均不变），问通过的流量有无变化？

解：由能量方程得：　$Q=\mu k\sqrt{\frac{\gamma_H-\gamma}{\gamma}\Delta h}$

$$k=\frac{\pi\sqrt{2g}}{4}\frac{d^2}{\sqrt{1-\left(\frac{d}{D}\right)^4}}=\frac{3.14\times\sqrt{2\times9.8}}{4}\times\frac{0.025^2}{\sqrt{1-(2.5/5)^4}}=0.00224$$

$$Q=0.95\times0.00224\times\sqrt{12.6\times0.2}=3.38\times10^{-3}\ (\text{m}^3/\text{s})$$

【例 3-16】 如图 3-20 所示，水从 $d_1=0.6\text{m}$ 水管进入一水力机械，其入口压强 $p_1=147.1\text{kN/m}^2$，出口后流入一个 $d_2=0.9\text{m}$ 的水管，此处 $p_2=34.32\text{kN/m}^2$，$Q=450\text{L/s}$，设其间能量损失 $h_{w1-2}=0.14\frac{v_1^2}{2g}$，求水流供给水力机械的功率。

解：$v_1=\frac{4Q}{\pi d_1^2}=\frac{4\times0.45}{0.6^2\pi}=1.59$ (m/s)，$v_2=\frac{4Q}{\pi d_2^2}=\frac{4\times0.45}{0.9^2\pi}=0.71$ (m/s)

由能量方程得：

$$z_1+\frac{p_1}{\gamma}+\frac{\alpha_1 v_1^2}{2g}-H_m=z_2+\frac{p_2}{\gamma}+\frac{\alpha_2 v_2^2}{2g}+h_{w1-2}$$

代入已知数据算得：

$$H_m=13.59\text{m}$$

功率：　$N=H_m Q\gamma=13.59\times0.45\times9800=59.9$ (kW)

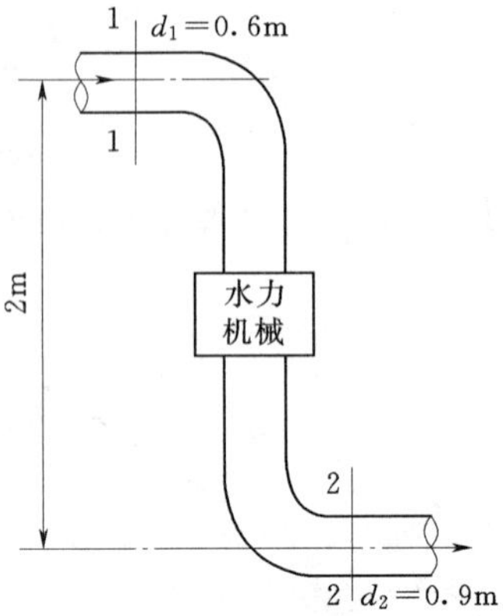

图 3-20

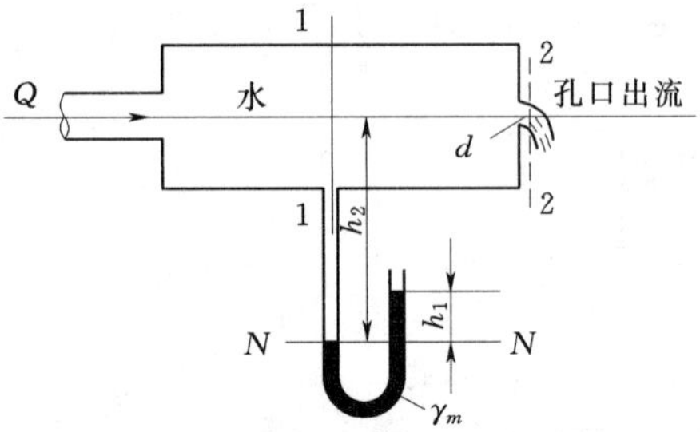

图 3-21

【例 3-17】 在测定流量用的密闭水箱中开一直径 $d=2$cm 的孔口，为了测定水箱中的压强，安置了一个 U 形水银测压管，如图 3-21 所示，设 $h_1=4.0$cm，$h_2=20.0$cm，孔口流量系数 $\mu=\frac{A_2}{A}\frac{1}{\sqrt{\alpha_2+\zeta}}=0.6$，水头损失为 $h_w=\zeta\frac{v_2^2}{2g}$。求恒定流的流量 Q（设水箱的断面面积比孔口断面面积大得多）。

解： 管中心压强 $p_1=\gamma_m h_1-\gamma h_2\Rightarrow\frac{p_1}{\gamma}=\frac{\gamma_m h_1-\gamma h_2}{\gamma}=0.344$m 水柱

列 1—1 断面和 2—2 断面能量方程：

$$\frac{p_1}{\gamma}+\frac{\alpha_1 v_1^2}{2g}=\frac{\alpha_2 v_2^2}{2g}+h_w,\ \frac{\alpha_1 v_1^2}{2g}\approx 0$$

解得：

$$v_2=\frac{1}{\sqrt{\alpha_2+\zeta}}\sqrt{2g\frac{p_1}{\gamma}}$$

$$Q=A_2 v_2=A_2\frac{1}{\sqrt{\alpha_2+\zeta}}\sqrt{2g\frac{p_1}{\gamma}}=A\mu\sqrt{2g\frac{p_1}{\gamma}}$$

代入数据解得： $Q=4.9\times10^{-4}\text{m}^3/\text{s}$

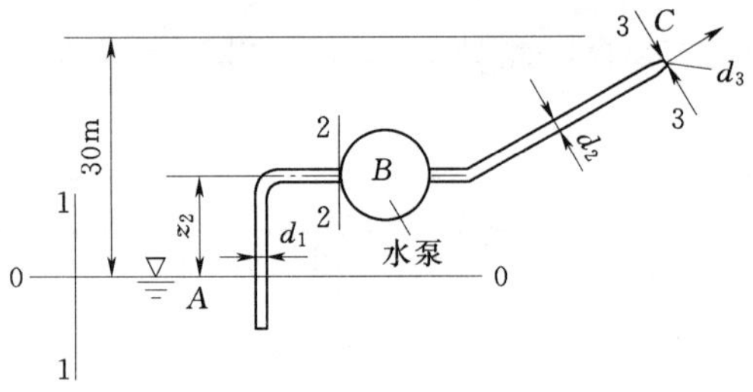

图 3-22

【例 3-18】 如图 3-22 所示，一水泵产生水头 $H_p=50$m，水泵吸水管从水池 A 处吸水，吸水管直径 $d_1=150$mm，所产生的水头损失为 $5\frac{v_1^2}{2g}$，v_1 为吸水管平均流速，水泵安装高程 $z_2=2$m，出水管直径 $d_2=100$mm，末端接一管嘴，直径 $d_3=76$mm，管嘴中心距吸水池水面高 30m，出水管所产生的水头损失为 $12\frac{v_2^2}{2g}$，v_2 为出水管断面平均流速，计算：(1) 管嘴 C 点的射流流速 v；(2) 水泵入口处 B 点的压强。

解： 以 0—0 为基准面，1—1 断面和 3—3 断面能量方程为：

$$H_p = 30 + \frac{\alpha_3 v_3^2}{2g} + h_{w1} + h_{w2}$$

得：
$$50 = 30 + \frac{v_3^2}{2g} + 5\frac{v_1^2}{2g} + 12\frac{v_2^2}{2g}$$

而 $v_1 = \left(\frac{d_3}{d_1}\right)^2 v_3, v_2 = \left(\frac{d_3}{d_2}\right)^2 v_3$ 代入并解得：$v_3 = 8.76\text{m/s}$，$v_1 = 2.19\text{m/s}$

由 1—1 断面和 2—2 断面能量方程得：$0 = z_2 + \frac{p_B}{\gamma} + \frac{\alpha v_1^2}{2g} + 5\frac{v_1^2}{2g}$

代入数据计算得： $p_B = -9.8\times 3.47 \approx -34\text{kN/m}^2$

【例 3-19】 嵌入支座内的一段输水管，其直径由 d_1 为 1.5m 变化到 d_2 为 1m（图 3-23），当支座前的压强 $p=4$ 个大气压（相对压强），流量 Q 为 $1.8\text{m}^3/\text{s}$ 时，试确定渐变段支座所受的轴向力 R。不计水头损失。

解：取如图 3-24 所示的脱离体：

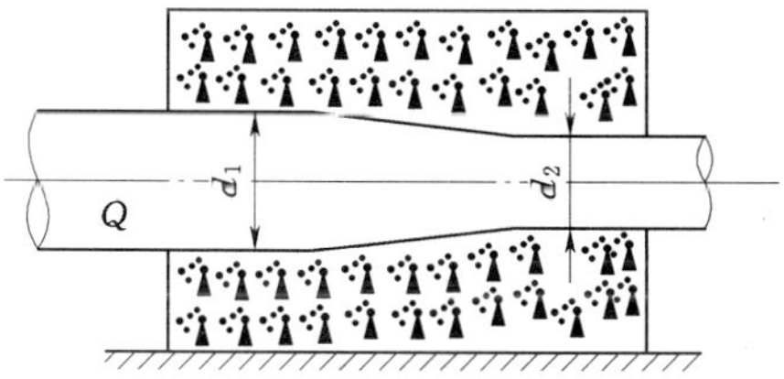

图 3-23

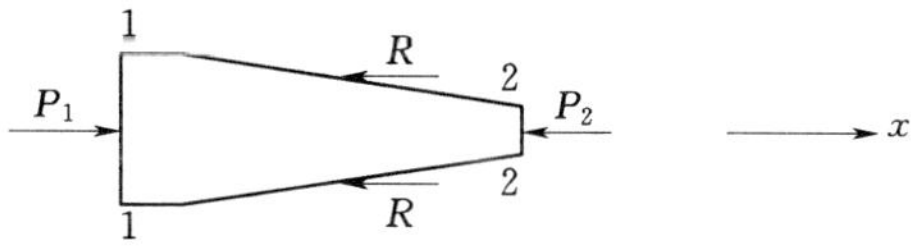

图 3-24

由 1—1 断面和 2—2 断面能量方程得：

$$\frac{p_1}{\gamma} + \frac{\alpha_1 v_1^2}{2g} = \frac{p_2}{\gamma} + \frac{\alpha_2 v_2^2}{2g} \quad 取\ \alpha_1 \approx \alpha_2 = 1$$

$$v_1 = \frac{Q}{\frac{1}{4}\pi d_1^2} = \frac{1.8}{\frac{1}{4}\pi\times 1.5^2} = 1.02\ (\text{m/s}),\quad v_2 = \frac{1.8}{\frac{1}{4}\pi\times 1^2} = 2.29\ (\text{m/s})$$

即：
$$40 + \frac{1.02^2}{2\times 9.8} = \frac{p_2}{\gamma} + \frac{2.29^2}{2\times 9.8}$$

解得：
$$p_2 = 389.9\text{kN/m}^2$$

由动量方程得：$P_1 - P_2 - R = \rho Q(\alpha'_2 v_2 - \alpha'_1 v_1)$ 取 $\alpha'_1 \approx \alpha'_2 \approx 1$

得：
$$R = P_1 - P_2 - \rho Q(v_2 - v_1)$$

$$R = 40\times 9.8\times\frac{1}{4}\pi\times 1.5^2 - 389.9\times\frac{1}{4}\pi\times 1^2 - 1\times 1.8\times(2.29-1.02) = 384.0(\text{kN})$$

支座所受的轴向力与支座对水流的轴向力大小相等，方向相反。

【例 3-20】 一水平管道末端装一向上弯曲的喷嘴，转角 $\alpha=45°$，喷嘴的进口直径 $d_A=0.20\text{m}$，出口直径 $d_B=0.10\text{m}$，出口断面平均流速 $v_B=10\text{m/s}$，两断面中心 A、B 的高差 $\Delta z=0.2\text{m}$，通过喷嘴的水头损失 $h_w = 0.5\frac{v_B^2}{2g}$，喷嘴中水重 $G=196\text{N}$，求水流作用于喷嘴上的作用力 F。

解：取如图 3-25 所示脱离体，由 A—B 两断面能量方程得：

$$\frac{p_A}{\gamma}+\frac{\alpha_A v_A^2}{2g}=\Delta z+\frac{p_B}{\gamma}+\frac{\alpha_B v_B^2}{2g}+0.5\frac{v_B^2}{2g}$$

取 $\alpha_A \approx \alpha_B \approx 1, \frac{p_B}{\gamma}=0$ 代入已知数据解得：

$$p_A=73835\text{N/m}^2$$

由 x 方向动量方程：

$$P_A-R_x=\rho Q(v_{Bx}-v_A)\Rightarrow R_x=P_A-\frac{\gamma}{g}Q(v_B\cos45°-v_A)$$

解得：
$$R_x=1960.6\text{N}$$

由 y 方向动量方程：

$$-G+R_y=\rho Q(v_{By}-0)\Rightarrow R_y=\rho Q v_B\sin45°+G$$

解得：
$$R_y=751.4\text{N}, R=\sqrt{R_x^2+R_y^2}=2.1\text{kN}, \theta=\arctan\frac{R_y}{R_x}=21°$$

水流作用于喷嘴上的作用力 F 与 R 大小相等，方向相反。

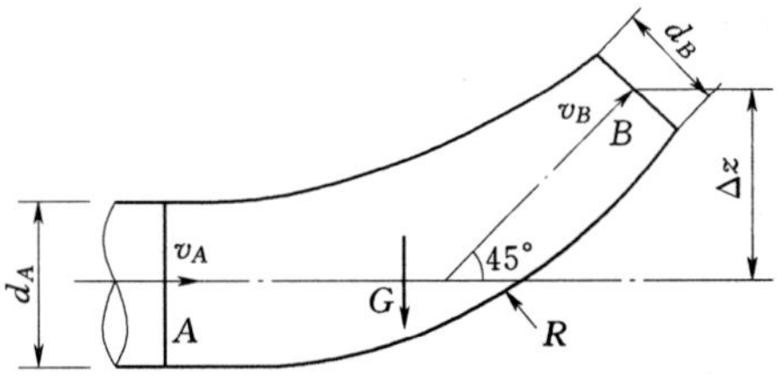

图 3-25

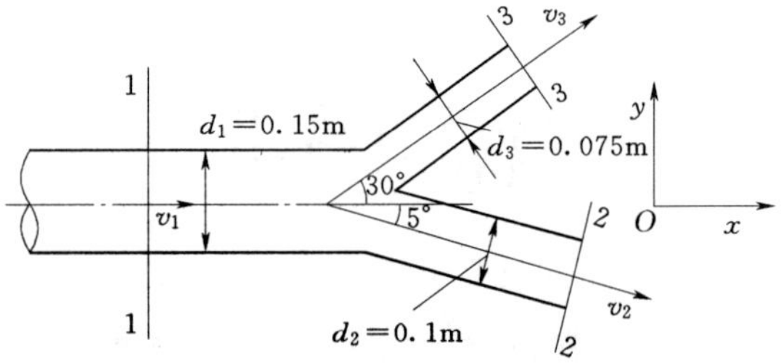

图 3-26

【例 3-21】 主管水流经过一非对称分岔管，由两短支管射出，管路布置如图 3-26 所示。出流速度 v_2、v_3 为 10m/s，主管和两支管在同一水平面内，忽略阻力。(1) 求水体作用在管体上的 x 和 y 方向力的大小；(2) 管径为 10cm 支管应与 x 轴交成何角度才使作用力的方向沿着主管轴线？

解：(1)
$$Q_2=v_2\frac{\pi d_2^2}{4}=10\times\frac{3.14\times0.1^2}{4}=0.0785\ (\text{m}^3/\text{s})$$

$$Q_3=v_3\frac{\pi d_3^2}{4}=10\times\frac{3.14\times0.075^2}{4}=0.0442\ (\text{m}^3/\text{s})$$

$$Q_1=Q_2+Q_3=0.1227\ (\text{m}^3/\text{s})$$

$$v_1=\frac{Q_1}{\frac{1}{4}\pi d_1^2}=\frac{0.1227}{\frac{1}{4}\times3.14\times0.15^2}=6.947\ (\text{m/s})$$

由 1—1 断面和 2—2 断面能量方程得：

$\frac{p_1}{\gamma}+\frac{\alpha_1 v_1^2}{2g}=\frac{p_2}{\gamma}+\frac{\alpha_2 v_2^2}{2g}$ 取 $\alpha_1\approx\alpha_2=1$，得：

$$p_1=\gamma\frac{v_2^2-v_1^2}{2g}=9800\times\frac{10^2-6.947^2}{2\times9.8}=25869.6\ (\text{N/m}^2)$$

$$P_1 = p_1 \times \frac{1}{4}\pi d_1^2 = 456.92\ (\text{N})$$

由 x 方向动量方程：

$$P_1 - R_x = \rho Q_2 v_2 \cos5° + \rho Q_3 v_3 \cos30° - \rho Q_1 v_1$$

$$R_x = P_1 - \rho(Q_2 v_2 \cos5° + Q_3 v_3 \cos30° - Q_1 v_1) = 144.52\ (\text{N})$$

由 y 方向动量方程：

$$R_y = \rho Q_3 v_3 \sin30° - \rho Q_2 v_2 \sin5° = 152.58\ (\text{N})$$

液体对管体的作用力 F_x、F_y 的方向与 R_x、R_y 相反，大小相等。

(2) 设管径为 10cm 支管与主管轴线成 α 角，能使作用力的方向沿主管轴线，此时 $R_y=0$，由 y 方向动量方程得：

$$R_y = 0 = \rho Q_3 v_3 \sin30° - \rho Q_2 v_2 \sin\alpha \Rightarrow \alpha = \arcsin\left(\frac{Q_3 v_3 \sin30°}{Q_2 v_2}\right) = 16°20'59''$$

【例 3-22】 如图 3-27 所示，一矩形渠道宽 4m，渠中设有薄壁堰，堰顶水深 1m，堰高 2m，下游尾水深 0.8m，已知通过的流量 $Q=6.8\text{m}^3/\text{s}$，堰后水舌内外均为大气，试求堰壁上所受动水总压力（上、下游河底为平底，河底摩擦阻力可忽略）。

解： 由 x 方向动量方程得：

取 $\alpha'_1 \approx \alpha'_2 = 1$

$$P_1 = \frac{1}{2}\gamma h_1^2 b = \frac{1}{2} \times 9800 \times 3^2 \times 4 = 176400\ (\text{Pa})$$

$$P_2 = \frac{1}{2}\gamma h_2^2 b = \frac{1}{2} \times 9800 \times 0.8^2 \times 4 = 12544\ (\text{Pa})$$

$$R = P_1 - P_2 - \rho\frac{Q^2}{b}\left(\frac{1}{h_2} - \frac{1}{h_1}\right) = \frac{1}{2} \times 9800 \times 4 \times (9 - 0.64)$$

$$- \frac{1000 \times 6.8^2}{4}\left(\frac{1}{0.8} - \frac{1}{3}\right) = 153.3\ (\text{kN})$$

堰壁上所受的力 $\vec{F} = -\vec{R}$

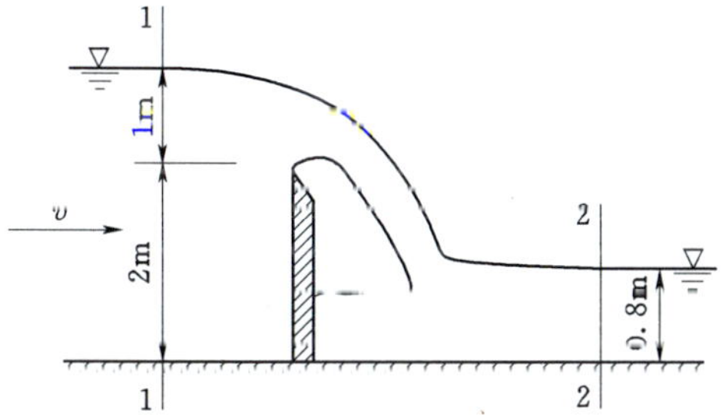

图 3-27

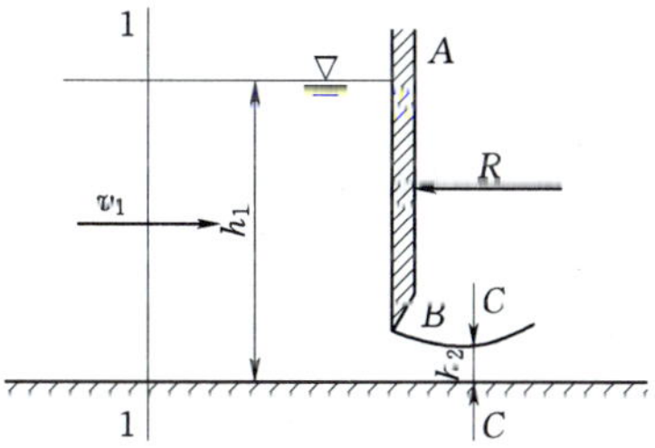

图 3-28

【例 3-23】 不可压缩无黏性的液体从平板闸门下缘下泄。液体的密度为 ρ，其他量如图 3-28 所示，为使闸门 AB 不致被液流冲走，试确定闸门 AB 每单位宽度需施加的支撑力 R 与 γ（重度）、h_1、h_2 的关系式。

解： (1) 由连续性方程得

$$v_2 = \frac{h_1}{h_2}v_1 \text{ },q = v_1 h_1$$

（2）由 1—1 断面和 2—2 断面的能量方程得：

$$h_1 + \frac{v_1^2}{2g} = h_2 + \frac{v_2^2}{2g} \Rightarrow v_1^2 = \frac{2gh_2^2}{h_1 + h_2}$$

（3）由动量方程得：

$$P_1 - P_2 - R = \rho q(\alpha'_2 v_2 - \alpha'_1 v_1)$$

将 $P_1 = \frac{1}{2}\gamma h_1^2, P_2 = \frac{1}{2}\gamma h_2^2$，取 $\alpha'_2 \approx \alpha'_1 \approx 1, v_2 = \frac{h_1}{h_2}v_1, \Rightarrow v_1^2 = \frac{2gh_2^2}{h_1 + h_2}$ 代入解得：

$$R = \frac{1}{2}\gamma(h_1^2 - h_2^2) - \rho h_1^2 v_1^2\left(\frac{1}{h_2} - \frac{1}{h_1}\right) = \frac{\gamma}{2}\frac{(h_1 - h_2)^3}{h_1 + h_2}$$

类题思考：如果闸门 AB 上的力近似按静水压力 P 计算，分析比较 P 与 R 的相对大小。

【例 3-24】 水箱上装一圆柱形内管嘴，管嘴断面面积为 A，经管嘴出流的水股收缩断面面积为 A_c，则收缩系数 $\varepsilon = \frac{A_c}{A}$。假设水箱体积很大，水位不变，沿箱壁压强分布可按静水压强分布考虑，此外，不计水头损失。（1）证明 $\varepsilon = 0.5$；（2）水股对水箱的反作用力为多少，方向如何？

解： 取 c—c 断面以左整个水箱内的水体为脱离体如图 3-29 所示，由水平方向的动量方程得：

$$\sum F_x = \rho Q v_c = \rho A_c v_c^2 \qquad (1)$$

除圆孔以外的水箱侧壁压强左右抵消，所以 $\sum F_x = P_1 = A\gamma H$

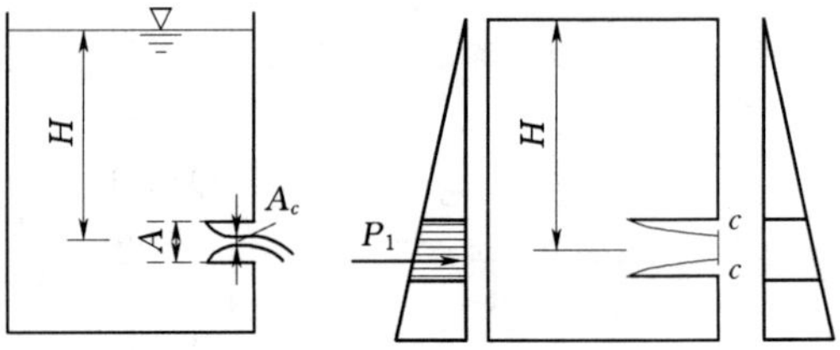

图 3-29

由水面至 c—c 断面能量方程得：

$$H = \frac{\alpha v_c^2}{2g} \text{ 令 } \alpha = 1, v_c = \sqrt{2gH} \qquad (2)$$

联立（1）、（2）可得：$A\gamma H = \rho A_c 2gH \Rightarrow \varepsilon = \frac{A_c}{A} = 0.5$

射流对水箱的反作用力与 P_1 大小相等，方向相反。

（注意：此题由于假设不计水头损失，水流情况与实际管嘴出流情况不符）

【例 3-25】 一射流的流速 $v = 30\text{m/s}$，流量 $Q = 0.036\text{m}^3/\text{s}$，被一垂直于射流轴线的平板截去其流量的一部分（$Q_1 = 0.012\text{m}^3/\text{s}$），并使射流的剩余部分偏转角度 θ，如图 3-30所示。若不计摩擦力及液体重量的影响，试求射流对平板的作用力及射流偏转角 θ。（注：射流流动在同一水平面上）

解： 分别写 0—0 断面与 1—1 断面，2—2 断面的能量方程，得：

$$v_1 = v_2 = v = 30\text{m/s（位能、压能相同，损失为 0）}$$

$$Q_2 = Q - Q_1 = 0.036 - 0.012 = 0.024\ (\text{m}^3/\text{s})$$

由 y 方向动量方程得：

$$\sum F_y = 0 = \rho Q_1 v_1 - \rho Q_2 v_2 \sin\theta$$

$$\sin\theta = \frac{Q_1}{Q_2} = \frac{0.012}{0.024} = 0.5, \theta = 30°$$

由 x 方向动量方程得：

$$\sum F_x = -R_x = \rho Q_2 v_2 \cos\theta - \rho Q v$$

$$R_x = 1000 \times 30 \times (0.036 - 0.024 \times \cos 30°) = 456.5(\text{N})$$

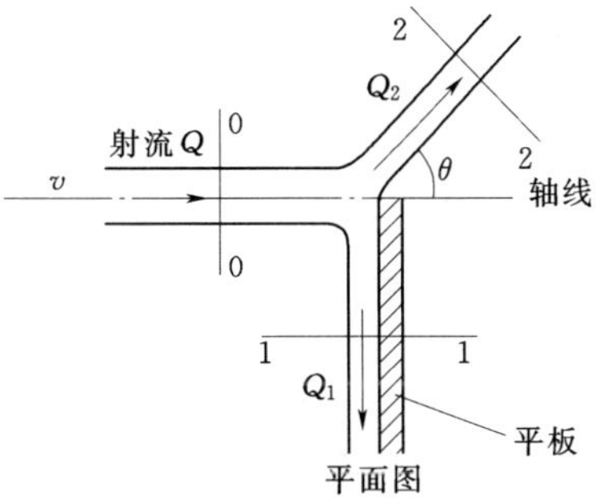

图 3-30

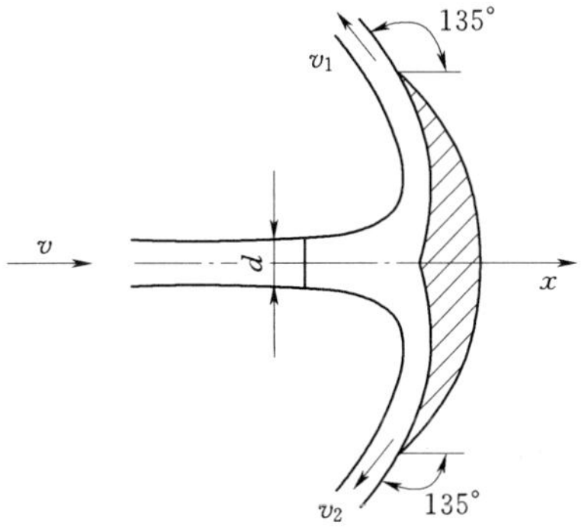

图 3-31

【例 3-26】 射流冲击一对称叶片如图 3-31 所示，已知：$d = 10\text{cm}$，$v_1 = v_2 = 19.3\text{m/s}$，$\theta = 135°$，叶片固定不动，试求叶片所受到的冲击力 F。

解：由能量方程得： $v = v_1 = v_2 = 19.3\text{m/s}$

$$Q = 19.3 \times \frac{\pi d^2}{4} = 0.1516 \ (\text{m}^3/\text{s})$$

$$Q = Q_1 + Q_2$$

由对称性 $Q_1 = Q_2 = Q/2$

由 x 方向动量方程得：

$$-R = \rho Q_2(-v_2 \cos 45°) - \rho Q v + \rho Q_1(-v_1 \cos 45°)$$

$$R = 1000 \times 0.1516 \times 19.3\left(1 + \frac{\sqrt{2}}{2}\right) = 5.0 \ (\text{kN})$$

【例 3-27】 混凝土建筑物中的引水分叉管如图 3-32 所示。各管中心线在同一水平面上，主管直径 $D=3\text{m}$，分叉管直径 $d=2\text{m}$，转弯角 $\alpha=60°$，通过的总流量 $Q=35\text{m}^3/\text{s}$，断面 1—1 的压强水头 $p_1/\gamma=30\text{m}$ 水柱高，如不计水头损失，求水流对建筑物的作用力。

解：取如图 3-32 所示的脱离体

由 1—1 断面和 2—2 断面或 3—3 断面的能量方程得：

$$\frac{p_1}{\gamma} + \frac{\alpha_1 v_1^2}{2g} = \frac{p_2}{\gamma} + \frac{\alpha_2 v_2^2}{2g}, \frac{p_1}{\gamma} + \frac{\alpha_1 v_1^2}{2g} = \frac{p_3}{\gamma} + \frac{\alpha_3 v_3^2}{2g}，取 \alpha_1 \approx \alpha_2 \approx \alpha_3 \approx 1$$

$$p_2 = \frac{\gamma(v_1^2 - v_2^2)}{2g} + p_1, p_3 = p_2$$

由 x 方向动量方程得：

$$p_1 \times \frac{1}{4}\pi D^2 - p_2 \times \frac{1}{4}\pi d^2 \cos\alpha - p_3 \times \frac{1}{4}\pi d^2 \cos\alpha - R_x = \rho \frac{Q}{2} v_2 \cos\alpha + \rho \frac{Q}{2} v_3 \cos\alpha - \rho Q v_1$$

$$v_2 = v_3 = \frac{\frac{Q}{2}}{\frac{1}{4}\pi d^2}$$

代入数据可解得： $R_x = 1241\text{kN}$

由 y 方向动量方程得：

$$R_y + p_2 \times \frac{1}{4}\pi d^2 \sin\alpha + p_3 \times \frac{1}{4}\pi d^2 \sin\alpha = -\rho \frac{Q}{2} v_2 \sin\alpha - \rho \frac{Q}{2} v_3 \sin\alpha - 0$$

解得：

$$R_y = 1750\text{kN}, R = \sqrt{R_x^2 + R_y^2} = 2145\text{kN}$$

$$\theta = \arctan \frac{R_y}{R_x} = 60.73°, \vec{R}' = -\vec{R}$$

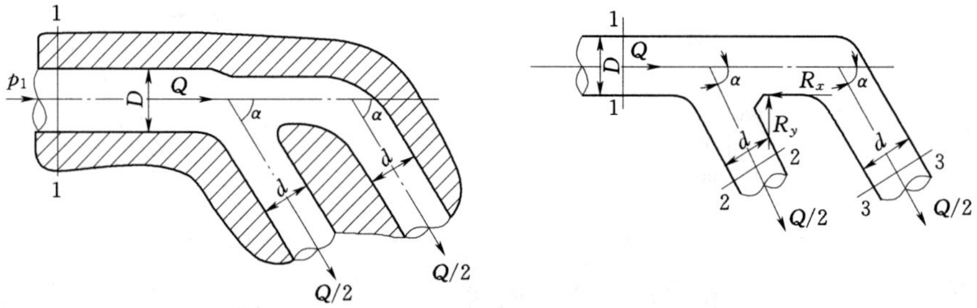

图 3-32

【例 3-28】 已知圆管层流流速分布为：$u_x = \frac{\gamma J}{4\mu}[r_0^2 - (z^2 + y^2)]$， $u_y = 0$， $u_z = 0$（y、z 轴垂直于管轴）。求（1）该流动有无线变形，有无角变形？（2）该流动是有旋流还是无旋流？

解：（1）$\varepsilon_{xx} = \frac{\partial u_x}{\partial x} = 0$，$\varepsilon_{yy} = 0$，$\varepsilon_{zz} = 0$，无线变形

$\varepsilon_{yx} = \varepsilon_{xy} = \frac{1}{2}\left(\frac{\partial u_y}{\partial x} + \frac{\partial u_x}{\partial y}\right) = -\frac{\gamma J}{4\mu} y \neq 0$，$\varepsilon_{xz} = \varepsilon_{zx} = -\frac{\gamma J z}{4\mu} \neq 0$，$\varepsilon_{yz} = \varepsilon_{zy} = 0$，存在角变形。

（2）$\omega_z = \frac{1}{2}\left(\frac{\partial u_y}{\partial x} - \frac{\partial u_x}{\partial y}\right) = \frac{\gamma J}{4\mu} y \neq 0$，$\omega_y = -\frac{\gamma J}{4\mu} z \neq 0$，有涡（旋）流。

【例 3-29】 已知圆管紊流流速分布为 $u_x = u_m \left(\frac{r_0 - r}{r_0}\right)^n$，$u_y = 0$，$u_z = 0$，求角速度 ω_x，ω_y，ω_z 和角变率 ε_{xy}，ε_{yz}，ε_{zx}，并问是否为有势流动？

解：$\omega_x = \frac{1}{2}\left(\frac{\partial u_z}{\partial y} - \frac{\partial u_y}{\partial z}\right) = 0$，$\omega_y = \frac{1}{2}\left(\frac{\partial u_x}{\partial z} - \frac{\partial u_z}{\partial x}\right) = -\frac{n u_m}{2 r_0 r}\left(1 - \frac{r}{r_0}\right)^{n-1} z \neq 0$

$$\omega_z = \frac{1}{2}\left(\frac{\partial u_y}{\partial x} - \frac{\partial u_x}{\partial y}\right) = \frac{n u_m}{2 r_0 r}\left(1 - \frac{r}{r_0}\right)^{n-1} y \neq 0\text{，有旋流}$$

$\varepsilon_{xy} = \frac{1}{2}\left(\frac{\partial u_y}{\partial x} + \frac{\partial u_x}{\partial y}\right) = -\frac{n u_m}{2 r_0 r}\left(1 - \frac{r}{r_0}\right)^{n-1} y \neq 0$，$\varepsilon_{xz} = \frac{1}{2}\left(\frac{\partial u_z}{\partial x} + \frac{\partial u_x}{\partial z}\right) = -\frac{n u_m}{2 r_0 r}\left(1 - \frac{r}{r_0}\right)^{n-1} z \neq 0$，

$\varepsilon_{yz}=\frac{1}{2}\left(\frac{\partial u_z}{\partial y}+\frac{\partial u_y}{\partial z}\right)=0$，有角变形

【例 3-30】 有一平面流动，已知 $u_x=x-4y$，$u_y=-y-4x$。试问：

（1）是否存在速度势函数 φ？如存在，试求之。

（2）是否存在流函数 ψ？如存在，试求之。

解：（1）$\omega=\omega_z=\frac{1}{2}\left(\frac{\partial u_y}{\partial x}-\frac{\partial u_x}{\partial y}\right)=\frac{1}{2}[-4-(-4)]=0$，存在 φ

$$\varphi=\int\frac{\partial\varphi}{\partial x}\mathrm{d}x+\frac{\partial\varphi}{\partial y}\mathrm{d}y=\int u_x\mathrm{d}x+u_y\mathrm{d}y=\int(x-4y)\,\mathrm{d}x+(-y-4x)\mathrm{d}y$$

$$=\int\mathrm{d}\left(\frac{1}{2}x^2-\frac{1}{2}y^2\right)-4\mathrm{d}(xy)=\frac{1}{2}x^2-\frac{1}{2}y^2-4xy+C_1$$

（2）$\frac{\partial u_x}{\partial x}+\frac{\partial u_y}{\partial y}=1-1=0$，存在 ψ

$$\psi=\int\frac{\partial\psi}{\partial x}\mathrm{d}x+\frac{\partial\psi}{\partial y}\mathrm{d}y=\int-u_y\,\mathrm{d}x+u_x\mathrm{d}y=\int(y+4x)\,\mathrm{d}x+(x-4y)\mathrm{d}y$$

$$=\int\mathrm{d}(xy)-\mathrm{d}(2y^2-2x^2)=xy-2y^2+2x^2+C_2$$

【例 3-31】 已知流场的流函数 $\psi=ax^2-ay^2$。（1）证明此流动是无旋的；（2）求出相应的速度势函数；（3）证明流线与等势线正交。

解：（1）$u_x=\frac{\partial\psi}{\partial y}=-2ay$，$u_y=-\frac{\partial\psi}{\partial x}=-2ax$

$$\omega=\frac{1}{2}\left(\frac{\partial u_y}{\partial x}-\frac{\partial u_x}{\partial y}\right)=\frac{1}{2}[-2a-(-2a)]=0\text{，流动是无旋的}$$

（2）$\varphi=\int\mathrm{d}\varphi=\int u_x\,\mathrm{d}x+u_y\mathrm{d}y=\int+\frac{\partial\psi}{\partial y}\mathrm{d}x-\frac{\partial\psi}{\partial x}\mathrm{d}y=\int-2ay\mathrm{d}x-2ax\mathrm{d}y=-2axy+C$

（3）流线：$\psi=ax^2-ay^2=C_1$，$\mathrm{d}\psi 2ax\mathrm{d}x-2ay\mathrm{d}y=0$，$m_1=\frac{\mathrm{d}y}{\mathrm{d}x}=\frac{x}{y}$

等势线：$-2axy=C_2$，$\mathrm{d}\varphi-2ax\mathrm{d}y+(-2ay\mathrm{d}x)-0$，$m_2-\frac{\mathrm{d}y}{\mathrm{d}x}-\frac{y}{x}$，$m_1m_2=\frac{x}{y}\left(-\frac{y}{x}\right)=-1$ 等势线与流线正交。

【例 3-32】 已知平面不可压缩流动的流速势函数 $\varphi=0.04x^3+axy^2+by^3$，$x$、$y$ 单位为 m，φ 的单位为 $\mathrm{m^2/s}$，试求：（1）常数 a，b；（2）点 $A(0,0)$ 和 $B(3,4)$ 间的压强差。设流体的密度 $\rho=1000\mathrm{kg/m^3}$。

解：（1）

$$u_x=\frac{\partial\varphi}{\partial x}=0.04\times3x^2+ay^2=0.12x^2+ay^2$$

$$u_y=\frac{\partial\varphi}{\partial y}=2axy+3by^2$$

$$\frac{\partial u_x}{\partial x}+\frac{\partial u_y}{\partial y}=0.24x+2ax+6by=(0.24+2a)x+6by$$

平面不可压缩流动满足连续性方程，因此上式应恒为0，即

$$0.24+2a=0,\ a=-0.12,\ 6b=0,\ b=0$$

(2)
$$\frac{p_A}{\gamma}+\frac{u_A^2}{2g}=\frac{p_B}{\gamma}+\frac{u_B^2}{2g}$$

$$p_A-p_B=\gamma\left(\frac{u_B^2-u_A^2}{2g}\right)$$

$$u_A=\sqrt{u_{Ax}^2+u_{Ay}^2}=\sqrt{[0.12\times0^2+(-0.12)\times0^2]^2+[(-0.24)\times0\times0]^2}=0$$

$$u_B=\sqrt{u_{Bx}^2+u_{By}^2}=\sqrt{[0.12\times3^2+(-0.12)\times4^2]^2+[(-0.24)\times3\times4]^2}$$
$$=3.00(\text{m/s})$$

$$\Delta p=p_A-p_B=1000\times\frac{3.00^2-0^2}{2}=4500.0(\text{N/m}^2)$$

【例 3-33】 如图 3-33 所示，已知平面流动的流函数为 $\psi=3x^2-xy^2+2yt^3$，试求 t=2s 时，经过图中圆弧 AB 及直线 OA 的流量。

解： $t=2$ 时，$\psi=3x^2-xy^2+16y$

两点间的流量等于经过两点的流函数值之差，因此，

$$q_{OA}=\psi_A-\psi_O\,|=-(3\times0^2-0\times0+16\times0)$$
$$+(3\times0^2-0\times y^2+16\times2)=32(\text{m}^2/\text{s})$$

$$q_{AB}=\psi_A-\psi_B\,|=(3\times0^2-0\times y^2+16\times2)$$
$$-(3\times2^2-2\times0+16\times0)=20(\text{m}^2/\text{s})$$

$$q_{OB}=\psi_B-\psi_O\,|=(3\times0^2-0\times0+16\times0)$$
$$+(3\times2^2-2\times0^2+16\times0)=12(\text{m}^2/\text{s})$$

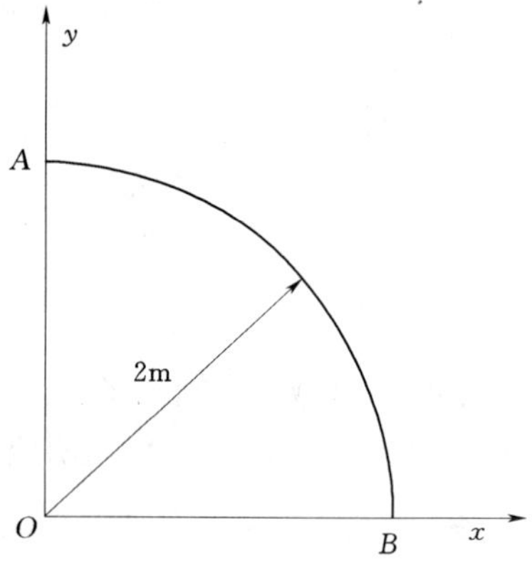

图 3-33

【例 3-34】 已知黏性流体的速度为 $\vec{u}=5x^2z\,\vec{i}+6xyz\,\vec{j}-8xz^2\,\vec{k}$ (m/s)，流体的动力黏度 $\mu=3.000\times10^{-3}$ Ns/m²，在点（1，2，3）处的应力 $p_{xx}=-2$N/m²，试求该点处其他各应力。

解： 由 $p_{xx}=p-2\mu\frac{\partial u_x}{\partial x}$，得：

$$p_{xx}=p-2\mu\times10xz=p-2\times3.00\times10^{-3}\times10\times1\times3=-2$$

得：

$$p=-1.82$$

$$p_{yy}=p-2\mu\frac{\partial u_y}{\partial y}=-1.82-2\times3.00\times10^{-3}\times6\times1\times3=-1.928(\text{N/m}^2)$$

$$p_{zz}=p-2\mu\frac{\partial u_z}{\partial z}=-1.82-2\times3.00\times10^{-3}\times(-16\times1\times3)=-1.532(\text{N/m}^2)$$

$$\tau_{xy}=\tau_{yx}=\mu\left(\frac{\partial u_y}{\partial x}+\frac{\partial u_x}{\partial y}\right)=\mu(6yz+0)=0.108\text{N/m}^2$$

$$\tau_{yz}=\tau_{zy}=\mu\left(\frac{\partial u_z}{\partial y}+\frac{\partial u_y}{\partial z}\right)=\mu(0+6xy)=0.036(\text{N/m}^2)$$

$$\tau_{xz}=\tau_{zx}=\mu\left(\frac{\partial u_z}{\partial x}+\frac{\partial u_x}{\partial z}\right)=\mu(-8z^2+5x^2)=-0.201(\text{N/m}^2)$$

【例 3-35】 如图 3-34 所示，两平行的铅直平板，间距为 h，中间充满黏性液体，假设流动是恒定的，压强均匀分布。试求：在重力作用下流动中的速度分布。

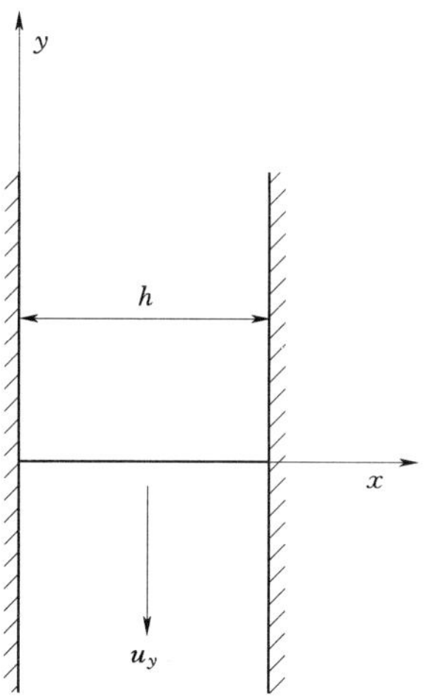

图 3-34

解： 由此流动特点，N—S 方程可化为：$\upsilon \dfrac{d^2 u_y}{dx^2} = g$

积分得：　　$u_y = \dfrac{g}{2\upsilon} x^2 + C_1 x + C_2$

由 $x=0$，$u_y=0$，得：$C_2 = 0$

由 $x=h$，$u_y=0$，得：$0 = \dfrac{g}{2\upsilon} h^2 + C_1 h$，$C_1 = -\dfrac{g}{2\upsilon} h$

$$u_y = -\frac{g}{2\upsilon} x(h-x)$$

【例 3-36】 在不可压缩液体平面运动中，如果忽略质量力和惯性力的作用，试证明动水压强 p 和流函数 ψ 需满足下面的微分方程式

$$\nabla^2 p = \frac{\partial^2 p}{\partial x^2} + \frac{\partial^2 p}{\partial y^2} = 0$$

$$\nabla^4 \psi = \frac{\partial^4 \psi}{\partial x^4} + 2\frac{\partial^4 \psi}{\partial x^2 \partial y^2} + \frac{\partial^4 \psi}{\partial y^4} = 0$$

证： 由题中条件，N—S 方程可化为：

$$\frac{1}{\rho}\frac{\partial p}{\partial x} = \upsilon\left(\frac{\partial^2 u_x}{\partial x^2} + \frac{\partial^2 u_x}{\partial y^2}\right) \tag{1}$$

$$\frac{1}{\rho}\frac{\partial p}{\partial y} = \upsilon\left(\frac{\partial^2 u_y}{\partial x^2} + \frac{\partial^2 u_y}{\partial y^2}\right) \tag{2}$$

从而

$$\frac{\partial^2 p}{\partial x^2} + \frac{\partial^2 p}{\partial y^2} = \mu\left(\frac{\partial^3 u_x}{\partial x^3} + \frac{\partial^3 u_x}{\partial y^2 \partial x} + \frac{\partial^3 u_y}{\partial x^2 \partial y} + \frac{\partial^3 u_y}{\partial y^3}\right)$$

$$= \mu\left[\frac{\partial^2}{\partial x^2}\left(\frac{\partial u_x}{\partial x} + \frac{\partial u_y}{\partial y}\right) + \frac{\partial^2}{\partial y^2}\left(\frac{\partial u_x}{\partial x} + \frac{\partial u_y}{\partial y}\right)\right] = 0$$

即：
$$\nabla^2 p = 0$$

由于是平面不可压缩流动，存在 ψ，将 $u_x = \dfrac{\partial \psi}{\partial y}$，$u_y = -\dfrac{\partial \psi}{\partial x}$ 代入（1）和（2）

再由 $\dfrac{\partial(1)}{\partial y} - \dfrac{\partial(2)}{\partial x}$，得：

$$\mu\left(\frac{\partial^4 \psi}{\partial x^2 \partial y^2} + \frac{\partial^4 \psi}{\partial y^4} + \frac{\partial^4 \psi}{\partial x^4} + \frac{\partial^4 \psi}{\partial x^2 \partial y^2}\right) = 0$$

即：
$$\nabla^4 \psi = 0$$

【例 3-37】 管路中一段水平放置的等截面弯管，直径 d 为 200mm，弯角为 45°。管中各断面的平均流速为 4m/s，其形心处的相对压强均为 1 个大气压。求水流对弯管的作用力 R_x 与 R_y（坐标轴 x 与 y 如图 3-35 所示）。

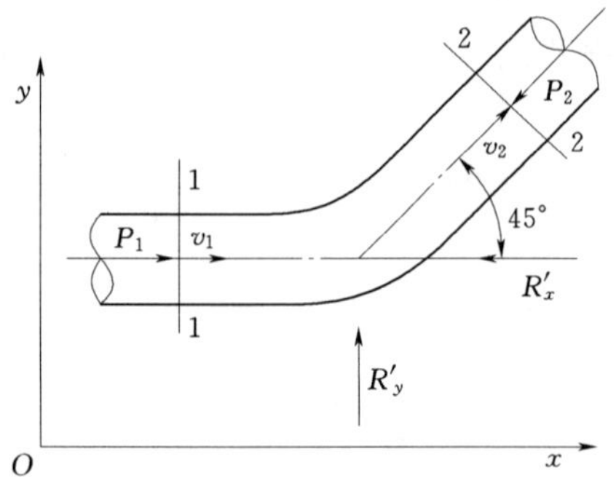

图 3-35

解：取渐变流过水 1—1 断面与 2—2 断面以及管内壁所围成的封闭曲面为控制面。

作用在控制面上的表面力，以及流入与流出控制面的流速如图 3-35 所示，其中 R'_x 与 R'_y 是弯管对水流的反作用力，p_1 与 p_2 分别是 1—1 断面与 2—2 断面形心处的相对压强。所以作用在这两断面上的总压力分别为 $P_1=p_1A_1$，$P_2=p_2A_2$。作用在控制面内的水流重力，因与所研究的水平面垂直，故不必考虑。

总流的动量方程（3-18）在 x 轴与 y 轴上的投影为（$\alpha=45°$，$Q_1=Q_2=Q$）

$$\left.\begin{aligned}\rho Q(\beta_2 v_2\cos45°-\beta_1 v_1)&=p_1A_1-p_2A_2\cos45°-R'_x\\ \rho Q(\beta_2 v_2\sin45°-0)&=0-p_2A_2\sin45°+R'_y\end{aligned}\right\}$$

则

$$\left.\begin{aligned}R'_x&=p_1A_1-p_2A_2\cos45°-\rho Q(\beta_2 v_2\cos45°-\beta_1 v_1)\\ R'_y&=p_2A_2\sin45°+\rho Q\beta_2 v_2\sin45°\end{aligned}\right\}$$

根据总流的连续性方程（3-9），$Q=\dfrac{1}{4}\pi d^2 v_1=\dfrac{1}{4}\times3.14\times0.2^2\times4=0.126$（$m^3/s$）

$$P_2=P_1=p_2A_2=p_1A_1=p_1\frac{1}{4}\pi d_1^2=98000\times\frac{1}{4}\times3.14\times0.2^2=3077\ (\text{N})$$

取 $\beta_1=\beta_2=1$

$$R'_x=3077-3077\times\frac{\sqrt{2}}{2}-1000\times0.126\times4\times\left(\frac{\sqrt{2}}{2}-1\right)=1049\ (\text{N})$$

$$R'_y=3077\times\frac{\sqrt{2}}{2}+1000\times0.126\times4\times\frac{\sqrt{2}}{2}=2532\ (\text{N})$$

水流对弯管的作用力 R_x、R_y 与 R'_x、R'_y 分别大小相等，方向相反。

【例 3-38】 如图 3-36 所示，在水车壁面上用螺栓固定装一喷嘴，直径由 $d_1=8$cm 逐渐缩至 $d_2=2$cm，已知喷嘴出口的平均流速 $v_2=15$m/s。若不计能量损失，取动能校正系数及动量校正系数为 1，求（1）水流对喷嘴的作用力的大小及方向；（2）要保持水车不动，需要对水车施加的外力的大小及方向（不计车轮摩擦）。

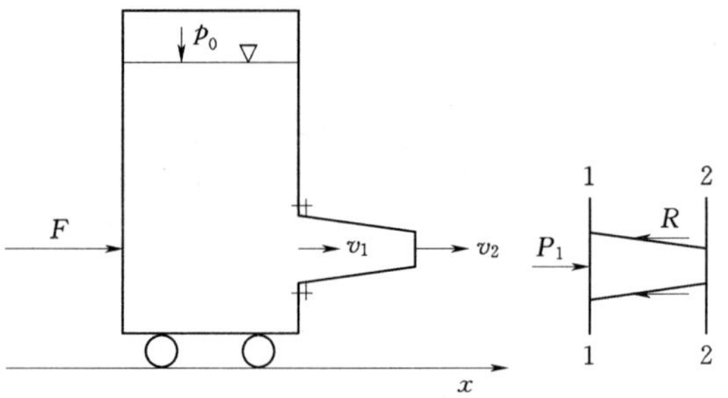

图 3-36

解：（1）根据连续性方程：

$$Q=\frac{1}{4}\pi d_2^2 v_2=\frac{1}{4}\pi\times0.02^2\times15=0.0047(\text{m}^3/\text{s}),\ v_1=\frac{d_2^2}{d_1^2}v_2=\frac{0.02^2}{0.08^2}\times15=0.9375(\text{m/s})$$

（2）以喷嘴中心线为基准面，列 1—1 断面和 2—2 断面能量方程：

$$\frac{p_1}{\gamma}+\frac{v_1^2}{2g}=\frac{v_2^2}{2g}, p_1=\gamma\left(\frac{v_2^2}{2g}-\frac{v_1^2}{2g}\right)=112.06\,(\text{kN/m}^2),\ P_1=p_1\frac{1}{4}\pi d_1^2=563.3(\text{N})$$

（3）设 R 为喷嘴对水流的作用力，方向向左。以喷嘴中的水体为对象，列水平方向动量方程：

$$\sum F_{12}=P_1-R=\rho Q(v_2-v_1)$$

$$R=P_1-\rho Q(v_2-v_1)=563.3-1000\times 0.0047\times(15-0.9375)$$

$$=563.3-66.1=497.2(\text{N})$$

水流对喷嘴的作用力 R' 与 R 大小相等，方向相反（方向向右），通过螺栓作用到水车上。

（4）设 F 为整个水车和喷嘴对水流的作用力，方向向右，以所有水体为对象，列水平方向动量方程：

$$\sum F_{02}=F=\rho Q(v_2-v_0)$$

$$F=\rho Q(v_2-v_0)=1000\times 0.0047\times(15-0)=70.5(\text{N})$$

水流对整个水车和喷嘴的作用力 F' 与 F 大小相等，方向相反（方向向左）。要使水车不动，需要对水车施加的外力正好是单位时间的动量变化 $F=70.5\text{N}$，方向向右。注意它不是水流作用于喷嘴的力 R'。

四、习题与答案

1. 概念题（判断、填空、选择）

3-1　渐变流与急变流均属非均匀流。（　）

3-2　急变流不可能是恒定流。（　）

3-3　扩散管道中的水流一定是非恒定流。（　）

3-4　非恒定流一定是非均匀流。（　）

3-5　水流总是从高处向低处流动。（　）

3-6　测管水头线沿程可以上升、可以下降、也可以不变。（　）

3-7　测压管水头线可以高于总水头线。（　）

3-8　管轴高程沿流向增大的等直径管道中的有压管流，其管轴压强沿流向增大。（　）

3-9　实际液体恒定总流中总水头线总是沿流程下降的。（　）

3-10　恒定均匀管流中总水头线与测压管水头线平行。（　）

3-11　水力坡度就是单位长度流程上的水头损失。（　）

3-12　均匀流流场内的压强分布规律与静水压强分布规律相同。（　）

3-13　渐变流过水断面上动水压强随水深的变化呈线性关系。（　）

3-14　理想液体中，任意点处各个方向的动水压强相等。（　）

3-15　总流连续方程 $v_1A_1=v_2A_2$ 对恒定流和非恒定流均适用。（　）

3-16　液流流线和迹线总是重合的。（　）

3-17　用毕托管测得的点流速是时均流速。（　）

3-18　拉格朗日积分要求流动为无旋，但可以是非恒定流动。（　）

3-19　理想液体都是有势流，实际液体都是有涡流。（　）

3-20　若液体质点做圆周运动，流线为同心圆，则此类流动一定为有涡流。（　）

3-21　不可压缩液体的平面流动中必定存在流函数，则必定存在势函数。（　）

3-22　在平面流动中，两流线之间通过的单宽流量等于该两流线的流函数值之差。（　）

3-23　不可压缩液体连续性微分方程 $\frac{\partial u_x}{\partial x}+\frac{\partial u_y}{\partial y}+\frac{\partial u_z}{\partial z}=0$ 只适用于恒定流。（　）

3-24　恒定总流的能量方程 $z_1+\frac{p_1}{\gamma}+\frac{\alpha_1 v_1^2}{2g}=z_2+\frac{p_2}{\gamma}+\frac{\alpha_2 v_2^2}{2g}+h_{w1-2}$ 中各项代表__________。（　）

（1）单位体积液体所具有的能量　　（2）单位质量液体所具有的能量

（3）单位重量液体所具有的能量　　（4）以上答案都不对

3-25　图 3-37 所示抽水机吸水管断面 $A—A$ 动水压强随抽水机安装高度 h 的增大而__________。（　）

（1）增大　（2）减小　（3）不变　（4）不定

3-26　在明渠恒定均匀流过水断面上 1、2 两点安装两根测压管，如图 3-38 所示，则两测压管高度 h_1 与 h_2 的关系为__________。（　）

（1）$h_1>h_2$　（2）$h_1<h_2$　（3）$h_1=h_2$　（4）无法确定

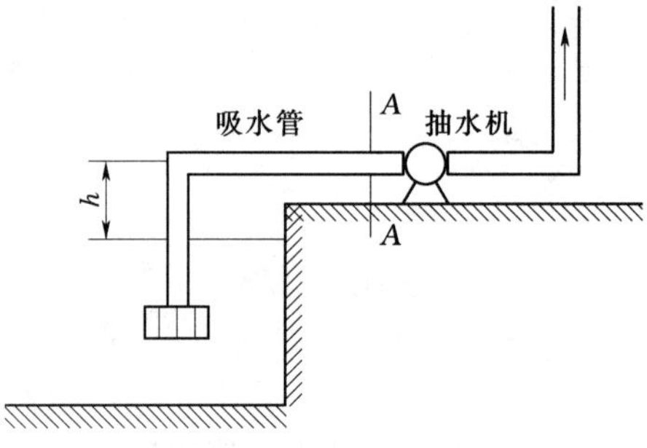

图 3-37

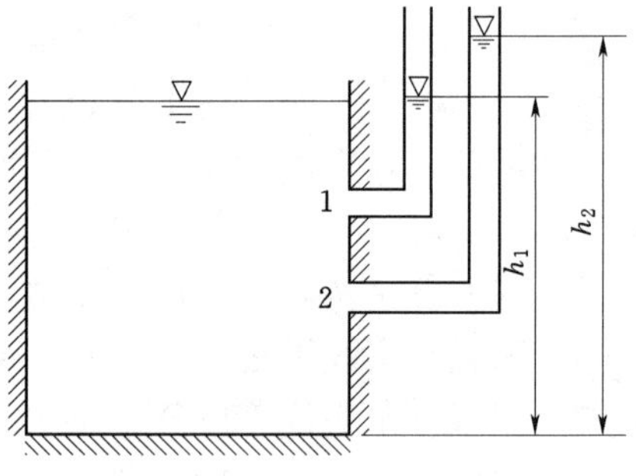

图 3-38

3-27　对管径沿程逐渐扩大的管道__________。（　）

（1）测压管水头线可能上升也可能下降

（2）测压管水头线总是与总水头线相平行

（3）测压管水头线沿程可能不会上升

（4）测压管水头线不可能下降

3-28　管轴线水平，管径逐渐增大的管道有压流，通过的流量不变，其总水头线沿流向应__________。（　）

（1）逐渐升高　（2）逐渐降低　（3）与管轴线平行　（4）无法确定

3-29　均匀流的总水头线与测压管水头线的关系是__________。（　）

（1）互相平行的直线　　（2）互相平行的曲线

（3）互不平行的直线　　（4）互不平行的曲线

3-30　液体运动总是从__________。（　）

（1）高处向低处流动

（2）单位总机械能大处向单位机械能小处流动

（3）压力大处向压力小处流动

（4）流速大处向流速小处流动

3-31　图3-39所示水流通过渐缩管流出，若容器水位保持不变，则管内水流属__________。（　）

（1）恒定均匀流　　（2）非恒定均匀流

（3）恒定非均匀流　　（4）非恒定非均匀流

3-32　如图3-40所示，断面突然缩小管道通过黏性恒定流，管路装有U形管水银差压计，判定差压计中水银液面为__________。（　）

（1）A 高于 B　　（2）A 低于 B

（3）A、B 齐平　　（4）不能确定高低

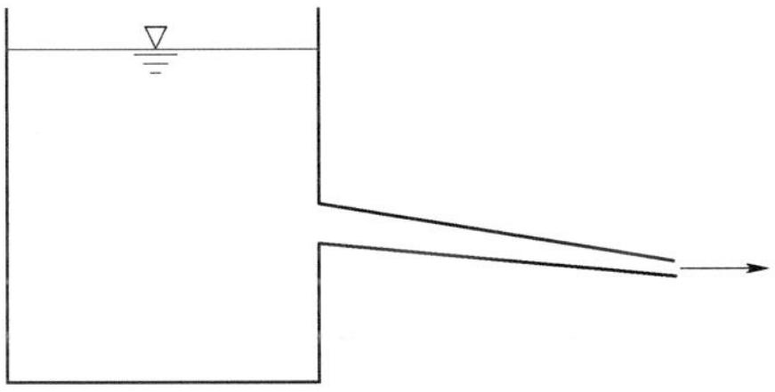

图3-39

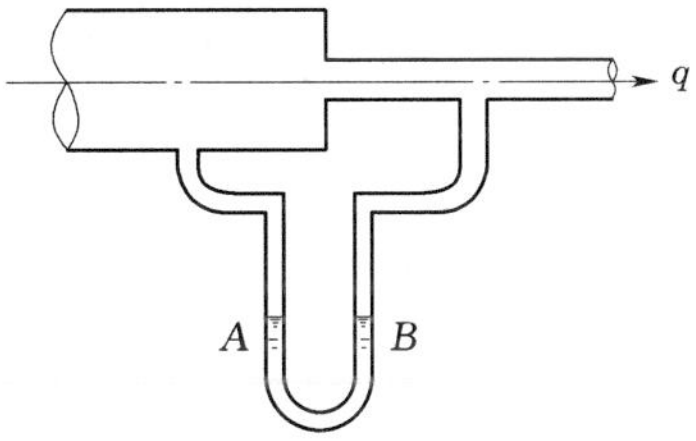

图3-40

3-33　恒定总流动量方程式为__________，方程的物理意义为__________。

3-34　恒定总流能量方程中，h_w 的能量意义是__________。它的量纲是__________。

3-35　在有压管流的管壁上开一个小孔，如果没有液体从小孔流出，且向孔内吸气，这说明小孔内液体的相对压强________零（填写大于、等于或小于）。如在小孔处装一测压管，则管中液面将________（填写高于或低于）小孔的位置。

3-36　恒定总流能量方程中，$v^2/2g$ 的能量意义为__________，它的量纲是________。

3-37　水平放置的管道，当管中水流为恒定均匀流时，断面平均流速沿程______，动水压强沿程__________。

3-38　图3-41所示分叉管道中，1—1断面和3—3断面的单位重量液体的能量方程可以写为__________。

3-39　图3-42所示为一平底等直径隧洞，出口设置一控制闸门。当闸门关闭时，A、B 两点压强 p_A 与 p_B 的关系为________；当闸门全开时，A、B 两点位于均匀流段，

其关系为____________。

3-40 某过水断面面积 $A=2\text{m}^2$，通过流量 $q_v=1\text{m}^3/\text{s}$，动能修正系数 $\alpha=1.1$，则该过水断面的平均单位动能为____________________。

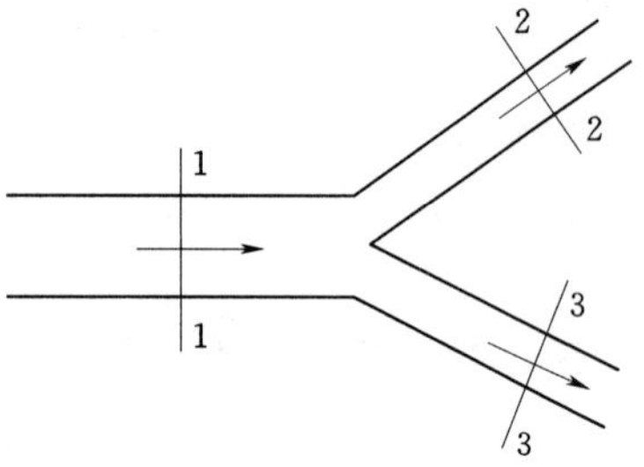

图 3-41

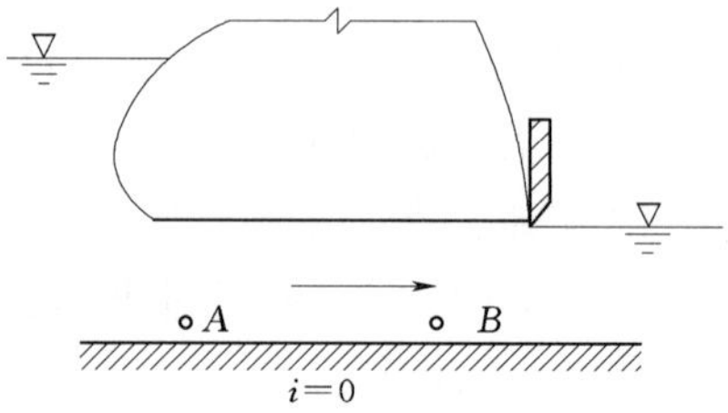

图 3-42

3-41 应用恒定总流能量方程时，所选的两个断面一般是________断面，但两断面之间可以存在________流。

3-42 有一等直径长直管道中产生均匀管流，其管长 100 m，若水头损失为 0.8m，则水力坡度为____________。

3-43 图 3-43 所示为一大容器接一铅直管道，容器内的水通过管道流入大气。已知 $h_1=1\text{m}$，$h_2=3\text{m}$。若不计水头损失，则管道出口流速水头为________________。

3-44 图 3-44 所示为两根尺寸相同的水平放置的管道。管 1 中为理想液体，管 2 中为实际液体。当两管流量 $q_{v1}=q_{v2}$ 时，则两根测压管的液面高差 h_1 与 h_2 的比较是________________。

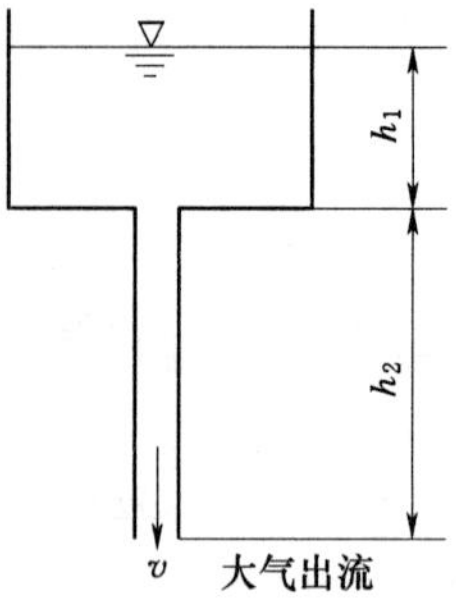

图 3-43

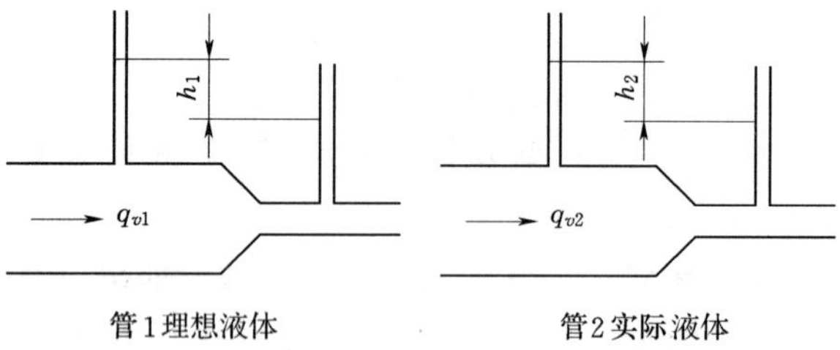

图 3-44

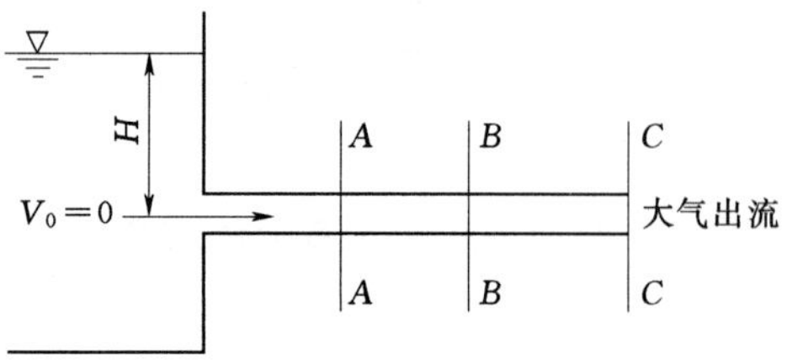

图 3-45

3-45 图 3-45 所示为一等直径水平管道，水头为 H。若整个水头损失为 h_w，$\alpha=1$，则管道 A、B、C 3 个断面的流速分别为 $v_A=$________________，$v_B=$________________，$v_C=$________________。

3-46 用能量方程或动量求解水力学问题时，两过水断面取在渐变流断面上，目的是利用渐变流断面＿＿＿＿＿＿和＿＿＿＿＿＿的特征。

3-47　在平面流动中，两条流线的流函数之差等于＿＿＿＿＿＿＿＿。　（　　）

（1）两条流线间的切应力差　　（2）两条流线间的压强之差

（3）两条流线间的流速差　　（4）两条流线间的单宽流量

3-48　液体作有势运动时＿＿＿＿＿＿＿＿。　（　　）

（1）作用于液体的力必须是有势的　　（2）液体的角变形速度为零

（3）液体的旋转角速度为零　　（4）液体沿流向的压强梯度为零

3-49　伯努力积分的应用条件为＿＿＿＿＿＿＿＿＿＿。　（　　）

（1）理想不可压流体，质量力有势，非恒定无旋流动

（2）不可压缩流体，质量力有势，非恒定有旋流动

（3）理想不可压流体，质量力有势，恒定流动，沿同一流线

（4）理想不可压流体，质量力有势，非恒定流动，沿同一流线

3-50　理想液体恒定有势流动，当质量力仅为重力时＿＿＿＿＿＿＿＿。　（　　）

（1）整个流场内各点的总水头$\left(z+\frac{p}{\rho g}+\frac{u^2}{2g}\right)$相等

（2）沿流线总水头$\left(z+\frac{p}{\rho g}+\frac{u^2}{2g}\right)$沿程增加

（3）只有位于同一流线上的点，总水头$\left(z+\frac{p}{\rho g}+\frac{u^2}{2g}\right)$相等

（4）沿流线总水头$\left(z+\frac{p}{\rho g}+\frac{u^2}{2g}\right)$沿程减小

3-51　若已知流函数为 $\psi=a\ (x^2-y^2)$，a 为常数，则 $u_x=$＿＿＿＿＿，$u_y=$＿＿＿＿＿。

3-52　恒定平面势流中，组成流网的流线与等势线的关系是＿＿＿＿＿＿＿＿。

3-53　液体质点的运动的基本形式有＿＿＿＿＿＿＿＿＿＿。

3-54　理想液体在同一点上各方向的动水压强数值是＿＿＿＿＿＿的。实际液体中的动水压强为在同一点上沿 3 个正交方向的动水压强之和＿＿＿＿＿＿，而 $p_{xx}=$＿＿＿＿＿＿。

3-55　液体运动可根据＿＿＿＿＿＿＿＿＿＿＿＿分为有涡流和无涡流，判别条件是＿＿＿＿＿＿＿＿。

2. 计算题

3-56　如图 3-46 所示，在一长为 L，顶角为 θ 的圆锥形管嘴中，水流以一定的流量 Q 连续地喷出。按图 3-46 所示取坐标轴 x，试求：坐标为 x 断面处的加速度 a_x。

3-57　将一平板放置在自由射流中，并垂直于射流的轴线，该平板截去射流流量的一部分 q_{v1}，并将射流流量的剩余部分 q_{v2} 以偏转角 θ 射出，如图 3-47 所示。试分析偏转角 θ 与分流比 Q_1/Q_2 的关系。已知流速 $v=36\text{m/s}$，$Q_2=0.02\text{m}^3/\text{s}$，$Q_1=0.01\text{m}^3/\text{s}$。试求射流对平板的作用力及偏转角 θ（不计摩擦力及液体重量的影响，且射流流动在同一水平面上）。

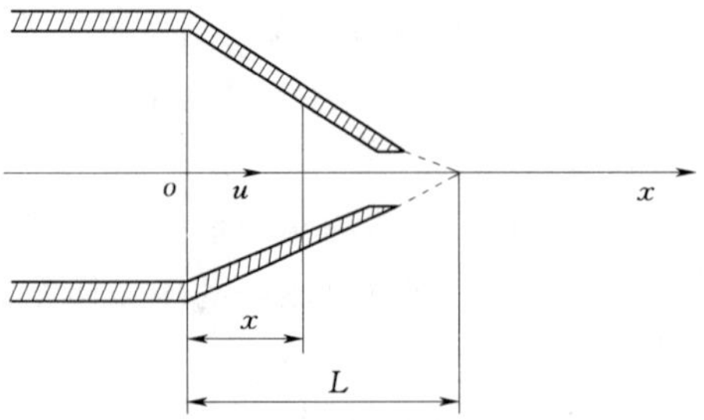

图 3-46

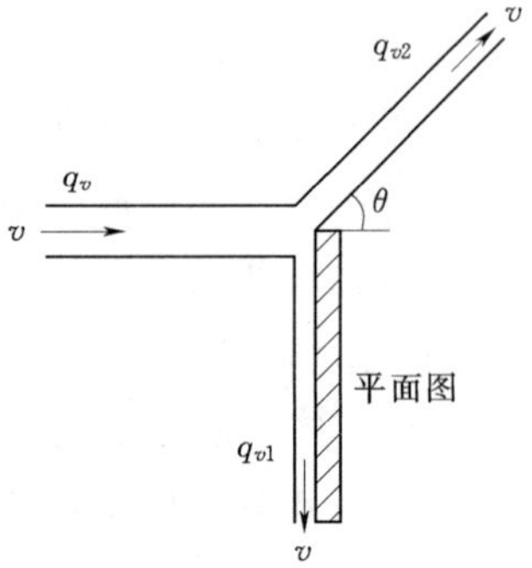

图 3-47

3-58 图 3-48 为某平底矩形断面的河道中筑一溢流坝，坝高 $a=30$m，坝上水头 $H=2$m，坝下游收缩断面处水深 $h_c=0.8$m，溢流坝水头损失为 $h_w=2.5\ (v_c^2/2g)$，v_c 为收缩断面流速。不计行近流速 v_0（取动能及校正系数动量校正系数均为 1）。求水流对单宽坝段上的水平作用力（包括大小及方向）。

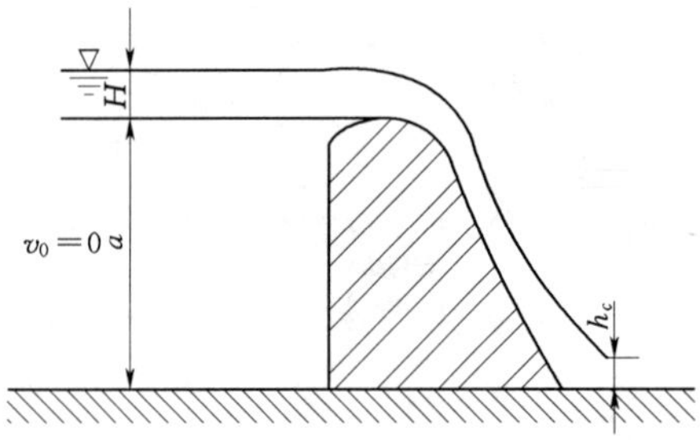

图 3-48

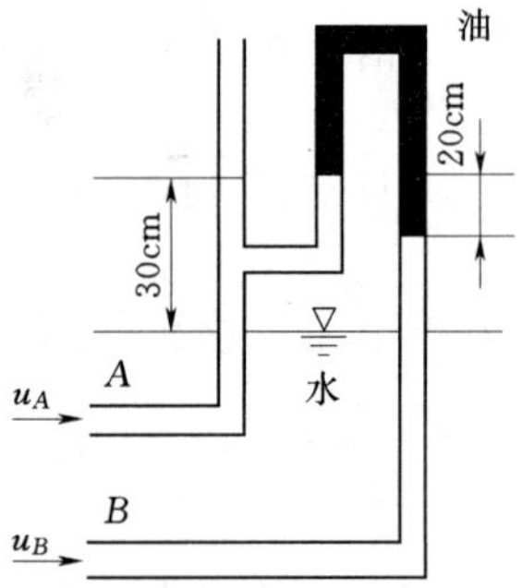

图 3-49

3-59 用毕托管测量明渠渐变流某一断面上 A、B 两点的流速（图 3-49）。已知油的重度 $\gamma=8000\text{N/m}^3$。求 u_A 及 u_B（取毕托管流速系数 $\mu=1$）。

3-60 一圆管的直径 $d_1=10$cm，出口流速 $v=7$m/s，水流以 $\alpha=60°$的倾角向上射出（图 3-50）。不计水头损失。求水流喷射最大高度 H 及该处水股直径 d_2（动能校正系数为 1）。

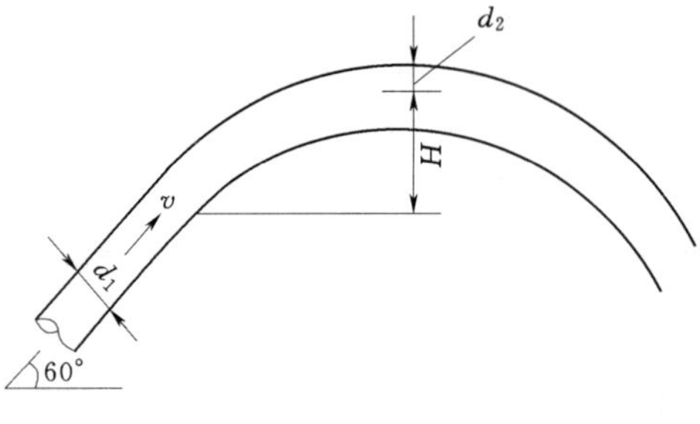

图 3-50

3-61 某贮液容器底部用 4 只螺钉固接一直径为 d，长度为 L 的管道（图 3-51）。贮液容器的面积甚大，液面距离管道进口的高度为 h 保持恒定。已知液体容重为 γ，沿程水头损失系数为 λ，不计铅直管道进口的水头损失。求每只螺钉所受的拉力（管重不计，动能动量校正系数均为 1）。

3-62 自水箱引出一水平管段，长度$L=$

15m，直径 $D=0.06$m，末端接一喷嘴，喷口的直径 $d=0.02$m，如图 3－52 所示。已知射流作用于铅直放置的平板 A 上的水平力为 $F=31.4$N。求水箱水头 H（设管段沿程水头损失系数 $\lambda=0.04$，喷嘴局部水头损失系数 $\xi=0.2$，管道进口局部水头损失系数 $\xi=0.1$，各系数均对应于管中流速水头 $v^2/2g$，动能动量校正系数均为 1）。

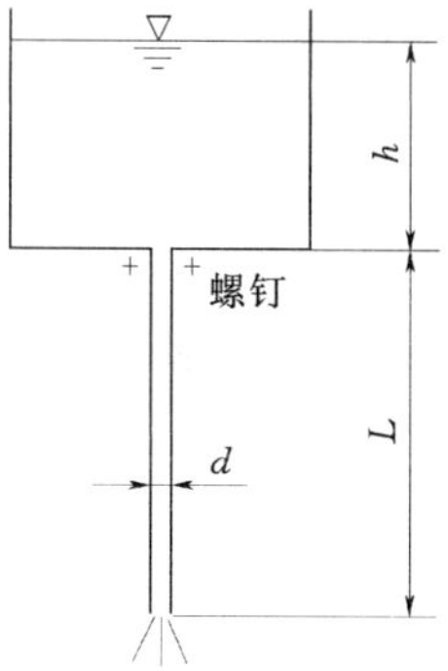

图 3－51

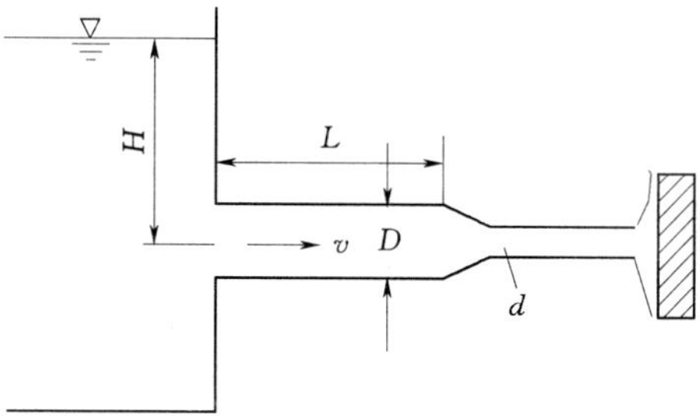

图 3－52

3－63　某输油管道的直径由 $d_1=15$cm，过渡到 $d_2=10$cm（图 3－53）已知石油重率 $\gamma_0=8500\ \text{N/m}^3$，渐变段两端水银压差读数 $\Delta h=15$mm，渐变段末端压力表读数 $p=2.45\text{N/cm}^2$。不计渐变段水头损失。取动能动量校正系数均为 1。求：(1) 管中的石油流量 Q；(2) 渐变管段所受的轴向力。

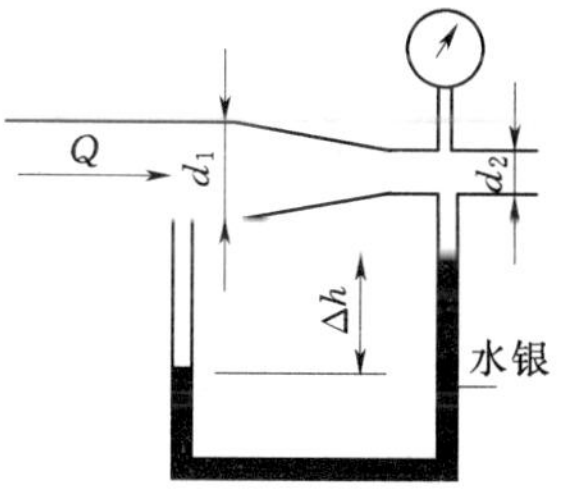

图 3－53

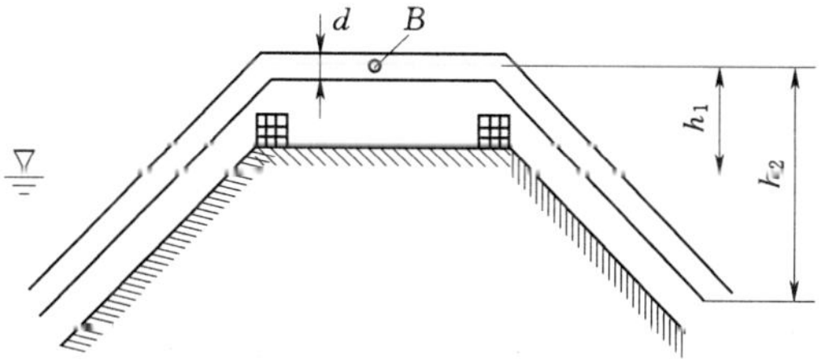

图 3－54

3－64　图 3－54 所示为用虹吸管越堤引水。已知管径 $d=0.2$m，$h_1=2$ m，$h_2=4$ m。不计水头损失。取动能校正系数为 1。求：(1) 虹吸管的流量 Q 为多少？(2) 设允许最大真空值为 7m，B 点的真空压强是否超过最大允许值？

3－65　某输水管道接有管径渐变的水平弯管（图 3－55）。已知管径 $D=250$mm，$d=200$mm，弯角 $\theta=60°$。若弯管进口压力表读数 $p_1=2.5\text{N/cm}^2$，$p_2=2.0\text{N/cm}^2$。不计弯管的水头损失，求水流对弯管的水平作用力的大小及方向（取动量校正系数均为 1）。

3－66　有一水平放置的管道（图 3－56）。管径 $d_1=10$cm，$d_2=5$cm。管中流量 $Q=10$L/s。断面 1 处测管高度 $H=2$m。不计管道收缩段的水头损失。取动能校正系数均为 1。求水流作用于收缩段管壁上的力。

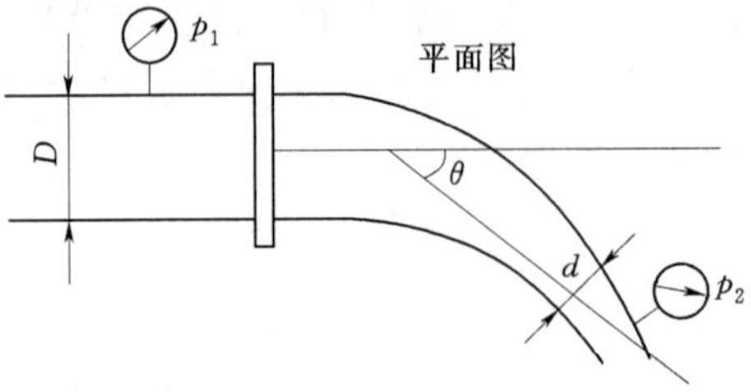

图 3-55

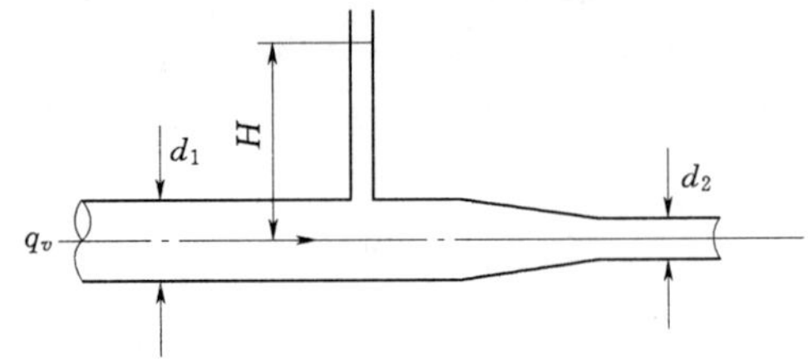

图 3-56

3-67　如图 3-57 所示，有一倾斜放置的管道，管径由 $d_1=10\text{cm}$，突然扩大至 $d_2=20\text{cm}$。试验时测得测压管 1 和测压管 2 中的水位差为 0.3m。求管道流量 Q［取动能校正系数为 1，突然扩大局部水头损失系数 $\xi=(A_2/A_1-1)^2$，A_1、A_2 分别为小管和大管的断面面积，ξ 为对应于大管的流速］。

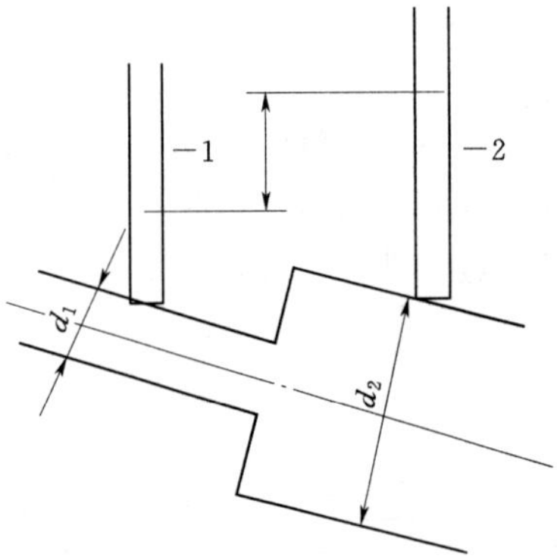

图 3-57

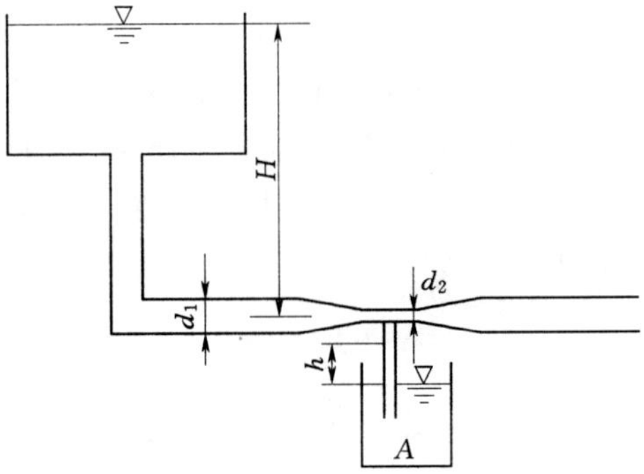

图 3-58

3-68　从水箱下部引一管道，管道水平段上有一收缩段。从收缩段引出的玻璃管插入容器 A 的水中（图 3-58）。已知管径 $d_1=4\text{cm}$，收缩段直径 $d_2=3\text{cm}$。水箱至收缩段的水头损失 $h_{w1}=3v^2/2g$，收缩段至管道出口的水头损失 $h_{w2}=v^2/2g$（v 为管道流速）。当水流通过管道流出时，玻璃管中水柱高 $h=0.35\text{m}$，求作用水头 H（取动校正系数为 1）。

3-69　图 3-59 所示为铅直放置的一文丘里管。已知 $d_1=20\text{cm}$，$d_2=10\text{cm}$，$\Delta z=0.5\text{m}$，水银压差计读数 $\Delta h=2\text{cm}$。若不计水头损失，求流量 Q（取动能校正系数为 1）。

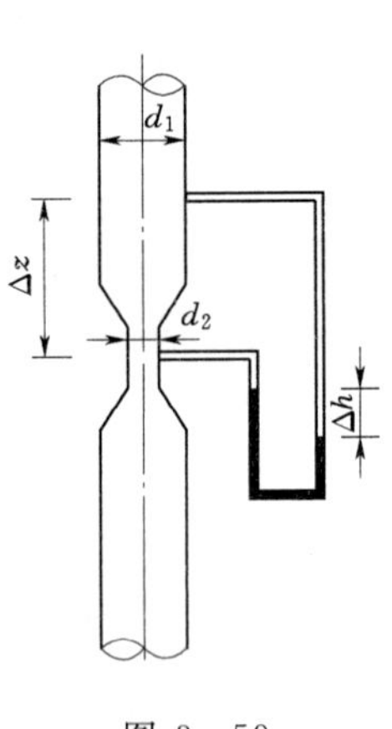

图 3-59

3-70　试证明图 3-60 所示文丘里管测得的流量值与管的倾斜角无关。

3-71　在图 3-61 所示管道的断面 A—A、B—B、C—C 的上、下两端壁处各装设一根测压管，试问各断面上、下两根测压管水面是否等高？如果等高，原因何在？如不等高，哪一根高些，为什么？

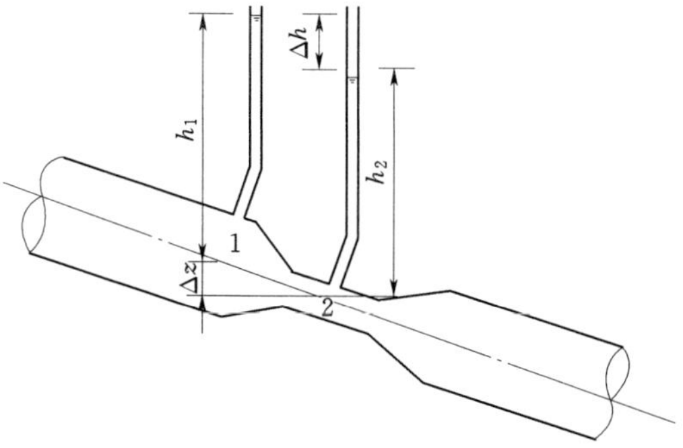

图 3-60

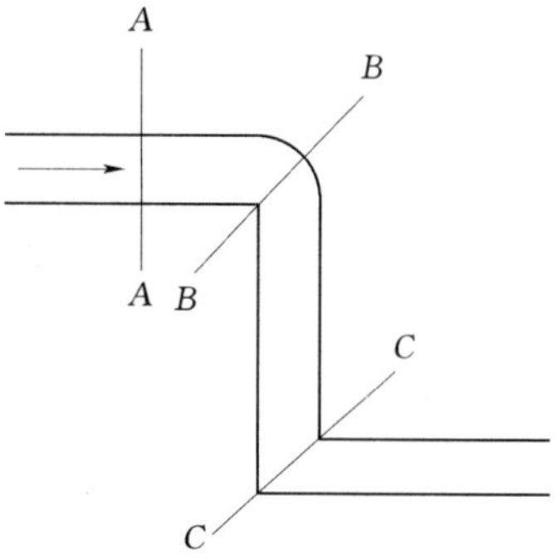

图 3-61

3-72 图 3-62 所示水箱一侧有一向上开口的短管，箱内水位恒定，水通过管嘴向上喷射。若管嘴出口至水箱水面的高度 $h=5\text{m}$，管嘴局部水头损失系数 $\xi=0.2$，取动能校正系数 $\alpha=1$。求管嘴的出流速度 v 及此射流达到的高度 z。

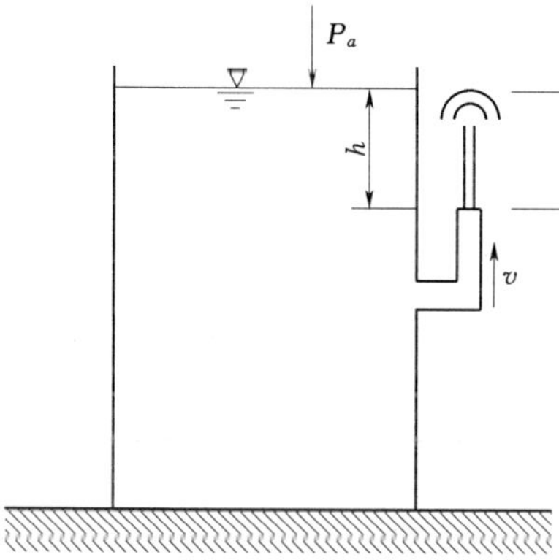

图 3-62

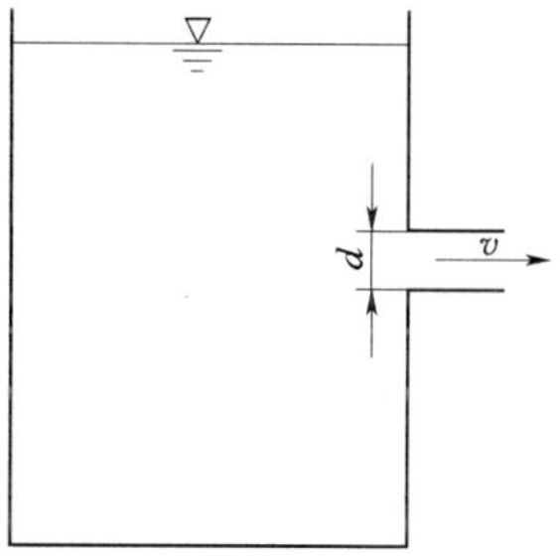

图 3-63

3-73 图 3-63 所示容器内的水从侧壁管嘴射入大气。已知管嘴直径 $d=10\text{cm}$，水流对水箱的水平作用力 $F=460\text{N}$。取动量校正系数等于 1。求孔口射流的流速 v。

3-74 图 3-64 所示为水平放置的水电站压力分岔钢管，用混凝土支座固定。已知主管直径 $D=3\text{m}$，两根岔管的直径均为 $d=2\text{m}$，转角 $\theta=120°$，管末断面 1 压强 $p_1=294\text{kN/m}^2$，通过总流量 $Q=35\text{m}^3/\text{s}$，两分岔管流量相等，不计水头损失，取动能动量校正系数均为 1，求水流对支座的水平作用力。

3-75 图 3-65 所示为一矩形断面平底渠道，宽度 $b=2.7\text{m}$，在某处渠底抬高 $h=0.3\text{m}$，抬高前的水深 $H=0.8\text{ m}$，抬高后水面降低 $z=0.12\text{m}$，设抬高处的水头损失是抬高后流速水头的 1/3，求渠道流量（取动能校正系数 $\alpha=1$）。

3-76 射流从喷嘴中射出，撞击在一铅直放置的平板上，如图 3-66 所示。已知喷嘴直径 $d=25\text{mm}$，射流与平板垂线间的夹角 $\theta=60°$，射流流速 $v_1=5\text{m/s}$。不计摩擦阻力，取动量校正系数为 1。求：(1) 平板静止时，射流作用在平板上的垂直作用力；(2) 当平板以 $u=2\text{m/s}$ 的速度与水流相同方向运动时，射流作用在平板上的垂直力。

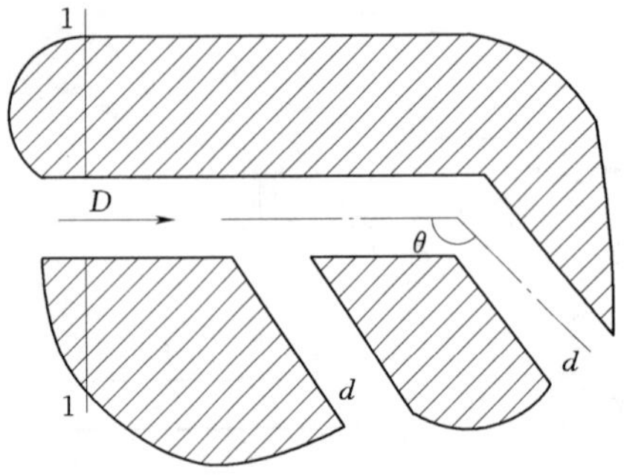

图 3-64

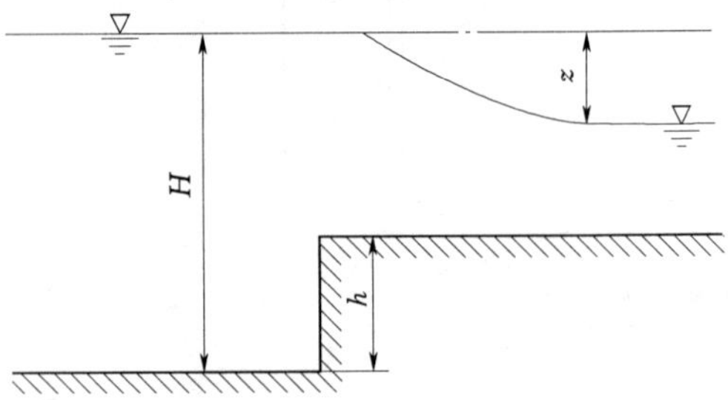

图 3-65

3-77　图 3-67 所示为矩形平底渠道中设平闸门，闸门挡水高 $a=3.2\text{m}$，门宽 $b=2\text{m}$。当流量 $Q=8\text{m}^3/\text{s}$ 时，闸前水深 $H=4\text{m}$，闸后收缩断面水深 $h_c=0.5\text{m}$。不计摩擦力。取动量校正系数为 1。求作用在闸门上的动水总压力。

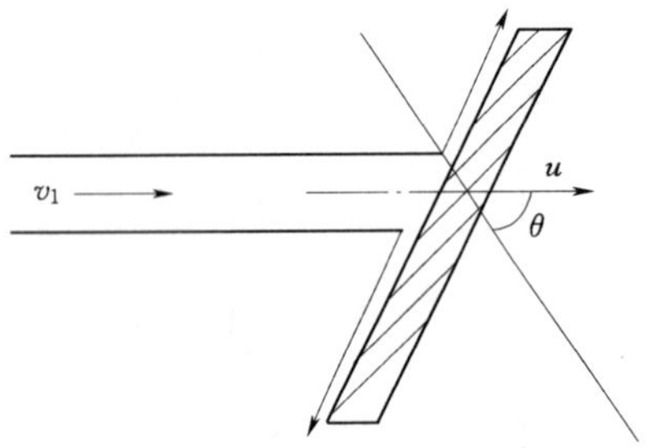

图 3-66

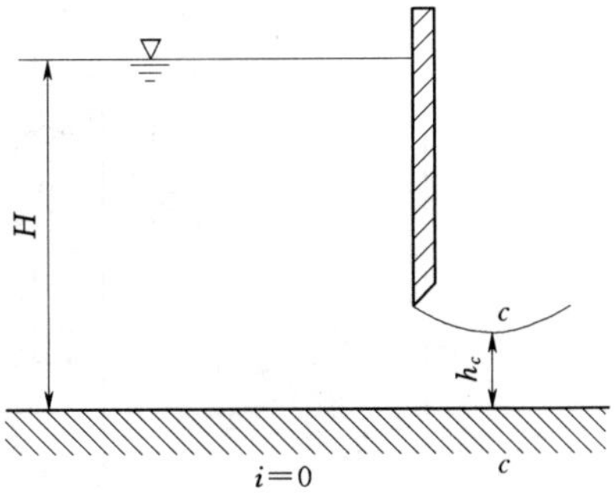

图 3-67

3-78　一带有收缩段的管道系统如图 3-68 所示。利用收缩处的低压将容器 M 中的液体吸入管道中。设两容器装有同种液体。管道收缩处断面面积为 A_1，出口面积为 A_2。管道出口中心的水头为 H。容器 M 液面至管轴高度 h 为多大时，能将液体抽入（不计水头损失）？

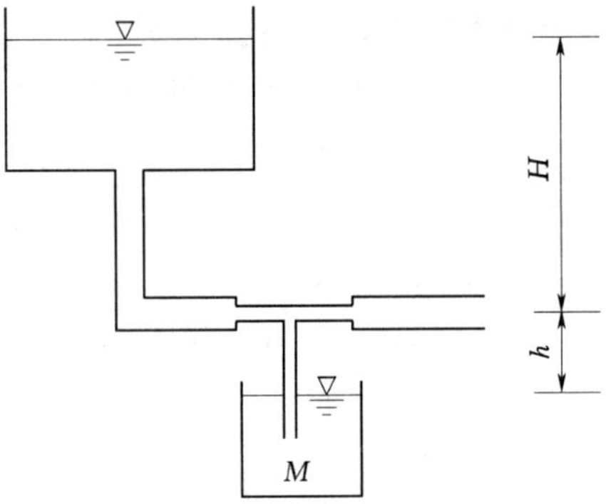

图 3-68

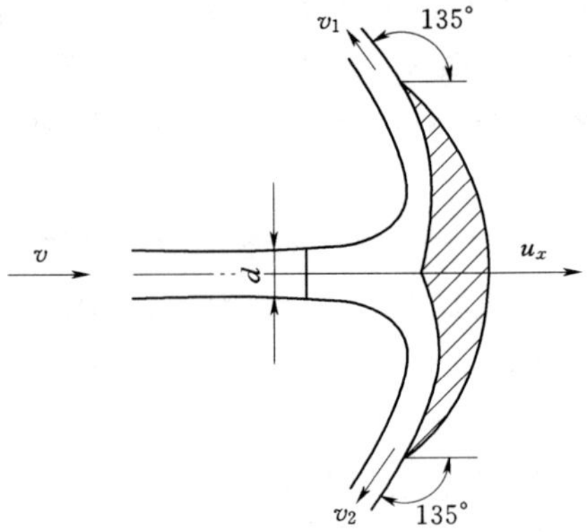

图 3-69

3-79　如图 3-69 所示，射流以 $v=19.8\text{m/s}$ 的速度从直径 $d=10\text{cm}$ 的喷嘴中射出，

水平射向有固定对称角 $\theta=135°$ 的叶片上。喷嘴出口和叶片出口流速均匀分布。若不计摩擦阻力及损失，求叶片所受的冲击力。

3-80　水枪的头部由渐细管与供水软管连接，长度 $L=20$cm，出口直径 $d=2$cm，进口直径 $D=8$cm，如图 3-70 所示。水枪出口的水流流速 $v=15$m/s。一消防队员手持水枪进口处，使水枪竖直向上喷射。若不计能量损失和水流、水枪重量，取动能校正系数及动量校正系数为 1。求：(1) 水枪的头部渐细管受到水流的作用力 R 及方向。(2) 求消防队员手持水枪所需铅直方向的力 F 及方向。(注意两者的区别)

3-81　如图 3-71 所示射流泵，其工作原理是借工作室中管嘴高速射流产生真空，将外部水池中的水吸进工作室，然后再由射流带进出口管。已知 $H=2$m，$h=1$m，$d_1=10$cm，$d_2=7$cm，不计水头损失。试求：(1) 射流泵提供的流量 Q；(2) 工作室中 3—3 断面处的真空度 h_{v3}。

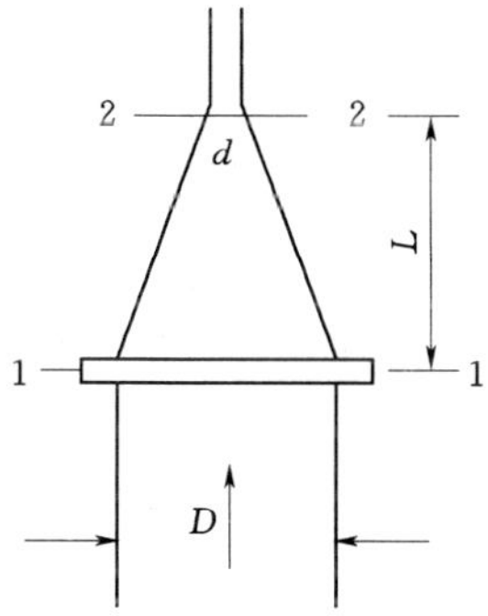

图 3-70

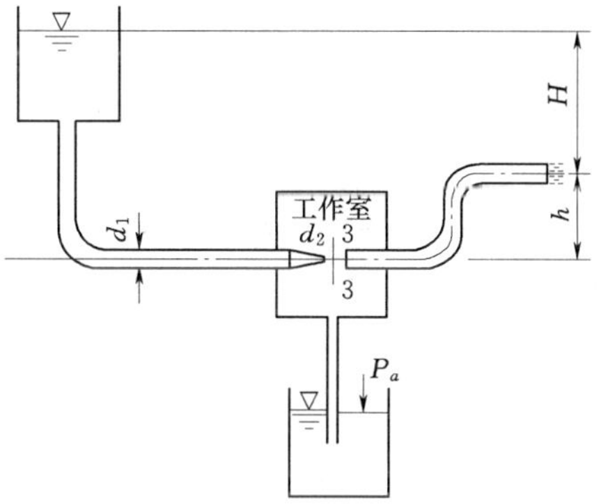

图 3-71

3-82　如图 3-72 所示，在直径 $d=150$mm 的输水管中，装置一附有水银差压计的毕托管，水银面高差 $\Delta h=20$mm，设管中断面平均流速 $v=0.8u_{max}$，试求：管中流量 Q。

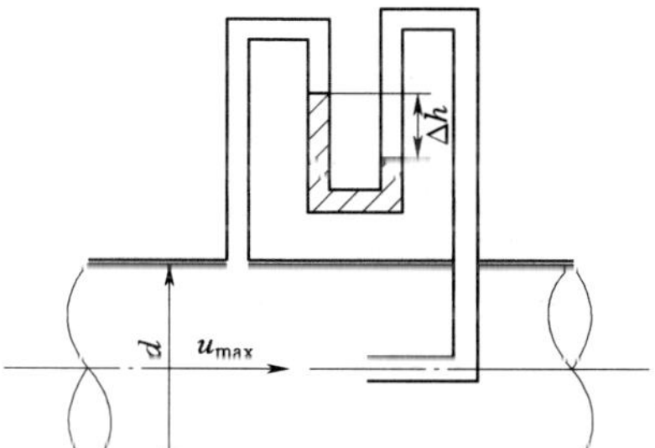

图 3-72

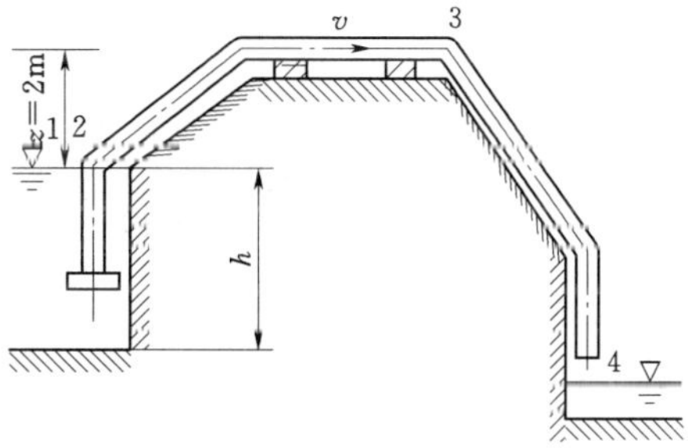

图 3-73

3-83　如图 3-73 所示，用虹吸管从水库中取水，已知 $d=10$cm，其中心线上最高点 3 超出水库水面 2m，其水头损失为：点 1 到点 3 为 $10v^2/2g$，(其中点 1 至点 2 为 $9v^2/2g$)，由点 3 到点 4 为 $2v^2/2g$，若真空高度限制在 7m 以内。求：(1) 吸水管的最大流量有无限制？如有应为多少？出水口至水库水面的高差 h 有无限制？如有，应为多少？(2)

在通过最大流量时，点 2 的压强为多少？

3-84　如图 3-74 所示，水在无摩擦管道系统中流动，若水的汽化压强为 $p_{vp}=7367\text{Pa}$，大气压强为 $p_a=99974\text{Pa}$，水的重度 $\gamma=9730\text{N/m}^3$，试求保证水在管中不发生汽化的最大高度 h。

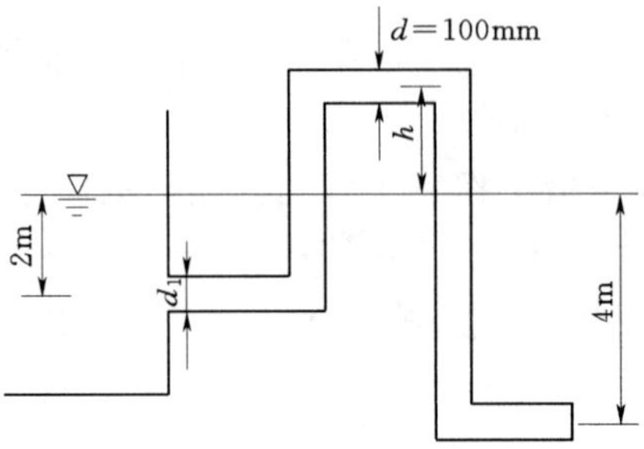

图 3-74

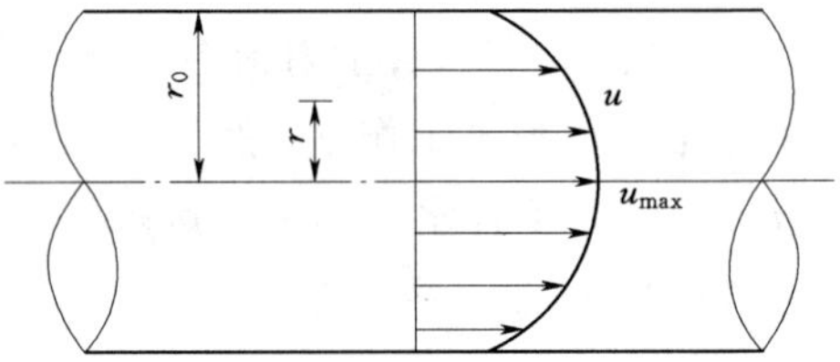

图 3-75

3-85　如图 3-75 所示，圆管过水断面直径上的流速分布规律为 $u=u_{\max}(1-r/r_0)^{1/7}$，式中 u 为半径 r 处的流速，$u_{\max}$ 为中心点的流速，r_0 为圆管半径。设 $r_0=10\text{cm}$，测得 $u_{\max}=3\text{m/s}$，求流量及断面平均流速 v。

3-86　某液体在两平板之间流动，其断面流速分布如图 3-76 所示。求断面平均流速 v 与最大流速 $u_{\max}$ 的关系。

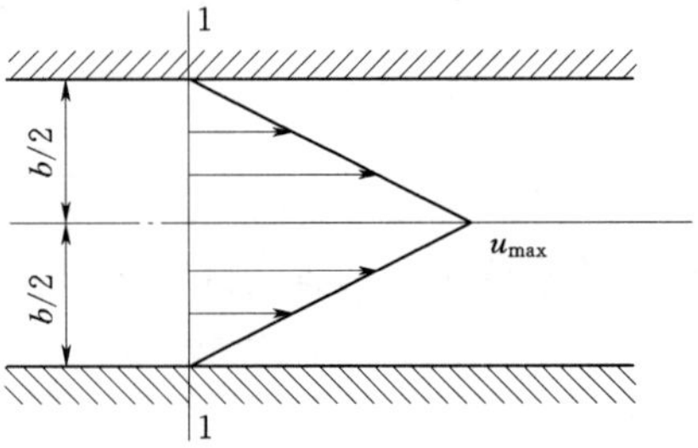

图 3-76

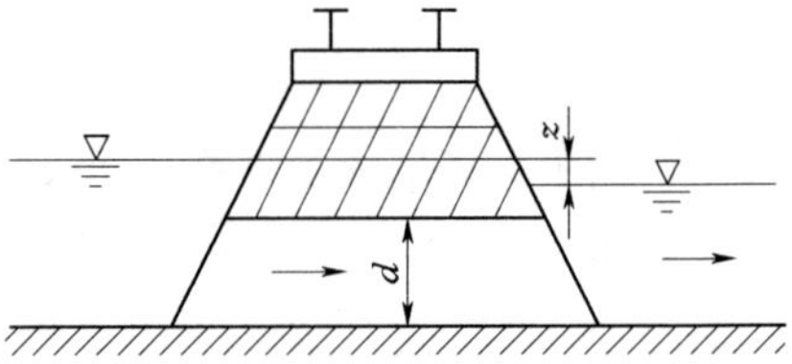

图 3-77

3-87　某渠道在引水途中要穿过一条铁路，于路基下面修建圆形断面涵洞一座，如图 3-77 所示。已知涵洞设计流量 $Q=1\text{m}^3/\text{s}$，涵洞上、下游水位差 $z=0.3\text{m}$，涵洞水头损失 $h_w=1.47v^2/2g$（v 为洞内流速），涵洞上、下游渠道流速很小，速度水头可忽略。求涵洞直径 d。

3-88　如图 3-78 所示，动量实验装置为一喷嘴向正交于射流方向的平板喷水，已知喷嘴出口直径为 10 mm，测得平板受力为 100N，求射流流量。

3-89　如图 3-79 所示，水自密封容器沿管路流出，容器液面上的真空压强为 19.6kPa，不计水头损失。求：(1) 流量；(2) 细管中流速；(3) 管中压强最低点的位置及其负压值。

3-90　已知平面无旋流动的速度分量由下式给出 $u_x=Ax+By, u_y=Cx+Dy$。试求：(1) A、B、C、D 之间的关系；(2) 速度势函数；(3) 流函数。

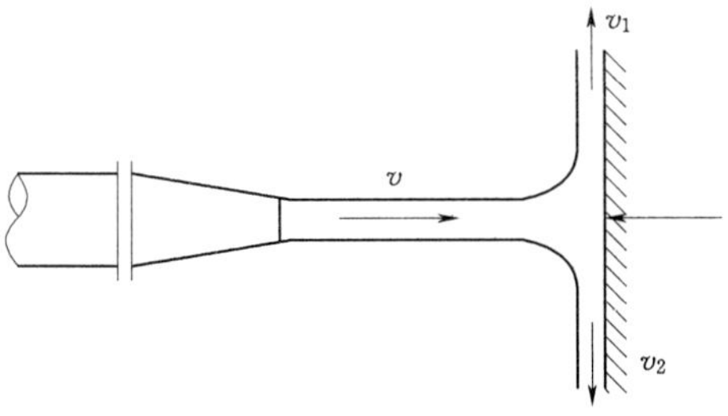

图 3-78

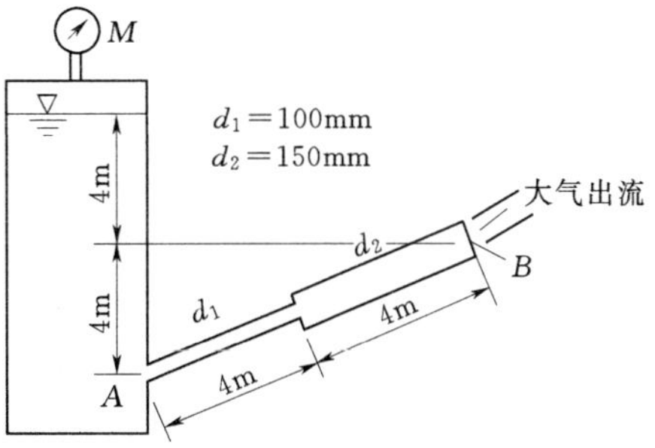

图 3-79

3-91　已知不可压缩液体平面流动的流函数 $\psi=(x^2+y^2)/2$ 。要求：(1) 画出该流动的流线图形，并标明流向；(2) 判别是有旋流动还是无旋流动；(3) 已知流场中两定点坐标分别为 $A(1，0)$与 $B(2，3)$，求通过此两点间的单宽流量 q；(4) A、B 两点是否满足方程 $u^2/2g+p/\rho g=c$？

3-92　如图 3-80 所示，证明两固定平行平板间发生层流运动时，其流速分布为 $u_x=u_m(1-y^2/H^2)$ ，式中 u_m 为 u_x 的最大值，$2H$ 为平板间距。

3-93　如图 3-81 所示，有一流线型物体顺流放置于水下点 A 距离水面 2m 处，来流流速沿水深分布为 $u_x=2(y/H)^{1/7}$ ，试求点 A 的动水压强。

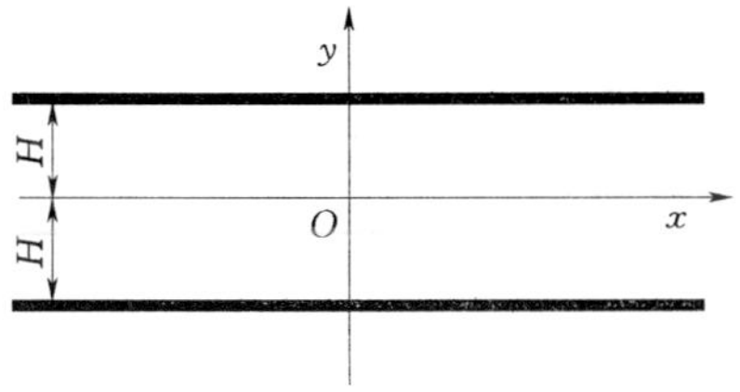

图 3-80

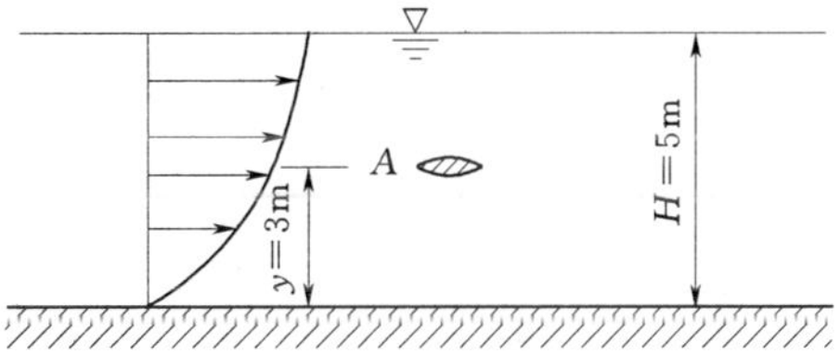

图 3-81

3-94　已知某一不可压缩液体平面流动的速度分布为：$u_x=x^2-y^2+x, u_y=-(2xy+y)$，试求：(1) 判别是否满足速度势函数 φ 和流函数 ψ 的存在条件，并求 φ 和 ψ；(2) 求通过 $A(1，1)$、$B(1，2)$ 两点间流量；(3) 写出切应力及附加压强的表达式；(4) A点的压强水头 $p_A/\rho g=2$m 水柱，试求 B 点的压强水头。

3-95　不可压缩二维流动的流速分量为：$u_x=x-4y, u_y=-y-4x$，试求：(1) 该流动是恒定流还是非恒定流；(2) 该流动是否连续；(3) 判别有无线变形和角变形运动；(4) 判别有涡流还是无涡流；(5) 若流动有势，写出流速势函数表达式；(6) 写出流线方程式。

3-96　设液体的流速场为 $u_x=6x, u_y=6y, u_z=-7t$，t 为时间，求：(1) 当地加速度；(2) 迁移加速度；(3) 加速度的矢量表达式。

3-97　流动场中速度沿流程均匀地减小，并随时间均匀地变化。A 点和 B 点相距 2m，C 点在中间，如图 3-82 所示。已知 $t=0$ 时，$u_A=2$m/s，$u_B=1$m/s；$t=5$s 时，$u_A=8$m/s，$u_B=4$m/s。试求 $t=2$s 时 C 点的加速度。

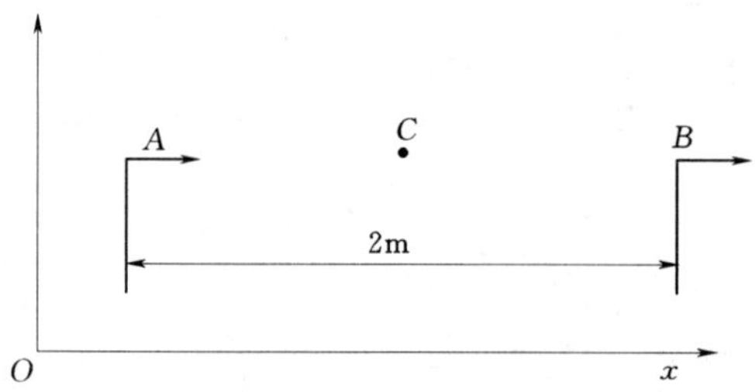

图 3-82

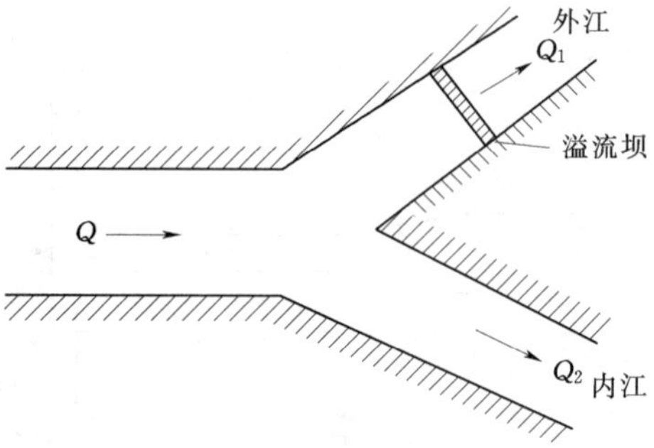

图 3-83

3-98　某河道在某处分为两支——外江及内江，外江设一座溢流坝以抬高上游河道水位，如图 3-83 所示。已测得上游河道流量 $Q=1250\text{m}^3/\text{s}$。通过溢流坝的流量 $Q_1=325\text{m}^3/\text{s}$，内江过水断面的面积 $A=375\text{m}^2$。求内江流量及断面 A 的平均流速。

3-99　一水力机械，$Q=2.5\text{l/s}$，从轴中心流入，从 4 个转臂流出，每个转臂喷嘴的射流直径 $d=1\text{cm}$，射流方向与圆周切线成 30°角，转轮半径为 0.3m，如图 3-84 所示，试求：(1) 保持臂固定的转矩；(2) 若忽略机械摩擦，求最大转速，以 r/min 计（每分钟转数计）；(3) 如转速为 120r/min，求水力机械发出的功率。

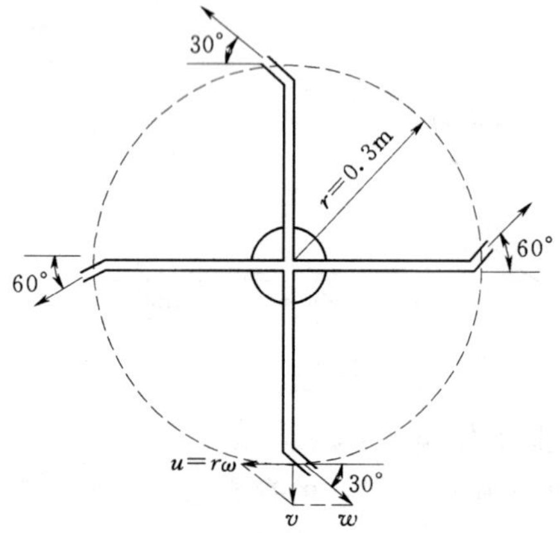

图 3-84

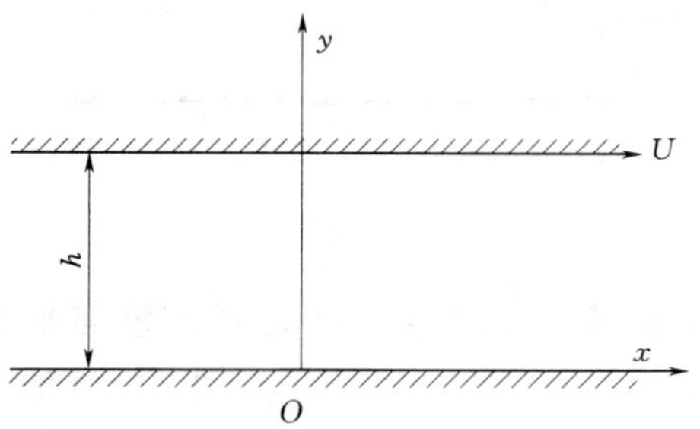

图 3-85

3-100　如图 3-85 所示，两块平行平板间有黏性液体，下平板固定，上平板以均匀的速度 U 向右运动。假设两平板间的距离为 h，液体的流动平行于平板，试求两平板间液体在平板移动方向无压强变化时的速度分布。

3-101　如图 3-86 所示为平板闸泄流的流网图，闸门开度 $\alpha=0.3\text{m}$，上游水深 $H=0.97\text{m}$，下游均匀流处水深 $h=0.187\text{m}$，试求：(1) 过闸单宽流量 q；(2) 作用在 1m 宽闸门上的动水总压力。

3-102　已知平面流的流速分量为：$u_x=Ax$，$u_y=-Ay$（A 为常数），试求 (1) 应力 p_{xx}，p_{yy}，τ_{xy}，τ_{yx}；(2) 假设忽略外力作用，且 $x=y=0$ 处压强为 p_0，写出压强分布表达式。

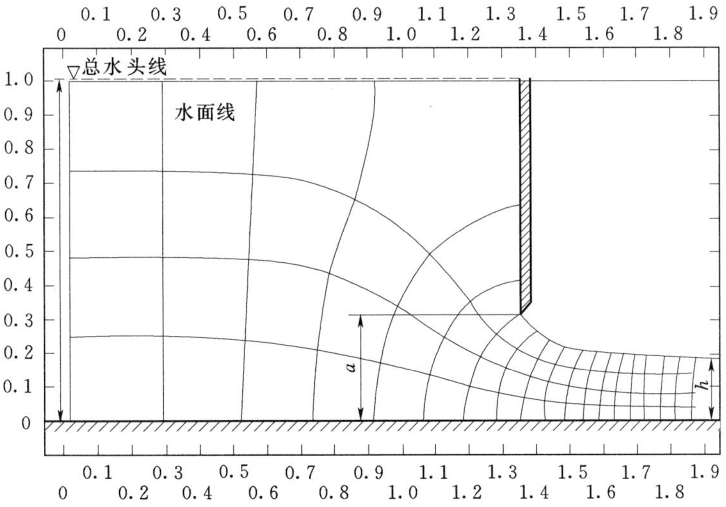

图 3-86

3. 答案

3-1（对）。3-2（错）。3-3（错）。3-4（错）。3-5（错）。3-6（对）。3-7（错）。3-8（错）。3-9（对）。3-10（对）。3-11（对）。3-12（错）。3-13（对）。3-14（对）。3-15（错）。3-16（错）。3-17（对）。3-18（对）。3-19（错）。3-20（错）。3-21（错）。3-22（对）。3-23（错）。3-24（3）。3-25（2）。3-26（3）。3-27（1）。3-28（2）。3-29（1）。3-30（2）。3-31（3）。3-32（2）。3-33（$\sum \vec{F}=\sum\rho Q_{出}\vec{V}_{出}\beta_{出}-\sum\rho Q_{入}\vec{V}_{入}\beta_{入}$）。3-34（单位重量液体所损失的总能量、L）。3-35（小于、低于）。3-36（单位重量液体所具有的动能、L）。3-37（不变、减小）。3-38 $\left(z_1+\dfrac{p_1}{\gamma}+\dfrac{\alpha_1 v_1^2}{2g}=z_3+\dfrac{p_3}{\gamma}+\dfrac{\alpha_3 v_3^2}{2g}+h_{w1-3}\right)$。3-39（相等、$p_A>p_B$）。3-40 $\left(\dfrac{1.1}{8g}\right)$。3-41（渐变流、急变）。3-42（0.008）。3-43（4m）。3-44（$h_1<h_2$）。3-45 [$v_A=v_B=v_C=\sqrt{2g(H-h_w)}$]。3-46（断面近似为平面、压强近似符合静水压强分布）。3-47（4）。3-48（3）。3-49（3）。3-50（1）。3-51（$u_x=2ay, u_y=2ax$）。3-52（正交）。3-53（线变形、角变形、旋转、平移）。3-54（相等、保持不变）。3-55（液体微团有无旋转、旋转角速度是否为0）。

3-56 $u_x=\dfrac{Q}{\pi(l-x)^2\tan^2\dfrac{\theta}{2}}$，$a_x=\dfrac{\partial u_x}{\partial t}+u_x\dfrac{\partial u_x}{\partial x}+u_y\dfrac{\partial u_x}{\partial y}+u_z\dfrac{\partial u_x}{\partial z}=\dfrac{2Q^2}{(l-x)^5\pi^2\tan^4\dfrac{\theta}{2}}$。

3-57 $\sin\theta=Q_1/Q_2$、$\theta=30°$，$R_x=\rho Qv-\rho Q_2 v_2\cos\theta=1000\times36\times(0.03-0.02\times\cos30°)=456.5\text{N}$。

3-58 $v_c=13.22\text{m/s}$、$Q=10.58\text{m}^3/\text{s}$、$\dfrac{\gamma}{2}(H+a)^2-\dfrac{\gamma}{2}h_c^2-R=\rho Qv_c$，$R=4874.6\text{kN}$。

3-59　$u_A=\sqrt{2g\times0.3}=2.42\text{m/s}$、$\dfrac{\Delta p}{\gamma}=\left(1-\dfrac{\gamma_0}{\gamma}\right)\times0.2$，$\dfrac{u_B^2}{2g}=\dfrac{u_A^2}{2g}-0.037\text{m}$，$u_B=2.27\text{m/s}$。

3-60　$\dfrac{v^2}{2g}=\dfrac{(v\cos\theta)^2}{2g}+H$，$H=\dfrac{v^2}{2g}\sin^2\theta=1.875\text{m}$，$d_2=d_1\sqrt{1/\cos\theta}=14.14\text{cm}$。

3-61　$h+L=\dfrac{v^2}{2g}+\lambda\dfrac{L}{d}\dfrac{v^2}{2g}$，$h_f=\lambda\dfrac{L}{d}\dfrac{v^2}{2g}$，$F=\tau_0A=\gamma RJ\times L\pi d=\gamma\dfrac{d}{4}\dfrac{h_f}{L}\times L\pi d$，$T=F/4=\dfrac{1}{16}\gamma\pi d^2\left[\lambda\dfrac{L}{d}\dfrac{h+L}{1+\lambda\dfrac{L}{d}}\right]$。

3-62　$-R=\beta\rho Q(0-v_2)$，$v_2=10\text{m/s}$；$H=\left(\lambda\dfrac{l}{d}+\zeta_1+\zeta_2\right)\dfrac{v^2}{2g}+\dfrac{v_2^2}{2g}=5.75\text{m}$。

3-63　$\dfrac{p_1}{\gamma_0}+\dfrac{v_1^2}{2g}=\dfrac{p_2}{\gamma_0}+\dfrac{v_2^2}{2g}$，$\dfrac{p_1-p_2}{\gamma_0}=\left(\dfrac{\gamma_{Hg}}{\gamma_0}-1\right)\Delta h=0.22\text{m}$，$p_1=26370\ \text{N/m}^2$，$v_2=2.23\ \text{m/s}$，$v_1=1.03\ \text{m/s}$；$Q=0.0182\ \text{m}^3/\text{s}$，$p_1A_1-p_2A_2-R=\beta\rho Q(v_2-v_1)$，$R=253.1\text{N}$。

3-64　$h_2-h_1=\dfrac{v^2}{2g}$，$Q=\dfrac{\pi d^2}{4}v=0.197\text{m}^3/\text{s}$；$0=2+\dfrac{p_B}{\gamma}+\dfrac{v^2}{2g}$，$\dfrac{p_B}{\gamma}=-4\ \text{mH}_2\text{O}$，否。

3-65　$\dfrac{p_1}{\gamma}+\dfrac{v_1^2}{2g}=\dfrac{p_2}{\gamma}+\dfrac{v_2^2}{2g}$，$v_2=4.117\ \text{m/s}$，$v_1=2.635\ \text{m/s}$，$R=1.41\text{kN}$；$\beta=45.5°$。$p_1A_1-p_2A_2\cos60°-R_x=\beta\rho Q(v_2\cos60°-v_1)$，$p_2A_2\sin60°-R_y=\beta\rho Q(-v_2\sin60°-0)$。

3-66　$\dfrac{p_1}{\gamma}+\dfrac{v_1^2}{2g}=\dfrac{p_2}{\gamma}+\dfrac{v_2^2}{2g}$，$p_2=7.4\ \text{kN/m}^2$，$-R_x-p_2A_2+p_1A_1=\beta\rho Q(v_2-v_1)$，$R_x=101.31\ \text{N}$。

3-67　$z_1+\dfrac{p_1}{\gamma}+\dfrac{v_1^2}{2g}=z_2+\dfrac{p_2}{\gamma}+\dfrac{v_2^2}{2g}+h_w$，$\left(z_1+\dfrac{p_1}{\gamma}\right)-\left(z_2+\dfrac{p_2}{\gamma}\right)=-0.3\ \text{m}$，$Q=0.0311\text{m}^3/\text{s}$。

3-68　$H=(\alpha+3+1)\dfrac{v_1^2}{2g}$，$H=\dfrac{p_2}{\gamma}+\dfrac{\alpha v_2^2}{2g}+3\dfrac{v_1^2}{2g}$，$\dfrac{p_2}{\gamma}=-0.35\text{m}$，$H=1.51\text{m}$。

3-69　$\Delta z+\dfrac{p_1}{\gamma}+\dfrac{v_1^2}{2g}=\dfrac{p_2}{\gamma}+\dfrac{v_2^2}{2g}$，$\Delta z+\dfrac{p_1}{\gamma}-\dfrac{p_2}{\gamma}=12.6\times0.02\text{m}$，$v_2=0.295\text{m/s}$，$Q=0.018\text{m}^3/\text{s}$。3-70（略）。

3-71　渐变流断面 A：等高、急变流断面 B：离心力向上，上高、C 断面离心力向下，下高。

3-72　$h+0+0=\dfrac{v^2}{2g}+0.2\dfrac{v^2}{2g}$，$v=\sqrt{\dfrac{2gH}{1.2}}=9.04\text{m/s}$，$z=\dfrac{v^2}{2g}=4.17\ \text{m}$。

3-73　$\sum F_x=R_x=\beta\rho Q(v-0)=\rho\beta\dfrac{\pi d^2}{4}v^2$，$R_x=F=460\text{N}$，$v=7.653\text{m/s}$。

3-74　$\dfrac{p_1}{\gamma}+\dfrac{v_1^2}{2g}=\dfrac{p_2}{\gamma}+\dfrac{v_2^2}{2g}$，$v_1=4.95\text{m/s}$，$v_3=v_2=5.57\text{m/s}$，$p_2=290.7\text{kN/m}^2$。

$P_1-2P_2\cos60°-R_x=2\rho Q_2v_2\cos60°-\rho Q_1v_1$，$2P_2\sin60°-R_y=-2\rho Q_2v_2\sin60°$，$R=2144.6\text{kN}$。

3-75 $H+\dfrac{v_1^2}{2g}=h+h_2+\dfrac{v_2^2}{2g}+\dfrac{1}{3}\dfrac{v_2^2}{2g}$，$v_2=1.457\ \text{m/s}$，$Q=bh_2v_2=1.495\text{m}^3/\text{s}$。

3-76 $-R_y=-\beta\rho Qv\cos60°=-6.13\text{N}$，$-R_y=-\beta\rho Q(v-u)\cos60°=\dfrac{-\beta\rho\pi d^2}{4}(v-u)^2=-2.21\text{N}$。

3-77 $P_1-P_2-R=\rho Q(v_2-v_1)$，$P_1=156800\text{N}$，$P_2=2450\text{N}$，$R=98350\text{N}$。

3-78 $H=\dfrac{\alpha v_2^2}{2g}$、$-h+\dfrac{v_1^2}{2g}=H$，$v_1=\dfrac{A_2}{A_1}v_2$，$h=\left[\left(\dfrac{A_2}{A_1}\right)^2-1\right]H$。

3-79 $v_1=v_2=v=19.8\text{m/s}$，$-R_x=\rho Q(v_2\cos135°-v)$，$F_x=R_x=5.256\text{kN}$。

3-80 水流对水枪头部渐细管的作用力为507N，方向向上，手持水枪的力与动量变化平衡方向向上，$F=70.7\text{N}$。

3-81 $H=\dfrac{\alpha v^2}{2g}$，$Q=vA=0.0492\text{m}^3/\text{s}$；$H+h=\dfrac{p_3}{\gamma}+\dfrac{\alpha_3v_3^2}{2g}$，$h_{v3}=5.33\ \text{mH}_2\text{O}$。

3-82 $u_{max}=\sqrt{\dfrac{\rho_{水银}-\rho}{\rho}2g\Delta h}=\sqrt{12.6\times19.6\times0.02}=2.22\text{m/s}$，$Q=0.8\times2.22\times\dfrac{\pi\times0.15^2}{4}=0.0314\text{m}^3/\text{s}$。

3-83 (1) $\dfrac{p_a}{\gamma}=2+\dfrac{p_3}{\gamma}+\dfrac{\alpha v^2}{2g}+10\dfrac{v^2}{2g}$，$v_{max}=2.98\ \text{m/s}$，$Q_{max}=0.0234\text{m}^3/\text{s}$。

(2) $0=-h+\dfrac{\alpha v^2}{2g}+(10+2)\dfrac{v^2}{2g}$，$h_{max}=5.9\text{m}$。 (3) $0=\dfrac{p_2}{\gamma}+\dfrac{\alpha v^2}{2g}+9\dfrac{\alpha v^2}{2g}$，$\dfrac{p_2}{\gamma}=-4.545\text{m}$。

3-84 $\dfrac{p_a}{\gamma}=h+\dfrac{p_{vp}}{\gamma}+\dfrac{v^2}{2g}$，$\dfrac{v^2}{2g}=4$，$h=5.518\text{m}$。

3-85 $Q=\int_A u\text{d}A=\int_0^{r_0}u_{max}\left(1-\dfrac{r}{r_0}\right)^{1/7}2\pi r\text{d}r=0.077\text{m}^3/\text{s}$；$v=2.45\text{m/s}$。

3-86 $v=\dfrac{Q}{A}=\dfrac{\frac{1}{2}b\times u_{max}\times1}{b\times1}=\dfrac{1}{2}u_{max}$。

3-87 $z=1.47\dfrac{v^2}{2g}$，$v=\sqrt{2g\times0.3/1.47}=2$，$d=0.80\text{m}$。

3-88 $F=\rho Qv=\rho Q^2/A$，$Q=\sqrt{\dfrac{FA}{\rho}}=\sqrt{\dfrac{F\pi d^2}{4\rho}}=\sqrt{\dfrac{100\times\pi\times0.01^2}{4\times1000}}=0.0028\text{m}^3/\text{s}$。

3-89 $z_0+\dfrac{p_0}{\rho g}+\dfrac{\alpha_0v_0^2}{2g}=z_B+\dfrac{p_B}{\rho g}+\dfrac{\alpha_Bv_B^2}{2g}+h_{w0-B}$，$v_B=6.26\text{m/s}$，$Q=0.111\text{m}^3/\text{s}$，$v_A=14.09\text{m/s}$

$z_0+\dfrac{p_0}{\gamma}+\dfrac{\alpha_0v_0^2}{2g}=z_c+\dfrac{p_c}{\gamma}+\dfrac{\alpha_cv_c^2}{2g}+h_{w0-c}$，$\dfrac{p_c}{\gamma}=-6.13\text{mH}_2\text{O}$，$p_{vc}=60.1\text{kPa}$。

3-90 $B=C$；$A=-D$、$\varphi=Bxy+\dfrac{A}{2}(x^2-y^2)+c_1$、$\psi=Axy+\dfrac{B}{2}(y^2-x^2)+c_2$。

3－91 （1）$\psi=(x^2+y^2)/2=\text{Const}$；（2）有旋；（3）$q=\psi_B-\psi_A=6$；（4）$A$，$B$ 不在同一根流线上不满足方程。3－92（略）。

3－93 $u_x=2(y/H)^{1/7}=2\times(3/5)^{1/7}=1.86\text{m/s}$，$p_A=\gamma\left[(H-y)+\dfrac{u_x^2}{2g}\right]=21.3\text{kPa}$。

3－94 存在流函数：$\psi=\int d\psi=\int -u_y dx+u_x dy=(x+1)xy-\dfrac{1}{3}y^3+c$，存在速度势函数：$\varphi=\int d\varphi=\int u_x dx+u_y dy=\dfrac{1}{3}x^3+\dfrac{1}{2}x^2-xy^2-\dfrac{1}{2}y^2+c$，$\Delta q_{AB}=\psi_A-\psi_B=\dfrac{1}{3}$，$\tau_{xy}=\tau_{yx}=-4\mu y$，$p'_{xx}=-2\mu(2x+1)$，$p'_{yy}=2\mu(2x+1)$，$\dfrac{p_B}{\gamma}=-\dfrac{u_B^2}{2g}+\dfrac{u_A^2}{2g}+\dfrac{p_A}{\gamma}=0.47\text{mH}_2\text{O}$。

3－95 恒定流、连续、流线方程：$xy+2x^2-2y^2=c$、有线变形、有角变形、无涡流、有势流、$\phi=\dfrac{1}{2}x^2-\dfrac{1}{2}y^2-4xy+C$。

3－96 $\dfrac{\partial \vec{u}}{\partial t}=-7\vec{k}$，$(\vec{u}\nabla)\vec{u}=36x\vec{i}+36y\vec{j}$，$\vec{a}=36x\vec{i}+36y\vec{j}-7\vec{k}$。

3－97 $\left.\dfrac{\partial u}{\partial t}\right|_c=\dfrac{3.3-1.5}{2}=0.9(\text{m/s}^2)$，$\left.\dfrac{\partial u}{\partial x}\right|_c=\dfrac{u_B-u_A}{\Delta x_{BA}}=-1.1\left(\dfrac{1}{s}\right)$，$a_c=\left.\dfrac{\partial u}{\partial t}\right|_c+u_c\left.\dfrac{\partial u}{\partial x}\right|_c=-2.73\text{m/s}^2$。

3－98 $Q=Q_1+Q_2$，$Q_2=Q-Q_1=1250-325=925\text{m}^3/\text{s}$，$v_2=\dfrac{Q_2}{A}=\dfrac{925}{375}=2.47\text{m/s}$。

3－99 $w=\dfrac{Q}{4A}=7.96\text{m/s}$，$T=\rho Q\,(wr\cos30°-0)=5.17\text{N}\cdot\text{m}$，$n=219.4\text{r/min}$，$D=29.4\text{Nm/s}$。

3－100 $N—S$ 方程可化为：$\dfrac{\partial^2 u_x}{\partial y^2}=0$，积分得：$u_x=C_1y+C_2$，$C_2=0$，$C_1=\dfrac{U}{H}$，$u=u_x=\dfrac{U}{h}y$。

3－101 $H+0+\dfrac{u_1^2}{2g}=h+0+\dfrac{u_2^2}{2g}$，$u_1H=u_2h$，$Q=0.747\text{m}^3/\text{s}\cdot\text{m}$，$P=2049.2\text{N/m}$。

3－102 $\tau_{xy}=\tau_{yx}=\mu\left(\dfrac{\partial u_y}{\partial x}+\dfrac{\partial u_x}{\partial y}\right)=0$，$p_{xx}=p-2\mu A$，$p_{yy}=p+2\mu A$，$p=p_0-\dfrac{\rho A^2}{2}(x^2+y^2)$。

第四章　流动阻力与水头损失

一、学习指导

本章主要解决水头损失的计算问题，水头损失是由实际流体的黏滞性和边界阻力引起的，不同的流态（层流、紊流）有不同的水头损失规律。本章需要掌握的重点内容有：①了解雷诺实验和尼古拉兹实验的方法、内容及主要结论，掌握不同流态、不同流区的沿程水头损失的变化规律和沿程水头损失系数的变化规律；②掌握圆管层流的流动特点和速度分布规律；③掌握恒定均匀流切应力的分布规律及其与水头损失的关系。沿程水头损失及水头损失系数的计算公式很多，只需记住达西魏斯巴哈公式、谢才公式、曼宁公式即可，其他经验公式、图表一般不需要一一记住。紊流运动理论、边界层理论、绕流阻力等比较复杂，只要了解其基本概念和特点即可。

二、内容提要

（一）基本概念

1. 沿程水头损失

发生于均匀流和渐变流段、由壁面摩擦阻力产生的水头损失，与流段长度成正比，用符号 h_f 表示。

2. 局部水头损失

发生于急变流段，由于急变流段的边界形状急剧改变，使得流动分离形成漩涡区，或局部流动结构急剧调整，流体的内摩擦作用产生较大的机械能消耗，用符号 h_j 表示。

3. 雷诺数

雷诺数的定义为特征长度与特征速度之积除以运动黏性系数，为无量纲数。雷诺数反映了水流的惯性力与黏滞力之比。对于圆管流动，雷诺数可以表示为：$Re=\frac{vd}{\upsilon}$，若 $Re<Re_c=2000$ 为层流，$Re>Re_c=2000$ 为紊流。对于明渠流动，雷诺数可以表示为：$Re=\frac{vR}{\upsilon}$，若 $Re<Re_c=500$ 为层流，$Re>Re_c=500$ 为紊流。Re_c 为下临界雷诺数。

4. 层流

水流呈层状流动，各流层的水体质点互不掺混，有条不紊地向前运动。层流沿程损失与流速的一次方成正比。

5. 紊流

各流层的水体质点互相掺混，运动轨迹曲折混乱。紊流沿程损失与流速的 1.75～2.0 次方成正比。

6. 摩阻流速

反映壁面切应力的大小，具有速度量纲的参数，定义为：

$$u_* = \sqrt{\frac{\tau_0}{\rho}} = \sqrt{gRJ} = \sqrt{\frac{\lambda}{8}}v \tag{4-1}$$

7. 黏性底层

在紧靠边壁附近的一薄层液体内流速从零增加到一定的有限值，速度梯度很大，因边壁抑制了附近液体质点的紊动，因此在紊流中紧靠管壁附近这一薄层称为黏性底层或层流底层。黏性底层中的流速分布近似为直线分布。黏性底层的厚度为：

$$\delta_l = 11.6\frac{\upsilon}{u_*} = \frac{32.8\upsilon}{v\sqrt{\lambda}} = \frac{32.8d}{Re\sqrt{\lambda}} \tag{4-2}$$

当管径 d 相同时，随着流速增大、雷诺数变大，黏性底层变薄。

8. 边界层

在紧靠固体边壁附近的一薄层液体内，纵向流速从零开始急剧增加，速度梯度很大，黏性影响不能忽略的这一薄层液体称为边界层。在固壁附近边界层内的流动是黏性液体的有旋流动；边界层以外的流动可以看作理想液体的有势流动。

当实际液体在雷诺数很大的情况下以均匀流速 U_∞ 平行流过静止平板，顺流动方向，边界层中的流态从层流边界层经过过渡区进入到紊流边界层，紊流边界层内也存在黏性底层。层流边界层的厚度为：

$$\delta = 5\frac{x}{\sqrt{Re_x}} = 5\sqrt{\frac{\upsilon x}{U_\infty}} \propto x^{1/2},\quad Re_x = \frac{U_\infty x}{\upsilon} < Re_{x*} = \frac{U_\infty x_*}{\upsilon} = 3\times10^5 \sim 3\times10^6 \tag{4-3}$$

（二）切应力大小及分布

1. 恒定均匀流的切应力与沿程水头损失的关系

$$\tau_0 = \gamma RJ \tag{4-4}$$

$$R = A/\chi$$

$$J = h_f/L$$

式中：R 为水力半径，χ 为湿周；J 为水力坡度。

2. 圆管断面切应力分布

圆管过水断面上切应力沿径向呈线性分布 $\tau = \tau_0\frac{r}{r_0}$，壁面切应力最大，管中心为 0。

3. 宽矩形明槽断面切应力分布

宽矩形明槽断面切应力在垂直方向呈线性分布 $\tau = \tau_0\left(1-\frac{y}{h}\right)$，底部切应力最大，表面为 0。

（三）圆管层流运动

1. 流速分布

圆管恒定均匀层流的速度分布为抛物线形分布

$$u = \frac{\gamma J}{4\mu}(r_0^2 - r^2) \tag{4-5}$$

2. 最大流速

圆管恒定均匀层流的最大流速在管中心

$$u_{\max}=\frac{\gamma J}{4\mu}r_0^2$$

3. 平均流速

圆管恒定均匀层流平均流速是最大流速的一半

$$v=\frac{1}{2}u_{\max}$$

4. 水头损失

管径一定时，圆管恒定均匀层流水头损失与流速成正比

$$h_f=\frac{32\mu vl}{\gamma d^2} \tag{4-6}$$

5. 沿程水头损失系数

圆管恒定均匀层流沿程水头损失系数只与雷诺数有关

$$\lambda=\frac{64}{Re} \tag{4-7}$$

6. 动能修正系数和动量修正系数

圆管层流的动能修正系数和动量修正系数分别为

$$\alpha=\frac{1}{A}\int_A\left(\frac{u}{v}\right)^3\mathrm{d}A=\frac{8}{\pi r_0^2}\int_0^{r_0}2\pi r\left(1-\frac{r^2}{r_0^2}\right)^3\mathrm{d}r=2$$

$$\beta=\frac{1}{A}\int_A\left(\frac{u}{v}\right)^2\mathrm{d}A=\frac{2}{\pi r_0^2}\int_0^{r_0}2\pi r\left(1-\frac{r^2}{r_0^2}\right)^2\mathrm{d}r=1.33$$

由于层流的流速分布很不均匀，动能修正系数和动量修正系数相对较大，不能近似取为1。

（四）紊流运动特点

1. 紊流的特性

紊流具有随机性、非恒定性、三维性、有旋性、扩散性、耗能性、连续性等特性。

2. 紊流形成的条件

从层流转变到紊流，首先要有涡体形成，然后涡体要脱离原流层并与其他流层相互掺混，形成涡体的前提是流体具有黏滞性和边界的滞水作用。

3. 紊流的速度分布

由于紊流的脉动扩散性和动量传递，使得紊流断面流速分布比较均匀。紊流断面流速分布可以近似地表示为对数分布和指数分布形式。由于紊流的流速分布比较均匀，动能修正系数和动量修正系数接近于1，可以近似取为1。

4. 紊流的切应力

紊流的总切应力为

$$\tau=\mu\frac{\mathrm{d}u}{\mathrm{d}y}+\eta\frac{\mathrm{d}u}{\mathrm{d}y}=\rho\upsilon\frac{\mathrm{d}u}{\mathrm{d}y}+\rho\varepsilon\frac{\mathrm{d}u}{\mathrm{d}y} \tag{4-8}$$

$$\eta\frac{\mathrm{d}u}{\mathrm{d}y}\approx-\rho\overline{u_x'u_y'}$$

$$\varepsilon=l^2\left|\frac{\mathrm{d}u}{\mathrm{d}y}\right|$$

$$\eta=\rho\varepsilon=\rho l^2\left|\frac{\mathrm{d}u}{\mathrm{d}y}\right|$$

式中：$\eta\frac{\mathrm{d}u}{\mathrm{d}y}$为紊流附加切应力；$\varepsilon$，$\eta$分别为紊流的运动涡黏度和动力涡黏度。

（五）沿程损失及其系数计算公式

1. 沿程水头损失计算公式

（1）达西魏斯巴哈公式。

$$h_f=\lambda\frac{l}{4R}\frac{v^2}{2g} \tag{4-9}$$

（2）谢才公式。

$$v=C\sqrt{RJ}\quad 或\quad h_f=C^2\frac{l}{R}v^2 \tag{4-10}$$

谢才公式是谢才根据明渠水流实测资料得出的经验公式，但同样适用于管流，也同样既适用于紊流也适用于层流，只要确定谢才系数即可。谢才系数与沿程水头损失系数的关系为$C=\sqrt{\frac{8g}{\lambda}}$，谢才系数的常用单位和量纲分别为 $m^{1/2}/s$、$[L^{1/2}/T]$。

2. 沿程水头损失系数计算

（1）层流区公式。

$$\lambda=\frac{64}{Re}\quad 适用范围：管流\ Re<2000 \tag{4-11}$$

$$\lambda=\frac{24}{Re}\quad 适用范围：明渠流\ Re<500 \tag{4-12}$$

（2）布拉休斯公式。

$$\lambda=\frac{0.3164}{Re^{1/4}}\quad 适用范围：光滑区\ Re<10^5 \tag{4-13}$$

（3）尼古拉兹公式。

$$\frac{1}{\sqrt{\lambda}}=-2\lg\frac{2.51}{Re\sqrt{\lambda}}\quad 适用范围：光滑区\ Re=5\times10^4\sim3\times10^6 \tag{4-14}$$

$$\frac{1}{\sqrt{\lambda}}=-2\lg\frac{\Delta}{3.71d}\quad 适用范围：粗糙区\ Re>\frac{191}{\sqrt{\lambda}}\left(\frac{d}{\Delta}\right) \tag{4-15}$$

（4）柯列勃洛克公式。

$$\frac{1}{\sqrt{\lambda}}=-2\lg\left(\frac{\Delta}{3.71d}+\frac{2.51}{Re\sqrt{\lambda}}\right)适用范围：紊流光滑区、粗糙区、过渡区。 \tag{4-16}$$

式中：Δ 为工业管道的当量粗糙高度，可由表查得。

从公式形式可以看出，柯列勃洛克公式包含了尼古拉兹公式，粗糙区 Re 较大，式（4-16）右边第 2 项相对较小，忽略后即为式（4-15）；光滑区 Re 较小，式（4-16）右边第1项相对较小，忽略后即为式（4－14）。

（5）舍维列夫公式。

舍维列夫根据钢管及铸铁管的实验资料，提出了计算过渡区及阻力平方区的阻力系数公式。

对新钢管：
$$\lambda=\frac{0.0159}{d^{0.226}}\left(1+\frac{0.684}{v}\right)^{0.226} \tag{4-17}$$

适用条件为 $Re<2.4\times10^6 d$，d 以 m 计。

对新铸铁管：
$$\lambda=\frac{0.0144}{d^{0.284}}\left(1+\frac{2.36}{v}\right)^{0.284} \tag{4-18}$$

适用条件为 $Re<2.7\times10^6 d$，d 以 m 计。

旧钢管和旧铸铁管：

当断面平均流速 $v\leqslant1.2$m/s 时，管内水流为紊流过渡区
$$\lambda=\frac{0.0179}{d^{0.3}}\left(1+\frac{0.867}{v}\right)^{0.3} \tag{4-19}$$

当断面平均流速 $v>1.2$m/s 时，管内水流为紊流粗糙区
$$\lambda=\frac{0.0210}{d^{0.3}} \tag{4-20}$$

式中的管径 d 均以 m 计，速度 v 以 m/s 计。

（6）曼宁（Manning）公式。
$$C=\frac{1}{n}R^{1/6} \tag{4-21}$$

式中：R 为水力半径，m；n 为综合反映壁面对水流阻滞作用的糙率。

适用范围：$n<0.020$，$R<0.5$m。

（7）巴甫洛甫斯基公式。
$$C=\frac{1}{n}R^{y} \tag{4-22}$$

式中：y 为指数，$y=2.5\sqrt{n}-0.13-0.75\sqrt{R}(\sqrt{n}-0.1)$。

适用范围：0.1m$\leqslant R\leqslant$3.0m，$n=0.011\sim0.040$。

3. 沿程水头损失系数变化规律

（1）层流区（$Re<2000$）：λ 与 Re 有关，与 Δ/d 无关。沿程水头损失与速度的1次方成比例。

（2）过渡区（$2000<Re<4000$）：λ 与 Re 有关，与 Δ/d 无关。流动不够稳定。

（3）紊流光滑区（$\Delta<0.4\delta_l$）：λ 与 Re 有关，与 Δ/d 无关。沿程水头损失与速度的1.75次方成比例。

（4）紊流过渡区（$0.4\delta_l<\Delta<6\delta_l$）：$\lambda$ 与 Re 和 Δ/d 都有关，沿程水头损失与速度的1.75～2.0次方成比例。

（5）紊流粗糙区（或阻力平方区）（$\Delta>6\delta_l$）：λ 与 Re 无关，与 Δ/d 有关。沿程水头

损失与速度的平方成比例。

（六）局部水头损失计算公式

1. 局部水头损失计算公式

$$h_j=\zeta\frac{v^2}{2g} \tag{4-23}$$

其中 ζ 为局部水头损失系数，主要与边界变化状况有关，一般可根据具体情况查表或通过实验确定。

2. 管道突然扩大时的局部水头损失

管道突然扩大时，局部水头损失可以在一定的假设条件下由能量方程和动量方程推导出来。

$$h_j=\frac{(v_1-v_2)^2}{2g} \tag{4-24}$$

（七）绕流阻力

1. 水中物体的绕流阻力计算公式

$$F=C_DA\frac{\rho u_0^2}{2} \tag{4-25}$$

式中：C_D 为阻力系数，它与物体形状、来流的雷诺数 Re 和攻角 α 有关；A 为某个有代表性的特征面积，u_0 为水流与物体的相对运动速度。

2. 圆球绕流阻力系数计算公式

统一公式：

$$C_D=0.4+\frac{24}{Re}+\frac{6}{1+\sqrt{Re}} \tag{4-26}$$

Stokes 公式：

$$C_D=\frac{24}{Re},\ Re=U_\infty d/\upsilon\leqslant 0.5 \tag{4-27}$$

$$C_D=\frac{24}{Re}\left(1+\frac{3}{32}Re\right),\ 0.5<Re\leqslant 10 \tag{4-28}$$

$$C_D=\frac{13}{\sqrt{Re}},\ 10<Re<10^3 \tag{4-29}$$

$$C_D\approx 0.45,\ 10^3\leqslant Re\leqslant 3\times 10^5 \tag{4-30}$$

3. 圆球在水中的均匀沉降速度公式

$$v=\sqrt{\frac{4}{3C_D}\left(\frac{\gamma'}{\gamma}-1\right)gd} \tag{4-31}$$

三、例题分析解答

【例 4-1】 某管道的直径 $d=100$mm，（1）当通过流量 $Q=0.004\text{m}^3/\text{s}$、水温为 20℃时，其流态为层流还是紊流？（2）若通过相同流量、运动黏度为 $\upsilon=1.5\times 10^{-4}\text{m}^2/\text{s}$ 的重燃油，其流态为层流还是紊流？

解： $v=\dfrac{4Q}{\pi d^2}=\dfrac{4\times 0.004}{3.14\times 0.1^2}=0.51(\text{m/s})$，$\upsilon=1.003\times 10^{-6}(\text{m}^2/\text{s})$

$$Re_{水}=\frac{vd}{\upsilon_{水}}=\frac{0.51\times0.1}{1.003\times10^{-6}}=50847>2000，流态为紊流$$

$$Re_{重油}=\frac{vd}{\upsilon_{重油}}=\frac{0.51\times0.1}{1.5\times10^{-4}}=340<2000，流态为层流$$

【例 4-2】 有一梯形断面的排水沟，底宽 $b=70$cm，断面的边坡系数为 1∶1.5（图 4-1）。当水深 $h=40$cm，断面平均流速 $v=5.0$cm/s，水温为 20℃，试判别水流流态。如果水温和水深都保持不变，问断面平均流速减到多少时水流方为层流？

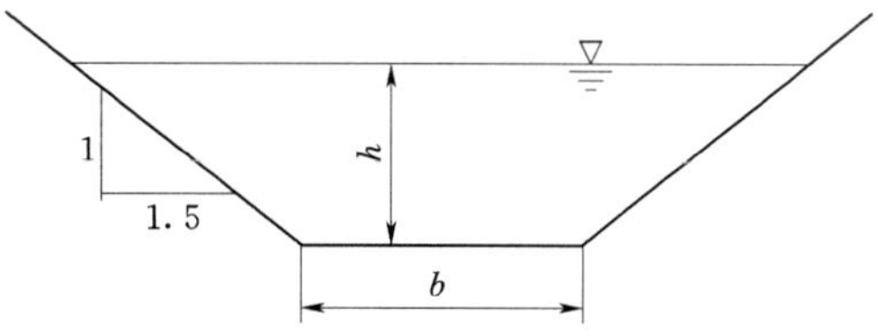

图 4-1

解： $A=(b+mh)h=0.52\text{m}^2$，$\chi=b+2h\sqrt{1+m^2}=2.14\text{m}$，$R=\frac{A}{\chi}=0.243\text{m}$

$$Re=\frac{vR}{\upsilon}=5\times10^{-2}\times\frac{0.243}{1.003\times10^{-6}}=12114>500，流态为紊流$$

保持层流 $V_{max}=\frac{Re_c\times\upsilon}{R}=\frac{500\times1.003\times10^{-6}}{0.243}=2064\times10^{-6}(\text{m/s})=0.21(\text{cm/s})$

【例 4-3】 有一送风系统，输送空气的管道直径 $d-400$mm，管内的断面平均流速 $v=12$m/s，空气温度为 10℃。试判断空气在管内的流动型态。如果输气管的直径改为 100mm，求管道内维持紊流时的断面平均流速。

解： $Re=\frac{vd}{\upsilon}=\frac{12\times0.4}{1.41\times10^{-5}}=3.4\times10^5>2000$，流态为紊流。

维持紊流时的断面平均流速：$v_c>\frac{\upsilon Re}{d}=\frac{1.41\times10^{-5}\times2000}{0.1}=0.282(\text{m/s})$

【例 4-4】 有一供实验用的圆管，直径为 15mm，今进行沿程水头损失试验，量测段管长为 4.0m，试问：（1）当流量 $Q-0.00002\text{m}^3/\text{s}$ 时，水流所处的流态，并计算该量测段的沿程水头损失；（2）当水流处于由紊流至层流的临界转变点时，量测段的流速和沿程水头损失各为多少？设水温为 4℃。

解：（1）断面平均流速 $v=\frac{2\times10^{-5}\times4}{3.14\times0.015^2}=0.113(\text{m/s})$，运动黏度 $\upsilon=1.5722\times10^{-6}$ (m^2/s)。

$$Re=\frac{0.113\times0.015}{1.5722\times10^{-6}}=1078<2000，流态为层流$$

$$h_f=\lambda\frac{l}{d}\frac{v^2}{2g}=\frac{64}{Re}\frac{l}{d}\frac{v^2}{2g}=\frac{64}{1078}\times\frac{4}{0.015}\times\frac{0.113^2}{19.6}=0.0103(\text{m})$$

（2）当水流从紊流转为层流时，$Re=2000$。

流速为：$v_c=\frac{Re_c\upsilon}{d}=\frac{2000\times1.5722\times10^{-6}}{0.015}=0.2096(\text{m/s})$

$$h_f=\frac{64}{Re_c}\times\frac{l}{d}\times\frac{v^2}{2g}=\frac{64}{2000}\times\frac{4}{0.015}\times\frac{0.2096^2}{19.6}=0.0191(\text{m})$$

【例 4-5】 直径 $d=300$mm 的管道长 $L=5$km，输送重度 $\gamma=9.66\text{kN/m}^3$ 的重油，其重量流量 $G=2373$kN/h（h 为小时），试计算油温从 $t_1=10$℃（运动黏度 $\upsilon_1=25\text{cm}^2/\text{s}$）变

到 $t_2=40$℃（$\upsilon_2=1.5\text{cm}^2/\text{s}$）时，管道损失功率的变化。

解：体积流量 $Q=\dfrac{\text{重量流量}\ G}{\gamma}=\dfrac{2373\text{kN/h}}{9.66\text{kN/m}^3}=245.7(\text{m}^3/\text{h})=0.0683(\text{m}^3/\text{s})$

$$A=\frac{\pi}{4}d^2=\frac{\pi}{4}\times 0.3^2=0.0707(\text{m}^2),\quad v_1=v_2=\frac{Q}{A}=\frac{0.0683}{0.0707}=0.966(\text{m/s})$$

当 $t_1=10$℃时，$Re_1=\dfrac{0.966\times 0.3}{25\times 10^{-4}}=115.9<2000$ 为层流。

当 $t_2=40$℃时，$Re_2=\dfrac{0.966\times 0.3}{1.5\times 10^{-4}}=1932<2000$ 也为层流。

$$h_{f1}=\frac{64}{Re}\frac{L}{d}\frac{v^2}{2g}=\frac{64\times 5000\times 0.966^2}{115.9\times 0.3\times 19.6}=438(\text{m})$$

$$h_{f2}=\frac{64}{Re}\frac{L}{d}\frac{v^2}{2g}=\frac{64\times 5000\times 0.966^2}{1932\times 0.3\times 19.6}=26.3(\text{m})$$

$$N_1=\gamma Q h_{f1}=9660\times 0.0683\times 438=288982(\text{W})\approx 289(\text{kW})$$

$$N_2=\gamma Q h_{f2}=9660\times 0.0683\times 26.3=17352(\text{W})\approx 17.35(\text{kW})$$

【例 4-6】 半径 $r_0=150$mm 的输水管在水温 $t=15$℃下进行试验，所得数据为断面平均流速 $v=3.0$m/s 及沿程水头损失系数 $\lambda=0.015$。(1) 求 $r=0.5r_0$ 和 $r=0$ 处的切应力；(2) 如果流速分布曲线在 $r=0.5r_0$ 处的时均流速梯度为 4.34/s，求该点的黏性切应力和紊流附加切应力。

解：$t=15$℃的水的 $\upsilon=1.139\times 10^{-6}\text{m}^2/\text{s}$

$$Re=\frac{vd}{\upsilon}=\frac{3.0\times 0.3}{1.139\times 10^{-6}}=7.9017\times 10^5>2000\text{，流态为紊流}$$

水力坡度 $J=\dfrac{h_f}{l}=\dfrac{\lambda}{d}\dfrac{v^2}{2g}=\dfrac{0.015}{0.3}\times\dfrac{3^2}{19.6}=0.02296$

(1) $r=0$ 处切应力 $\tau=0$

$r=0.5r_0$ 处的水力半径 $R=\dfrac{1}{2}r=\dfrac{1}{2}\times 0.5r_0=\dfrac{1}{4}r_0$

切应力：$\tau=\gamma RJ=9800\times\dfrac{0.15}{4}\times 0.02296=8.4378(\text{Pa})$

(2) $\tau_1=\mu\dfrac{\text{d}u}{\text{d}y}=1.139\times 10^{-6}\times 1000\times 4.34=4.94\times 10^{-3}(\text{Pa})$

$$\tau_2=\rho l^2\left|\frac{\text{d}u}{\text{d}y}\right|^2=8.4378-0.00494=8.433(\text{Pa})$$

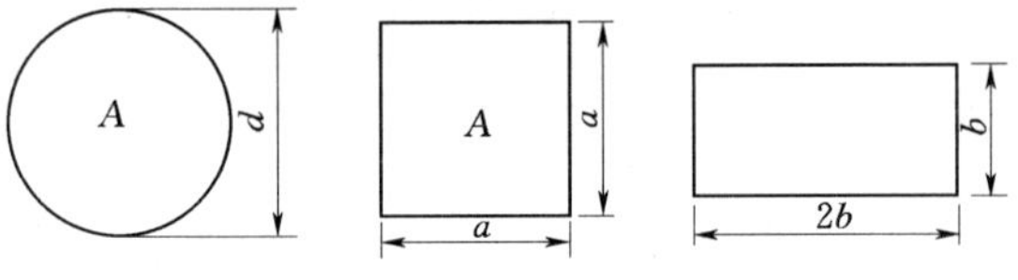

图 4-2

【例 4-7】 有 3 个管道，其断面形状分别为如图 4-2 所示的圆形、正方形和矩形，它们的过水断面积相等，水力坡度也相等。试求：(1) 三者边壁上的平均切应力之比；(2) 当沿程水头损失系数 λ 相等时，三者的流量之比。

解：由面积相等，$\dfrac{\pi}{4}d^2=a^2=2b^2$，得：

$$d=\frac{2a}{\sqrt{\pi}}=1.128a, b=0.707a$$

$$\tau_{圆}=\gamma R_1 J, \tau_{方}=\gamma R_2 J, \tau_{矩}=\gamma R_3 J$$

所以　$$\tau_{圆}:\tau_{方}:\tau_{矩}=R_1:R_2:R_3=\frac{d}{4}:\frac{a}{4}:\frac{b}{3}=0.282:0.25:0.236$$

$$=1.0:0.886:0.837$$

因为　$$h_f=\lambda\frac{l}{4R}\frac{v^2}{2g}\Rightarrow J=\frac{\lambda}{4R}\frac{v^2}{2g}\Rightarrow\frac{8RgJ}{\lambda}=v^2\Rightarrow v=\sqrt{\frac{8RgJ}{\lambda}}$$

由于 J 互等，λ 也互等，A 互等，$Q_1:Q_2:Q_3=v_1:v_2:v_3=\sqrt{R_1}:\sqrt{R_2}:\sqrt{R_3}$

所以 $Q_1:Q_2:Q_3=\sqrt{0.282}:\sqrt{0.25}:\sqrt{0.236}=0.531:0.5:0.486=1.0:0.9416:0.915$

【例 4－8】 若圆管紊流光滑区的流速分布服从指数规律 $u=u_{max}\left(\frac{y}{r_0}\right)^n$。推导动能修正系数 α 和动量修正系数 α' 的计算公式。

解： 平均流速　$$v=\frac{\int_A u\mathrm{d}A}{\pi r_0^2}=\frac{\int_0^{r_0}u\times 2\pi(r_0-y)\mathrm{d}y}{\pi r_0^2}$$

$$=\int_0^{r_0}u_{max}\left(\frac{y}{r_0}\right)^n\times 2\pi(r_0-y)\mathrm{d}y=\frac{2u_{max}}{(n+1)(n+2)}$$

$$\alpha=\frac{1}{v^3\pi r_0^2}\int_A u^3\mathrm{d}A=\frac{\int_0^{r_0}u_{max}^3\left(\frac{y}{r_0}\right)^{3n}2\pi(r_0-y)\mathrm{d}y}{v^3\pi r_0^2}=\frac{(n+1)^3(n+2)^3}{4(3n+1)(3n+2)}$$

$$\alpha'=\frac{1}{v^2\pi r_0^2}\int_A u^2\mathrm{d}A=\frac{\int_0^{r_0}u_{max}^2\left(\frac{y}{r_0}\right)^{2n}2\pi(r_0-y)\mathrm{d}y}{v^2\pi r_0^2}=\frac{(n+1)(n+2)^2}{4(2n+1)}$$

类题思考：如果光滑管的指数 n 的变化范围为 1/10～1/6，动能修正系数 α 和动量修正系数 α' 的变化范围为多少？是否可以近似为 1。

【例 4－9】 有甲乙两输水管，甲管直径为 200mm，当量粗糙度为 0.86mm，流量为 $0.00094\mathrm{m^3/s}$；乙管直径为 40mm，当量粗糙度为 0.19mm，流量为 $0.0035\mathrm{m^3/s}$，水温为 15℃，试判别两根管中水流处于何种流区。如果处于水力光滑区请用布拉休斯公式计算 λ；如果处于过渡区可先用 Jain 公式计算 λ，最后计算两管的水力坡度 J。

解： 甲管　$\frac{\Delta}{d}=\frac{0.86}{200}=0.0043, v=\frac{4Q}{\pi d^2}=\frac{4\times 0.94\times 10^{-3}}{3.14\times 0.2^2}=0.03(\mathrm{m/s})$

$Re=\frac{vd}{\upsilon}=\frac{0.03\times 0.2}{1.139\times 10^{-6}}=5268$，先假设处于紊流光滑区

用布拉休斯公式计算：$\lambda=\frac{0.3164}{Re^{1/4}}=0.0371$

黏性底层厚度：$\delta_l=\frac{32.8d}{Re\sqrt{\lambda}}=\frac{32.8\times 0.2}{5268\times\sqrt{0.0371}}=\frac{6.56}{1014.8}=0.00646(\mathrm{m})$

$\frac{\Delta}{\delta_l}=\frac{0.86}{6.46}=0.133<0.4$ 校核为光滑区。

$$J=\frac{\lambda}{d}\frac{v^2}{2g}=\frac{0.0371}{0.2}\times\frac{0.03^2}{19.6}=\frac{0.00003339}{3.92}=0.00000852$$

乙管 $\frac{\Delta}{d}=\frac{0.19}{40}=0.00475$，$v=\frac{4Q}{\pi d^2}=\frac{4\times3.5\times10^{-3}}{3.14\times0.04^2}=2.787(\text{m/s})$

$Re=\frac{vd}{\upsilon}=\frac{2.787\times0.04}{1.139\times10^{-6}}=97876$，先假设处于紊流过渡区。

用 Jain 公式 $$\frac{1}{\sqrt{\lambda}}=1.14-2\lg\left(\frac{\Delta}{d}+\frac{21.25}{Re^{0.9}}\right)$$

$$\lambda=\left[1.14-2\lg\left(\frac{\Delta}{d}+\frac{21.25}{Re^{0.9}}\right)\right]^{-2}=\left[1.14-2\lg\left(0.00475+\frac{21.25}{97876^{0.9}}\right)\right]^{-2}=0.0311$$

黏性底层厚度 $\delta_l=\frac{32.8d}{Re\sqrt{\lambda}}=\frac{32.8\times0.04}{97876\times\sqrt{0.0311}}=0.000076(\text{m})=0.076(\text{mm})$

$\frac{\Delta}{\delta_l}=\frac{0.19}{0.076}=2.5<6$，但大于 0.4，校核确为紊流过渡区。

用柯列勃洛克公式$\frac{1}{\sqrt{\lambda}}=-2\lg\left(\frac{\Delta}{3.71d}+\frac{2.51}{Re\sqrt{\lambda}}\right)$计算过渡区。

$\lambda=\frac{1}{4}\left[\lg\left(\frac{\Delta}{3.71d}+\frac{2.51}{Re\sqrt{\lambda}}\right)\right]^{-2}$用迭代法试算的 $\lambda=0.0301$。

显式计算公式和隐式计算公式的 λ 误差为 3%。

$$J=\frac{\lambda}{d}\frac{v^2}{2g}=\frac{0.0311}{0.04}\times\frac{(2.787)^2}{19.6}=\frac{0.2416}{0.784}=0.308$$

【例 4－10】 有 3 根直径相同的输水管，直径 $d=100\text{mm}$，通过的流量均为 $Q=0.015\text{m}^3/\text{s}$，管长均为 $l=1000\text{m}$，各管的当量粗糙度分别为 $\Delta_1=0.1\text{mm}$，$\Delta_2=0.4\text{mm}$，$\Delta_3=3\text{mm}$，水温为 20℃，求各管中的沿程水头损失 h_f，水力坡度 J，摩阻流速 u_* 和各管中损失的功率。

解： $\frac{\Delta_1}{d}=\frac{0.1}{100}=0.001$，$\frac{\Delta_2}{d}=\frac{0.4}{100}=0.004$，$\frac{\Delta_3}{d}=\frac{3}{100}=0.03$

$t=20℃$，运动黏度 $\upsilon=1.003\times10^{-6}\text{m}^2/\text{s}$，平均流速 $v=\frac{4Q}{\pi d^2}=\frac{4\times0.015}{3.14\times0.1^2}=1.91(\text{m/s})$

$Re=\frac{vd}{\upsilon}=1.91\times0.1/1.003\times10^{-6}=190430\approx1.9\times10^5$，由柯列布鲁克公式试算或查穆迪图得：$\lambda_3=0.057$ 阻力平方区，$\lambda_2=0.03$ 过渡区，$\lambda_1=0.0208$ 过渡区。

沿程水头损失：

$$h_{f1}=\lambda_1\frac{l}{d}\frac{v^2}{2g}=0.0208\times\frac{1000}{0.1}\times\frac{(1.91)^2}{19.6}=0.0208\times1861=38.7(\text{m})$$

$$h_{f2}=\lambda_2\times1861=0.03\times1861=55.83(\text{m}),\quad h_{f3}=0.057\times1861=106.1(\text{m})$$

水力坡度：

$$J_1=\frac{\lambda_1}{d}\frac{v^2}{2g}0.0208\times\frac{(1.91)^2}{0.1\times19.6}=0.0208\times1.861=0.0387$$

$$J_2=\frac{\lambda_2}{d}\frac{v^2}{2g}=0.03\times1.861=0.0558,J_3=0.057\times1.861=0.106$$

摩阻流速：

$$u_{*1}=\sqrt{gRJ_1}=\sqrt{9.8\times0.025\times0.0387}=0.0974(\mathrm{m/s})$$

$$u_{*2}=\sqrt{gRJ_2}=\sqrt{9.8\times0.025\times0.0558}=0.117(\mathrm{m/s}),\quad u_{*3}=\sqrt{gRJ_3}=0.161(\mathrm{m/s})$$

损失功率：

$$N_1=\gamma Qh_f=147\times38.7=5689(\mathrm{W})=5.689(\mathrm{kW})$$

$$N_2=147\times55.83=8207(\mathrm{W})=8.207(\mathrm{kW}),N_3=147\times106.1=15597(\mathrm{W})=15.597(\mathrm{kW})$$

【例4-11】 有一梯形断面的渠道，已知：底宽 $b=10\mathrm{m}$，均匀流水深 $h=3\mathrm{m}$，边坡系数1∶1，渠道的粗糙系数（即糙率）$n=0.02$，通过的流量 $Q=39\mathrm{m}^3/\mathrm{s}$，试求在每公里渠道长度上的水头损失及沿程水头损失系数。

解： 梯形断面面积　$A=h(b+mh)=3\times(10+1\times3)=39(\mathrm{m}^2)$

断面平均流速　$v=\dfrac{Q}{A}=\dfrac{39}{39}=1(\mathrm{m/s})$

湿周　$\chi=b+2h\sqrt{1+m^2}=10+2\times3\times\sqrt{1+1}=18.5(\mathrm{m})$

水力半径　$R=\dfrac{A}{\chi}=\dfrac{39}{18.5}=2.11(\mathrm{m})$

用谢才公式　$v=C\sqrt{RJ}=\dfrac{1}{n}R^{2/3}J^{1/2}\Rightarrow J=\dfrac{v^2n^2}{R^{4/3}}$

$$J=\frac{v^2n^2}{R^{4/3}}=\frac{1^2\times0.02^2}{2.11^{4/3}}=0.000148$$

这表示每公里长渠道上损失沿程水头0.148m。

$$\lambda=\frac{8g}{C^2}=\frac{8gn^2}{R^{1/3}}=\frac{8\times9.8\times0.02^2}{2.11^{1/3}}=0.0245$$

【例4-12】 如图4-3所示有两个水池。其底部以一水管连通。在恒定的水面差 H 的作用下，水从左水池流入右水池。水管直径 $d=500\mathrm{mm}$，当量粗糙度 $\Delta=0.6\mathrm{mm}$，管总长 $l=100\mathrm{m}$，直角进口，闸阀的相对开度为 $\dfrac{5}{8}$，90°缓弯管的转弯半径 $R=2d$，水温为20℃，管中流量为 $0.5\mathrm{m}^3/\mathrm{s}$。求两水池水面的高差 H。

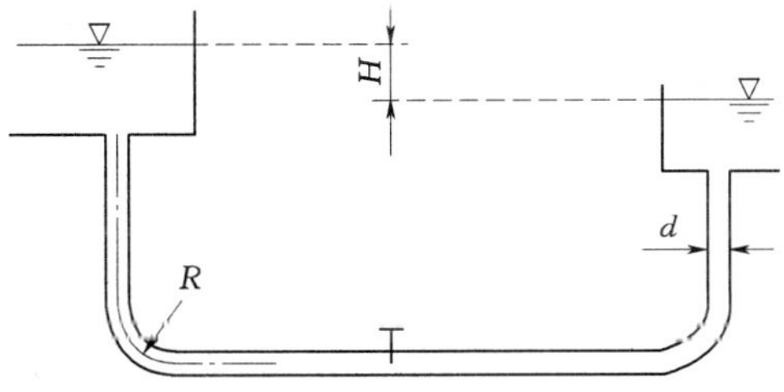

图4-3

解： 列上、下游水池的能量方程，并忽略水池的流速水头，有：

$$H=h_w=\sum h_j+h_f,\text{ 已知条件中有 } v=\frac{4Q}{\pi d^2}=\frac{4\times0.5}{3.14\times0.5^2}=2.548(\mathrm{m/s})$$

$$\sum h_j=(\zeta_{进}+2\zeta_{弯90^\circ}+\zeta_{阀门}+\zeta_{出})\frac{v^2}{2g},\quad h_f=\lambda\frac{l}{d}\frac{v^2}{2g},$$

局部水头损失：$\zeta_{进}=0.5$，$\zeta_{出}=1.0$

$$2\zeta_{90^\circ}=2\left[0.131+1.846\left(\frac{r_0}{R}\right)^{3.5}\right]\left(\frac{\theta}{90}\right)^{1/2}=2\left[0.131+1.846\left(\frac{0.25}{1}\right)^{3.5}\right]\times1=0.291$$

闸阀的相对开度$\frac{h}{d}=\frac{5}{8}$，$\frac{d-h}{d}=\frac{3}{8}$，查表得：$\zeta_{阀门}=0.81$，（不是 5.52）

$$\sum h_j=(0.5+0.291+0.81+1.0)\times\frac{(2.548)^2}{19.6}=2.601\times0.331=0.86(\mathrm{m})$$

沿程水头损失：　　$Re=\frac{vd}{\upsilon}=\frac{2.548\times0.5}{1.003\times10^{-6}}=1.27\times10^6$

$\frac{\Delta}{d}=\frac{0.6}{500}=0.0012$，由柯列布鲁克公式试算得：$\lambda=0.021$

$$h_f=0.021\times\frac{100}{0.5}\times0.331=1.39(\mathrm{m})$$

水面高差：$H=h_w=\sum h_j+h_f=0.86+1.39=2.25(\mathrm{m})$

【例 4-13】 设计一给水管道，其直径 d 已定，今就其长度 l 研究Ⅰ和Ⅱ两种方案，第Ⅱ方案比第Ⅰ方案短 25%。若水塔的水面高程不变，另因水管都很长，可以不计局部水头损失和流速水头，试就光滑管和完全粗糙管两种流区情况分别推求两种方案的流量比 $Q_{\text{Ⅱ}}/Q_{\text{Ⅰ}}$。

解： 按长管计算，$H=h_f=\lambda\frac{l}{d}\frac{v^2}{2g}\Rightarrow v=\sqrt{2gHd/\lambda l}$

（1）光滑管区时，$\lambda=\frac{0.316}{Re^{\frac{1}{4}}}=\frac{0.316}{\frac{v^{0.25}d^{0.25}}{\upsilon^{0.25}}}$

所以有 $\lambda_{\text{Ⅰ}}=\frac{0.316\times\upsilon^{0.25}}{v_{\text{Ⅰ}}^{0.25}\times d^{0.25}}$，$\lambda_{\text{Ⅱ}}=\frac{0.316\times\upsilon^{0.25}}{v_{\text{Ⅱ}}^{0.25}\times d^{0.25}}$

在光滑管区中，当 d、H、υ 一定时：

$$\frac{Q_{\text{Ⅱ}}}{Q_{\text{Ⅰ}}}=\frac{v_{\text{Ⅱ}}}{v_{\text{Ⅰ}}}=\frac{\sqrt{\frac{1}{\lambda_{\text{Ⅱ}}l_{\text{Ⅱ}}}}}{\sqrt{\frac{1}{\lambda_{\text{Ⅰ}}l_{\text{Ⅰ}}}}}=\sqrt{\frac{\lambda_{\text{Ⅰ}}l_{\text{Ⅰ}}}{\lambda_{\text{Ⅱ}}l_{\text{Ⅱ}}}}=\sqrt{\frac{v_{\text{Ⅱ}}^{0.25}l_{\text{Ⅰ}}}{v_{\text{Ⅰ}}^{0.25}l_{\text{Ⅱ}}}}$$

即
$$\frac{v_{\text{Ⅱ}}}{v_{\text{Ⅰ}}}=\left(\frac{v_{\text{Ⅱ}}}{v_{\text{Ⅰ}}}\right)^{0.125}\sqrt{\frac{l_{\text{Ⅰ}}}{l_{\text{Ⅱ}}}}$$

故
$$\left(\frac{v_{\text{Ⅱ}}}{v_{\text{Ⅰ}}}\right)^{0.875}=\sqrt{\frac{l_{\text{Ⅰ}}}{l_{\text{Ⅱ}}}},\quad\frac{Q_{\text{Ⅱ}}}{Q_{\text{Ⅰ}}}=\frac{v_{\text{Ⅱ}}}{v_{\text{Ⅰ}}}=\sqrt{\left(\frac{l_{\text{Ⅰ}}}{l_{\text{Ⅱ}}}\right)^{1/0.875}}=1.179$$

（2）完全粗糙管：当 Δ、d 一定，即 λ 就一定：

$$\frac{Q_{\text{Ⅱ}}}{Q_{\text{Ⅰ}}}=\frac{v_{\text{Ⅱ}}}{v_{\text{Ⅰ}}}=\sqrt{\frac{l_{\text{Ⅰ}}}{l_{\text{Ⅱ}}}}=\sqrt{\frac{1}{0.75}}=1.155$$

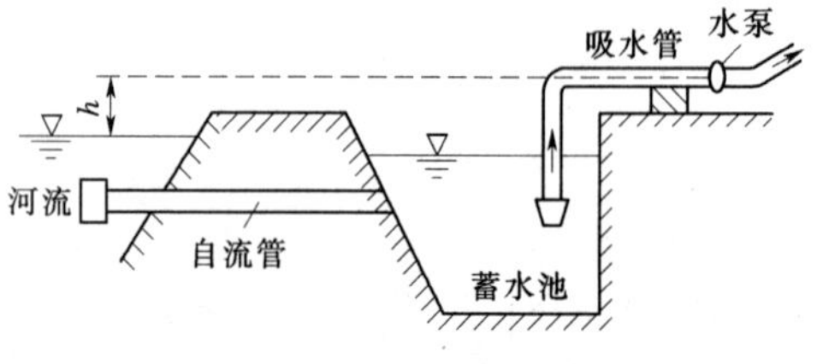

图 4-4

【例 4-14】 如图 4-4 所示用水泵从蓄水池中抽水，蓄水池中的水由自流管从河中引入。自流管长 $l_1=20\mathrm{m}$，管径 $d_1=150\mathrm{mm}$，吸水管长 $l_2=12\mathrm{m}$，管径 $d_2=150\mathrm{mm}$，两管的当量粗糙度均为 0.6mm，河流水面与水泵进口断面中点的高差 $h=2.0\mathrm{m}$。自流管的莲蓬头进口，自流管出口入池，吸水管的带底阀的莲蓬头进口以及吸水管的缓弯头的局部水头损失系数依次为 $\xi_1=0.2$，$\xi_2=1.0$，$\xi_3=6.0$，$\xi_4=0.3$，水泵进口断面处的最大允许真空高度为 6.0m 水头。求最大的抽水流量。水温为 20℃。

解：列河流至抽水机进口之间的能量方程：

$$0+\frac{p_a}{\gamma}+0=h+\frac{p_{泵进口}}{\gamma}+\frac{v^2}{2g}+\sum\zeta\frac{v^2}{2g}+\sum\lambda\frac{l}{d}\frac{v^2}{2g}$$

$$\frac{p_a-p_{泵进口}}{\gamma}=h+\left(1+\sum\zeta+\sum\lambda\frac{l}{d}\right)\frac{v^2}{2g}=2+\left(1+0.2+1+6+0.3+\lambda\frac{20+12}{0.15}\right)\frac{v^2}{2g}$$

求 λ：$\frac{\Delta}{d}=\frac{0.6}{150}=0.004$ 先假定 λ 位于阻力平方区，查 Moody 图或用尼古拉兹公式计算得：$\lambda=0.0275$ 代入数值：

$$\frac{p_a-p_{泵进口}}{\gamma}=2+\left(1.0+0.2+1.0+6.0+0.3+0.0275\times\frac{32}{0.15}\right)\frac{v^2}{2g}=6mH_2O$$

解得：$v=\sqrt{\frac{4\times19.6}{14.37}}=2.336(m/s)$

$Q=\frac{\pi}{4}d^2v=0.785\times0.15^2\times2.336=0.04126(m^3/s)$

校核流区：$Re=\frac{vd}{\upsilon}=\frac{2.336\times0.15}{1.003\times10^{-6}}=349350>2000$，紊流

$\lambda=0.0275$，$\delta_l=\frac{32.8d}{Re\sqrt{\lambda}}=\frac{32.8\times0.15}{349350\times\sqrt{0.0275}}=0.000085(m)\ =0.085(mm)$

$\frac{\Delta}{\delta_l}=\frac{0.6}{0.085}=7.06>6$，处于紊流粗糙区（完全粗糙区，阻力平方区）。

类题思考：需要增大抽水流量，可以采用哪些措施？

【例 4-15】 有一圆形断面有压隧洞，长 $l=200m$，通过流量 $Q=700m^3/s$，如果洞的内壁不加衬砌，其平均直径 $d_1=7.8m$，糙率 $n=0.033$；如果用混凝土衬砌，则直径 $d_2=7.0m$，糙率 $n=0.014$；试问衬砌方案比不衬砌方案沿程水头损失减少多少？

解：衬砌方案：

$$d_2=7.0m,R_2=d_2/4=1.75m,n_2=0.014,v_2=\frac{4\times700}{3.14\times7.0^2}=18.2(m/s)$$

不衬砌方案：

$$d_1=7.8m,R_1=1.95m,n_1=0.033,v_1=\frac{4Q}{\pi d_1^2}=\frac{4\times700}{3.14\times7.8^2}=14.66(m/s)$$

用曼宁公式，谢才公式可以推导出：$\lambda=78.4n^2R^{-1/3}$

$\lambda_2=78.4\times(0.014)^2\times(1.75)^{-1/3}=0.01537\times0.83=0.01275$；$\lambda_1=0.06834$

$$h_{f1}=\lambda_1\frac{l}{d_1}\frac{v_1^2}{2g}=0.06834\times\frac{200}{7.8}\times\frac{14.66^2}{19.6}=19.21(m)$$

$$h_{f2}=\lambda_2\frac{l}{d_2}\frac{v_2^2}{2g}=0.01275\times\frac{200}{7.0}\times\frac{18.2^2}{19.6}=6.16(m)$$

$\Delta h_f=h_{f1}-h_{f2}=19.21-6.16=13.05(m)$

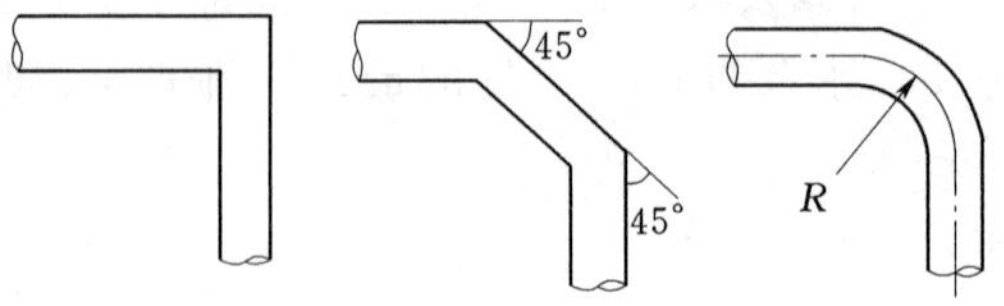

图 4-5

【例 4-16】 如图 4-5 所示，某新铸铁管路，当量粗糙度 $\Delta=0.3\text{mm}$，管径 $d=200\text{mm}$，通过流量 $Q=0.06\text{m}^3/\text{s}$，管中有一个 90°折角弯头，今欲减少其水头损失拟将 90°折角弯头换为两个 45°折角弯头，或者换为一个缓弯 90°角弯头（转弯半径 $R=1\text{m}$），水温为 20℃。试求：(1) 三种弯头的局部水头损失之比；(2) 每个弯头的局部水头损失相当于多长管路的沿程水头损失。

解： d 和 Q 不变，所以 3 种弯头的速度水头 $\dfrac{v^2}{2g}$ 相等，局部水头损失取决于局部损失系数

$$v=\frac{4Q}{\pi d^2}=\frac{4\times 0.06}{3.14\times 0.2^2}=1.91(\text{m/s}),\quad \frac{v^2}{2g}=0.1863(\text{m})$$

(1) 圆管 90°折角管，$\zeta_1=1.1$，$h_{j1}=1.1\times 0.1863=0.205(\text{m})$

两个 45°折角管，$\zeta_2=0.35$，$h_{j2}=2\times 0.35\times 0.1863=0.13(\text{m})$

一个圆角缓弯管，$\zeta_3=\left[0.131+1.846\left(\dfrac{0.1}{1}\right)^{3.5}\right]\left(\dfrac{90^\circ}{90^\circ}\right)^{1/2}=0.1316$，$h_{j3}=0.0245(\text{m})$

水头损失之比为：$h_{j1}:h_{j2}:h_{j3}=1.1:0.7:0.1316$

(2) $Re=\dfrac{1.91\times 0.2}{1.003\times 10^{-6}}=380857\gg 2000$，紊流

$\dfrac{\Delta}{d}=\dfrac{0.3}{200}=0.0015$，查 Moody 图或用柯列布鲁克公式计算得 $\lambda=0.023$，折算成等值沿程水头损失的等值长度用公式 $l=\dfrac{\zeta d}{\lambda}$

$$l_1=\frac{\zeta_1 d}{\lambda}=\frac{1.1\times 0.2}{0.023}=9.5(\text{m})$$

$$l_2=\frac{\zeta_2 d}{\lambda}=0.7\times 8.7=6.1(\text{m})$$

$$l_3=\frac{\zeta_3 d}{\lambda}=0.1316\times 8.7=1.1(\text{m})$$

【例 4-17】 流速由 v_1 变为 v_2 的突然扩大管道，为了减小水头损失，可分为两次扩大，如图 4-6 所示。问中间段流速 v 取多大时，所产生的局部水头损失最小？若没有采用两次扩大，则一次扩大的水头损失为多少？

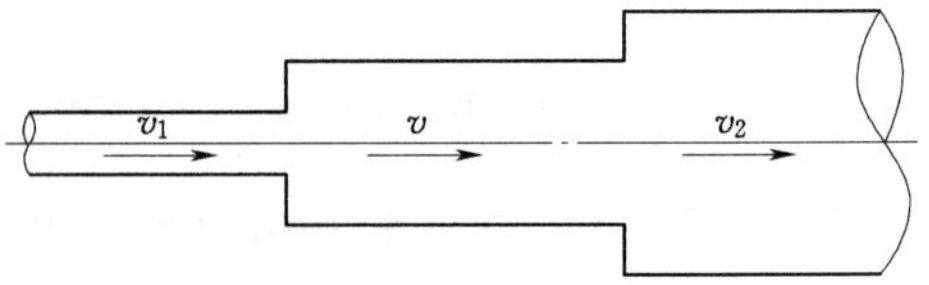

图 4-6

解： 两次扩大的总局部损失为

$$h_j=h_{j1}+h_{j2}=\frac{(v_1-v)^2}{2g}+\frac{(v-v_2)^2}{2g}$$

要使其最小，则其导数应为 0，即：

$$\frac{dh_j}{dv}=-2(v_1-v)+2(v-v_2)=0$$

由此得：
$$v=\frac{(v_1+v_2)}{2}$$

两次扩大的总局部损失为：

$$h_j=\frac{(v_1-0.5v_1-0.5v_2)^2}{2g}+\frac{0.5(v_1+0.5v_2-v_2)^2}{2g}=\frac{(v_1-v_2)^2}{4g}$$

其中每次的局部损失为：

$$h_{j1}=h_{j2}=\frac{(v_1-v)^2}{2g}=\frac{(v-v_2)^2}{2g}=\frac{(v_1-v_2)^2}{8g}$$

若不采用两次扩大，则一次扩大的水头损失为：

$$h_{j一次}=\frac{(v_1-v_2)^2}{2g},\frac{h_j}{h_{j一次}}=\frac{1}{2}$$

类题思考：如果粗细管子的直径分别为 d_2、d_1，中间管子的直径应如何选取，才能使所产生的局部水头损失最小？

【例 4－18】 直径 $d=1$cm 的小球，在静水中以匀速 $v=0.4$m/s 下沉，水温为 20℃，试求：(1) 小球受的阻力 F；(2) 小球的比重 s。

解： $Re=\frac{vd}{\upsilon}=\frac{0.4\times0.01}{1.003\times10^{-6}}=\frac{400\times10}{1.003}=3988\gg0.5$，紊流

$$C_D=0.4+\frac{24}{Re}+\frac{6}{1+\sqrt{Re}}=0.4+\frac{24}{3988}+\frac{6}{1+\sqrt{3988}}=0.5$$

$$F=C_DA\frac{\rho v^2}{2}=0.5\times\frac{\pi}{4}\times0.01^2\times\frac{1000\times0.4^2}{2}=0.00314(\text{N})$$

根据圆球在水中的均匀沉降速度公式 $v=\sqrt{\frac{4}{3C_D}\left(\frac{\gamma'}{\gamma}-1\right)gd}$

小球的比重 $s=\frac{\gamma'}{\gamma}=1+\frac{3v^2C_D}{4gd}=1+\frac{3\times0.4^2\times0.5}{4\times9.8\times0.01}=1+0.612=1.612$

四、习题与答案

1. 概念题（判断、填空、选择）

4－1　紊流光滑区的沿程水头损失系数 λ 仅与雷诺数有关，而与相对粗糙度无关。（　　）

4－2　圆管紊流的动能校正系数大于层流的动能校正系数。（　　）

4－3　紊流中存在各种大小不同的涡体，而层流中不会存在涡体。（　　）

4－4　紊流运动要素随时间不断地变化，所以紊流不能按恒定流来处理。（　　）

4－5　谢才公式既适用于无压明槽流，也适用于有压管流。（　　）

4－6　临界雷诺数随管径增大而增大。（　　）

4-7　在紊流粗糙区中，对同一材料的管道，管径越小，则沿程水头损失系数越大。（　）

4-8　圆管中运动液流的下临界雷诺数与液体的种类及管径有关。（　）

4-9　雷诺数可以反映惯性力与黏性力之比。（　）

4-10　液体的黏性是引起液流水头损失的根源。（　）

4-11　不论是均匀层流或均匀紊流，其过水断面上的切应力都是按线性规律分布的。（　）

4-12　公式 $\tau=\gamma RJ$ 既适用于管流，也适用于明渠水流。（　）

4-13　在逐渐收缩的管流中，管径沿程减小，则雷诺数沿程减小。（　）

4-14　管壁光滑的管子一定是水力光滑管。（　）

4-15　在恒定紊流中时均流速不随时间变化。（　）

4-16　恒定均匀流中，沿程水头损失 h_f 总是与流速的平方成正比。（　）

4-17　黏性底层的厚度沿流程增大。（　）

4-18　阻力平方区的沿程水头损失系数 λ 与断面平均流速 v 的平方成正比。（　）

4-19　当管径和流量一定时，黏度越小，越容易从层流转变为紊流。（　）

4-20　有一管流，属于紊流粗糙区，其黏滞底层厚度随液体温度升高而减小。（　）

4-21　当管流过水断面流速符合对数规律分布时，管中水流为层流。（　）

4-22　沿程水头损失系数总是随流速的增大而增大。（　）

4-23　边界层内的流动也有层流与紊流之分。（　）

4-24　雷诺数 Re 很大时，在紊流核心区中，切应力中的黏滞切应力可以忽略。（　）

4-25　其他条件不变，层流内摩擦力随压力的增大而________。（　）

（1）增大　（2）减小　（3）不变　（4）不定

4-26　其他条件不变，液体雷诺数随温度的增大而________。（　）

（1）增大　（2）减小　（3）不变　（4）不定

4-27　谢才系数 C 与沿程水头损失系数 λ 的关系为________。（　）

（1）C 与 λ 成正比　（2）C 与 $1/\lambda$ 成正比

（3）C 与 λ^2 成正比　（4）C 与 $1/\sqrt{\lambda}$ 成正比

4-28　A、B 两根圆形输水管，管径相同，雷诺数相同，A 管为热水，B 管为冷水，则两管流量________。（　）

（1）$Q_A>Q_B$　（2）$Q_A=Q_B$　（3）$Q_A<Q_B$　（4）不能确定大小

4-29　圆管紊流附加切应力的最大值出现在________。（　）

（1）管壁　（2）管中心　（3）管中心与管壁之间　（4）无最大值

4-30　黏性底层厚度 δ 随 Re 的增大而________。（　）

（1）增大　（2）减小　（3）不变　（4）不定

4-31　如图 4-7 所示，管道断面面积均为 A（相等），断面形状分别为圆形、方形和矩形，其中水流为恒定均匀流，水力坡度 J 相同，则三者的边壁切应力 τ_0 的相互关系

如下，如果沿程阻力系数 λ 也相等，则三管道通过的流量的相互关系如下________。（　　）

（1）$\tau_{0圆}>\tau_{0方}>\tau_{0矩}$，$q_{v圆}>q_{v方}>q_{v矩}$　　（2）$\tau_{0圆}<\tau_{0方}<\tau_{0矩}$，$q_{v圆}<q_{v方}<q_{v矩}$

（3）$\tau_{0圆}>\tau_{0方}>\tau_{0矩}$，$q_{v圆}<q_{v方}<q_{v矩}$　　（4）$\tau_{0圆}<\tau_{0方}<\tau_{0矩}$，$q_{v圆}>q_{v方}>q_{v矩}$

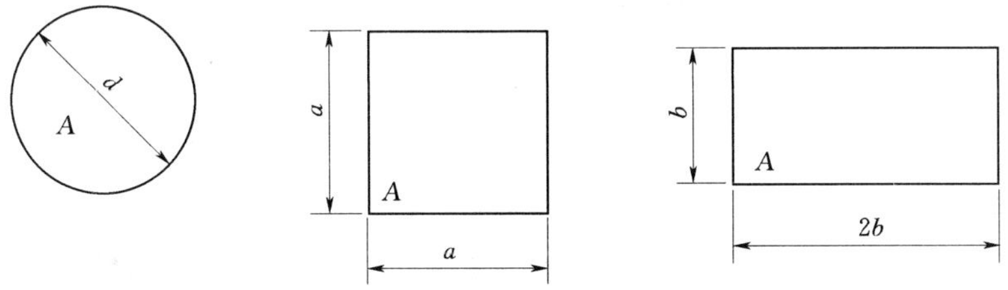

图 4－7

4－32　圆管均匀层流与圆管均匀紊流的________。（　　）

（1）断面流速分布规律相同　　（2）断面上切应力分布规律相同

（3）断面上压强平均值相同　　（4）水力坡度相同

4－33　紊流内部结构分区的判别参数是________。（　　）

（1）管壁绝对粗糙度

（2）管壁相对粗糙度

（3）黏滞底层厚度与管壁绝对粗糙度之比

（4）雷诺数

4－34　谢才系数 C 的量纲是________。（　　）

（1）L　　（2）$L^{1/2}T^{-1}$　　（3）$L^{-1}T^{1/2}$　　（4）无量纲

4－35　如图 4－8 所示，A、B 两种截面管道，已知两管长度相同，通过流量相同，沿程水头损失系数相同，则两管道的沿程水头损失为________。（　　）

（1）$h_{f_A}>h_{f_B}$　　（2）$h_{f_A}=h_{f_B}$　　（3）$h_{f_A}<h_{f_B}$　　（4）尚不能确定大小

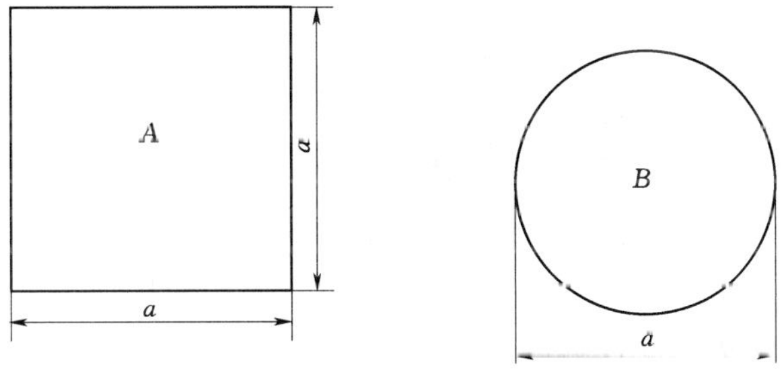

图 4－8

4－36　边界层的外边界线可看成是________。（　　）

（1）一条流线　　（2）一条迹线

（3）有旋流动与有势流动的分界线　　（4）层流与紊流的分界线

4－37　圆管沿程水头损失系数 λ 的影响因素分别是________。

层流 $\lambda=f$ （　　　） 紊流光滑区 $\lambda=f$（　　　）

紊流过渡区 $\lambda=f$（　　　） 紊流粗糙区 $\lambda=f$（　　　）

4－38　推导管道突然扩大的局部水头损失系数 ζ 公式时的假设条件有：________，________，________。

4－39　在紊流光滑区，沿程水头损失系数 λ 与相对粗糙度无关的原因是________________。

4－40　紊流型态可分为 3 个流区，其判别标准是：光滑区________，过渡区________，粗糙区________。

2. 计算题

4－41　底宽与水深均为 a 的矩形断面明渠和边长为 a 的正方形管道中通过水流时，假定水力坡度相同，试求它们的边壁切应力之比 τ_1/τ_2；再假定沿程水头损失系数 λ 亦相同，求它们的流量之比 Q_1/Q_2。

4－42　如图 4－9 所示，动力黏滞系数为 μ 的液体在宽度为 b 的矩形断面明渠中作层流运动。已知液体深度为 h，流速分布方程 $u=u_0[1-(y/h)^2]$，式中 u_0 为表面流速。坐标 y 由液面铅直向下。若 μ、b、u_0 为已知，求：（1）断面平均流速；（2）渠底切应力。

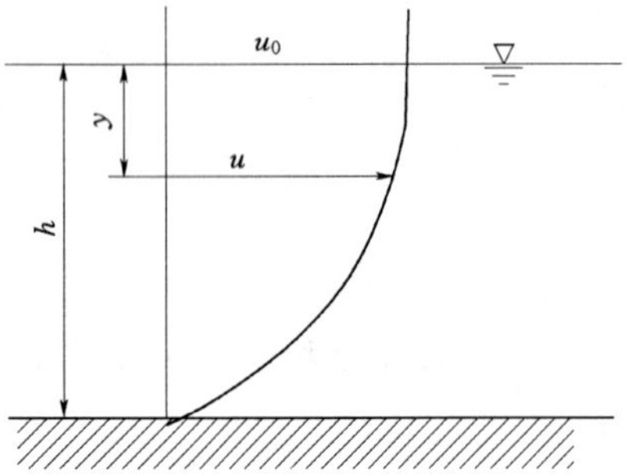

图 4－9

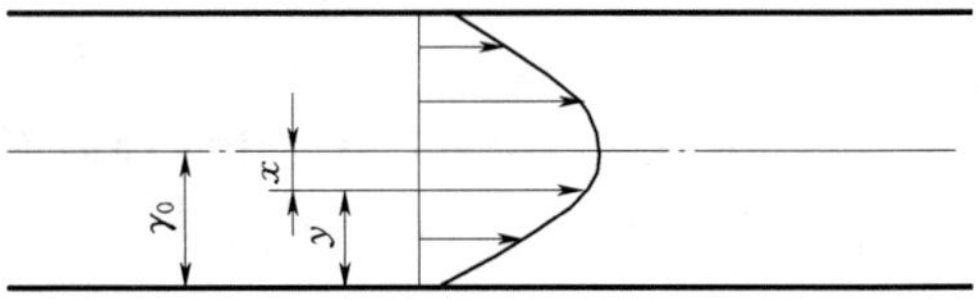

图 4－10

4－43　如图 4－10 所示，圆管中的流速分布为 $u=u_m(1-r/r_0)^{1/7}$。式中：u_m 为管中最大流速；r_0 为管道半径，r 为任一液层处的半径。试计算：（1）断面平均流速 v 与 u_m 的比值；（2）点流速恰好等于断面平均流速处的半径 r_{cp} 与 r_0 的比值。

4－44　有一圆形断面输水隧洞，长度 $L=500$m，直径 $d=5$m。当通过流量 $Q=200\text{m}^3/\text{s}$ 时，沿程水头损失 $h_f=7.58$m。求沿程水头损失系数 λ。

4－45　图 4－11 所示为一倾斜放置的等直径输水管道。已知管径 $d=200$mm，A、B 两点之间的管长 $L=2$m，比压计液面差 $\Delta h=0.2$m。油的重度 $\gamma_0=8600\text{N/m}^3$。求：（1）$A$、$B$ 两点之间的沿程水头损失 h_f；（2）A、B 两点的测压管水头差；（3）圆管边壁的切应力 τ_0，并绘出圆管断面的切应力分布图。

4－46　如图 4－12 所示，管道出口段长 $l=2$m，$d=0.1$m，通过 $\rho=1000\text{kg/m}^3$ 的流体，流量 $Q=0.02\text{m}^3/\text{s}$，已知 $h=1.8$m。求：（1）管道壁面切应力 τ_w；（2）该管段的沿程水头损失系数 λ。

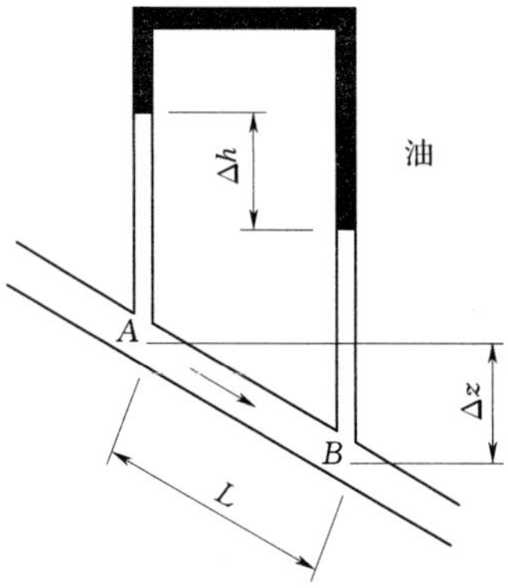

图 4-11

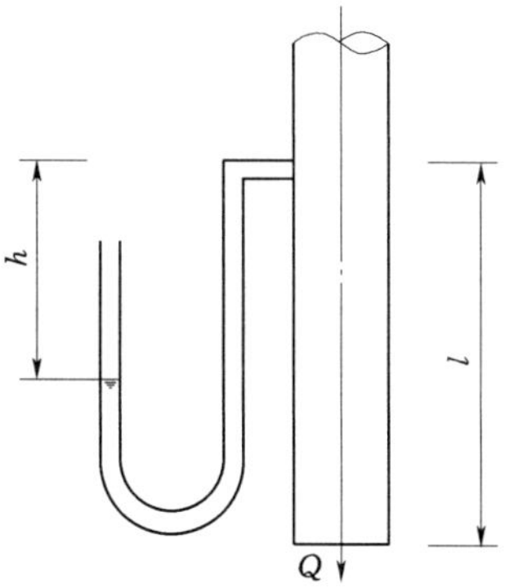

图 4-12

4-47　带有两个 90°转弯的管道，直径 $d=100$mm，长度 $l=10$m，沿程水头损失系数 $\lambda=0.037$，转弯的局部水头损失系数 $\zeta=0.29$，现取消两弯段，但管长和管段两端的总水头差均不变。问流量能增加百分之几？

4-48　在直径 $d=32$mm 的管路中，流动着液压油，已知流量为 3L/s，油液运动黏度 $\upsilon=30\times10^{-2}\text{cm}^2/\text{s}$，试确定：(1) 流动状态；(2) 在此温度下油的临界速度。

4-49　如图 4-13 所示，用管径 $d=75$mm 的管道输送重油，已知 $\gamma_1=8.83\text{kN/m}^3$，运动黏度 $\upsilon_1=0.9\text{cm}^2/\text{s}$，如在管轴线上装水银压差计的毕托管，水银液面高差 $h_p=20$mm，求重油流量。$\gamma_2=133.38\text{kN/m}^3$（下标 1 为油，下标 2 为水银）。

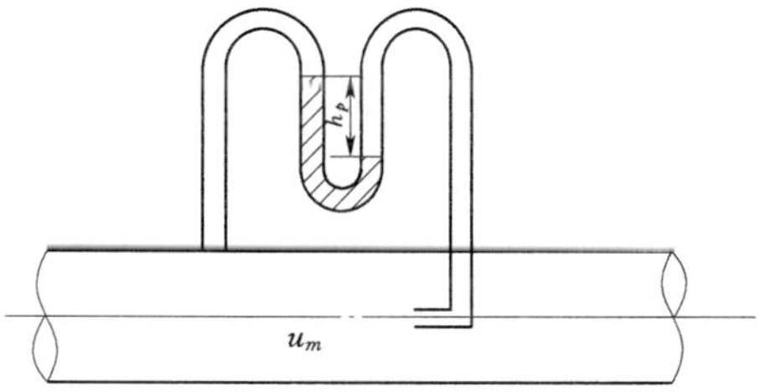

图 4-13

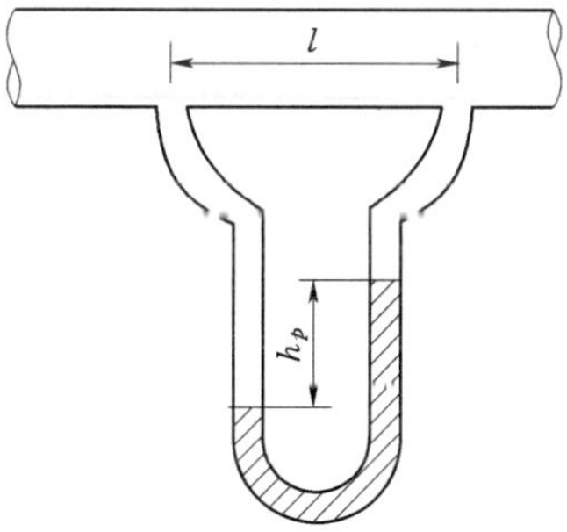

图 4-14

4-50　如图 4-14 所示，油的流量 $Q=7.7$mL/s，通过直径 $d=6$mm 的细管，在 $l=2$m 长的管段两端装有水银压差计，压差计读数 $h_p=18$cm，已知水银 $\gamma_h=133.38\text{kN/m}^3$，油的 $\gamma_0=8.43\text{kN/m}^3$，求油的运动黏度。

4-51　圆管直径 $d=15$cm，平均流速 $v=1.5$m/s，水温 $t=18$℃，$\upsilon=0.01062\text{cm}^2/\text{s}$，已知沿程阻力系数 $\lambda=0.03$，试求黏性底层厚度。若水流速度提高至 3.0m/s，δ_0 如何变化？又若流速不变，管径增大到 30cm，δ_0 又如何变化？

4-52　水平管直径 $d=100$mm，管中装一蝶阀。为测定蝶阀的局部水头损失系数 ζ，在蝶阀前后设有 U 形水银压差计，如图 4-15 所示，当管中通过流量 $Q=15.7$L/s 时，水银柱高差 $h=500$mm，设沿程水头损失可以不计，求蝶阀在该开度时的局部水头损失系数。

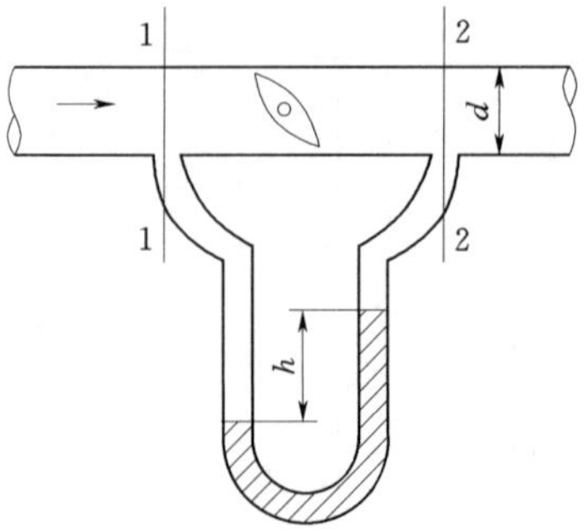

图 4-15

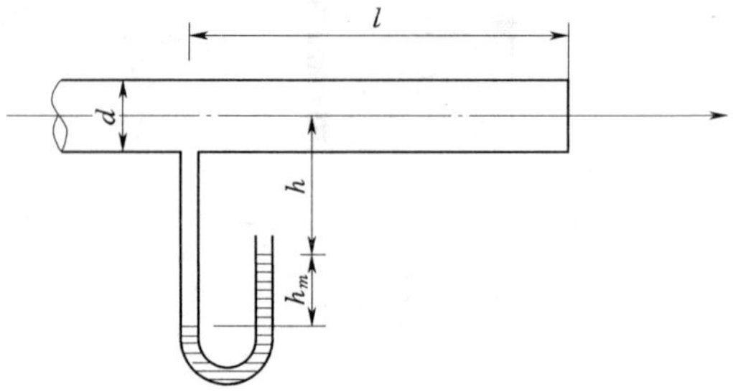

图 4-16

4-53　图 4-16 所示管道出口段长 $l=10$m，直径 $d=0.1$m，通过重度 $\gamma=9800\text{N/m}^3$ 的流体，流量 $Q=0.02\text{m}^3/\text{s}$。已知 $h=0.2$m，$h_m=0.1$m，$\gamma_H=13.6\gamma$，求：(1) 管道壁面切应力 τ_w；(2) 该管段的沿程水头损失系数 λ。

4-54　某灌溉系统的塑料管道，管径 $d=50$mm，管长 $l=5$m。已测得 50s 内出口出水量为 200L，管道首末测压管水头差为 0.5m，求管道糙率 n 和相应的沿程水头损失系数 λ。

4-55　若要一次测得圆管层流的断面平均流速，试问毕托管应放在距离管轴多远处？

4-56　推求圆管和宽矩形明槽在层流流速分布条件下的动量修正系数 α'。

4-57　推求指数流速分布条件下的宽矩形明槽的 α，α' 及混合长度 l 的表达式。

4-58　试根据圆管层流中的 $\lambda=\dfrac{64}{Re}$ 公式，水力光滑管中 $\lambda=\dfrac{0.3164}{Re^{0.25}}$ 公式及完全粗糙区的 $\lambda=0.11\left(\dfrac{\Delta}{d}\right)^{0.25}$，分析沿程水头损失 h_f 与断面平均流速 v 之间的关系。

4-59　一直径 $d=0.05$mm、密度 $\rho_s=2650\text{kg/m}^3$ 的球形沙粒，在 20℃的静水中匀速下沉，求其沉速。

3. 答案

4-1（对）。4-2（错）。4-3（错）。4-4（错）。4-5（对）。4-6（错）。4-7（对）。4-8（错）。4-9（对）。4-10（对）。4-11（对）。4-12（对）。4-13（错）。4-14（错）。4-15（对）。4-16（错）。4-17（错）。4-18（错）。4-19（对）。4-20（对）。4-21（错）。4-22（错）。4-23（对）。4-24（对）。4-25（3）。4-26（1）。4-27（4）。4-28（3）。4-29（3）。4-30（2）。4-31（1）。4-32（2）。4-33（3）。4-34（2）。4-35（3）。4-36（3）。4-37（Re、Re、Re，Δ/d、Δ/d）。

4-38（忽略边壁阻力、忽略沿程水头损失、断面压强按静水压强分布、动能修正系数、动量修正系数为 1）。

4-39（粗糙突出高度被淹没在黏性底层中，管壁粗糙程度对紊流流核的结构基本没有影响）。

4-40（$\Delta<0.4\delta_l$、$6\delta_l>\Delta>0.4\delta_l$、$6\delta_l<\Delta$）。

4－41　$\tau=\gamma RJ$，$\dfrac{\tau_1}{\tau_2}=\dfrac{R_1}{R_2}=\dfrac{\frac{a}{3}}{\frac{a}{4}}=\dfrac{4}{3}$；$h_f=\lambda\dfrac{l}{4R}\dfrac{u^2}{2g}$，$\dfrac{Q_1}{Q_2}=\dfrac{v_1}{v_2}=\sqrt{\dfrac{R_1}{R_2}}=\dfrac{2}{\sqrt{3}}$。

4－42　$v=\dfrac{1}{bh}\int_0^h u\mathrm{d}y\cdot b=\dfrac{1}{h}\int_0^h u_0\left[1-\left(\dfrac{y}{h}\right)^2\right]\mathrm{d}y=\dfrac{2}{3}u_0$，$\tau_{底}=\mu\dfrac{2u_0y}{h^2}=\mu\dfrac{2u_0}{h}$。

4－43　$v=\dfrac{1}{\pi r^2}\int_0^{r_0}u_m\left(r-\dfrac{r}{r_0}\right)^{1/7}2\pi r\mathrm{d}r=0.817u_m$、$v=u_m\left(1-\dfrac{r_{cp}}{r_0}\right)^{1/7}$，$\dfrac{r_{cp}}{r_0}=1-0.817^7=0.757$。

4－44　$v=\dfrac{Q}{A}=10.19\mathrm{m/s}$，$h_f=\lambda\dfrac{l}{d}\dfrac{v^2}{2g}$，$\lambda=\dfrac{h_fd\cdot 2g}{lv^2}=\dfrac{7.58\times5\times19.6}{500\times10.19^2}=0.0143$。

4－45　$\left(Z_1+\dfrac{p_1}{\gamma}\right)-\left(Z_2+\dfrac{p_2}{\gamma}\right)=0.0245\mathrm{m}$，$h_f=\dfrac{\gamma-\gamma_0}{\gamma}\Delta h=0.0245\mathrm{m}$，$\tau_0=\gamma RJ=6\mathrm{N/m^2}$。

4－46　$\tau_w=\gamma RJ=9800\times\dfrac{0.1}{4}\times\dfrac{2-1.8}{2}=24.5\mathrm{N/m^2}$；$\tau_w=\dfrac{\lambda}{8}\rho v^2$，$\lambda=0.03$。

4－47　总水头差不变 $h_{w1}=\left(\lambda\dfrac{l}{d}+2\zeta\right)\dfrac{v_1^2}{2g}=h_{w2}=\lambda\dfrac{l}{d}\dfrac{v_2^2}{2g}$，$\dfrac{Q_2}{Q_1}=\dfrac{v_2}{v_1}=1.076$，$\dfrac{Q_2-Q_1}{Q_1}=7.6\%$。

4－48　$v=\dfrac{Q}{A}=373\mathrm{cm/s}$，$Re=\dfrac{vd}{\upsilon}=\dfrac{373\times3.2^2}{0.3}=5979>2000$ 紊流 $v_c=Re_c\dfrac{\upsilon}{d}=1.88\mathrm{m/s}$。

4－49　$\dfrac{v_m^2}{2g}=\left(\dfrac{\gamma_2}{\gamma_1}-1\right)h_p=28.21\mathrm{cm}$，$v=\dfrac{1}{2}v_m=1.18\mathrm{m/s}$，$Q=vA=1.18\times\dfrac{\pi}{4}\times0.075^2=5.21\mathrm{L/s}$。

4－50　$h_f=\lambda\dfrac{lv^2}{d2g}=\left(\dfrac{\gamma_h}{\gamma_o}-1\right)h_p=2.67\mathrm{m}$，$v=27.23\mathrm{cm/s}$，$\lambda=2.11=\dfrac{64}{Re}$，$\upsilon=0.54\mathrm{cm^2/s}$。

4－51　$\delta_0=\dfrac{32.8d}{Re\sqrt{\lambda}}$，① $Re=\dfrac{vd}{\upsilon}=211864$，$\delta_0=0.0134\mathrm{cm}$，② $\delta_0=0.0067\mathrm{cm}$，③$\delta_0=0.0134\mathrm{cm}$。

4－52　$h_j=\zeta\dfrac{v^2}{2g}=\dfrac{p_1}{\gamma}-\dfrac{p_2}{\gamma}=12.6h=0.63\mathrm{m}$，$\dfrac{v^2}{2g}=0.204\mathrm{m}$，$\zeta=\dfrac{0.63}{0.204}=3.09$。

4－53　$pA-\tau_w\pi dl=0$，$\dfrac{p}{\gamma}=12.6h_H-h$，$\tau_w=25.97\mathrm{N/m^2}$，$\dfrac{p}{\gamma}=h_f=\lambda\dfrac{lv^2}{2dg}=1.06\mathrm{m}$，$\lambda=0.032$。

4－54　$Q=\dfrac{0.20}{50}=0.004\mathrm{m^3/s}$，$v=\dfrac{Q}{A}=2.04\mathrm{m/s}$，$\lambda=\dfrac{0.5d\cdot2g}{lv^2}=0.02359$，$n=\left(\dfrac{d}{4}\right)^{1/6}\Big/\sqrt{\dfrac{8g}{\lambda}}=0.008$。

4－55　$u=\dfrac{\gamma J}{4\mu}(r_0^2-r^2)=v=\dfrac{\gamma Jr_0^2}{8\mu}$，$r=\sqrt{0.5}r_0=0.707r_0$。

4-56 $\alpha'_{圆管}=\dfrac{1}{\left(\dfrac{\gamma J r_0^2}{8\mu}\right)^2\pi r_0^2}\displaystyle\int_0^{r_0}\left[\dfrac{\gamma J}{4\mu}(r_0^2-r^2)\right]^2 2\pi r\mathrm{d}r=\dfrac{8}{r_0^6}\int_0^{r_0}(r_0^2-r^2)^2 r\mathrm{d}r=1.33$；

$\alpha'_{明渠}=\dfrac{1}{\left(\dfrac{\gamma J}{3\mu}h^2\right)^2 h}\displaystyle\int_0^{h}\left[\dfrac{\gamma J}{2\mu}y(2h-y)\right]^2\mathrm{d}y=\dfrac{9}{4h^5}\int_0^{h}(y^4-4hy^3+4h^2y^2)\mathrm{d}y=1.2$ 。

4-57 $u=u_{\max}\left(\dfrac{y}{h}\right)^n, v=\dfrac{u_{\max}}{n+1}, \alpha=\dfrac{1}{v^3A}\displaystyle\int_0^h u^3\mathrm{d}A=\dfrac{(n+1)^3}{u_{\max}^3 h}\int_0^h u_{\max}^3\left(\dfrac{y}{h}\right)^{3n}\mathrm{d}y$

$$=(n+1)^3\left(\frac{1}{3n+1}\left(\frac{y}{h}\right)^{3n+1}\right)\Bigg|_0^h=\frac{(n+1)^3}{3n+1}$$

$\alpha'=\dfrac{1}{v^2A}\displaystyle\int_0^h u^2\mathrm{d}A=\dfrac{(n+1)^2}{u_{\max}^2 h}\int_0^h u_{\max}^2\left(\dfrac{y}{h}\right)^{2n}\mathrm{d}y=(n+1)^2\left(\dfrac{1}{2n+1}\left(\dfrac{y}{h}\right)^{2n+1}\right)\Bigg|_0^h=\dfrac{(n+1)^2}{2n+1}$。

4-58 层流区、光滑区、粗糙区沿程水头损失 h_f 分别与断面平均流速 v 的 1 次、1.75 次、2 次方成比例。

4-59 $\left[\dfrac{9\upsilon^2}{g\left(\dfrac{\rho_s}{\rho}-1\right)}\right]^{1/3}=\left[\dfrac{9\times1.007^2\times10^{-12}}{9.8\times\left(\dfrac{2650}{1000}-1\right)}\right]^{1/3}=0.0826\text{mm}>d$，$\omega=\dfrac{gd^2}{18\upsilon}\left(\dfrac{\rho_s}{\rho}-1\right)=$ 2.24mm/s。

第五章　量纲分析与相似原理

一、学习指导

模型试验是研究解决水力学及水利工程问题的重要方法之一，其基本理论依据就是量纲分析和相似原理。本章要求：①了解单位和量纲的概念，熟悉常用物理量的单位和量纲；②掌握量纲分析法的应用，能够根据量纲和谐原理确定一个物理过程各物理量之间的关系式；③了解几何相似、运动相似、动力相似、相似条件、相似准则等的概念及其相互关系，重点掌握雷诺相似准则和佛汝德相似准则及其比尺关系在模型设计中的应用，其他相似准则只需了解一下即可。

二、内容提要

1. 量纲和单位

物理量的量纲（或因次）表征物理量的性质和类别。物理量的单位是量度各种物理量数值大小的标准，量纲是物理量“质”的表征，而单位是物理量“量”的表征。

国际单位制（简称 SI）规定长度［L］、时间［T］、质量［M］为基本量纲，对应的基本单位长度用米（m）、时间用秒（s）、质量用千克（kg）。其余的量纲可由基本量纲导出，故称为导出量纲。

2. 无量纲数

一个物理量 U 的量纲可以用［L］、［T］、［M］这一组基本量纲的组合来表示为：

$$U=[L]^{\alpha}[T]^{\beta}[M]^{\gamma} \tag{5-1}$$

当 $\alpha=\beta=\gamma=0$，则称此物理量 U 为无量纲量数。无量纲量数的数值与单位的选择无关，这是无量纲数的重要特点之一。

3. 量纲和谐原理

如果一个物理方程能够完整地、正确地反映某一个物理现象的客观规律，则方程中的每一项和方程的两边一定具有相同的量纲，物理方程的这种性质叫做量纲和谐原理。

4. 量纲分析法

利用量纲和谐原理可以建立一个物理过程各物理量之间的关系式，即他们所满足的方程式。量纲分析法有两种：一种称为雷利法，它适用于影响因素较少的物理过程；另一种是具有普遍性的方法，称为 π 定理。（具体方法见例题）

5. 运动相似、几何相似、动力相似的关系

几何相似是运动相似和动力相似的前提，动力相似是决定两个水流运动相似的主导，运动相似是几何相似和动力相似的表现。初始条件和边界条件的相似是保证相似的必要条件。

6. 牛顿相似准则

牛顿数 $Ne=\frac{F}{\rho l^2 v^2}$表示了液流所受的物理力（包括重力、阻力、压力、表面力等）与惯性力之比。两个相似流动的牛顿数应相等，这是流动相似的重要标志和准则，称为牛顿相似准则。

$$\lambda_F=\lambda_\rho\lambda_l^2\lambda_v^2 \text{或} \frac{F_p}{\rho_p l_p^2 v_p^2}=\frac{F_m}{\rho_m l_m^2 v_m^2}\text{或}(Ne)_p=(Ne)_m \tag{5-2}$$

7. 雷诺相似准则

雷诺数 $Re=\frac{ul}{\gamma}$反映惯性力与黏性阻力之比，如果要满足黏性阻力相似，要求作用在任意相应点上的惯性力与黏性阻力之比为同一比例常数，即

$$\frac{u_p l_p}{\gamma_p}=\frac{u_m l_m}{\gamma_m}\text{或}(Re)_p=(Re)_m \tag{5-3}$$

此式说明两流动的黏性相似时，原型与模型的雷诺数相等，这就是雷诺相似准则，也称黏性力相似准则。

8. 佛汝德相似准则

佛汝德数 $Fr=\frac{u}{\sqrt{gl}}$反映惯性力与重力之比，如果要满足重力相似，则要求作用在相应质点上的重力与惯性力之比为同一比尺，即

$$\frac{u_p^2}{g_p l_p}=\frac{u_m^2}{g_m l_m}\text{或}(Fr)_p=(Fr)_m \tag{5-4}$$

此式说明两流动的黏性相似时，两个流动相应点的佛汝德数相等，这就是佛汝德相似准则，也称重力相似准则。

9. 模型准则的选择

牛顿相似准则要求流动的所有作用力与惯性力之比均为同一个常数，也即佛汝德准则、雷诺相似准则和其他相似准则应同时满足，才能真正保证两个流动完全相似，但在实际流动中，除非几何比尺为1，否则很难做到所有相似准则同时满足。

有压管道中的流动、可以忽略空气压缩性影响的飞行运动等，其黏性阻力起主要作用，一般应选择雷诺相似准则控制。相应的基本比尺关系如下：力的比尺，$\lambda_F=\lambda_\rho\lambda_v^2$；流速比尺，$\lambda_v=\lambda_v\lambda_l^{-1}$；时间比尺，$\lambda_t=\lambda_l^2\lambda_v^{-1}$；流量比尺，$\lambda_Q=\lambda_v\lambda_l$。

自由式孔口出流、坝上溢流、桥墩绕流以及大多数的明渠流动都是重力起主要作用，一般应选择佛汝德准则控制。相应的基本比尺关系如下：力的比尺，$\lambda_F=\lambda_l^3$；流速比尺，$\lambda_v=\lambda_l^{0.5}$；时间比尺，$\lambda_t=\lambda_l^{0.5}$；流量比尺，$\lambda_Q=\lambda_l^{2.5}$。

三、例题分析解答

【例 5-1】 将下列各组物理量整理成为无量纲数：（1）Δp，v，ρ，γ；（2）F，l，v，ρ。

解：（1）Δp、v、ρ、γ 的量纲分别为：

$$[\Delta p]=\left[\frac{N}{L^2}\right]=\left[\frac{ML}{L^2T^2}\right]=\left[\frac{M}{LT^2}\right],\ [v]=\left[\frac{L}{T}\right],\ [\rho]=\left[\frac{M}{L^3}\right],\ [\gamma]=\left[\frac{\frac{ML}{T^2}}{L^3}\right]=\left[\frac{M}{L^2T^2}\right]$$

组成无量纲数：$[L^0\cdot T^0\cdot M^0]=\left[\frac{M}{LT^2}\right]^a\left[\frac{L}{T}\right]^b\left[\frac{M}{L^3}\right]^c\left[\frac{M}{L^2T^2}\right]^d$

$$\left.\begin{aligned}&M:\ a+c+d=0\\&T:\ -2a-b-2d=0\\&L:\ -a+b-3c-2d=0\end{aligned}\right\}$$3 个方程有 4 个未知数，有无穷多组解。

将 a 选为自由量，得$\begin{cases}c=-a\\b=-2a\\d=0\end{cases}$，取 $a=1$，则$\begin{cases}c=-1\\b=-2\\c=0\end{cases}$

所以
$$N=[\Delta p][v]^{-2}[\rho]^{-1}[\gamma]^0=\frac{\Delta p}{\rho v^2}$$

(2) F、l、v、ρ 的量纲分别为：

$$[F]=\left[\frac{ML}{T^2}\right],\ [l]-[L],\ [v]-\left[\frac{L}{T}\right],\ [\rho]=\left[\frac{M}{L^3}\right]$$

组成无量纲数：$[L^0T^0M^0]=\left[\frac{ML}{T^2}\right]^a[L]^b\left[\frac{L}{T}\right]^c\left[\frac{M}{L^3}\right]^d$

$$\left.\begin{aligned}&M:\ a+d=0\\&T:\ -2a-c=0\\&L:\ a+b+c-3d=0\end{aligned}\right\}$$选 a 为自由量，并令 $a=1$ 得：$\begin{cases}a=1\\b=-2\\c=-2\\d=-1\end{cases}$

所以
$$N=[F][l]^{-2}[v]^{-2}[\rho]^{-1}=\frac{F}{\rho l^2v^2}$$

【例 5-2】 试用雷利法分析自由落体在重力影响下降落距离 S 的公式。假设 S 和物体质量 m，重力加速度 g 和时间 t 有关。

解： 假设 S 和物体质量 m，重力加速度 g 和时间 t 的函数关系式为：$S=fm^ag^bt^c$

按雷利法取基本量纲为[L，M，T]，将函数关系式写成量纲式，得

$$[L]=[M]^a\left[\frac{L}{T^2}\right]^b[T]^c$$

$$\left.\begin{aligned}&M:\ a=0\\&T:\ -2b+c=0\\&L:\ b=1\end{aligned}\right\}\ 得\ \begin{cases}a=0\\b=1\\c=2\end{cases}$$

将 a，b，c 代入关系式，得 $S=fgt^2$，可见自由落体运动与物体质量（重量）无关。

按理论力学分析，系数 f 为 1/2，自由落体公式为：$S=\frac{1}{2}gt^2$

【例 5-3】 影响孔口泄流流量 Q 的因素有孔口尺寸 A，作用水头 H，重力加速度 g，又假定容器甚大，其他边界条件的影响可以忽略不计，试确定孔口流量公式的正确形式。

解： 假设物理量之间存在关系式为：$Q=kA^\alpha g^\beta H^\gamma$

其量纲关系式：$[L^3T^{-1}]=[L^2]^\alpha[LT^{-2}]^\beta[L]^\gamma=[L]^{2\alpha+\beta+\gamma}[T]^{-2\beta}$

由量纲和谐原理得：

[L]：$\alpha+\beta+\gamma=3$

[T]：$-2\beta=-1$

联解以上两式，可得：$\beta=1/2$，$2\alpha+\gamma=2.5$

根据经验，过堰流量 Q 与面积 A 的一次方成正比，即 $\alpha=1$，从而可得 $\gamma=1/2$。将 α、β、γ 的值代入量纲关系式，并令 $\mu=k/\sqrt{2}$，所以 $Q=\mu A\sqrt{2gH}$

【例 5－4】 由实验观察得知，矩形量水堰的过堰流量 Q 与堰上水头 H_0，堰宽 b，重力加速度 g 等物理量之间存在着以下关系：$Q=kb^{\alpha}g^{\beta}H_0^{\gamma}$

式中比例系数 k 为一纯数，试用量纲分式法确定堰流流量公式的结构形式。

解： 由已知关系式写出其量纲关系式：$[L^3T^{-1}]=[L]^{\alpha}[LT^{-2}]^{\beta}[L]^{\gamma}=[L]^{\alpha+\beta+\gamma}[T]^{-2\beta}$

由量纲一致性原理得

[L]：$\alpha+\beta+\gamma=3$

[T]：$-2\beta=-1$

联解以上两式，可得：$\beta=1/2$，$\alpha+\gamma=2.5$

根据经验，过堰流量 Q 与堰宽 b 的一次方成正比，即 $\alpha=1$，从而可得 $\gamma=3/2$。将 α、β、γ 的值代入量纲关系式，并令 $m=k/\sqrt{2}$，得 $Q=mb\sqrt{2g}H_0^{3/2}$

【例 5－5】 试用 π 定理分析管流中的阻力表达式。假设管流中阻力 F 和管道长度 l、管径 d、管壁粗糙度 Δ、管流断面平均流速 v、液体密度 ρ 和黏度 μ 等有关。

解： 设关系式为：$f(F, l, d, \Delta, v, \rho, \mu)=0$

选基本物理量 ρ，v，d，则：$N=7$，$r=3$

有 $(N-3)=4$ 个无量纲数：$\pi_1=\dfrac{F}{\rho v^2 d^2}$，$\pi_2=\dfrac{\Delta}{d}$，$\pi_3=\dfrac{l}{d}$，$\pi_4=\dfrac{\mu}{\rho v l}=\dfrac{1}{Re}$

根据 $f(\pi_1, \pi_2, \pi_3, \pi_4)=0$

则管流中的阻力表达式为：$F=\rho d^2 v^2 f\left(\dfrac{\Delta}{d}, \dfrac{l}{d}, Re\right)$

由于阻力的大小与管长一定成简单的正比关系，所以有

$$F=\rho d^2 v^2\frac{l}{d}f\left(\frac{\Delta}{d}, Re\right)=dl\rho v^2 f\left(\frac{\Delta}{d}, Re\right)=f'A_w\rho v^2\left(\frac{\Delta}{d}, Re\right)$$

式中：$f'=\dfrac{1}{\pi}f\left(\dfrac{\Delta}{d}, Re\right)$是与$\left(\dfrac{\Delta}{d}, Re\right)$有关的阻力系数；$A_w$ 为管壁表面积。

【例 5－6】 试用 π 定理分析堰流关系式。假设堰上单宽流量 q 和重力加速度 g、堰高 P、堰上水头 H、黏度 μ、密度 ρ 及表面张力系数 σ 等有关。

解： 设关系式为：$F(\rho, q, H, g, P, \mu, \sigma)=0$

选 ρ，q，H 为基本物理量，则有：

$$\pi_1=\frac{q^2}{gH^3},\quad \pi_2=\frac{P}{H},\quad \pi_3=\frac{\mu}{\rho q}=\frac{1}{Re},\quad \pi_4=\frac{\sigma H}{\rho q^2}=\frac{1}{We}$$

由 $F(\pi_1, \pi_2, \pi_3, \pi_4)=0$ 得：

$$\frac{q^2}{gH^3}=f'\left(\frac{H}{P},\ Re,\ We\right)$$

$$q=f\left(\frac{H}{P},\ Re,\ We\right)\sqrt{g}H^{3/2}=m\ \sqrt{2g}H^{3/2}$$

式中令 $m=\dfrac{f\left(\dfrac{H}{P},\ Re,\ We\right)}{\sqrt{2}}$ 为流量系数，由试验确定。

【例 5-7】 有一圆管直径为 20cm，输送 $\upsilon=0.4\text{cm}^2/\text{s}$ 的油，其流量为 121L/s，若在试验中用 5cm 的圆管做模型试验，假如（1）采用 20℃的水；（2）$\upsilon=0.17\text{cm}^2/\text{s}$ 的空气做试验，则模型流量各为多少？假定主要的作用力为黏性力。

解： 圆管输送以黏性为主，按雷诺准则知

$$\lambda_l=\frac{d_p}{d_m}=\frac{20}{5}=4,\ \lambda_Q=\lambda_\upsilon\lambda_l$$

（1）当用 20℃的水做实验时，可查得 $\upsilon_m=1.007\times10^{-2}\text{cm}^2/\text{s}$，$\upsilon_p=0.4\text{cm}^2/\text{s}$

则：

$$Q_m=\frac{Q_p}{\lambda_\upsilon\lambda_l}=\frac{Q_p}{\lambda_l\dfrac{\upsilon_p}{\upsilon_m}}=\frac{121}{4\times\dfrac{0.4}{1.007\times10^{-2}}}=0.762\ (\text{L/s})$$

（2）当用 $\upsilon_m=1.007\times10^{-2}\text{cm}^2/\text{s}$ 的空气做实验时，

$$Q_m=\frac{Q_p}{\lambda_l\dfrac{\upsilon_p}{\upsilon_m}}=\frac{121}{4\times\dfrac{0.4}{0.17}}=12.86(\text{L/s})$$

【例 5-8】 采用长度比尺为 1∶20 的模型来研究弧形闸门闸下出流情况，如图 5-1 所示，重力为水流主要作用力，试求：（1）原型中如闸门前水深 $H_p=8\text{m}$，模型中相应水深为多少？（2）模型中若测得收缩断面流速 $\upsilon_m=2.3\text{m/s}$，流量为 $Q_m=45\text{L/s}$，则原型中相应的流速和流量为多少？（3）若模型中水流作用在闸门上的力 $P_m=78.5\text{N}$，原型中的作用力为多少？

解： 因水流主要作用力为重力，按重力相似准则设计模型。

（1）已知　$\lambda_l=20$，$H_p=8\text{m}$，则 $H_m=\dfrac{H_p}{\lambda_l}=\dfrac{8}{20}=0.4(\text{m})$

（2）$\lambda_\upsilon=\lambda_l^{1/2}$，$\upsilon_p=\upsilon_m\lambda_l^{1/2}=2.3\times20^{1/2}=10.286(\text{m/s})$

$\lambda_Q=\lambda_l^{2.5}$，$Q_p=Q_m\lambda_l^{2.5}=45/1000\times20^{2.5}=80.5(\text{m}^3/\text{s})$

（3）$\lambda_F=\lambda_l^3$　所以 $F_p=F_m\times\lambda_l^3=20^3\times78.5=628(\text{kN})$

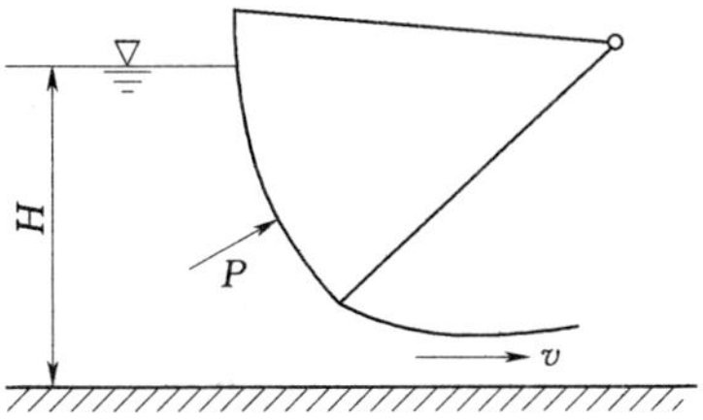

图 5-1

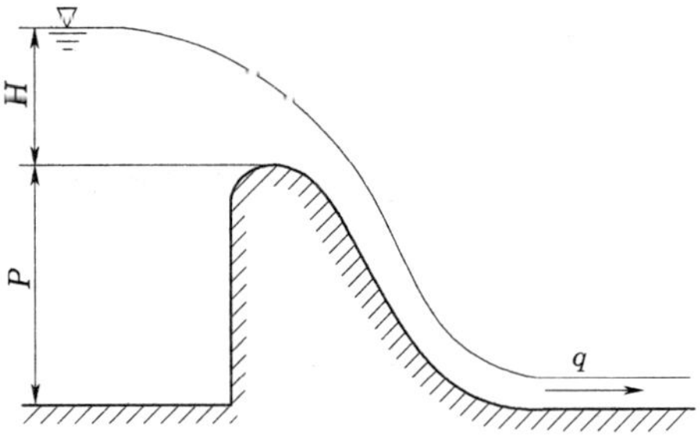

图 5-2

【例 5-9】 一座溢流坝如图 5-2 所示，泄流流量为 150m³/s，按重力相似准则设计模型，如实验室水槽最大供水流量仅为 0.08m³/s，原型坝高 $P_p=20\text{m}$，坝上水头 $H_p=4\text{m}$，问模型比尺如何选取，模型空间高度（P_m+H_m）最高为多少？

解： 溢流坝泄水以重力作用为主，按佛汝德准则设计模型：$\lambda_Q=\lambda_l^{2.5}$

（1）已知 $Q_p=150\text{m}^3/\text{s}$，　$Q_m=0.08\text{m}^3/\text{s}$

所以 $\lambda_l=20.38$　取 $\lambda_l=21$（不能取 20）

此时，模型流量 $Q_m=\dfrac{Q_p}{\lambda_l^{2.5}}=\dfrac{150}{21^{2.5}}=0.0742\text{m}^3/\text{s}<0.08\text{m}^3/\text{s}$

流量满足要求。

（2）由于 $P_p+H_p=20+4=24(\text{m})$

所以 $P_m+H_m=\dfrac{P_p+H_p}{\lambda_l}=\dfrac{24}{21}=1.143(\text{m})$

四、习题与答案

1. 概念题（判断、填空、选择）

5-1　模型中测得闸孔收缩断面处的平均流速 $v_m=1.5\text{m/s}$，采用的长度比尺 $\lambda_l=25$，则原型中收缩断面处的平均流速 $v_p=7.5\text{m/s}$。（　　）

5-2　沿程水头损失系数 λ 的量纲与谢才系数 C 的量纲相同。（　　）

5-3　水流在紊流粗糙区时，要做到模型与原型流动的重力和阻力相似，只要模型与原型的相对粗糙度相等，进行模型设计时就可用________。（　　）

（1）雷诺相似准则　（2）佛汝德相似准则

（3）欧拉相似准则　（4）韦伯相似准则

5-4　佛汝德相似准则考虑起主导作用的力是________。（　　）

（1）重力　（2）表面张力　（3）黏滞阻力　（4）紊动阻力

5-5　雷诺相似准则考虑起主要作用的力是________。（　　）

（1）重力　（2）压力　（3）黏滞阻力　（4）紊动阻力

5-6　某模型按雷诺相似准则设计，模型长度比尺 $\lambda_l=10$，选用的模型液体与原型相同。若测得模型某断面平均流速 $v_m=100\text{cm/s}$，则原型中相应的平均流速 $v_P=$________________。

5-7　某溢洪道按重力相似准则设计模型，模型长度比尺 $\lambda_l=50$。如原型流量 $Q_P=1500\text{m}^3/\text{s}$，则模型流量 $Q_m=$________________。

5-8　根据重力相似准则导出流速、流量、时间、力、切应力等物理量比尺的表达式。

5-9　下列各式是否满足量纲和谐原理？（1）$\tau=\mu\text{d}u/\text{d}y$；（2）$V=C\sqrt{RJ}$；（3）$Q=\dfrac{1}{n}AR^{2/3}\sqrt{i}$。

5-10　根据雷诺相似准则导出流速、流量、时间、力、压强等物理量比尺的表达式。

2. 计算题

5-11　按基本量纲为［L，T，M］推导出动力黏性系数 μ，体积弹性系数 κ，表面

张力系数 σ，切应力 τ，线变形率 ε，角变形率 θ，旋转角速度 ω，势函数 φ，流函数 ψ 的量纲。

5-12　将下列各组物理量整理成为无量纲数：(1) τ，v，ρ；(2) σ，l，v，ρ。

5-13　作用于沿圆周运动物体上的力 F 与物体的质量 m，速度 v 和圆的半径 R 有关。试用雷利法证明 F 与 mv^2/R 成正比。

5-14　圆球在黏性流体中运动所受的阻力 F 与流体的密度 ρ，动力黏度 μ，圆球与流体的相对运动速度 v，球的直径 D 等因素有关，试用量纲分析方法建立圆球受到流体阻力 F 的公式形式。

5-15　水流围绕一桥墩流动时，将产生绕流阻力，该阻力和桥墩的宽度 b（或柱墩直径 d）、水流速度 v、水的密度 ρ 和黏度 μ 及重力加速度 g 有关。试用 π 定理推导绕流阻力表示式。

5-16　试用 π 定理分析管道均匀流水头损失系数关系式。假设水力坡度 J 与流速 v、水力半径 R、边界绝对粗糙度 Δ、水的密度 ρ、黏度 μ 有关。

5-17　实验表明，液流中的边壁切应力 τ_0 与断面平均流速 v，水力半径 R，壁面粗糙度 Δ，液体密度 ρ 和动力黏度 μ 有关，试用 π 定理导出边壁切应力 τ_0 的一般表达式。

5-18　在深水中进行炮弹模型试验，模型的大小为实物的 1/1.5，若炮弹在空气中的速度为 500km/h，问欲测定其黏性阻力时，模型在水中试验的速度应当为多少（设温度 t 均为 20℃）？

5-19　某水闸泄水流量 $Q=120\text{m}^3/\text{s}$，拟进行模型试验。已知实验室最大供水流量为 $0.75\text{m}^3/\text{s}$，则可选用的模型长度比尺 λ_l 的最小值为多少？又测得模型闸门上的作用力 $F=2.8\text{N}$，则原型闸门上的作用力为多少？

5-20　有一直径为 15cm 的输油管，管长 10m，通过流量为 $0.04\text{m}^3/\text{s}$ 的油。现用水来做实验，选模型管径和原型相等，原型中油的运动黏度 $\upsilon=0.13\text{cm}^2/\text{s}$，模型中的实验水温为 $t=10℃$。(1) 求模型中的流量为多少才能达到与原型相似？(2) 若在模型中测得 10m 长管段的压差为 0.35cm，反算原型输油管 10m 长管段上的压强差为多少（用油柱高表示）？

5-21　有一混凝土溢流坝的设计单宽泄流量 $q_p=16.67\text{m}^2/\text{s}$，坝面糙率 $n_p=0.018$。现需一槽宽 $b_m=0.3\text{m}$ 且只能提供最大流量为 20L/s 的玻璃水槽中做断面模型试验，试确定实验的有关比尺。

3. 答案

5-1（对）。5-2（错）。5-3（2）。5-4（1）。5-5（3）。5-6（10cm/s）。5-7（$0.085\text{m}^3/\text{s}$）。5-8（$\lambda_v=\lambda_l^{1/2}$、$\lambda_Q=\lambda_l^{2.5}$、$\lambda_t=\dfrac{\lambda_l}{\lambda_u}=\dfrac{\lambda_l}{\lambda_l^{1/2}}=\lambda_l^{1/2}$、$\lambda_\tau=\lambda_l$）。5-9（是、是、否）。

5-10　$\lambda_u=\dfrac{1}{\lambda_l}$、$\lambda_Q=\lambda_u\lambda_l^2=\dfrac{1}{\lambda_l}\lambda_l^2=\lambda_l$、$\lambda_t=\dfrac{\lambda_l}{\lambda_u}=\lambda_l^2$、$\lambda_p=\lambda_l^{-2}\lambda_\rho\lambda_v^2$。

5-11　M/LT、M/LT²、M/T²、M/LT²、1/T、1/T、1/T、L²/T、L²/T。

5-12　$\pi=\dfrac{\tau}{\rho v^2}$，$\pi=\sigma l^{-1}v^{-2}\rho^{-1}=\dfrac{\sigma}{\rho l v^2}$。

5-13　$F=Km^a v^b R^c$，$[LMT^{-2}]=[M]^a\left[\frac{L}{T}\right]^b[L]^c$，$a=1$，$b=2$，$c=-1$，$F=K\frac{mv^2}{R}$。

5-14　ρ，v，D 为基本量：$\pi_1=\frac{F}{\rho v^2 D^2}$，$\pi_2=\frac{\mu}{\rho v D}=\frac{1}{Re}$，$F=f\left(\frac{1}{Re}\right)\rho v^2 D^2=C_d\frac{\rho v^2}{2}D^2$。

5-15　ρ，v，b 为基本量：$\pi_1=\frac{F_D}{\rho v^2 b^2}$，$\pi_2=\frac{\mu}{\rho v b}$，$\pi_3=\frac{gb}{v^2}=\frac{1}{Fr^2}$，$F_D=\rho b^2 v^2 f(Re, Fr)$。

5-16　ρ，v，R 为基本量：$F(v, J, R, \Delta, \rho, \mu)=0$，$\pi_1=J$，$\pi_2=\frac{\Delta}{R}$，$\pi_3=\frac{\mu}{\rho v R}=\frac{1}{Re}$，$J=f\left(\frac{\Delta}{R}, Re\right)$。

5-17　ρ，v，R 为基本量：$\pi_1=\frac{\tau_0}{\rho v^2}$，$\pi_2=\frac{\mu}{\rho v R}$，$\pi_3=\frac{\Delta}{R}$，$\tau_0=\rho v^2 f\left(Re, \frac{\Delta}{R}\right)$。

5-18　按雷诺准则设计：$\lambda_v=\frac{\lambda_\nu}{\lambda_l}=\frac{\upsilon_p}{\lambda_l \upsilon_m}=\frac{1.5\times10^{-5}}{1.5\times1.007\times10^{-6}}=9.93$，$v_m=\frac{v_p}{\lambda_v}=13.99\text{m/s}$。

5-19　重力相似准则：$\lambda_{l\min}=\lambda_Q^{1/2.5}=\left(\frac{120}{0.75}\right)^{0.4}=7.61$；$F_p=F_m\lambda_l^3=2.8\times7.61^3=1234\text{N}$。

5-20　$Q_m=\frac{Q_p}{\lambda_v\lambda_l^2}=\frac{Q_p}{\lambda_v}=\frac{0.04}{10}=0.004\text{m}^3/\text{s}$，$h_p=\left(\frac{\Delta p}{\gamma}\right)_p=\frac{h_m\lambda_v^2}{\lambda_l^2}=0.35\text{m}$（油柱高）。

5-21　$\lambda_l=\lambda_q^{2/3}=40$，$n_m=\frac{n_p}{\lambda_l^{1/6}}\approx0.01$，$\lambda_v=\lambda_t=\lambda_l^{1/2}=6.32$，流量糙率能满足要求。

第六章　孔口出流、管嘴出流和有压管流

一、学习指导

前面各章是水力学的基础理论，本章开始为水力学基础理论在水利工程中的实际应用。孔口出流、管嘴出流和有压管流水力计算的理论依据是总流的连续性方程、能量方程及水头损失理论。

本章重点内容主要有：①掌握总水头线和测压管水头线的定性绘制，特别注意突然扩大和淹没出口处的能量变化和水头线特点；②掌握简单管道的水力计算，特别是虹吸管和离心泵抽水系统的水力计算；③正确理解真空的概念及在管嘴出流、虹吸管顶部和离心泵进口处真空度的限制条件，理解虹吸管和离心泵抽水系统的工作原理和圆柱形外管嘴的流量比同直径孔口流量大的原因。

对于复杂管道（串联管道、并联管道、枝状管网和环状管网）只需了解各管段之间的流量和水头损失之间的关系，计算时一般可以不考虑局部水头损失和断面流速水头。有条件最好掌握环状管网的编程计算，作为以后实际应用的基础。

二、内容提要

1. 孔口出流、管嘴出流的流量计算公式

恒定孔口出流、管嘴出流的流量公式可以从能量方程和连续性方程推导出来，其基本形式为：

$$Q=\mu A\sqrt{2gH_0} \tag{6-1}$$

$$H_0=H+\frac{\alpha_0 v_0^2}{2g}$$

$$\mu=\frac{\varepsilon}{\sqrt{\alpha_c+\zeta_0}}$$

$$\varepsilon=A_c/A$$

式中：H_0 为作用水头；μ 为流量系数；ε 为收缩系数。

不同类型的孔口和管嘴出流的流量系数可查相关图表。在相同条件下，圆柱形外管嘴出流的流量系数是薄壁小孔口出流的 1.32 倍，圆柱形外管嘴出流的过流能力也是薄壁小孔口的 1.32 倍。

非恒定孔口出流、管嘴出流的水头变化与所用时间关系为：

$$t=\frac{2\Omega}{\mu A\sqrt{2g}}(\sqrt{H_1}-\sqrt{H_2}) \tag{6-2}$$

式中：Ω 为柱形水箱面积。

2. 圆柱形外管嘴的真空

圆柱形外管嘴在收缩断面处的真空度为$\frac{p_v}{\gamma}=\frac{-p_c}{\gamma}=0.75H_0$，是作用水头的0.75倍，相当于把管嘴的作用水头增加了0.75倍，这正是相同直径、相同作用水头下的圆柱形外管嘴的流量比孔口大的根本原因。收缩断面的真空是有限制的，相应地管嘴的作用水头H_0也会受到一定限制。

3. 长管与短管

在管道系统中，如果局部水头损失仅占沿程水头损失的5%～10%以下，则在管流计算中可以将局部水头损失和流速水头忽略不计，从而使计算大大简化，这样的管道称为长管；如果局部水头损失占有相当比例，在管流计算中不能忽略局部水头损失和流速水头，这样的管道称为短管。

4. 短管水力计算

短管的流量公式也可以从能量方程和连续性方程推导出来，其基本形式为：

$$Q=\mu_c A\sqrt{2gH_0} \tag{6-3}$$

在实际计算时，一般不要直接套用公式，最好是根据具体管道情况，列出能量方程和连续性方程，再根据已知水力要素联立求解未知量。

5. 虹吸管水力计算

虹吸管水力计算的主要任务是：①确定虹吸管输水流量和作用水头之间的关系；②确定虹吸管的安装高度或虹吸管内真空值的大小。这就要求能够列出虹吸管上、下游水池过水断面1—1断面与2—2断面之间的能量方程以及虹吸管上游水池过水断面与最高断面c—c断面之间的能量方程（图6－1），然后结合连续性方程，由已知水力要素计算未知量：

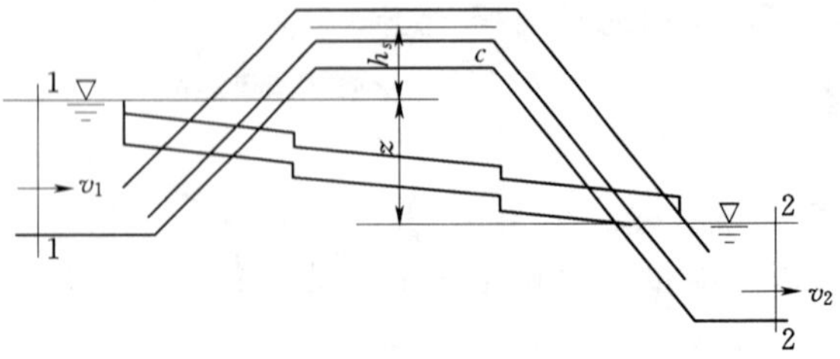

图6－1

$$z=0+0+\frac{v_2^2}{2g}+h_{w1-2} \tag{6-4}$$

$$0+0+0=h_s+\frac{p_c}{\gamma}+\frac{\alpha v_c^2}{2g}+h_{w1-c} \tag{6-5}$$

虹吸管内的最低压强或最大真空压强一般出现在虹吸管顶部第二个弯管断面处。在当地大气压约10m水柱条件下，真空压强水头应限制在7～8m。若在海拔3000m左右时，当地大气压仅为7m水柱，则真空压强水头应限制在4～5m。

从式（6－4）、式（6－5）可以看出：①最大真空值随着顶部安装高度的增加而增加，当最大真空值受限制时，顶部安装高度也相应受到限制；②当顶部安装高度一定时，最大真空值随着流量的增加而增加，当最大真空值受限制时，输水流量也相应受到限制。

6. 离心泵抽水系统水力计算

离心泵抽水系统水力计算的任务是确定离心泵的安装高度z_p、水泵的扬程H_m、输水能力Q和真空值（$-p_2/\gamma=h_v$）之间的关系。要求能够列出离心泵抽水系统上、下游水池过水断面 1—1 断面与 4—4 断面之间的能量方程以及上游水池过水断面 1—1 断面与水泵进口断面 2—2 断面之间的能量方程（图 6－2），然后结合连续性方程，由已知水力要素计算未知量：

$$z_p=\frac{-p_2}{\gamma}-(\alpha+\sum\lambda l/d+\sum\zeta)\frac{v_2^2}{2g} \tag{6-6}$$

$$H_m=z+h_{w1-4} \tag{6-7}$$

式（6－7）表明单位重量液体从离心泵获得的能量 H_m（扬程），一部分用于将液体势能增加 z（提水高度）；另一部分用于克服吸水管和压水管的能量损失 h_{w1-4}。与虹吸管类似，由于最大真空值受到限制，水泵安装高度也会受到相应的限制。

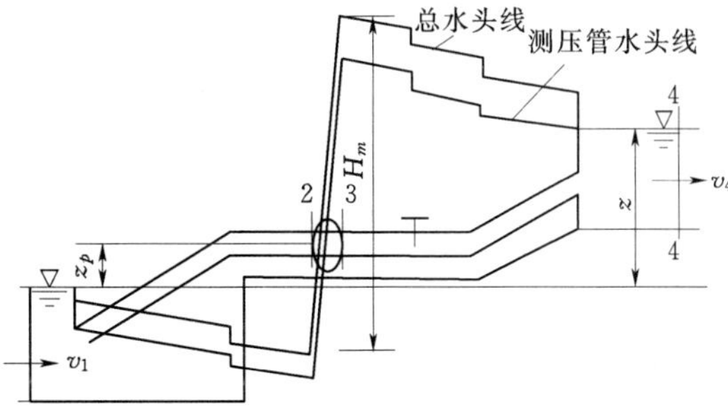

图 6－2

7. 串联管道

由不同直径的管道依次连接而成的管道系统称为串联管道（图 6－3）。串联管道计算的关键是确定各管段的流量 Q_i 和水头损失 h_{fi} 之间的关系式：

$$Q_i=Q_{i+1}+q_i \tag{6-8}$$

$$h_f=\sum h_{fi}=h_{f1}+h_{f2}+h_{f3}+\cdots \tag{6-9}$$

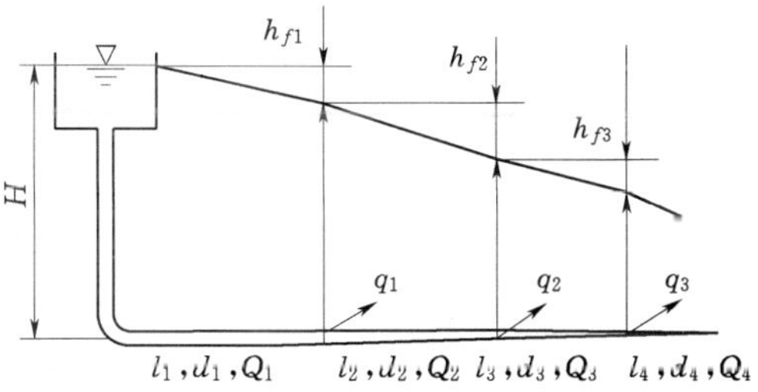

图 6－3

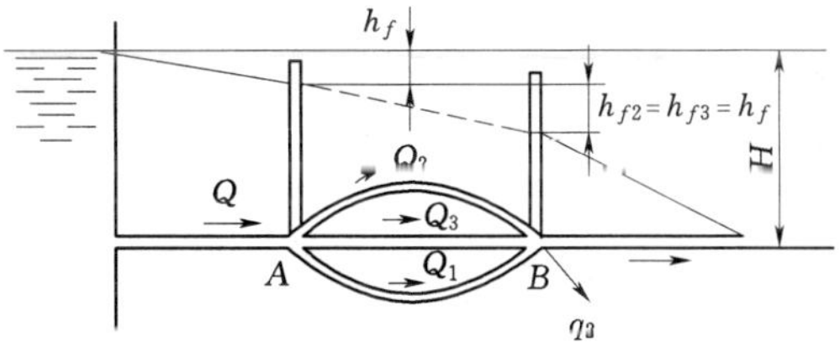

图 6－4

8. 并联管道

若干个管段在同一处分叉，然后又在另一处汇合的管道系统称为并联管道（图 6－4）。并联管道计算的关键也是确定各管段的流量 Q_i 和水头损失 h_{fi} 之间的关系式：

$$Q=\sum Q_i=Q_1+Q_2+Q_3+\cdots \tag{6-10}$$

$$h_{f1}=h_{f2}=h_{f3}=\cdots \tag{6-11}$$

在并联管道中，虽然各管段的沿程水头损失相等，但若各管段长度不同，则各管段的水力坡度是不相同的；若各管段的流量不同，则各管段水流所损失的总机械能也是不相同的。

9. 枝状管网

在枝状管网中，每一条分枝均可看作是一条串联管道，在任一分叉点处，流量关系与并联管道类似（图 6－5）。因此，枝状管网的设计计算可按不同分枝线路分别计算，然后考虑最不利情况，使枝状管网水塔高度能满足所有用户的供水要求。

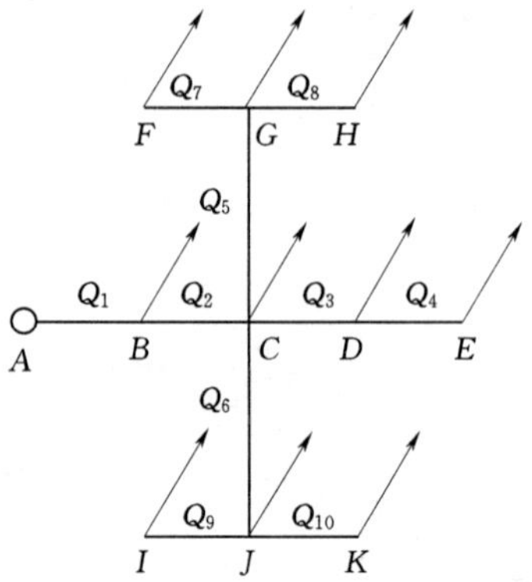

图 6-5

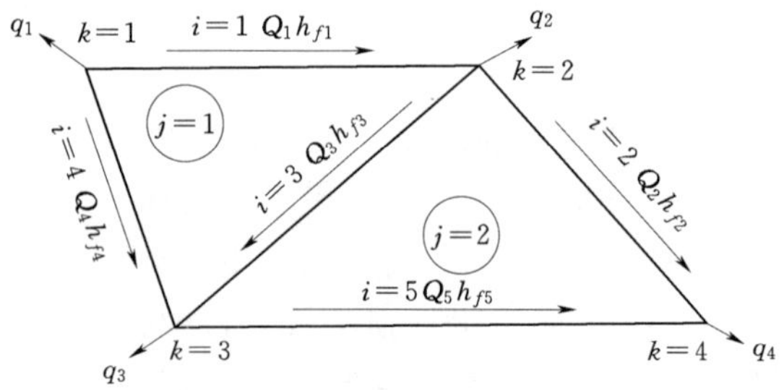

图 6-6

10. 环状管网

根据连续性原理和能量损失理论，环状管网中（图 6-6）的水流必须满足以下两个条件：①流出任一结点的流量之和（包括结点供水流量）减去流入该结点的流量之和等于 0；②对于任一闭合环路，沿顺时针流动的水头损失之和减去沿逆时针流动的水头损失之和等于 0。设某环状管网的管段编号为 $i=1, \cdots, i_m$，环路编号为 $j=1, \cdots, j_m$，结点编号为 $k=1, \cdots, k_m$，各管段的流量 Q_i、沿程水头损失 h_{fi}、各结点的供水流量 q_k（流出结点流量为正）之间应满足：

$$\sum_{i}^{im} B_{ik} Q_i + q_k = 0, k = 1,2\cdots,k_m \tag{6-12}$$

$$\sum_{i}^{im} A_{ij} h_{fi} = 0, j = 1,2\cdots,j_m \tag{6-13}$$

$$h_{fi} = S_{0i} l_i Q_i |Q_i|, i=1,2\cdots,i_m \tag{6-14}$$

式中：A_{ij}、B_{ik} 为系数。当环路 j 中没有管段 i，则 $A_{ij}=0$；当环路 j 中管段 i 的流动方向为顺时针方向，$A_{ij}=1$，否则 $A_{ij}=-1$；当结点 k 处没有管段 i，则 $B_{ik}=0$；当结点 k 处管段 i 的水流方向为流出结点，$B_{ik}=1$，否则 $B_{ik}=-1$。

式（6-12）、式（6-13）、式（6-14）共包含 $i_m+j_m+k_m-1=2i_m$ 个独立方程，正好可以求解 $2i_m$ 个未知变量 Q_i、h_{fi}。水力学中常用平差法计算环状管网。

首先根据已知的结点供水流量 q_k，初步假定各管段水流方向及流量大小 Q_i，并使之满足方程（6-12）；由于初始流量分配比例不适当，由此计算出的环路水头损失不满足方程（6-13），环路水头损失闭合差不等于 0，因此需要对初设流量进行修正。在一定假定条件下，可推出近似的流量修正计算式：

$$\Delta Q_j = -\frac{\sum_{i}^{im} (A_{ij} h_{fi})}{2\sum_{i}^{im} (|A_{ij}| h_{fi}/Q_i)}, j = 1,2\cdots,j_m \tag{6-15}$$

$$Q'_i = Q_i + \sum_{j}^{jm} A_{ij} \Delta Q_j, i = 1,2\cdots,i_m \tag{6-16}$$

如果流量修正后，仍不满足方程（6－13），则需要继续修正，直至满足方程（6－13）。这种迭代方法称为 Hardy-Cross 方法，计算步骤和计算程序见【例 6－17】。

11. 沿程均匀泄流

管段单位长度沿程泄流量相同时，称为沿程均匀泄流。在距进口断面 x 处、长度为 $\mathrm{d}x$ 的微小管段（图 6－7），其沿程水头损失为：

$$\mathrm{d}h_f = S_0 Q_x^2 \mathrm{d}x = S_0 \left(Q_t + Q_n - Q_n \frac{x}{l}\right)^2 \mathrm{d}x \tag{6-17}$$

式（6－17）沿管长从 0 到 l 积分，即可得到管段 l 上的沿程水头损失 h_f。当水流处于紊流粗糙区时，比阻 S_0 沿程不变，式（6－17）的积分结果为：

$$h_f = \int_0^l \mathrm{d}h_f = S_0 l (Q_t^2 + Q_t Q_n - Q_n^2/3)$$

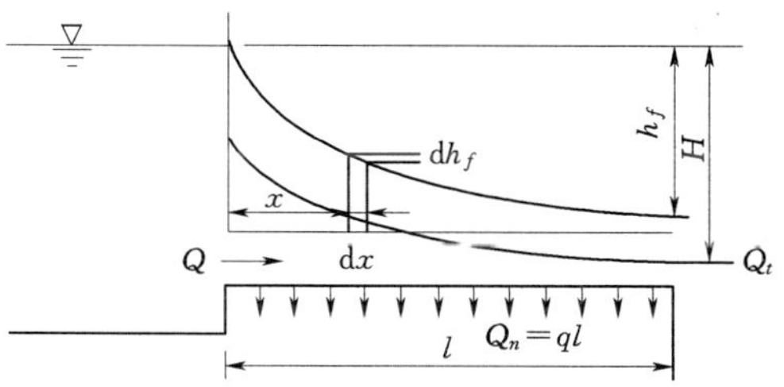

图 6－7

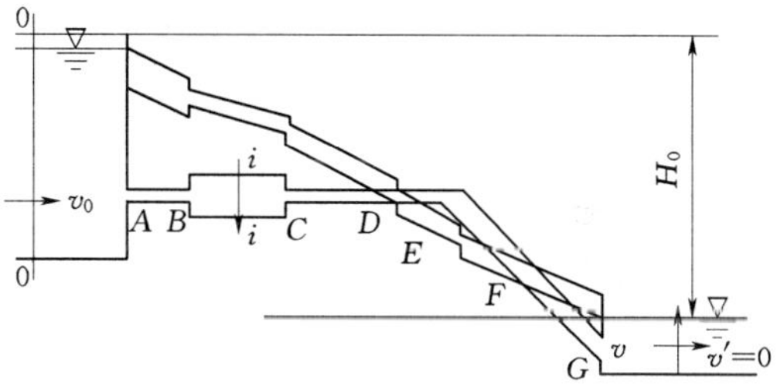

图 6－8

12. 水头线的绘制

测压管水头线和总水头线可以直观地反映压能、动能及总能量的沿程变化情况。当测压管水头线在管道中心线之下时，管道中即出现了真空（如图 6－8 中的 DEF 段）。

在管道系统设计计算时，经常需要按照水头线的特点，定性绘出水头线。根据能量守恒及转化规律，总水头线和测压管水头线具有如下特点。

（1）总水头线比测压管水头线高出一个流速水头，当流量一定时，管径越大，总水头线与测压管水头线间距（即流速水头）越小；管径不变，则总水头线与测压管水头线平行。

（2）总水头线总是沿程下降的，当有沿程水头损失时，总水头线沿程逐渐下降，当有局部水头损失时，假定局部水头损失集中发生在局部变化断面上，总水头线铅直下降。

（3）测压管水头线可能沿程上升（如突然扩大管段），也可能沿程下降（一般情况）。

（4）总水头线和测压管水头线的起始点和终止点由管道进出口边界条件确定。

图 6－9 给出了常见管道进、出口边界及局部突变管件的水头线示意图，实际管道系统的水头线一般都是这几种情况的组合。

三、例题分析解答

【例 6－1】 有一硬塑料输水管道，其沿程阻力系数可以表达为 $\lambda=0.25/Re^{0.226}$，试推导出管道谢才系数、流量模数、比阻及沿程水头损失的表达式。

解： 谢才系数 $C=\sqrt{\dfrac{8g}{\lambda}}=\sqrt{\dfrac{8gRe^{0.226}}{0.25}}=\sqrt{32g}Re^{0.113}$

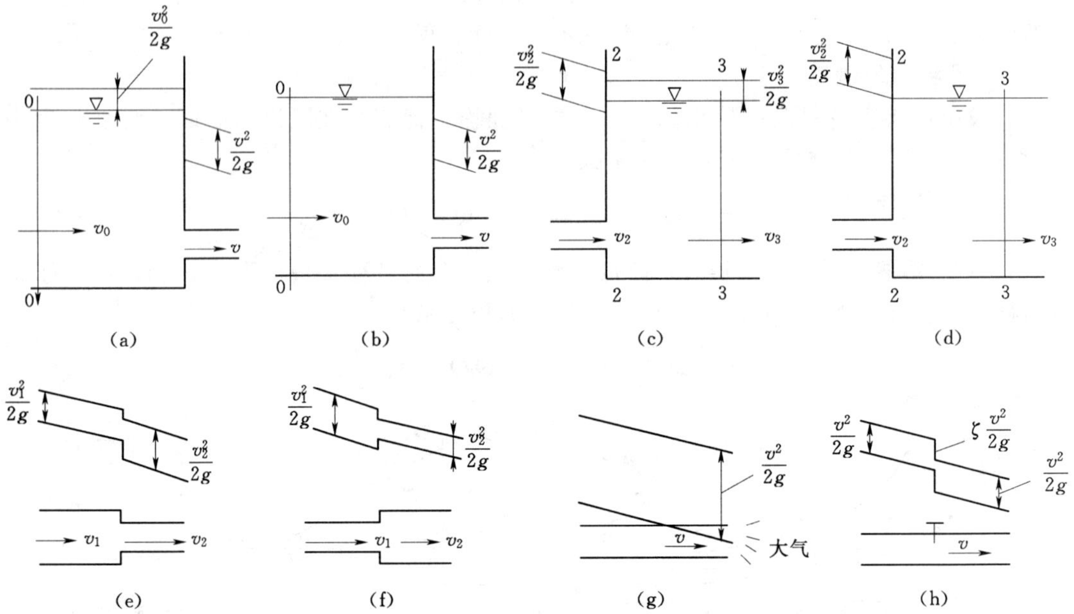

图 6-9

(a) 进口 ($v_0 \neq 0$)；(b) 进口 ($v_0 \approx 0$)；(c) 淹没出流 ($v_2 \neq 0$)；(d) 淹没出流 ($v_3 \approx 0$)；(e) 突然缩小；(f) 突然扩大；(g) 自由出流；(h) 闸阀或弯管

流量模数 $K = AC\sqrt{R} = \pi d^{2.5}\sqrt{\dfrac{g}{2}}Re^{0.113}$

比阻 $S_0 = \dfrac{1}{K^2} = \dfrac{2}{g\pi^2 d^5 Re^{0.226}}$

沿程水头损失 $h_f = S_0 lQ^2 = \dfrac{2lQ^2}{g\pi d^5 Re^{0.226}}$

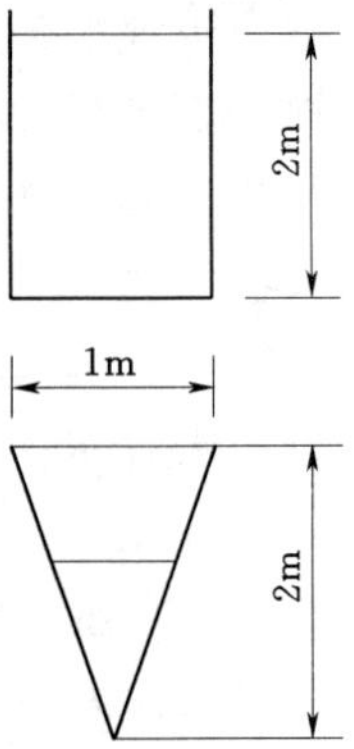

图 6-10

【例 6-2】 图 6-10 为一直径为 1m、水深为 2m 的圆柱形容器，若在容器底部中心位置开一个直径为 0.010m 的孔口让水流入一个底面直径为 1m、高为 2m 的圆锥形容器中。当圆锥形容器中水深为 1m 时，水面上升的速度为多少？

解： 锥形容器中水深为 1m 时，体积为：

$$V = \frac{1}{3}h\Omega' = \frac{1}{3} \times 1 \times \frac{\pi}{4} \times \left(\frac{1}{2}\right)^2 = \frac{\pi}{48}$$

此时圆柱形容器水深为：

$$H = 2 - \frac{V}{\Omega} = 2 - \frac{\pi}{48} \times \frac{4}{\pi} \div 1^2 = 1\frac{11}{12}$$

$$Q = \mu A\sqrt{2gH} = 0.62 \times \frac{\pi}{4} \times 0.010^2\sqrt{2g \times 1\frac{11}{12}}$$

$$\frac{dh}{dt} = \frac{Q}{\Omega'} = 0.62 \times \frac{\pi}{4} \times 0.010^2\sqrt{2g \times 1\frac{11}{12}} \times \frac{4}{\pi \times 0.5^2} = 0.0015(\text{m/s})$$

类题思考：若要将锥形容器装满，需要多长时间？

【例 6－3】 有一薄壁圆形孔口，其直径 $d=10\text{mm}$，水头 $H=2\text{m}$。现测得射流收缩断面的直径 $d_c=8\text{mm}$，在 32.8s 时间内，经孔口流出的水量为 0.01m^3。试求该孔口收缩系数 ε、流量系数 μ、流速系数 φ 及孔口局部阻力系数 ζ。

解：（1）孔口收缩系数：$\varepsilon=\dfrac{A_c}{A}=\left(\dfrac{d_c}{d}\right)^2=\left(\dfrac{8}{10}\right)^2=0.64$

（2）流量系数：由 $Q=\dfrac{V}{t}=\mu A\sqrt{2gH}=\dfrac{0.01}{32.8}=0.305(\text{L/s})$

$$\mu=\frac{4Q}{\pi d^2\sqrt{2gH}}=\frac{4\times0.305}{\pi\times0.01^2\sqrt{2g\times2}}=0.62$$

（3）流量系数：$\mu=\varepsilon\varphi$，$\varphi=\dfrac{\mu}{\varepsilon}=0.97$

（4）孔口局部阻力系数：$\varphi=\dfrac{1}{\sqrt{1+\zeta}}$，$\zeta=\dfrac{1}{\varphi^2}-1=0.0655$

【例 6－4】 薄壁孔口出流如图 6－11 所示，直径 $d=2\text{cm}$，水箱水深恒定 $H=2\text{m}$。试求：（1）孔口流量 Q；（2）此孔口外接圆柱形管嘴的流量 Q_n；（3）管嘴收缩断面的真空度。

解：（1）孔口流量 $Q=\mu A\sqrt{2gH}$，薄壁孔口：$\mu=0.62$

$$Q=0.62\times\frac{\pi}{4}(0.02)^2\sqrt{2g\times2}=1.22(\text{L/s})$$

（2）圆柱形外管嘴流量 $Q_n=\mu_n A\sqrt{2gH}$，$\mu_n=0.82$

$$Q_n=0.82\times\frac{\pi}{4}(0.02)^2\sqrt{2g\times2}=1.6(\text{L/s})$$

（3）管嘴收缩断面真空度 $h_v=\dfrac{p_v}{\gamma}=0.75H_0=1.5\text{m}$

类题思考：如果要保证正常管嘴出流，水箱水深 H 和流量 Q 有无最大限制，最大值为多少？

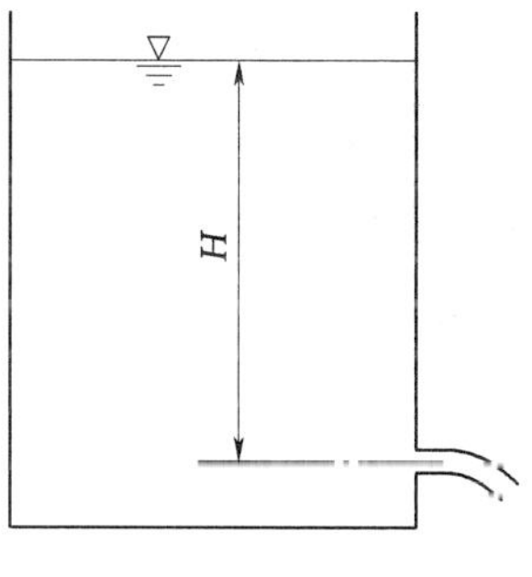

图 6－11

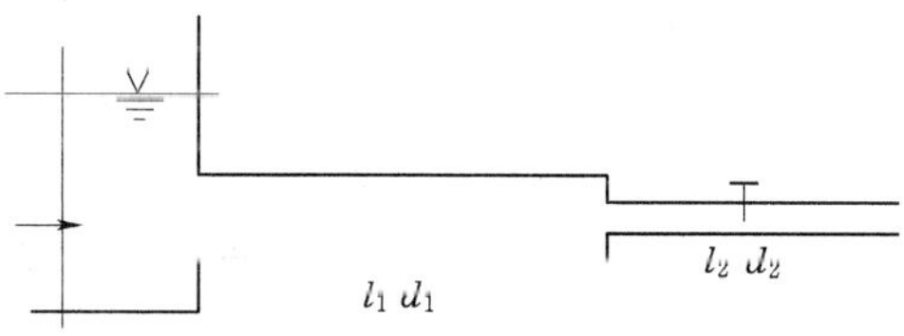

图 6－12

【例 6－5】 有一串联管道如图 6－12 所示，各管段的长度、管径、沿程阻力系数分别为：$l_1=125\text{m}$，$l_2=75\text{m}$，$d_1=150\text{mm}$，$d_2=125\text{mm}$，$\lambda_1=0.030$，$\lambda_2=0.032$，闸阀处的局部损失系数为 0.1，管道的设计输水流量为 $Q=0.025\text{m}^3/\text{s}$。（1）分析沿程水头损失和局部水头损失在总水头损失中所占比例；（2）分别按长管和短管计算作用水头 H。

解： $v_1 = Q/A_1 = \frac{4Q}{\pi d_1^2} = \frac{4 \times 0.025}{\pi \times 0.150^2} = 1.415(\text{m/s}), v_1^2/2g = 0.102\text{m}$

$$v_2 = Q/A_2 = \frac{4Q}{\pi d_2^2} = \frac{4 \times 0.025}{\pi \times 0.125^2} = 2.037(\text{m/s}), v_2^2/2g = 0.212\text{m}$$

$$\sum h_j = 0.5\frac{v_1^2}{2g} + 0.1\frac{v_2^2}{2g} + 0.5\left(1 - \frac{0.125^2}{0.150^2}\right)\frac{v_2^2}{2g} = 0.1045\text{m}$$

$$\sum h_f = \lambda_1 \frac{l_1}{d_1}\frac{v_1^2}{2g} + \lambda_2 \frac{l_2}{d_2}\frac{v_2^2}{2g} = 0.03 \times \frac{125}{0.150} \times 0.102 + 0.032\frac{75}{0.125} \times 0.212 = 6.62(\text{m})$$

$$\frac{\sum h_j}{\sum h_f} = 0.016 = 1.6\%$$

$$H_{长} = \sum h_f = 6.62\text{m}，H_{短} = \frac{v_2^2}{2g} + \sum H_j + \sum h_f = 6.94\text{m}$$

【例 6-6】 一管道系统如图 6-13 所示，各管段的长度分别为：$l_1 = 300\text{m}$，$l_2 = 200\text{m}$，$l_3 = 400\text{m}$，管径 $d = 300\text{mm}$，沿程阻力系数 $\lambda = 0.03$，闸阀处的局部损失系数为 0.07，折管 A、B 处的局部损失系数分别为 0.3、0.35。已知 $z_1 = 9.0\text{m}$，$z_2 = 14.0\text{m}$，$p_M = 200\text{kN/m}^2$，试计算流量并绘制总水头线和测压管水头线。

解： $z_1 + \frac{p_M}{\gamma} + \frac{v_1^2}{2g} = z_2 + \frac{p_2}{\gamma} + \frac{v_2^2}{2g} + h_w$

$$9 + \frac{200}{9.8} + 0 = 14 + 0 + 0 + \frac{v^2}{2g}\left(\sum\zeta + \lambda\frac{\sum l}{d}\right)$$

$$v = 1.81\text{m/s}，Q = Av = 0.128\text{m}^3/\text{s}$$

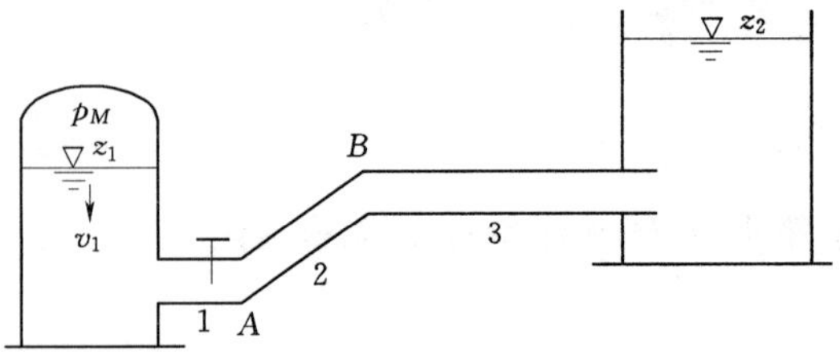

图 6-13

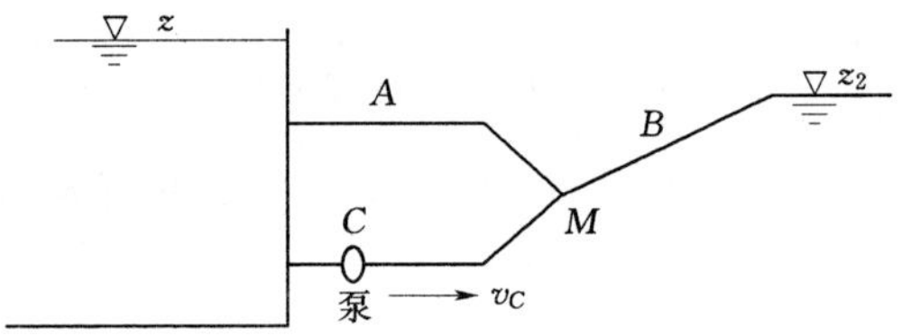

图 6-14

【例 6-7】 有一长管道系统如图 6-14 所示，A、C 两管上接水池，下接 B 管，C 管连有水泵。已知各管段的长度均为 $l = 800\text{m}$，各管段的直径均为 $d = 600\text{mm}$，沿程阻力系数 $\lambda = 0.025$，水池水面高程 $z = 100\text{m}$，水泵扬程 $H_m = 10.0\text{m}$，C 管流速为 $v_C = 3.0\text{m/s}$。试计算各管段流量及 B 管出口高程。

解：（1）对于 C 管，列水池与 M 点的能量方程：

$$z + H_m = z_M + \frac{p_M}{\gamma} + h_{fC}$$

$$z_M + \frac{p_M}{\gamma} = z + H_m - h_{fC} = 100 + 10 - 0.025 \times \frac{800}{0.6} \times \frac{3^2}{19.6} = 94.7(\text{m})$$

（2）对于 A 管，列水池与 M 点的能量方程：

$$z = z_M + \frac{p_M}{\gamma} + h_{fA}$$

$$100=94.7+0.025\times\frac{800}{0.6}\times\frac{v_A^2}{2g}$$

$$v_A=1.77\text{m/s},\quad Q_A=v_AA=0.50\text{m}^3/\text{s}$$

$$v_C=3.0\text{m/s},\quad Q_C=v_CA=0.85\text{m}^3/\text{s}$$

$$Q_B=Q_A+Q_C=1.35\text{m}^3/\text{s},\quad v_B=\frac{Q_B}{A}=4.77\text{m/s}$$

（3）对于 B 管，列出口与 M 点的能量方程：

$$z_M+\frac{p_M}{\gamma}=z_B+h_{fB}$$

$$z_B=94.7-0.025\times\frac{800}{0.6}\times\frac{4.77^2}{19.6}=55.9(\text{m})$$

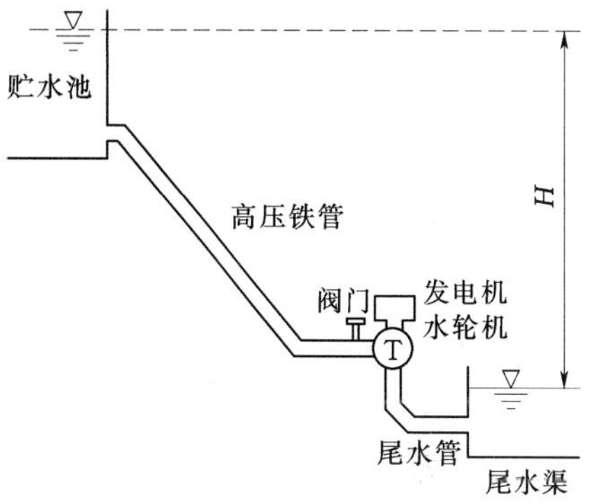

图 6-15

【例 6-8】 在图 6-15 的水力发电管路系统中，管径为 1m，管长为 320m，管道粗糙系数为 0.014，每个弯头局部损失系数均为 0.25，闸阀处局部损失系数为 0.45，上、下游水池液面差为 70m，流量为 $2\text{m}^3/\text{s}$，试求水轮机的效率为 0.75 时，水轮机的功率。

解：$C=\frac{1}{n}R^{1/6}=\frac{(1/4)^{1/6}}{0.014}=56.7(\text{m}^{1/2}/\text{s})$，$\lambda=8g/C^2=8\times9.8/56.7^2=0.0244$

$$v=\frac{Q}{A}=\frac{4Q}{\pi d^2}$$

$$H_m=H-h_w=70-\left(0.0244\times\frac{320}{1}+0.25\times3+0.45+0.5+1.0\right)\frac{2^2\times4^2}{2g\pi^2}$$

$$=70-3.48=66.52(\text{m})$$

$$N_t=\eta_t\gamma QH_m=0.75\times9800\times2\times66.52=978(\text{kW})$$

【例 6-9】 如图 6-16 所示，水池 A、B、C 由 3 个管段相连，已知各管段的管径均为 $d=300\text{mm}$，管长均为 $L=1500\text{m}$。沿程阻力系数 $\lambda=0.04$，各水池水面高程分别为 $z_A=60\text{m}$，$z_B=30\text{m}$，$z_C=15\text{m}$。（1）判断各管段的流向；（2）计算各管段的流量及水头损失。

解：假设流向为 AB 和 AC

由 $z_A-z_B=h_{f1}+h_{f2}=\lambda\frac{L}{d}\left(\frac{v_1^2}{2g}+\frac{v_2^2}{2g}\right)=30$，解得：$v_1^2+v_2^2=2.94$　　（1）

由 $z_A-z_C=h_{f1}+h_{f3}=\lambda\frac{L}{d}\left(\frac{v_1^2}{2g}+\frac{v_3^2}{2g}\right)=45$，解得：$v_1^2+v_3^2=4.41$　　（2）

由连续条件：$Q_1=Q_2+Q_3$，解得：$v_1=v_2+v_3$　　（3）

联立（1）、（2）、（3）得：$v_2=\pm0.394\text{m/s}$，$v_2=\pm1.669\text{m/s}$

根据实际情况分析，只有 $v_2=0.394\text{m/s}$ 是合理解，其他 3 个是增根和不合理解（流向与假设不符）。因此可得：

$v_1=1.669\text{m/s}$，$v_2=0.394\text{m/s}$，$v_3=1.275\text{m/s}$

$Q_1=0.118\text{m}^3/\text{s}$，$Q_2=0.028\text{m}^3/\text{s}$，$Q_3=0.090\text{m}^3/\text{s}$

$$h_{f1}=\lambda_1\frac{l_1}{d_1}\frac{v_1^2}{2g}=0.04\times\frac{1500}{0.3}\times\frac{1.669^2}{2g}=28.42(\text{m}),\ h_{f2}=1.58\text{m},\ h_{f3}=16.58\text{m}$$

类题思考：(1) 如果不是假设流向为 AB 和 AC，而是假设流向为 BC 和 AC，会得出什么结论。(2) 水池水面高程 z_B 等于多少时，B 管流量为 0。

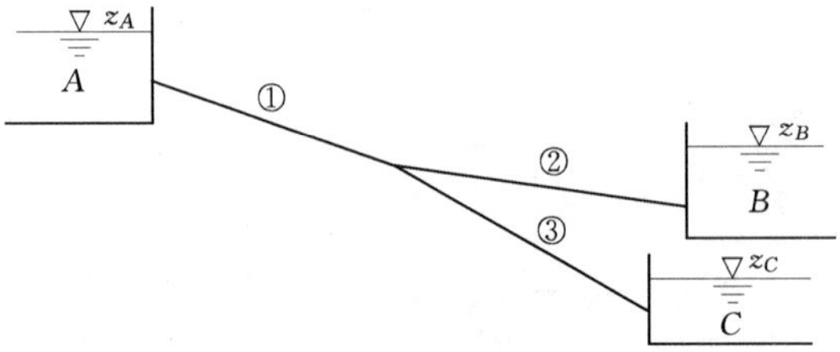

图 6-16

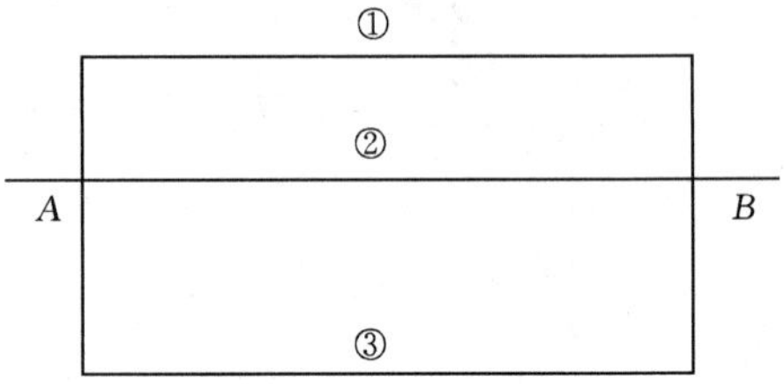

图 6-17

【例 6-10】 有一并联管道，由 3 支旧钢管组成（图 6-17），各管段的长度、管径分别为：$l_1=1000\text{m}$，$l_2=600\text{m}$，$l_3=1500\text{m}$，$d_1=d_2=147\text{mm}$，$d_3=198\text{mm}$，3 支管道的总流量为 $Q=0.1\text{m}^3/\text{s}$。试求 3 支管道的流量及水头损失。

解：采用舍维列夫公式 $S_0=0.001735/d^{5.3}$

$S_{01}=S_{02}=0.001735/0.147^{5.3}=44.9$，$S_{03}=9.27$

由 $h_f=S_0lQ^2$

$$Q=Q_1+Q_2+Q_3=\frac{\sqrt{h_f}}{\sqrt{S_{01}l_1}}+\frac{\sqrt{h_f}}{\sqrt{S_{02}l_2}}+\frac{\sqrt{h_f}}{\sqrt{S_{03}l_3}}$$

$$h_f=Q^2\bigg/\left(\frac{1}{\sqrt{S_{01}l_1}}+\frac{1}{\sqrt{S_{02}l_2}}+\frac{1}{\sqrt{S_{03}l_3}}\right)^2$$

$$=0.1^2\bigg/\left(\frac{1}{\sqrt{1000\times44.9}}+\frac{1}{\sqrt{600\times44.9}}+\frac{1}{\sqrt{1500\times9.27}}\right)^2=27.1(\text{m})$$

$$Q_1=\sqrt{\frac{h_f}{1000\times44.9}}=0.0246\text{m}^3/\text{s},\quad Q_2=\sqrt{\frac{h_f}{600\times44.9}}=0.0317\text{m}^3/\text{s}$$

$$Q_3=\sqrt{\frac{h_f}{1500\times9.27}}=0.0441\text{m}^3/\text{s}$$

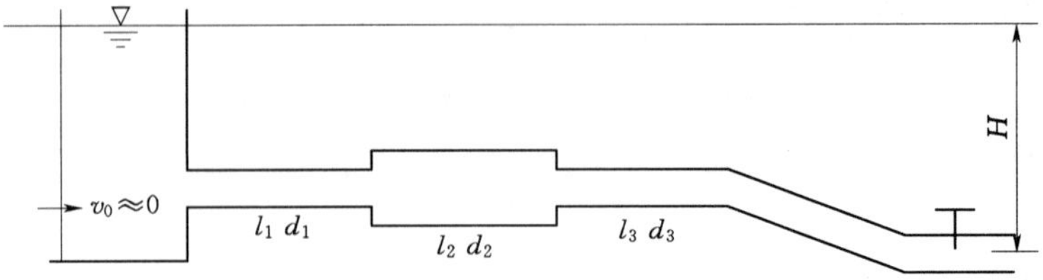

图 6-18

【例 6-11】 有一串联管道如图 6-18 所示，各管段的长度、管径、沿程阻力系数分别为：$l_1=2\text{m}$，$l_2=1.5\text{m}$，$l_3=5\text{m}$，$d_1=50\text{mm}$，$d_2=100\text{mm}$，$d_3=75\text{mm}$，$\lambda_1=\lambda_2=\lambda_3=0.032$，闸阀处的局部损失系数为 0.1，折管处的局部损失系数为 0.5，管道的设计输水流量为 $Q=0.035\text{m}^3/\text{s}$。试计算作用水头 H。

解：$v_1=Q/A_1=17.83\text{m/s}$，$v_1^2/2g=16.22\text{m}$

$v_2=Q/A_2=4.456\text{m/s}$，$v_2^2/2g=1.013\text{m}$

$v_3=Q/A_3=7.92\text{m/s}$，$v_3^2/2g=3.20\text{m}$

$$\sum h_j=0.5\frac{v_1^2}{2g}+0.5\times2\times\frac{v_3^2}{2g}+0.1\frac{v_3^2}{2g}+\left(1-\frac{0.075^2}{0.100^2}\right)\times0.5\frac{v_3^2}{2g}+\left(1-\frac{0.050^2}{0.100^2}\right)^2\frac{v_1^2}{2g}=21.45\text{m}$$

$$\sum h_f=0.032\times\frac{2}{0.05}\times\frac{v_1^2}{2g}+0.032\frac{1.5}{0.10}\frac{v_2^2}{2g}+0.032\frac{5}{0.075}\frac{v_3^2}{2g}=28.07\text{m}$$

$$H=\sum h_j+\sum h_f+\frac{v_3^2}{2g}=52.72\text{m}$$

【例 6－12】 有一虹吸管输水管道如图 6－19 所示，虹吸管的长度、管径、沿程水头损失系数分别为：$l_1=10\text{m}$，$l_2=5\text{m}$，$l_3=15\text{m}$，$d=0.20\text{m}$，$\lambda=0.04$，进口的局部损失系数为 0.6，折管处的局部损失系数为 0.20。当虹吸管的最大安装高度为 5.5m，上游水面与管道出口中心点高差为 $z=4.0\text{m}$ 时，试计算：(1) 虹吸管的输水流量为多少？(2) 虹吸管中的最大真空压强为多少？(3) 绘制管道系统的总水头线和测压管水头线。

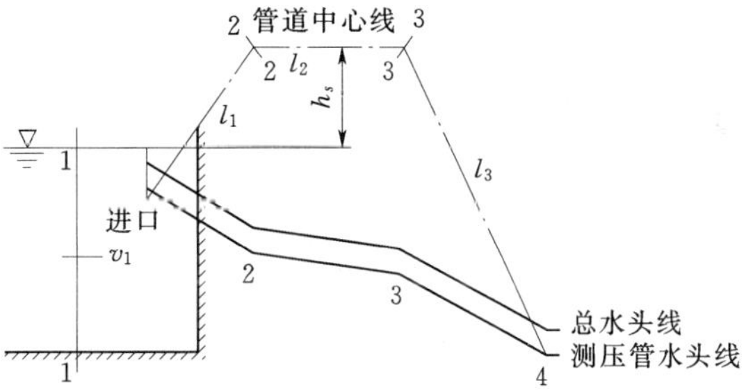

图 6－19

解：(1) 以上游水面为基准面，1—1 断面和 4—4 断面之间的能量方程为：

$$z_1+\frac{p_1}{\gamma}+\frac{v_1^2}{2g}=z_4+\frac{p_4}{\gamma}+\frac{v_4^2}{2g}+h_{w1-4}$$

即：
$$0+0+0=-4+0+\frac{v^2}{2g}+\left(0.6+0.2\times2+0.04\times\frac{30}{0.2}\right)\frac{v^2}{2g}$$

解得：$\frac{v^2}{2g}=0.5$，$v=3.13\text{m}$，$Q=\pi d^2v/4=\pi\times0.2^2\times3.13/4=0.098\text{m}^3/\text{s}$

(2) 虹吸管最大真空值一般出现在 3—3 断面处，以上游水面为基准面，忽略上游水池过水断面的流速水头，1—1 断面和 3—3 断面之间的能量方程可以写为：

$$0+\frac{p_1}{\gamma}+0=h_s+\frac{p_3}{\gamma}+\frac{\alpha v_3^2}{2g}+h_{w1-3}$$

解得：$\frac{p_3}{\gamma}=-h_s-\frac{\alpha v_3^2}{2g}-h_{w1-3}=-5.5-\left(1+0.6+0.2\times2+0.04\times\frac{15}{0.2}\right)\times0.5=-8.0$ (m)

$$h_v=-\frac{p_3}{\gamma}=8.0\text{m},\quad \frac{p_{ab}}{\gamma}=\frac{p_a}{\gamma}+\frac{p_3}{\gamma}=10-8=2(\text{m})$$

(3) 为了绘制总水头线和测压管水头线，首先计算各控制点的位置水头、压强水头、速度水头和总水头如下：

$z_1=0\text{m}$，$z_2=z_3=5.5\text{m}$，$z_4=-4\text{m}$

$\frac{p_1}{\gamma}=\frac{p_4}{\gamma}=0\text{m}$，$\frac{p_{2左}}{\gamma}=-7.3\text{m}$，$\frac{p_{2右}}{\gamma}=-7.4\text{m}$，$\frac{p_{3左}}{\gamma}=-7.9\text{m}$，$\frac{p_{3右}}{\gamma}=-8\text{m}$

$\frac{v_1^2}{2g}=0\text{m}$，$\frac{v_2^2}{2g}=\frac{v_3^2}{2g}=\frac{v_4^2}{2g}=0.5\text{m}$

$H_1=0\text{m}$，$H_{2左}=-1.3\text{m}$，$H_{2右}=-1.4\text{m}$，$H_{3左}=-1.9\text{m}$，$H_{3右}=-2.0\text{m}$，$H_4=-3.5\text{m}$

根据各控制点的总水头和测压管水头大小，绘制总水头线如图 6-19 中的实线。

【例 6-13】 如图 6-20 所示的离心泵抽水系统。已知抽水流量 $Q=19\text{L/s}$，提水高度 $z=18\text{m}$，吸水管直径为 $d_{吸}=0.125\text{m}$，压水管直径为 $d_{压}=0.100\text{m}$，吸水管长度 $l_1=8\text{m}$，压水管长度 $l_2=20\text{m}$，沿程阻力系数为 0.042，吸水管进口局部阻力系数为 5.0，压水管出口局部阻力系数为 1.0，每个弯管和闸阀的局部阻力系数均为 0.17，离心泵最大允许真空值为 7m。(1) 确定离心泵的最大安装高度；(2) 计算离心泵的扬程；(3) 绘制管道系统的总水头线和测压管水头线。

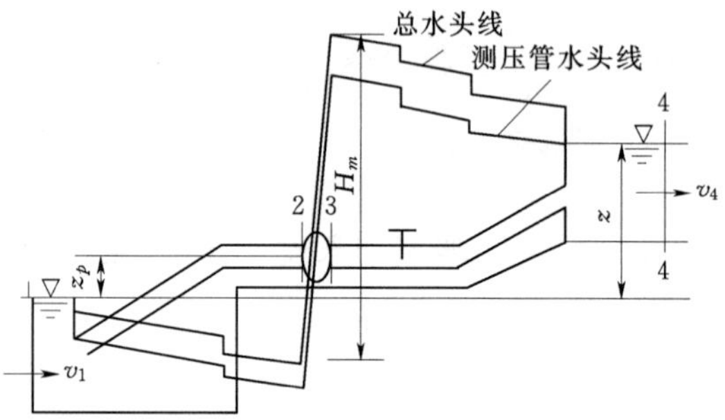

图 6-20

解：(1) 离心泵最大安装高度的确定。以水源水面为基准面，忽略水源过水断面行近流速水头，根据水源断面和水泵进口断面之间的能量方程可以求得：

$$\begin{aligned} z_p &= h_v - v_2{}^2/19.6 - h_{w1-2} = h_v - (1+\lambda_{吸}\ l_{吸}/d_{吸}+\zeta_{弯}+\zeta_{进})v_{吸}{}^2/19.6 \\ &= 7-(1+0.042\times 8/0.125+5+0.17)\times 1.55^2/19.6 = 5.91(\text{m}) \end{aligned}$$

(2) 离心泵扬程的计算。以水源水面为基准面，忽略水源过水断面和出水池断面行近流速水头，根据水源断面和出水池断面之间的能量方程可以求得：

$$\begin{aligned} H_m &= z + h_{w1-2} + h_{w3-4} = z + (\lambda_{吸}\ l_{吸}/d_{吸}+\zeta_{弯}+\zeta_{进})v_{吸}{}^2/19.6 \\ &\quad + (\lambda_{压}\ l_{压}/d_{压}+\zeta_{弯}+\zeta_{出}+\zeta_{闸})v_{压}{}^2/19.6 \\ &= 18+(0.042\times 8/0.125+5+0.17)\times 1.55^2/19.6 \\ &\quad +(0.042\times 20/0.100+1+2\times 0.17)\times 2.42^2/19.6 \\ &= 21.87(\text{m}) \end{aligned}$$

(3) 水头线绘制。根据总水头线和测压管水头线的特点，绘制离心泵抽水管道系统的总水头线和测压管水头线如图 6-20 所示。

【例 6-14】 某水塔供水管道系统由 4 段旧铸铁管组成（图 6-21），其中 BC 段为并联管段。已知管段长度分别为 $l=200\text{m}$，$l_1=l_3=100\text{m}$，$l_2=121\text{m}$，计算内径分别为 $d=124\text{mm}$，$d_1=d_2=d_3=99\text{mm}$，结点 C 的分流量为 $q_C=9\text{L/s}$，进口流量为 $Q=21\text{L/s}$，出口地面高程 z_D 和水塔地面高程 z_A 相同，试确定水塔高度。

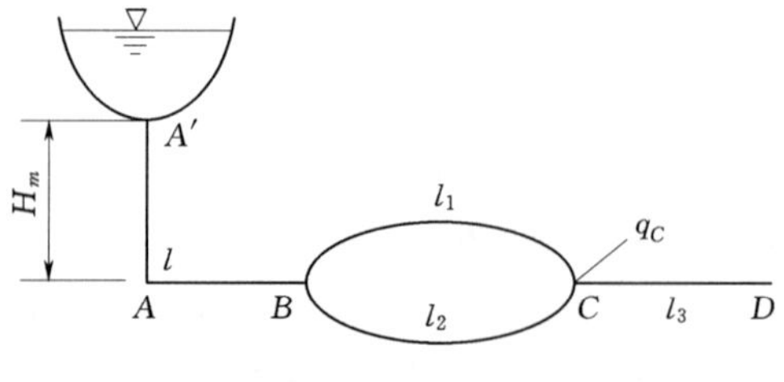

图 6-21

解：对于 $A'B$ 段，$Q=21\text{L/s}$，$d=124\text{mm}$，$v=\frac{4Q}{\pi d^2}=\frac{4\times 0.021}{0.124^2\pi}=1.74>1.2\text{m/s}$，

属粗糙区。

$h_f=S_0lQ^2=0.001735\times200\times0.021^2/0.124^{5.3}=9.76(\mathrm{m})$

对于 BC 段，$Q_1+Q_2=Q=21\mathrm{L/s}$，$h_{f1}=S_{01}l_1Q_1{}^2=h_{f2}=S_{02}l_2Q_2{}^2$，$S_{01}=S_{02}$

即：$Q_1/Q_2=1.1$，$Q_1=11\mathrm{L/s}$，$Q_2=10\mathrm{L/s}$

$h_{f1}=S_{01}l_1Q_1{}^2=0.001735\times100\times0.011^2/0.099^{5.3}=4.42(\mathrm{m})$

$v_1>v_2=\dfrac{4Q_2}{\pi d_2^2}=\dfrac{4\times0.010}{0.099^2\pi}=1.3>1.2\mathrm{m/s}$，属粗糙区

对于 CD 段，$Q_3=Q_1+Q_2-q_C=11+10-9=12\mathrm{L/s}$，$d_3=99\mathrm{mm}$

$$v_3=\frac{4Q_3}{\pi d_3^2}=\frac{4\times0.012}{0.099^2\pi}=1.56>1.2\mathrm{m/s}，属粗糙区$$

$$h_{f3}=S_{03}l_3Q_3{}^2=0.001735\times100\times0.012^2/0.099^{5.3}=5.26(\mathrm{m})$$

$$\sum h_f=h_f+h_{f1}+h_{f3}=9.76+5.26+4.42=19.44(\mathrm{m})$$

$$H_{塔}=\sum h_f+z_A-z_D=19.44\mathrm{m}$$

【例 6-15】 在图 6-22 所示的沿程均匀泄流管道中，进口总流量为 Q，出口过境流量为 Q_t，单位长度沿程泄流量为 q，全管长 l 的沿程泄流总量为 $Q_n=ql$。假设水流处于层流区，试推导沿程均匀泄流沿程水头损失的表达式。

解： 设距进口断面 x 处取微小长度为 $\mathrm{d}x$ 的流量为 Q_x

对于层流：$\mathrm{d}h_f=\dfrac{32\mathrm{d}x\mu}{\gamma d^2}v_x=\dfrac{32\mu}{\gamma d^2}\dfrac{Q_x\times4}{\pi d^2}\mathrm{d}x=\dfrac{128\mu}{\pi\gamma d^4}Q_x\mathrm{d}x$

$$h_f=\int\mathrm{d}h_f=\int_0^l\frac{128\mu}{\pi\gamma d^4}(Q_t+Q_n-qx)\mathrm{d}x=\frac{128\mu}{\pi\gamma d^4}\left(Q_tl+Q_nl-\frac{q}{2}l^2\right)$$

$$=\frac{128l\mu}{\pi\gamma d^4}\left(Q_t+\frac{Q_n}{2}\right)=\frac{128l\mu}{\pi\gamma d^4}Q_p$$

$Q_p=Q_t+\beta Q_n$，$\beta=0.5$

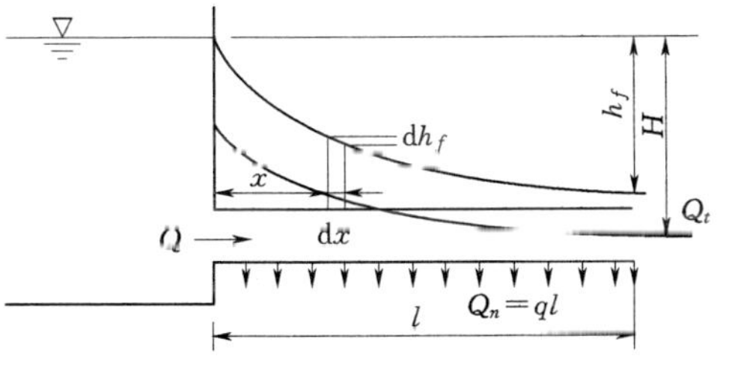

图 6-22

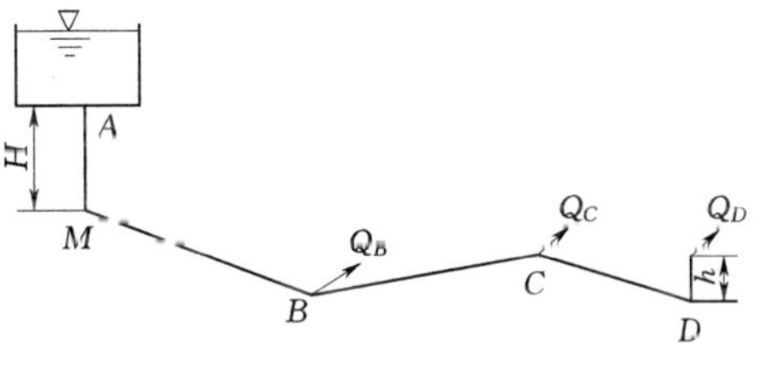

图 6-23

【例 6-16】 如图 6-23 所示，水塔向 B、C、D 3 点供水，已知流量 $Q_B=15\mathrm{L/s}$，$Q_C=Q_D=10\mathrm{L/s}$，管径 $d_{AB}=199\mathrm{mm}$，$d_{BC}=149\mathrm{mm}$，$d_{CD}=99\mathrm{mm}$，管长 $l_{AB}=400\mathrm{m}$，$l_{BC}=300\mathrm{m}$，$l_{CD}=250\mathrm{m}$。水塔地面高程 $z_M=20\mathrm{m}$，供水点 D 处地面高程 $z_D=15\mathrm{m}$，要求供水点 D 处具有 $h=15\mathrm{m}$ 的自由水头，试确定水塔高度 H。

解： 取 $n=0.013$ 计算得 $K=\dfrac{\pi}{8}\dfrac{1}{n}\left(\dfrac{d}{4}\right)^{1/6}d^{2.5}$

$K_{AB}=0.328$，$K_{BC}=0.1523$，$K_{CD}=0.0517$

$$h_{fCD}=\frac{Q_D^2}{K_{CD}^2}l_{CD}=\frac{0.01^2}{0.0517^2}\times 250=9.37(\text{m})$$

$$h_{fBC}=\frac{(Q_C+Q_D)^2}{K_{BC}^2}l_{BC}=\frac{0.02^2}{0.1523^2}\times 300=5.17(\text{m})$$

$$h_{fAB}=\frac{(Q_C+Q_D+Q_B)^2}{K_{AB}^2}l_{AB}=\frac{0.035^2}{0.328^2}\times 400=4.55(\text{m})$$

$$H_p=\sum h_{fj}+h+z_D-z_M=29.09(\text{m})$$

【例 6-17】 在图 6-24 所示由铸铁管组成的环状管网中，各管段的比阻可按舍维列夫公式计算，各管段的长度、管径分别为：$l_1=l_3=l_5=l_7=50\text{m}$，$l_2=l_4=l_6=100\text{m}$，$d_1=d_4=d_7=199\text{mm}$，$d_2=d_3=d_5=d_6=149\text{mm}$，各结点的供水流量分别为 $q_1=-100\text{L/s}$，$q_2=q_4=q_5=20\text{L/s}$，$q_3=15\text{L/s}$，$q_6=25\text{L/s}$。试对程序进行适当修改并计算各管段的流量及水头损失。

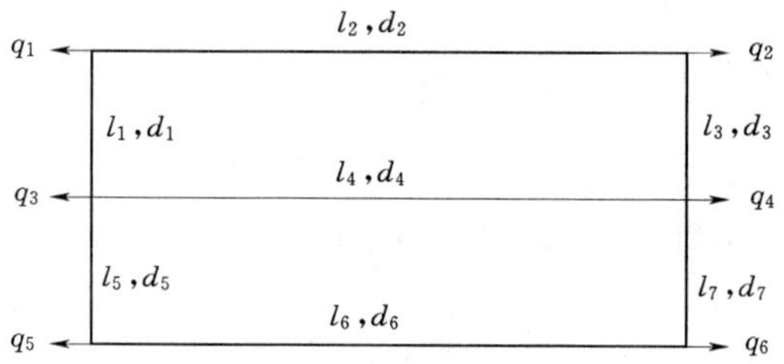

图 6-24

解：（1）假定各管段水流方向（管 2、管 4、管 6 向右，管 1、管 3、管 5、管 7 向下）及流量大小 Q_i，并使之满足方程（6-11），见表中第 6 行。

（2）根据水流方向确定系数 A_{ij}，见表中第 5 行。

（3）根据方程（6-13）计算各管段沿程水头损失 h_{fi}，见表中第 7 行。

（4）根据方程（6-12）计算各环路的水头损失闭合差 $\sum A_{ij}h_{fi}$，见表中第 8 行。

（5）根据方程（6-14）计算各环路的修正流量 ΔQ_j，见表中第 9 行。

（6）根据方程（6-15）对计算各管段流量进行修正，见表中第 10 行。

（7）判断各环路水头损失闭合差是否满足精度要求。若不满足，重复（2）～（6）步计算，直至各环路水头损失闭合差满足精度要求。

（8）输出计算结果，二次修正的计算结果见表中第（8）行～第（16）行，第（17）行～第（18）行为计算机多次迭代修正的最后结果。计算程序及程序说明如下：在计算程序中，除了 DQ 代表 ΔQ，Shf 代表 $\sum A_{ij}h_{fi}$，Shfq 代表 $\sum(|A_{ij}|h_{fi}/Q_i)$ 外，其他符号均与教材中的符号相同。

表 6-1

编号	环号		$j=1$				$j=2$			1
	管段号	$i=1$	$i=2$	$i=3$	$i=4$	$i=4$	$i=5$	$i=6$	$i=7$	2
已知参数	l_i(m)	50	100	50	100	100	50	100	50	3
	d_i(mm)	199	149	149	199	199	149	149	199	4
	A_{ij}	−1	1	1	−1	1	−1	−1	1	5
初设值	Q_i(L/s)	50	50	30	10	10	25	5	20	6
	h_{fi}(m)	1.13	10.26	1.88	0.11	0.11	1.31	0.14	0.20	7

续表

编号	环号		$j=1$				$j=2$			1
	管段号	$i=1$	$i=2$	$i=3$	$i=4$	$i=4$	$i=5$	$i=6$	$i=7$	2
第一次修正计算	$\sum h_{fi}$(m)		11.10				−1.13			8
	ΔQ_j(L/s)		−18.1				5.6			9
	Q_j(L/s)	68.1	31.8	11.8	33.8	33.8	19.4	−0.6	25.6	10
	h_{fi}(m)	2.10	4.24	0.32	1.04	1.04	0.80	0.00	0.31	11
第二次修正计算	$\sum h_{fi}$(m)		1.425				0.565			12
	ΔQ_j(L/s)		−3.2				−3.1			13
	Q_i(L/s)	71.4	28.6	8.6	33.8	33.8	22.5	2.5	22.5	14
	h_{fi}(m)	2.30	3.43	0.18	1.05	1.05	1.06	0.04	0.24	15
	$\sum h_{fi}$(m)		0.27				0.19			16
电算结果	Q_i(L/s)	72.2	27.8	7.8	33.5	33.5	23.7	3.7	21.3	17
	h_{fi}(m)	2.35	3.23	0.15	1.03	1.03	1.17	0.08	0.22	18

C 语言计算程序

```
#include<math.h>
#include<stdio.h>
void main()
{int im=7,jm=2,j,i;                                                          //管段数环路数
  double hf[7],dq[2],shf[2],shfq[2],s0[7],v;                                 //变量说明
  double d[7]={0.199,0.149,0.149,0.199,0.149,0.149,0.199};                   //输入管段直径
  double rl[7]={50,100,50,100,50,100,50};                                    //输入管段长度
  double q[7]={0.05,0.05,0.03,0.01,0.025,0.005,0.02};                        //输入管段流量
  double a[2][7]={{-1,1,1,-1,0,0,0},{0,0,0,1,-1,-1,1}};                      //输入系数 Aij
  printf("\n i                    Q                    hf");
loop:
  for(j=0;j<jm;j++)                                                          //管段循环计算
    {shf[j]=0;shfq[j]=0;                                                     //求和变量初值置 0
      for(i=0;i<im;i++)
      {v=fabs(q[i])*4/3.14/d[i]/d[i];
      if(v>=1.2) s0[i]=0.001735/pow(d[i],5.3);                                //计算比阻 S0
      if(v<1.2) s0[i]=0.001478/pow(d[i],5.3)*pow((1+0.867/v),0.3);
        hf[i]=s0[i]*rl[i]*q[i]*fabs(q[i]);                                   //计算水头损失 hfi
        shf[j]=shf[j]+a[j][i]*hf[i];                                         //计算水头损失闭和差
        shfq[j]=shfq[j]+fabs(a[j][i])*hf[i]/q[i];
      }
      dq[j]=-shf[j]/2/shfq[j];                                               //计算修正流量 ΔQj
      printf("\n%d,%17f,%17f",j+1,shf[j],dq[j]);
    }
```

```
    for(j=0;j<jm;j++)
      {for(i=0;i<im;i++)
        {q[i]=q[i]+a[j][i]*dq[j];}                              //修正流量Qi
      }
    for(j=0;j<jm;j++)
      {if(fabs(shf[j])>=0.001)go to loop;}                      //判断精度
    for(i=0;i<im;i++)
      {printf("\n%d,%17f,%17f",i+1,q[i],hf[i]);}                //输出结果
}
```

四、习题与答案

1. 概念题（判断、填空、选择）

6-1　并联管道中各支管的单位机械能损失相同，因而各支管水流的总机械能损失也应相等。　（　）

6-2　恒定管流的总水头线不可能沿流程上升，而测压管水头线可以沿流程上升，也可以沿流程下降。　（　）

6-3　在等直径圆管中的有压管流一定是均匀流。　（　）

6-4　各并联支管的水头损失相同，所以其水力坡度也相同。　（　）

6-5　图6-25所示虹吸管中B点的压强水头和测压管水头均小于0。　（　）

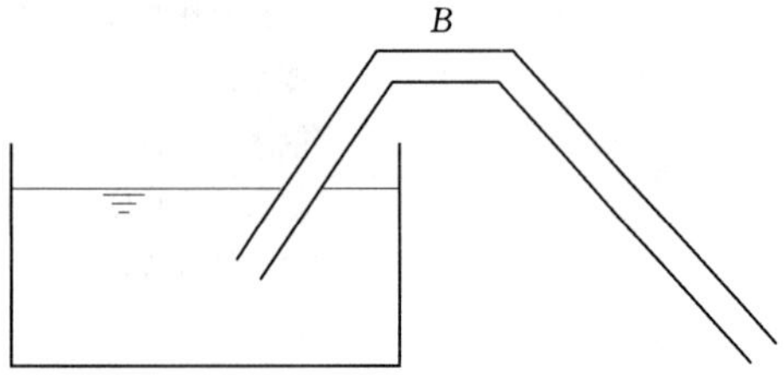

图 6-25

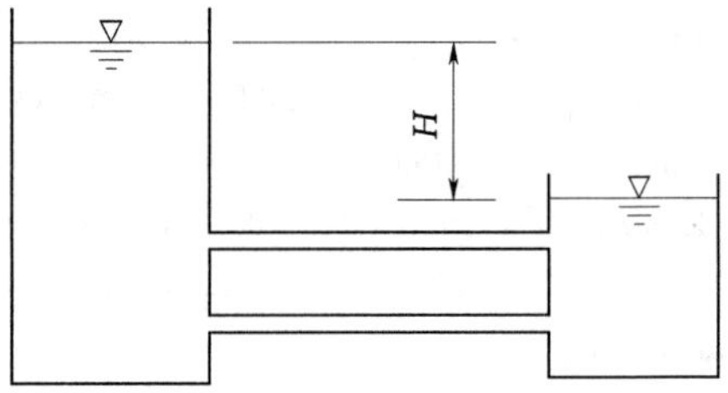

图 6-26

6-6　图6-26所示两个容器由两根直管相连，两管的管径、管长及糙率均相同，所以通过的流量相等。　（　）

6-7　设计管道时，若选用的糙率大于实际的糙率，则求得的管道直径不能通过要求的设计流量。　（　）

6-8　图6-27所示A、B两点间有两根并联管道，设管1的沿程水头损失为h_{f1}，管2的沿程水头损失为h_{f2}。则h_{f1}与h_{f2}的关系为________。　（　）

（1）$h_{f1}>h_{f2}$　（2）$h_{f1}<h_{f2}$

（3）$h_{f1}=h_{f2}$　（4）无法确定

6-9　图6-28所示为坝身下部的3根泄水管a、b、c，其管径、管长、上下游水位差均相同，则流量最小的是________。　（　）

（1）a管　（2）b管　（3）c管　（4）无法确定。

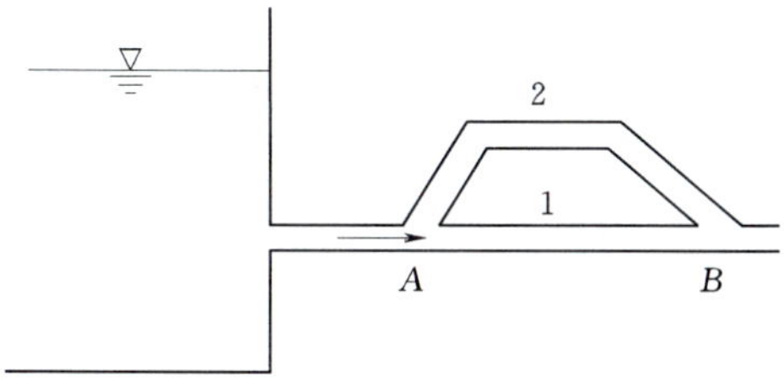

图 6-27

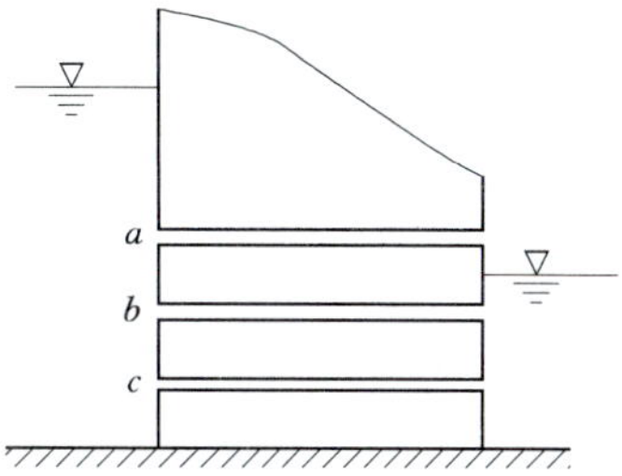

图 6-28

6-10　在管道断面突然扩大处，测压管水头线沿程________；在管道断面突然缩小处，测压管水头线沿程________。

6-11　图 6-29 所示为一串联管段恒定流。各管段流量 q_{v1}、q_{v2}、q_{v3} 的关系为________。各管段流速 v_1、v_2、v_3 的关系为________。

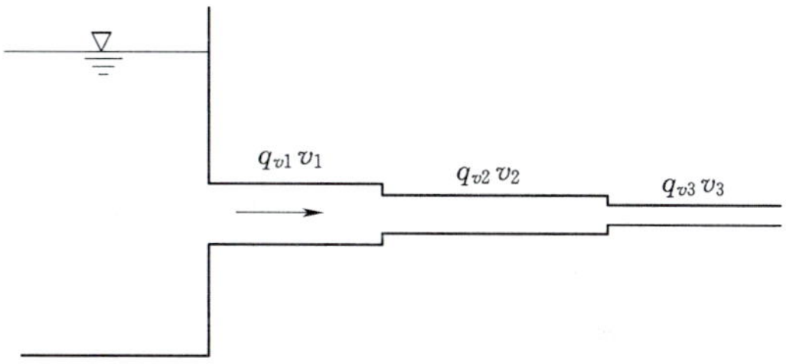

图 6-29

6-12　对于有压管流出口为自由出流时，测压管水头线终点在________；出口为淹没出流时，若下游水池中流速 $v_2=0$，测压管水头线终点在________，若 $v_2\neq0$，测压管水头线应________下游水面。

2. 作图题

6-13　定性绘出图 6-30 所示等直径短管道的总水头线和测压管水头线，并标明负压区。

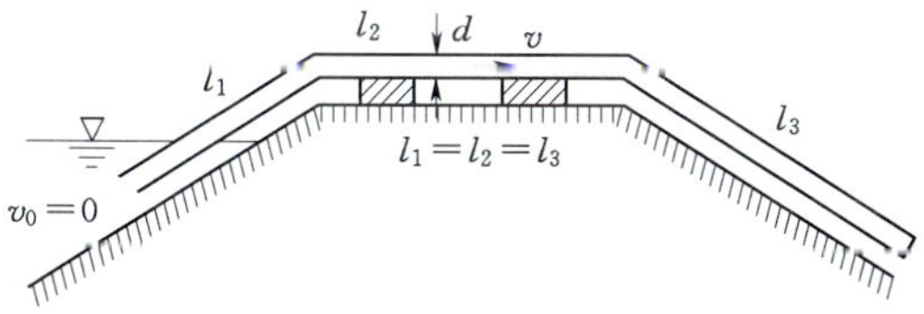

图 6-30

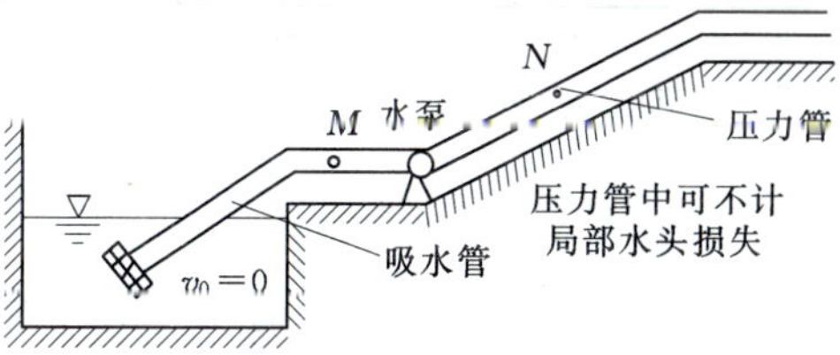

图 6-31

6-14　定性绘出图 6-31 所示水泵管道的总水头线和测压管水头线，标明有关的符号，并标出管中的 M、N 两点的压强水头 p_M/γ 及 p_N/γ。

6-15　定性绘出图 6-32 所示短管道的总水头线和测压管水头线。

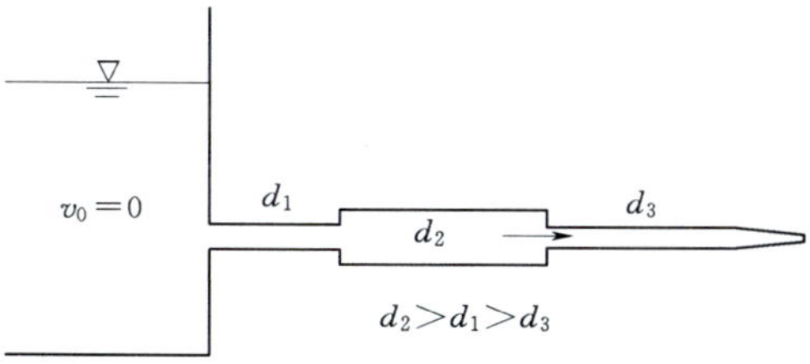

图 6-32

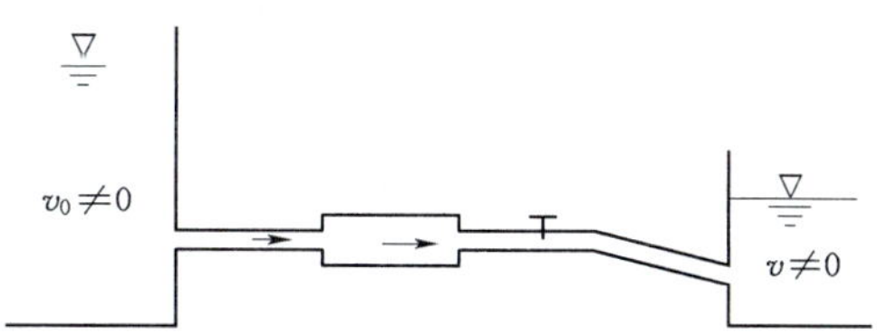

图 6-33

6－16　定性绘出图 6－33 所示短管道的总水头线和测压管水头线。

3. 计算题与证明题

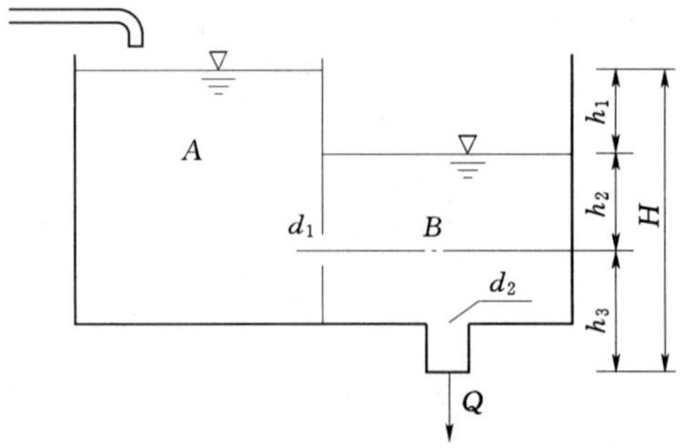

图 6－34

6－17　水箱用隔板分 A、B 两室如图6－34 所示，隔板上开一孔口，其直径 $d_1=4$cm；在 B 室底部装有圆柱形外管嘴，其直径 $d_2=3$cm。已知 $H=3$m，$h_3=0.5$m，水恒定出流。试求：(1) h_1，h_2；(2) 流出水箱的流量 Q。

6－18　有一钢筋混凝土输水管道，输水流量 $Q=550$L/s，管长 $l=3000$m，内径 $d=600$mm，糙率 $n=0.013$，试求管道的谢才系数、流量模数、比阻及沿程水头损失。

6－19　一串联管道系统如图 6－35 所示，已知管径 $d_1=0.15$m，$d_2=0.25$m，$d_3=0.15$m，管长 $L_1=15$m，$L_2=25$m，$L_3=15$m，上、下游水头差 $H=12$m，管道的沿程阻力系数分别为 $\lambda_1=0.04$，$\lambda_2=0.033$，$\lambda_3=0.040$，试求管道通过的流量，并绘制总水头线和测压管水头线。

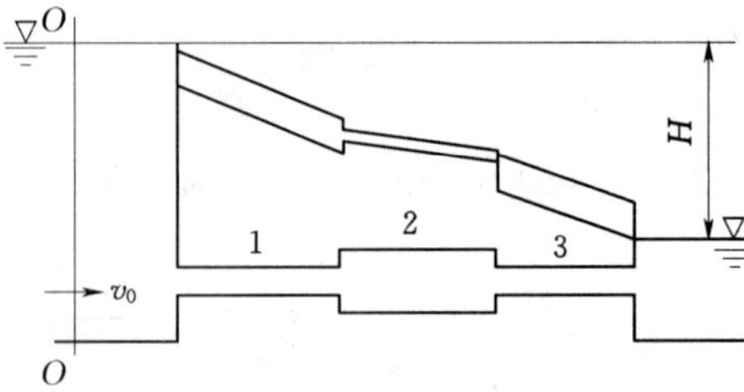

图 6－35

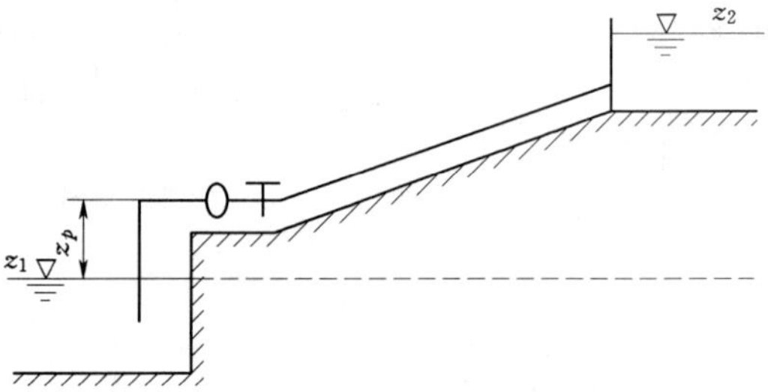

图 6－36

6－20　如图 6－36 所示的离心泵抽水管道系统，已知抽水流量 $Q=30$L/s，上、下水池的水面高程分别为 $z_1=30$m，$z_2=55$m，吸水管长度 $l_1=15$m，管径 $d_1=200$mm，压水管长度 $l_2=200$m，管径 $d_2=150$mm，各管段的沿程阻力系数均为 0.038，各局部阻力系数分别为 $\zeta_{阀}=5.0$，$\zeta_{90}=1.0$，$\zeta_{闸}=0.10$，$\zeta_{折}=0.11$，水泵最大允许真空值为 7m。(1) 确定水泵的最大安装高度；(2) 计算水泵的扬程；(3) 绘制管道系统的总水头线和测压管水头线。

6－21　如图 6－37 所示的倒虹吸管，管径 $d=1$m，管长 $L=50$m，上、下游水头差 $H=2.24$m，设倒虹吸管的沿程阻力系数和局部阻力系数分别为：$\lambda=0.02$，$\zeta_{进}=0.5$，$\zeta_{弯}=0.25$，$\zeta_{出}=1.0$，试求虹吸管通过的流量。

6－22　有一虹吸管输水管道如图 6－38 所示，虹吸管的长度、管径、粗糙系数分别为：$l_1=13$m，$l_2=20$m，$l_3=15$m，$d=1.0$m，$n=0.014$，进出口的局部损失系数分别为 0.5 和 1.0，折管处的局部损失系数为 0.183。(1) 当上、下游水面差为 $z=1.0$m 时，虹吸管的输水流量为多少？(2) 当虹吸管中的最大允许真空值为 $h_v=7$m 时，虹吸管的最大安装高度为多少？

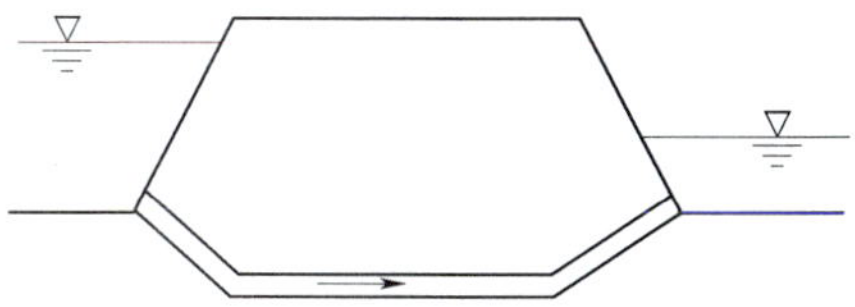

图 6-37

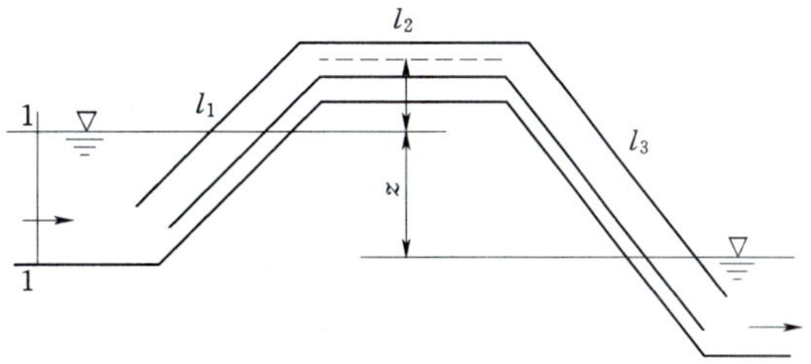

图 6-38

6-23　在图 6-39 所示的环状管网中，各管段的长度、管径分别为：$l_1=450\text{m}$，$l_2=l_3=500\text{m}$，$l_4=400\text{m}$，$l_5=550\text{m}$，$d_1=d_5=250\text{mm}$，$d_2=150\text{mm}$，$d_3=d_4=200\text{mm}$，各结点的供水流量分别为：$q_1=-80\text{L/s}$，$q_2=15\text{L/s}$，$q_3=55\text{L/s}$，$q_4=10\text{L/s}$，试按舍维列夫公式计算各管段的水头损失及流量。

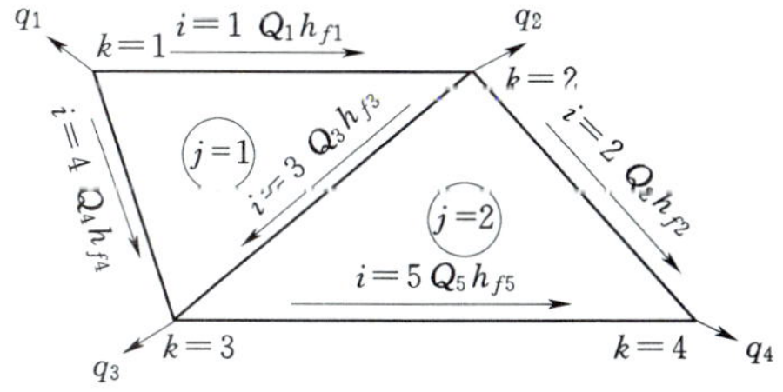

图 6-39

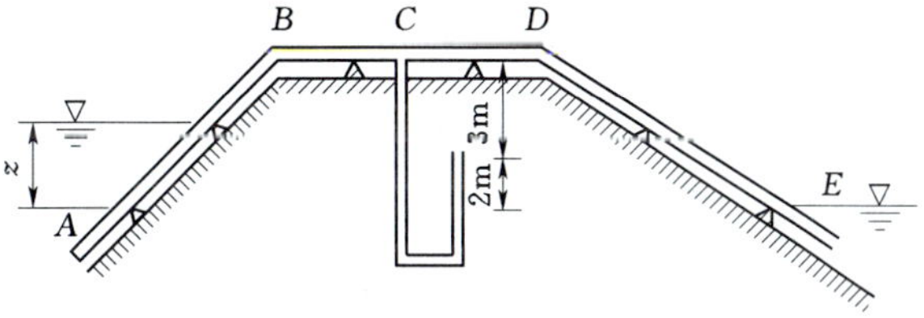

图 6-40

6-24　如图 6-40 所示虹吸装置，管径 $d=200\text{mm}$，管长 $AC=10\text{m}$，$CE=15\text{m}$，$\xi_A=0.5$，$\xi_B=\xi_D=0.9$，$\xi_E=1.8$，$\lambda=0.03$，求：(1) 通过虹吸管的恒定流流量 Q，(2) 上、下游水位差 z。

6-25　如图 6-41 所示用水泵从蓄水池中抽水，蓄水池中的水由自流管从河中引入，自流管管长 $l_1=20\text{m}$，直径 $d_1=150\text{mm}$，吸水管管长 $l_2=12\text{m}$，直径 $d_2=150\text{mm}$，两管的沿程水头损失系数 $\lambda=0.024$，河的水面与水泵进口断面中点高差 $h=2.0\text{m}$，自流管的莲蓬头进口、出口入池、吸水管的莲蓬头进口以及弯头的局部水头损失系数分别为 $\xi_1=0.2$，$\xi_2=1$，$\xi_3=6$，$\xi_4=0.3$，水泵的进口断面的最大真空高度为 6.0m，求最大的抽水流量为多少？

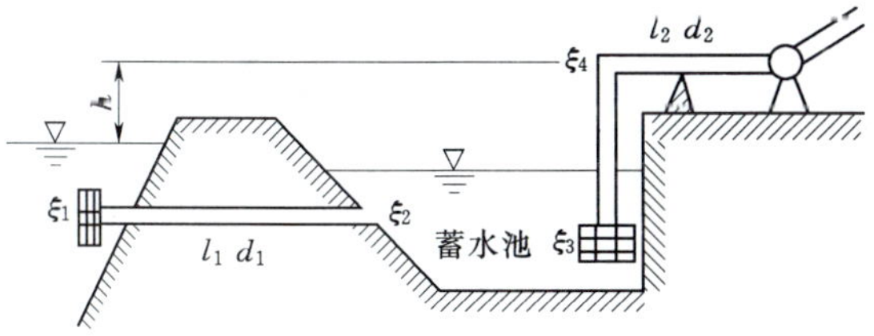

图 6-41

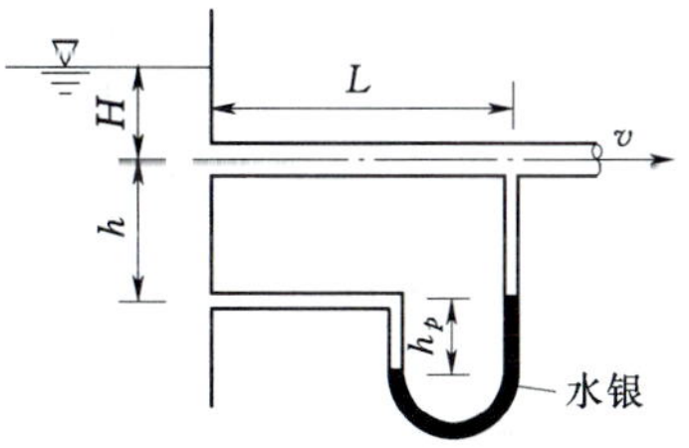

图 6-42

6－26　图 6－42 所示水银压差计装置，管长 $L=75\text{cm}$，管径 $d=2.5\text{cm}$，流速 $v=3\text{m/s}$，沿程水头损失系数 $\lambda=0.02$，进口局部水头损失系数 $\xi=0.5$。计算水银液面高差 h_p。

6－27　一水泵管道布置如图 6－43 所示。已知流量 $Q=6\text{L/s}$，$l_1=3.5\text{m}$，$l_2=1.5\text{m}$，$l_3=2\text{m}$，$l_4=15\text{m}$，$l_5=3\text{m}$，$z=18\text{m}$，水泵最大真空度$h_v=6\text{m}$，管径 $d=75\text{mm}$，沿程水头损失系数 $\lambda=0.04$，局部水头损失系数 $\xi_1=8$，$\xi_2=\xi_3=\xi_4=0.3$，$\xi_5=1.0$。取动能修正系数为 1。(1) 确定水泵允许安装高度 h_s；(2) 计算水泵总扬程 H；(3) 定性绘出水泵管道的总水头线和测压管水头线，并标明有关的符号。

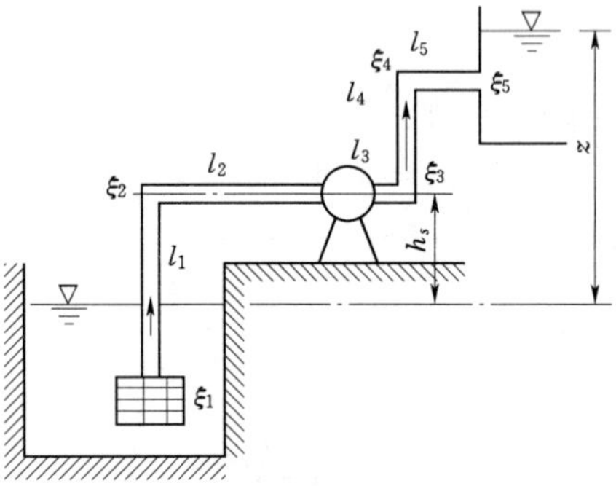

图 6－43

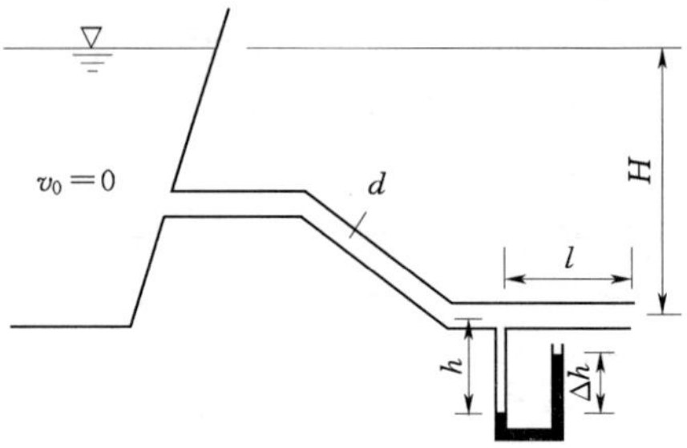

图 6－44

6－28　一水电站压力引水管道如图 6－44 所示。已知管长 $L=90\text{m}$，管径 $d=0.3\text{m}$，沿程水头损失系数 $\lambda=0.03$，进口局部水头损失系数 $\xi_1=0.5$，转弯局部水头损失系数$\xi_2=0.3$。在距管道出口 $l=30\text{m}$ 处设一水银测压计，其液面差 $\Delta h=0.5\text{m}$，较低的水银液面至管轴的高度 $h=1.5\text{m}$。(1) 求此高度的流量 Q 及水头 H；(2) 定性绘出此管道的总水头线及测压管水头线。

6－29　用长度为 l 的两条平行管道由水池 A 向水池 B 输水，如图 6－45 所示。已知管径 $d_2=2d_1$，两管的糙率 n 相同。忽略局部水头损失。求两管通过的流量比 Q_1/Q_2。(按长管计算)

6－30　图 6－46 所示为一从水箱引水的水平直管。已知管径 $d=20\text{cm}$，管长 $L=40\text{m}$，局部水头损失系数：进口 $\xi_1=0.5$，阀门 $\xi_2=0.6$。当通过流量 $Q=0.2\text{m}^3/\text{s}$ 时，在相距 $\Delta L=10\text{m}$ 的 1－1 断面及 2－2 断面间装一水银压差计，其液面高差 $\Delta h=4\text{cm}$。求作用水头 H。

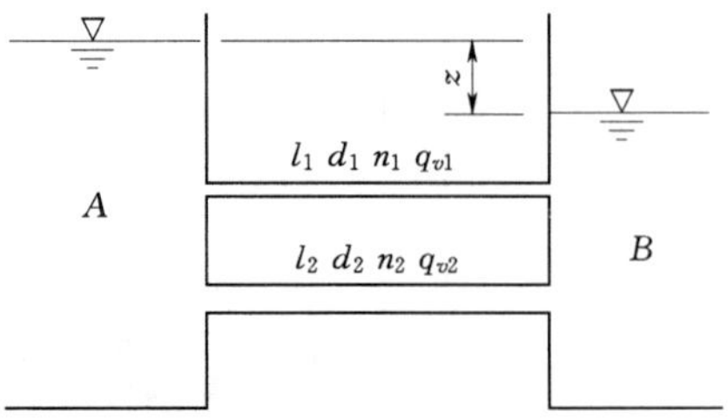

图 6－45

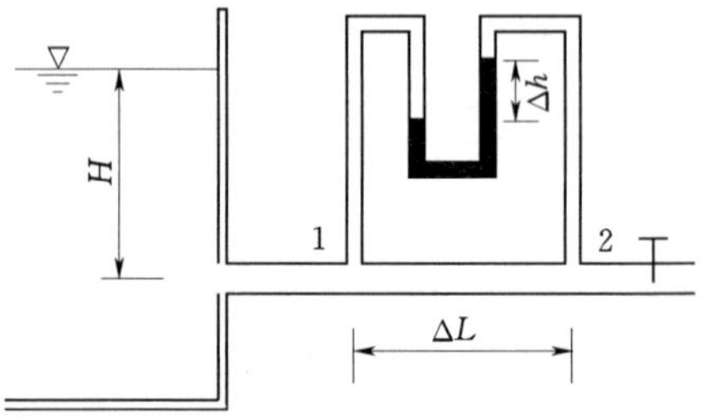

图 6－46

6－31　一直径沿程不变的输水管道，连接两水池如图 6－47 所示。已知管道直径 $d=300\text{mm}$，管道全长 $L=90\text{m}$，沿程水头损失系数 $\lambda=0.03$，局部水头损失系数：进口 $\xi_1=0.5$，转弯 $\xi_2=0.3$，出口 $\xi_3=1.0$。出口中心在下游水面以下深度 $h_2=2.3\text{m}$。在距出口 $l=30\text{m}$ 处有一水银测压计，其液面高差 $\Delta h=0.5\text{m}$，较低的水银液面至管轴的高度 $h=1.5\text{m}$。试确定：(1) 通过管道的流量 Q；(2) 两水池的水位差 z。

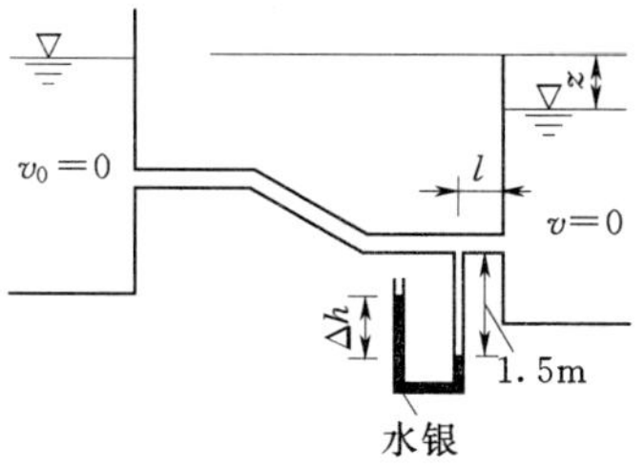

图 6－47

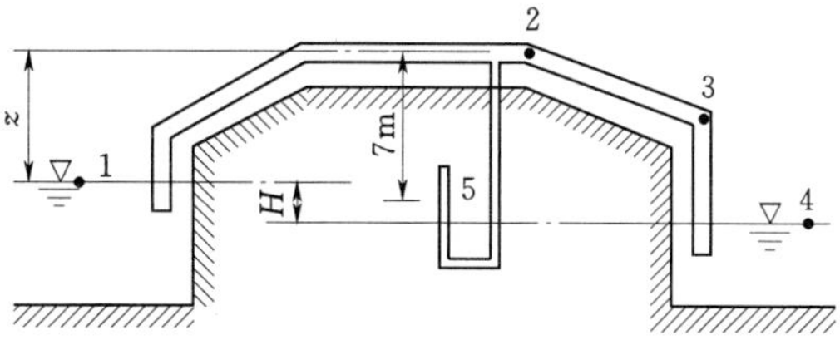

图 6－48

6－32　图 6－48 所示虹吸管上、下游水位差 $H=5\text{m}$，水头损失从 1 点至 4 点为 $10\dfrac{v^2}{2g}$，其中从 1 到 2 的水头损失为 $5\dfrac{v^2}{2g}$，2－2 断面处测压管水面 5－5 低于 2－2 断面形心 7m。求 2－2 断面形心高于上游水面的高度 z。

6－33　一管路如图 6－49 所示。管段 AB 与 BC 的长度、直径与材质相同，通过流量为 Q_0。若在 AB 段再并联一段与 AB 完全相同的管段（如图中虚线所示），且水头 H 保持不变，问并联后管道的总流量 Q 与原流量 Q_0 之比为多少？（可按长管计算，设沿程水头损失系数在此过程中不变）。

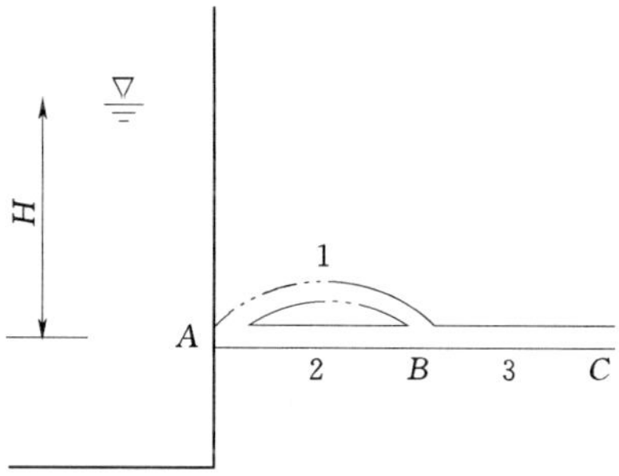

图 6－49

4. 答案

6－1（错）。6－2（对）。6－3（错）。6－4（错）。6－5（错，与基准面有关）。6－6（对）。6－7（错）。6－8（3）。6－9（1）。6－10（上升、下降）。6－11（$q_{v1}=q_{v2}=q_{v3}$、$v_1<v_2<v_3$）。6－12（管中心、下游水面、低于）。6－13～6－16（略）。

6－17　$\mu A_1\sqrt{2gh_1}=\mu_n A_2\sqrt{2g(H-h_1)}$，$h_1=1.07\text{m}$，$h_2=1.43\text{m}$，$Q_n=4\text{L/s}$。

6－18　$K=AC\sqrt{R}=6.14\text{m}^3/\text{s}$，$S_0=\dfrac{1}{K^2}=0.0265\text{s}^2/\text{m}^6$，$h_f=S_0Q^2l=24.06\text{m}$。

6－19　$Q=0.083\text{m}^3/\text{s}$，$h_{f1}=h_{f3}=4.53\text{m}$，$h_{f2}=0.48\text{m}$。

6－20　$v_1=0.955\text{m/s}$，$v_2=1.70\text{m/s}$，$H_m=33.04\text{m}$，

$$z_p=-\frac{p}{\gamma}-\frac{v^2}{2g}-\sum h_{j吸}-h_{f吸}=7-\left(1+6+0.038\,\frac{15}{0.2}\right)\frac{v^2}{2g}=6.54\text{m}。$$

6－21
$$Q=\frac{1}{\sqrt{\lambda\dfrac{L}{d}+\sum\zeta}}A\sqrt{2gH}=\frac{\pi\times\dfrac{1^2}{4}\times\sqrt{2g\times2.24}}{\sqrt{0.02\times\dfrac{50}{1}+0.5+0.25\times2+1}}=3\text{m}^3/\text{s}。$$

6-22 $C=\frac{1}{n}R^{1/6}=56.7$，$\lambda=8g/C^2=0.0244$，$Q=\frac{1}{\sqrt{\sum\lambda\frac{l}{d}+\sum\zeta}}A\sqrt{2gz_0}=2.0\text{m}^3/\text{s}$，

$h_s=7-\frac{v_2^2}{2g}-\lambda\frac{l_1+l_2}{d}\frac{v_2^2}{2g}-(0.5+0.183\times2)\frac{v_2^2}{2g}=6.12\text{m}$。

6-23

i	1	2	3	4	5	单位
Q	46.0	13.8	17.2	34.0	41.2	L/s
h_f	2.66	4.11	1.47	4.13	2.65	m

6-24 $\frac{p_c}{\rho g}=-3\text{m}$，$Q=99\text{L/s}$，$z=\left(\lambda\frac{l_1+l_2}{d}+\zeta_A+\zeta_B+\zeta_D+\zeta_E\right)\frac{v^2}{2g}=3.97\text{m}$。

6-25 $\frac{p_2}{\gamma}=-6\text{m}$，$v=2.4\text{m/s}$，$Q=vA=0.0424\text{m}^3/\text{s}$。

6-26 $H=\frac{p_2}{\gamma}+\left(1+\lambda\frac{l}{d}+\xi\right)\frac{v^2}{2g}$，$\frac{p_2}{\gamma}=H+\left(1-\frac{\gamma_{\text{Hg}}}{\gamma}\right)h_p$，$h_p=7.65\text{cm}$。

6-27 $h_s=h_v-\left(\alpha+\lambda\frac{l}{d}+\sum\xi\right)\frac{v^2}{2g}=4.87\text{m}$，$H=z+h_{wx}+h_{wy}=20.19\text{m}$。

6-28 $\frac{p_2}{\gamma}=13.6\Delta h-1.5=5.3\text{m}$；$Q=0.415\text{m}^3/\text{s}$，$H=\frac{\alpha v^2}{2g}+\lambda\frac{L}{d}\frac{v^2}{2g}+\sum\xi\frac{v^2}{2g}$ $=19.58\text{m}$。

6-29 $Q=K\sqrt{\frac{h_f}{L}}=\frac{\pi d^{8/3}}{n\times4^{5/3}}\sqrt{\frac{z}{L}}$，$\frac{Q_1}{Q_2}=\left(\frac{d_1}{d_2}\right)^{8/3}=0.157$。

6-30 $h_f=4\times12.6\Delta h=2.016\text{m}, v=\frac{4Q}{\pi d^2}=6.369\text{m/s}, H=h_f+(\alpha+\sum\xi)\frac{v^2}{2g}=6.36\text{m}$。

6-31 $\frac{p_2}{\gamma}=13.6\Delta h-1.5=5.3\text{m}$，$Q=0.313\text{m}^3/\text{s}$，$z=\left(\lambda\frac{l}{d}+\xi_1+2\xi_2+\xi_3\right)\frac{v^2}{2g}$ $=11.11\text{m}$。

6-32 $\frac{p_2}{\rho g}=-7$，$\frac{v^2}{2g}=0.5\text{m}$，$0=z+\frac{p_2}{\rho g}+\frac{v^2}{2g}+5\frac{v^2}{2g}$，$z=4\text{m}$。

6-33 并联前：$Q_0=\sqrt{\frac{gA^2dH}{\lambda l}}$，并联后：$Q=\sqrt{\frac{8gA^2dH}{5\lambda l}}=1.265Q_0$。

6-23 计算程序（已知糙率）

```
#include<math.h>
#include<stdio.h>
void main()
{int im=5,jm=2,j,i;                                          //管段数环路数
  double hf[5],dq[2],shf[2],shfq[2],s0[5];                   //变量说明
  double d[5]={0.25,0.15,0.20,0.20,0.25};                    //输入管段直径
  double rl[5]={450,500,500,400,550};                        //输入管段长度
  double rn[5]={0.0125,0.0125,0.0125,0.0125,0.0125};         //输入管段糙率
  double q[5]={0.01,0.02,-0.025,0.07,0.035};                 //输入管段流量
```

```
  double a[2][5]={{1,0,1,-1,0},{0,1,-1,0,-1}};               //输入系数 Aij
  printf("\n i                    Q                    hf");
loop:
  for(j=0;j<jm;j++)                                          //管段循环计算
    {shf[j]=0;shfq[j]=0;                                     //求和变量初值置 0
      for(i=0;i<im;i++)
      {s0[i]=10.294*rn[i]*rn[i]/pow(d[i],5.333);             //计算比阻 S0
        hf[i]=s0[i]*rl[i]*q[i]*fabs(q[i]);                   //计算水头损失 hfi
        shf[j]=shf[j]+a[j][i]*hf[i];                         //计算水头损失闭和差
        shfq[j]=shfq[j]+fabs(a[j][i])*hf[i]/q[i];
      }
      dq[j]=-shf[j]/2/shfq[j];                               //计算修正流量 ΔQj
      printf("\n%d,%17f,%17f",j+1,shf[j],dq[j]);
    }
  for(j=0;j<jm;j++)
    {for(i=0;i<im;i++)
      {q[i]=q[i]+a[j][i]*dq[j];}                             //修正流量 Qi
    }
  for(j=0;j<jm;j++)
    {if(fabs(shf[j])>=0.001)go to loop;}                     //判断精度
  for(i=0;i<im;i++)
    {printf("\n%d,%17f,%17f",i+1,q[i],hf[i]);}               //输出结果
}
```

第七章　明槽恒定流动

一、学习指导

本章涉及的概念较多，主要内容可分为3个部分：明槽恒定均匀流、明槽恒定非均匀渐变流和明槽恒定急变流。明槽均匀流部分要求掌握明槽均匀流的特征及形成条件、明槽均匀流水力计算问题、最佳水力断面的概念和特点。明槽渐变流部分要求掌握：①明槽流动的流动状态及其判别，其中涉及到微幅波、佛汝德数、断面比能、临界水深、临界底坡等概念；②水面曲线的变化规律、定性分析和定量计算。明槽急变流部分主要掌握水跃的基本概念、水跃函数的特性和共轭水深的计算，了解水跌和弯道水流的流动现象。

二、内容提要

（一）明槽几何特性

1. 明槽的底坡

明槽底坡 i 是明槽槽底纵向倾斜角度的正弦值（图 7－1）：

$$i=\sin\theta=-\frac{\mathrm{d}z_b}{\mathrm{d}s}=\frac{z_{b1}-z_{b2}}{\Delta s} \tag{7-1}$$

当 $|\theta|<6°$ 时，称为小底坡，此时 $\Delta s\approx\Delta L$，且 $i\approx\tan\theta$，$\cos\theta\approx1$。

当 $i>0$ 时，槽底高程沿流程下降，称为顺坡（或正坡）；当 $i=0$ 时，槽底为水平，称为平坡；当 $i<0$ 时，槽底高程沿流程上升，称为逆坡（或负坡）。

2. 明槽的横断面

明槽过水断面上槽底最低点至水面的距离为断面水深 h（图 7－1）。铅垂方向上槽底最低点至水面的距离称为水流水深 h'，两者关系为 $h=h'\cos\theta$。

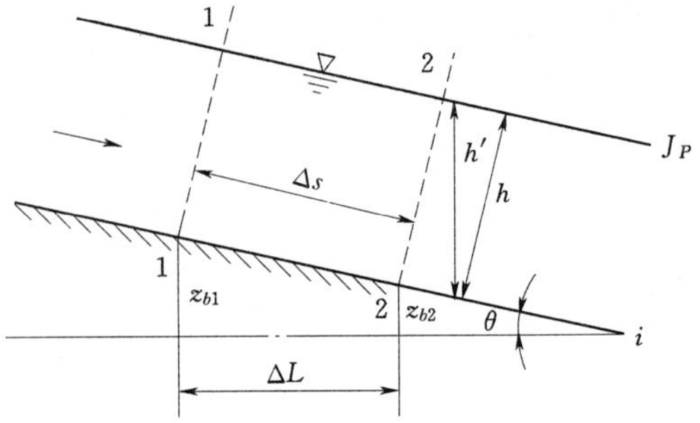

图 7－1

梯形断面几何要素关系式为：

面积　$A=(b+mh)h$　(7－2)

湿周　$\chi=b+2h\sqrt{1+m^2}$　(7－3)

水面宽　$B=b+2mh$　(7－4)

水力半径　$R=\dfrac{A}{\chi}=\dfrac{(b+mh)h}{b+2h\sqrt{1+m^2}}$　(7－5)

式中：m 为边坡系数，对于矩形断面 $m=0$，$R=\dfrac{bh}{b+2h}$。对于宽浅渠道，$h/B\ll1$，$R=\dfrac{A}{\chi}=h$。

3. 棱柱形明槽与非棱柱形明槽

槽身长直，底坡不变，横断面形状尺寸沿程不变的明槽称为棱柱形明槽，反之则为非棱柱形明槽。

（二）明槽恒定均匀流

1. 明槽均匀流的特性

（1）明槽恒定均匀流的流速分布、流量、水深和过水断面的形状大小沿程不变。

（2）明槽恒定均匀流的总水头线、水面线和槽底线相互平行，即

$$J=J_P=i \tag{7-6}$$

式（7-6）表示在水流所移动的单位长度流程上重力对水流所做的功恰好等于水流阻力对水流所做的功，而水流的动能保持不变。

（3）在流动方向上的重力分量与阻力 T 相平衡（图 7-2），即

$$T=G\sin\theta \tag{7-7}$$

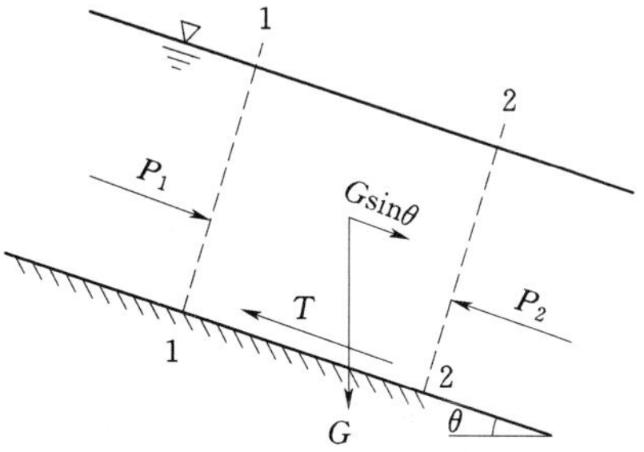

图 7-2

2. 明槽均匀流的形成条件

（1）明槽水流恒定，流量沿程不变。

（2）明槽为长直的棱柱形槽，底坡、糙率沿程不变，且槽中没有影响水流的建筑物或障碍物。

（3）底坡为顺坡（$i>0$）。

3. 明槽恒定均匀流水力计算基本公式

$$Q=AC\sqrt{Ri}=\frac{1}{n}AR^{2/3}\sqrt{i} \tag{7-8}$$

对于梯形断面渠道：

$$Q=\frac{\sqrt{i}}{n}\frac{[(b+mh_0)h_0]^{5/3}}{(b+2h_0\sqrt{1+m^2})^{2/3}}=f(n,i,m,b,h_0) \tag{7-9}$$

4. 明槽均匀流水力计算方法

（1）直接计算法。已知糙率、底坡、水深和断面形状及尺寸，求流量或流速；已知流量、底坡、水深和断面形状及尺寸，反求糙率 n；已知流量、糙率、水深和断面形状及尺寸，确定底坡；这 3 种情况可以直接计算。

（2）试算法。已知流量 Q、底坡 i、糙率 n 和梯形断面边坡系数和底宽，求正常水深 h_0，需要试算。试算方法可以采用图解法、二分法、牛顿迭代法等，这里给出简单的迭代公式，便于编程计算。

$$h_0=\left(\frac{Qn}{\sqrt{i}}\right)^{3/5}\frac{(b+2h_0\sqrt{1+m^2})^{2/5}}{b+mh_0} \tag{7-10}$$

已知流量 Q、底坡 i、糙率 n 和梯形断面边坡系数和正常水深 h_0，求断面底宽，也需要试算，也可以采用图解法、二分法、牛顿迭代法等，这里给出简单的迭代公式，便于编程计算。

$$b=\left(\frac{Qn}{\sqrt{i}}\right)^{3/5}(b+2h_0\sqrt{1+m^2})^{2/5}\frac{1}{h_0}-mh_0 \tag{7-11}$$

5. 糙率 n 的选定

糙率 n 值的正确选取对计算结果影响很大。在渠道设计时，若选取的 n 值偏大，则高估了渠道的阻力，为通过给定的设计流量，就要求加大设计断面，从而增加了工程量；若 n 值偏小，则设计的渠道断面偏小，实际过流能力可能不满足设计要求。

6. 水力最佳断面

在流量、底坡、糙率一定时，设计的过水断面形式具有最小的面积；或者在过水断面面积、底坡、糙率一定时，设计的过水断面形式能使渠道通过的流量最大。这种过水断面称为水力最佳断面。对称梯形断面的水力最佳断面条件为：

宽深比
$$\beta_m=\frac{b}{h}=2(\sqrt{1+m^2}-m) \tag{7-12}$$

作为梯形断面的特例，矩形断面的 $m=0$，$\beta_m=2$，或 $b=2h$，所以矩形断面水力最佳断面的底宽为水深的 2 倍。梯形断面水力最佳断面的水力半径是水深的一半。

7. 实用经济断面

虽然水力最佳断面在相同流量下过水断面面积最小，但从经济、技术和管理等方面综合考虑，它有一定的局限性。例如，由于深挖高填，施工开挖工程量及费用大，维护管理也不方便；流量改变时水深变化较大，给灌溉、航运带来不便。在设计渠道断面时，在一定范围内取较大的宽深比 β 值，过水面积 A 接近水力最佳断面的面积，综合费用较少的断面称为实用经济断面。

8. 渠道断面周界上糙率不同的水力计算

对于明槽边壁各部分糙率不相同的情况，可取一糙率平均值 n 作为综合糙率，计算公式为：

$$n=\left(\frac{\chi_1 n_1^{\alpha}+\chi_2 n_2^{\alpha}+\cdots}{\chi_1+\chi_2+\cdots}\right)^{1/\alpha} \tag{7-13}$$

当 $\alpha=2$ 时，为巴甫洛夫斯基提出的水力坡度分割法，当 $\alpha=3/2$ 时，为别洛康爱因斯坦提出的水力半径分割法，当 $\alpha=1$ 时，为湿周加权平均法。

（三）明槽恒定非均匀渐变流

1. 微幅扰动波与明槽流态

如果在水深为 h 的静水中产生有一微小扰动，所产生的微幅波会以波源为圆心向四周扩展，其传播波速为：

$$c=\sqrt{gh} \tag{7-14}$$

如果水流以速度 v 在流动，则波动一方面以波速 c 向四周扩展，另一方面以速度 v 随水流向下游运动。根据波速和流速的相对大小可能出现 3 种状态：①如果 $c>v$，则波动可以逆流向上游传播（图 7-3），下游的扰动可以影响上游，向下游和上游传播的绝对波速分别为 $c+v$ 和 $c-v$，这种流动称为缓流；②当 $v=c$ 时，向下游和上游传播的绝对波速分别为 $2v$ 和 0，这种流动称为临界流；③当 $v>c$ 时，波动不能向上游传播，扰动的影响只能向下游传播，这种流动称为急流。

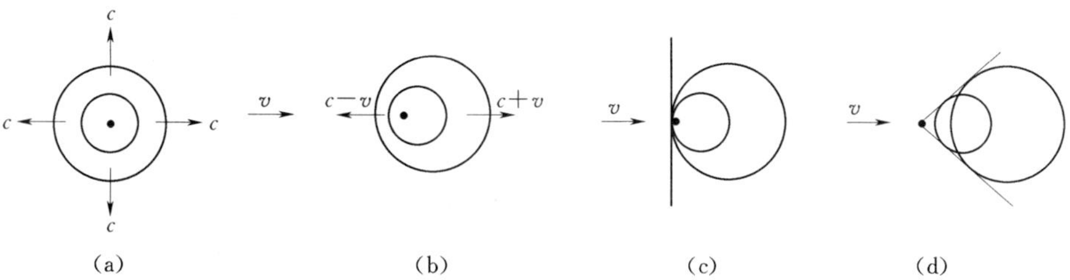

图 7-3

(a) 静水中；(b) $v<c$；(c) $v=c$；(d) $v>c$

2. 佛汝德数

(1) 佛汝德数的定义：断面平均流速 v 与波速 c 的比值称为佛汝德数，即

$$Fr=\frac{v}{c}=\frac{v}{\sqrt{g\bar{h}}}=\frac{v}{\sqrt{gA/B}} \tag{7-15}$$

(2) 佛汝德数的特点：佛汝德数是没有单位和量纲的无量纲数，佛汝德数可以判断流态，$Fr>1$ 为急流；$Fr<1$ 为缓流；$Fr=1$ 为临界流。

(3) 佛汝德数的能量意义：佛汝德数可以改写为动能和势能之比的 2 倍再开平方，因此可以反映动能和势能的相对大小。

(4) 佛汝德数的力学意义：佛汝德数可以反映惯性力与重力之比。

3. 断面比能

(1) 断面比能的定义：以断面最低点为基准的断面单位能量称为断面比能。

$$E_S=h\cos\theta+\frac{\alpha v^2}{2g}=h\cos\theta+\frac{\alpha Q^2}{2gA^2} \tag{7-16}$$

(2) 比能曲线的特点：断面比能随水深的变化关系为：

$$\frac{\mathrm{d}E_S}{\mathrm{d}h}=1-\frac{\alpha Q^2}{gA^3}\frac{\mathrm{d}A}{\mathrm{d}h}=1-\frac{\alpha Q^2B}{gA^3}=1-\frac{\alpha v^2}{g\dfrac{A}{B}}\approx 1-Fr^2 \tag{7-17}$$

比能曲线中间存在一个极小值点（图 7-4），它将曲线分为上、下两支，曲线上支 $\mathrm{d}E_S/\mathrm{d}h>0$，比能随水深增大而增大，明槽流态为缓流；曲线下支 $\mathrm{d}E_S/\mathrm{d}h<0$，比能随水深增大而减小，明槽流态为急流；极值点 $\mathrm{d}E_S/\mathrm{d}h=0$，明槽流态为临界流。

(3) 断面比能沿程变化特点：$\frac{\mathrm{d}E_S}{\mathrm{d}s}=i-J$ 可以反映水流的均匀程度，当$\frac{\mathrm{d}E_S}{\mathrm{d}s}=i-J=0$ 时，为均匀流，当$\frac{\mathrm{d}E_S}{\mathrm{d}s}=i-J\neq 0$ 时，为非均匀流。

4. 临界水深

(1) 临界水深的定义：流量一定时，在同一个断面上对应于断面比能最小的水深称为临界水深，用 h_K 表示。当 $h>h_K$ 时，明槽流态为缓流；$h<h_K$ 时，明槽流态为急流；$h=h_K$ 时，明槽流态为临界流。

(2) 临界水深的方程：

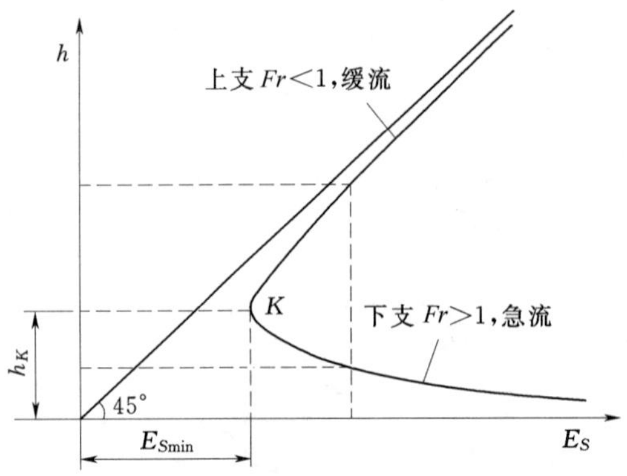

图 7-4

$$1-\frac{\alpha Q^2 B_K}{gA_K^3}=0 \text{ 或 } \frac{A_K^3}{B_K}=\frac{\alpha Q^2}{g} \quad (7-18)$$

（3）临界水深的计算：求临界水深 h_K，可以采用图解法、二分法、牛顿迭代法等试算，这里给出梯形断面临界水深的迭代计算公式，便于编程计算。

$$h_K=\left[\frac{\alpha Q^2}{g}(b+2mh_K)\right]^{1/3}\frac{1}{b+mh_K} \quad (7-19)$$

对矩形断面明槽可以直接按式（7-20）计算临界水深和断面比能：

$$h_K=\sqrt[3]{\frac{\alpha q^2}{g}} \quad (7-20)$$

$$E_{S\min}=h_K+\frac{\alpha v_K^2}{2g}=\frac{3\alpha v_K^2}{2g}=\frac{3}{2}h_K \quad (7-21)$$

其中 $q=Q/b$ 为单宽流量。

5. 临界底坡

（1）临界底坡的定义：明槽均匀流的正常水深等于临界水深时，相应的明槽底坡称为临界坡度，用 i_K 表示。

（2）临界底坡的计算公式：

$$i_K=\frac{gn^2\chi_K}{\alpha R_K^{1/3}B_K} \quad (7-22)$$

（3）临界底坡的影响因素：临界坡度 i_K 的大小与流量、糙率和断面形状及尺寸有关。

（4）底坡与流态的关系：①当 $i<i_K$ 时，$h_0>h_K$，均匀流流态为缓流，该底坡称为缓坡；②当 $i>i_K$ 时，$h_0<h_K$，均匀流流态为急流，底坡称为陡坡；③当 $i=i_K$ 时，$h_0=h_K$，均匀流流态为临界流，底坡为临界坡。

6. 明槽恒定渐变流的基本方程

明槽恒定流动的基本方程有3种常用形式，第一种是能量方程形式，可以用来分析计算明槽水位 z 和能量损失的关系：

$$\frac{dz}{ds}+(\alpha+\zeta)d\left(\frac{v^2}{2g}\right)+\frac{Q^2}{K^2}=0 \quad (7-23)$$

第二种形式是比能沿程变化形式，用于计算人工渠道的水面曲线。

$$\frac{dE_S}{ds}=i-J \quad (7-24)$$

第三种形式是水深沿程变化形式，用于分析棱柱形渠道中的水面曲线变化趋势。

$$\frac{dh}{ds}=\frac{i-J}{1-Fr^2} \quad (7-25)$$

7. 小结

本节的概念较多，也很重要。明槽流态的判别方法归纳列表如下（表 7-1）。

表 7-1

判别指标	缓流	临界流	急流	适合条件
水深 h	$h>h_K$	$h=h_K$	$h<h_K$	均匀流或非均匀流
Fr	$Fr<1$	$Fr=1$	$Fr>1$	均匀流或非均匀流
流速 v	$v<c$	$v=c$	$v>c$	均匀流或非均匀流
断面比能 dE_S/dh	$dE_S/dh>0$	$dE_S/dh=0$	$dE_S/dh<0$	均匀流或非均匀流
正常水深 h_0	$h_0>h_K$	$h_0=h_K$	$h_0<h_K$	均匀流
底坡 i	$i<i_K$ 缓坡	$i=i_K$ 临界坡	$i>i_K$ 陡坡	均匀流

(四) 明槽恒定非均匀急变流

1. 水跌

当明槽水流由缓流过渡到急流的时候，水面会在短距离内急剧降落，这种水流现象称为水跌。水跌发生于明槽底坡突变或有跌坎处（图 7-5）。

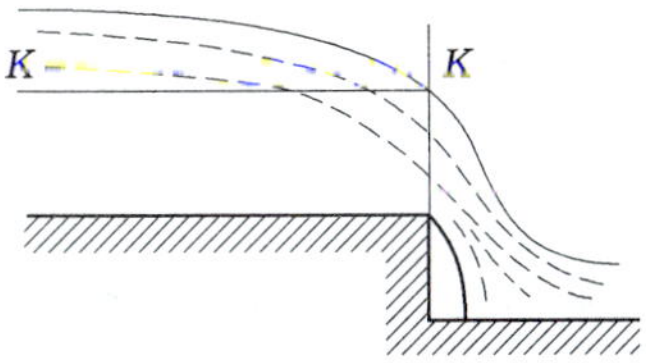

(a)

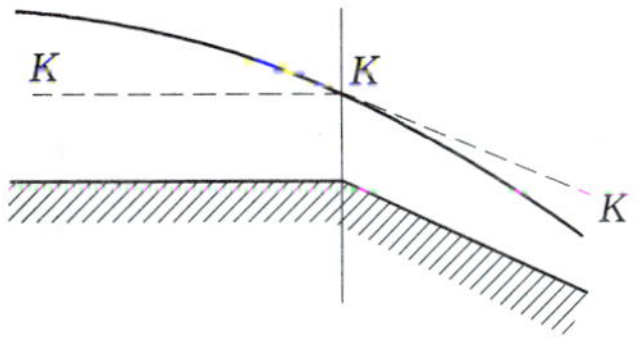

(b)

图 7-5

根据明槽渐变流水面线的理论分析，在转折断面上的水深 h_D 应等于临界水深，所以在进行明槽恒定渐变流的水面曲线分析计算时通常近似取 $h_D=h_K$ 作为控制水深。根据实验观察，实际水跌处为急变流，水流流线很弯曲，跌坎断面的水深 h_D 约为 $0.7h_K$，而水深等于 h_K 的断面约在跌坎断面上游 $(3\sim4)h_K$ 处（图 7-6）。

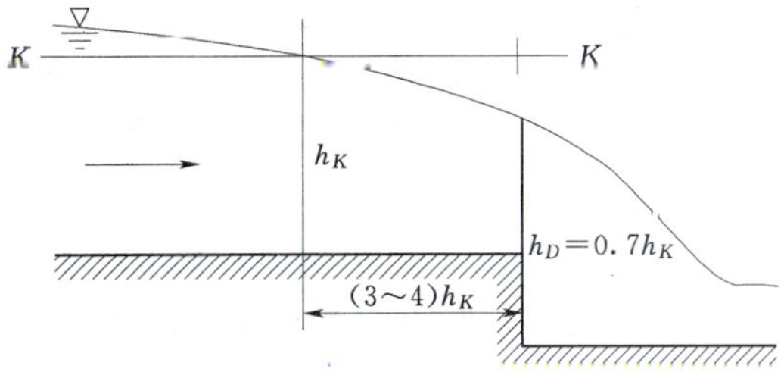

图 7-6

2. 水跃

(1) 水跃的定义。明槽水流从急流过渡到缓流时水面突然跃起的局部水流现象称为水跃。例如，闸、坝下泄的急流与下游的缓流相衔接时常会出现水跃现象（图 7-7）。

(2) 水跃现象及分类。如果水跃流动流态从急流转变为缓流，在表面漩滚区中充满着剧烈翻滚的漩涡，并掺入大量气泡；在底部主流区中流速很大，主流接近槽底，在短距离内水深迅速增加，水流扩散，这种典型水跃称为完全水跃。形成完全水跃的条件是跃前断面处的水流佛汝德数 $Fr_1>1.7$。当 $1<Fr_1<1.7$ 时，水跃表面没有表面漩滚区，而是形成一系列起伏不平的波浪，这种水跃称为波状水跃。表面漩滚的前端和末端处的断面分别称为跃前断面和跃后断面，相应的水深分别为跃前水深 h' 和跃后水深 h''，两者之差称为

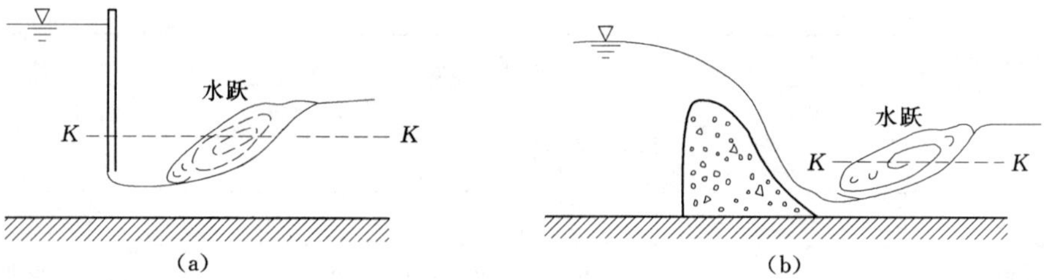

图 7-7

跃高，跃前断面和跃后断面之间的距离为水跃长度 l_j（简称跃长）。

（3）水跃基本方程。水跃跃前水深和跃后水深之间的关系应满足水跃基本方程，该方程可以从恒定总流的动量方程推导出来。

$$\frac{\beta Q^2}{gA_1}+y_{c1}A_1=\frac{\beta Q^2}{gA_2}+y_{c2}A_2 \tag{7-26}$$

水跃基本方程的意义为：单位时间内流入跃前断面的动量（相当于一个力）与该断面上的动水总压力之和等于单位时间内流出跃后断面的动量与该断面动水总压力之和。

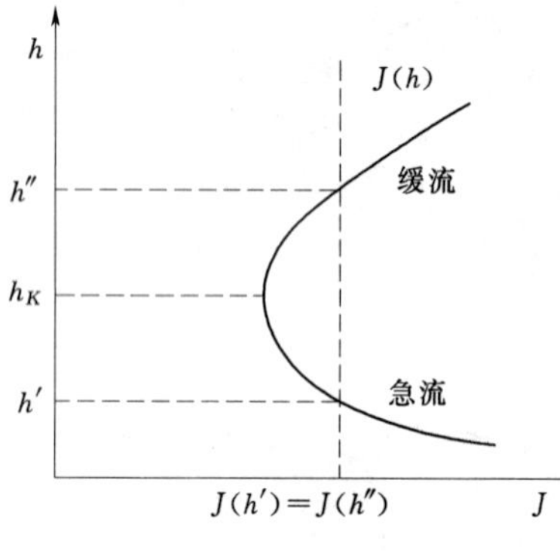

图 7-8

（4）水跃函数。水跃函数的定义为：$J(h)=\frac{\beta Q^2}{gA}+y_cA$

在流量和断面形状尺寸一定时，水跃函数是水深的函数，其关系曲线如图 7-8 所示，水跃函数曲线中存在一个极小值点，它将曲线分为上、下两支，曲线上支 $dJ(h)/dh>0$，水跃函数随水深增大而增大，流态为缓流；曲线下支 $dJ(h)/dh<0$，水跃函数随水深增大而减小，流态为急流；极值点，$dJ(h)/dh=0$，流态为临界流。

同一水跃函数对应两个水深，分别对应为跃前水深 h' 和跃后水深 h''，且 h' 越小，相应的 h'' 就越大，反之亦然。

（5）平底矩形断面明槽水跃共轭水深关系。对于平底矩形断面明槽水跃，根据水跃方程，其共轭水深与单宽流量的关系为：

$$h'h''(h'+h'')=\frac{2q^2}{g} \tag{7-27}$$

$$h''=\frac{1}{2}h'\left(\sqrt{1+8\frac{q^2}{gh'^3}}-1\right) \tag{7-28}$$

$$h'=\frac{1}{2}h''\left(\sqrt{1+8\frac{q^2}{gh''^3}}-1\right) \tag{7-29}$$

（6）水跃长度计算公式。常用的平底矩形断面明槽水跃长度计算的经验公式有：

美国垦务局公式：$$l_j=6.1h'' \tag{7-30}$$

该式适用范围为：$4.5<Fr_1<10$

Elevatorski 公式：$$l_j=6.9(h''-h') \tag{7-31}$$

(7) 水跃消能效率。

水跃段水头损失：

$$\Delta E_j = E_1 - E_2 = h' - h'' + \frac{q^2}{2g}\left(\frac{1}{h'^2} - \frac{1}{h''^2}\right) \tag{7-32}$$

相对消能率：

$$\frac{\Delta E_j}{E_1} = \frac{\Delta E_j}{h' + \frac{q^2}{2gh'^2}} = \frac{\left(\sqrt{1+8Fr_1^2}-3\right)^3}{8\left(\sqrt{1+8Fr_1^2}-1\right)\left(2+Fr_1^2\right)} \tag{7-33}$$

可见水跃的消能效果与来流的佛汝德数 Fr_1 有关，来流越急，消能效率就越高。$Fr_1=9$ 时消能率可达 70%，$Fr_1>9$ 时消能率更大，不过这时下游波浪较大。比较理想的范围是 $Fr_1=4.5\sim9$。

(五) 棱柱形渠道水面曲线的定性分析

1. 分析依据

棱柱形渠道水面曲线定性分析的依据是水深沿程变化微分方程：

$$\frac{dh}{ds} = \frac{i-J}{1-Fr^2} \tag{7-34}$$

当 $\frac{dh}{ds}>0$ 为壅水曲线，当 $\frac{dh}{ds}<0$ 为降水曲线。

2. 水面曲线种类

棱柱形明槽按底坡可分为缓坡、陡坡、临界坡、平坡和逆坡 5 种情况，按实际水深、临界水深和均匀流水深之间的关系可分为 1 区、2 区、3 区，每区有唯一的一种水面曲线类型。总共有 12 种类型的水面曲线。各种类型的特征见表 7-2。

表 7-2　　棱柱形渠道恒定渐变流水面曲线的类型及特性

底坡		区域	水深范围	水面曲线名称	流态	基本特性		
						曲线类型	向上游趋向	向下游趋向
顺坡	缓坡 $0<i<i_K$	1	$h>h_0>h_K$	M_1	缓	$dh/ds>0$ 壅水	$h\to h_0$	水平线或某控制水深
		2	$h_0>h>h_K$	M_2	缓	$dh/ds<0$ 降水	$h\to h_0$	水跃或某控制水深
		3	$h_0>h_K>h$	M_3	急	$dh/ds>0$ 壅水	控制水深	→水跃
	陡坡 $i>i_K$	1	$h>h_K>h_0$	S_1	缓	$dh/ds>0$ 壅水	→水跃	水平线或某控制水深
		2	$h_K>h>h_0$	S_2	急	$dh/ds<0$ 降水	控制水深或水跃	$h\to h_0$
		3	$h_K>h_0>h$	S_3	急	$dh/ds>0$ 壅水	控制水深	$h\to h_0$
	临界坡 $i=i_K$	1	$h>h_K=h_0$	C_1	缓	$dh/ds>0$ 壅水	正常水深	水平线或某控制水深
		3	$h<h_K=h_0$	C_3	急	$dh/ds>0$ 壅水	控制水深	正常水深
平坡	$i=0$	2	$h>h_K$	H_2	缓	$dh/ds<0$ 降水	某一水深	水跃或某控制水深
		3	$h<h_K$	H_3	急	$dh/ds>0$ 壅水	控制水深	→水跃
逆坡	$i<0$	2	$h>h_K$	A_2	缓	$dh/ds<0$ 降水	某一水深	水跃或某控制水深
		3	$h<h_K$	A_3	急	$dh/ds>0$ 壅水	控制水深	→水跃

3. 水面线变化规律

发生在1区、3区的均为壅水曲线，2区的均为降水曲线；从急流过渡到缓流时将发生水跃，从缓流过渡到急流发生水跌（临界水深位于转折断面上）；长直顺坡棱柱体渠道上，水面线在远离干扰处将逐渐趋于均匀流正常水深（N—N线）。陡坡$h_K>h_0$，K—K线在上，N—N线在下；缓坡$h_K<h_0$，K—K线在下，N—N线在上；N—N线随底坡增大而降低，随糙率增大而增高；K—K线不随底坡和糙率变化。

4. 水面线绘制步骤

（1）根据流量、糙率、底坡相对大小，确定各渠道K—K线、N—N线相对位置。

（2）确定水面曲线控制点或起始点，一般在建筑物上下游、渠道进出口、渠道交界处和均匀流水面上。

（3）根据水面曲线规律定性绘制水面曲线，标出曲线类型符号。

5. 水面曲线实例

下面给出几种水面曲线变化实例，实际水面曲线一般都可由它们组合而成。平坡和逆坡可以看作是缓坡的特例（均匀流水深为无穷大）。

（1）缓坡到陡坡（图7-9）。

（2）陡坡到缓坡（有3种可能，需根据具体数值确定是哪一种）（图7-10）。

（3）陡坡到陡坡（图7-11）。

（4）缓坡到缓坡（图7-12）。

（5）缓坡出口（图7-13）。

（6）建筑物上下游（堰闸）（图7-14）。

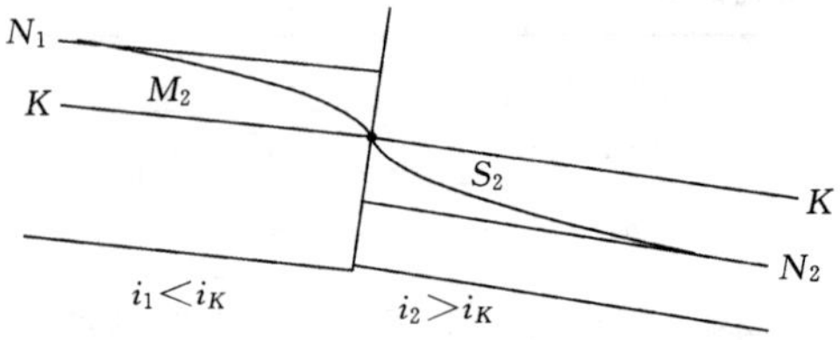

图7-9

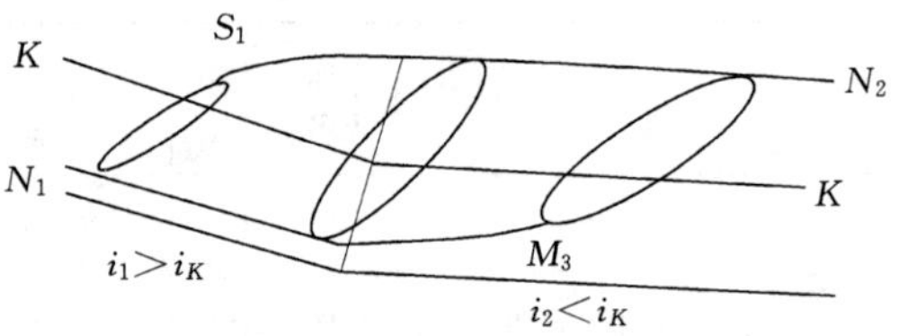

图7-10

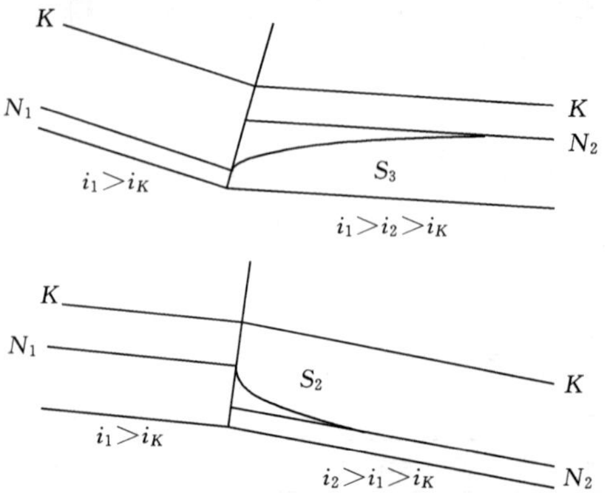

图7-11

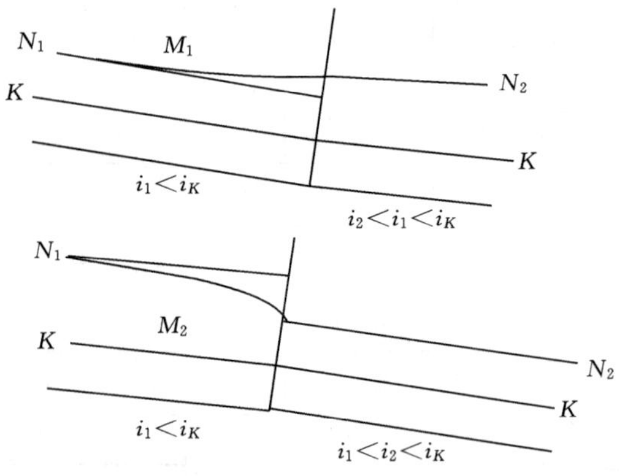

图7-12

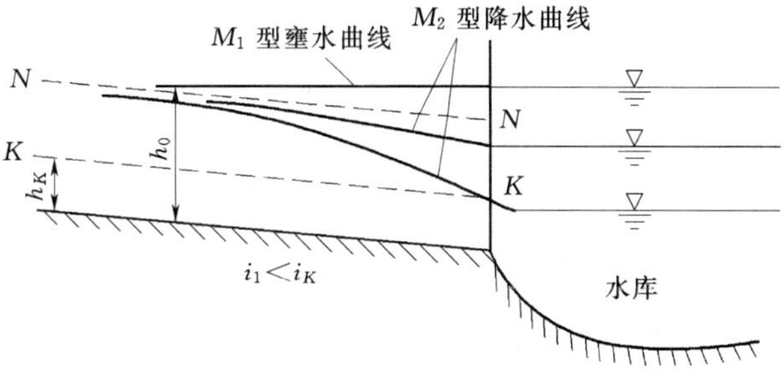

图 7-13

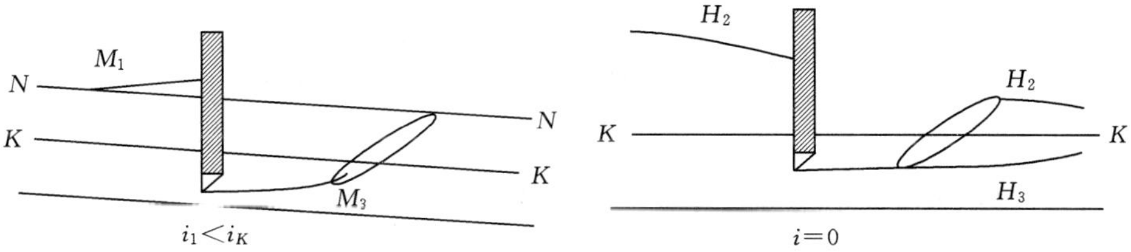

图 7-14

（六）明槽恒定渐变流水面曲线的计算

1. 微分方程

明槽恒定渐变流水面曲线计算采用比能沿程变化的微分方程：

$$\frac{dE_S}{ds}=i-J \tag{7-35}$$

其中 $E_S=h\cos\theta+\frac{\alpha v^2}{2g}$，　$J=\frac{Q^2}{K^2}=\frac{v^2}{C^2R}$

2. 计算方法

明槽恒定渐变流的微分方程很难采用数学方法求出其解析解，水力学中一般是把微分方程变为差分方程，再采用分段求和法求解。差分方程为：

$$E_{Sd}-E_{Su}=\Delta s(i-\overline{J}) \tag{7-36}$$

其中 $E_{Sd}=h_d\cos\theta+\frac{\alpha Q^2}{2gA_d^2}$，$E_{Su}=h_u\cos\theta+\frac{\alpha Q^2}{2gA_u^2}$，$\overline{J}\approx(J_u+J_d)/2\approx\frac{Q^2}{\overline{K}^2}$

已知渠道中的流量、糙率及断面形状尺寸等条件计算水面曲线，有直接计算法和试算法两种。

3. 直接计算法

假设计算总河段分为 s 个小河段，从水深已知的控制断面出发，先设定每个小河段的水深，再分别计算出各河段两给定水深之间的距离 Δs，从而确定水面线位置。将方程(7-36）变形后可以按下式直接计算断面间距。

$$\Delta s=\frac{E_{Sd}-E_{Su}}{(i-\overline{J})} \tag{7-37}$$

4. 试算法

假设计算总河段分为 s 个小河段，先设定每个小河段各河段的断面间距 Δs，从水深已知的控制断面水深出发，再逐段计算其上游（或下游）未知断面的水深，从而确定水面线位置。将方程（7-36）变形后可以写为：

$$E_{Sd}-E_{Su}=\Delta s(i-\overline{J}) \tag{7-38}$$

由于 $E_{Sd}-E_{Su}$，$\overline{J}$ 中隐含着未知断面水深，因此不能直接求出未知断面的水深，需要试算法求解。可以采用图解法、二分法、牛顿迭代法等，这里给出梯形断面渠道水面线试算的迭代公式，便于编程计算。

对于急流水面曲线（S_2、S_3、M_3、C_3、H_3、A_3），控制断面一般在上游，上游断面条件已知，可以从上游向下游逐段计算，每一段的迭代公式可用：

$$h_d=\left[\frac{\alpha Q^2}{2g(b+mh_d)^2(E_{Su}+\Delta si-\Delta sJ_p-h_d\cos\theta)}\right]^{0.5} \tag{7-39}$$

对于缓流水面曲线（S_1、M_1、M_2、C_1、H_2、A_2），控制断面一般在下游，下游断面条件已知，可以从下游向上游逐段计算，每一段的迭代公式可用：

$$h_u=\left[\frac{h_u^2(E_{Sd}-\Delta si+\Delta sJ_p)}{\cos\theta}-\frac{\alpha Q^2/\cos\theta}{2g(b+mh_u)^2}\right]^{1/3} \tag{7-40}$$

式中 $J_p=\dfrac{n^2Q^2(b+2h_p\sqrt{1+m^2})^{4/3}}{(bh_p+mh_p^2)^{10/3}}$，　$h_p=(h_d+h_u)/2$。

5. 计算程序

根据上述计算方法可以自行编制计算程序，也可以采用其他文献提供的程序，本书给出迭代公式法编制的计算程序，编程思路清晰，程序结构简单，适应性强，可以计算梯形断面渠道的临界水深、均匀流水深、5 种底坡的 12 种水面曲线，具体说明参见下面例题。

（1）C 语言程序：zmd.c

```
#include<math.h>
#include<stdio.h>
void main()
{ int ms=20,jm=10,j,s;
  double h[20],v[20];
  double g=9.8,af=1.05,b=5.0,i=0.25,Q=30.0,ds=4.0,m=0.00,n=0.025;
  double hk=0.0,h0=0.0,e,hp,Jp,cos=sqrt(1-i*i);
  for (j=1;j<jm;j++)
  {hk=pow((af*Q*Q/g/cos),1.0/3)*pow((b+2*m*hk),1.0/3)/(b+m*hk);
  if(i>0)h0=pow((n*Q/sqrt(i)),3.0/5)*pow((b+2*h0*sqrt(1+m*m)),2.0/5)/(b+m*h0);
}
printf(" hk=%10f, h0=%10f\n",hk,h0);
printf("请输入控制断面水深:\n");
scanf("%lf",&h[0]);
v[0]=Q/(b*h[0]+m*h[0]*h[0]);
printf("   s            s*ds            vs            hs\n");
```

```
printf("%d,%14f,%14f,%14f\n",0,0.0,v[0],h[0]);
for(s=1;s<ms+1;s++)
{h[s]=h[s-1];
  for(j=1;j<jm;j++)
  {v[s]=Q/(b*h[s]+m*h[s]*h[s]);hp=(h[s]+h[s-1])/2.0;
    Jp=Q*Q*n*n*pow((b+2*hp*sqrt(1+m*m)),4.0/3)/pow((b*hp+m*hp*hp),10.0/3);
    e=h[s-1]*cos+af*v[s-1]*v[s-1]/2/g;
    if(h[0]<hk)h[s]=pow((af*Q*Q/2/g/(b+m*h[s])/(b+m*h[s])/(e+ds*(i-Jp)-h[s]*cos)),0.5);
    if(h[0]>hk)h[s]=pow((((e-ds*(i-Jp))*h[s]*h[s]-af*Q*Q/2/g/(b+m*h[s])/(b+m*h[s]))/
cos),1.0/3);
  }
    printf("%d,%14f,%14f,%14f\n",s,s*ds,v[s],h[s]);
  }
}
```

(2) FORTRUN 语言程序：zmd.f

```
 parameter (ms=20,jm=10)
 dimension h(0:ms),v(0:ms)
 real Jp,m,n,i
 data g/9.8/,af/1.05/,b/5.0/,i/0.25/,Q/30.0/,ds/2/,m/0.0/,n/0.025/
 cos=(1-i*i)**0.5
 do j=1,jm
   hk=(af*Q*Q/g/cos)**(1.0/3)*(b+2*m*hk)**(1.0/3)/(b+m*hk)
   if(i.gt.0)h0=(n*Q/i**0.5)**(3.0/5)*(b+2*h0*sqrt(1+m*m))**(2.0/5)/(b+m*h0)
 enddo
 write(*,*)'hk=',hk,'      h0=',h0
 write(*,*)'请输入控制断面水深 h(0)'
 read(*,*)h(0)
   v(0)=Q/(b*h(0)+m*h(0)*h(0))
 write(*,*)'     s          s*ds          vs          hs'
 write(*,'(1x,f5.0,3f15.3)')0.0,0.0,v(0),h(0)
 do s=1,ms
   h(s)=h(s-1)
 do j=1,jm
   v(s)=Q/(b*h(s)+m*h(s)*h(s)); hp=(h(s)+h(s-1))/2
   Jp=Q*Q*n*n*(b+2*hp*sqrt(1+m*m))**(4.0/3)/(b*hp+m*hp*hp)**(10.0/3)
   e=h(s-1)*cos+af*v(s-1)*v(s-1)/2/g
   if(h(0).le.hk)h(s)=(af*Q*Q/2/g/(b+m*h(s))**2/(e+ds*(i-Jp)-h(s)
 *cos))**0.5
   if (h (0) .gt.hk) h (s) = ( (h (s) **2* (e-ds* (i-Jp)) -af*Q*Q/2/g/ (b+m*h (s)) **2) /cos) *
 * (1.0/3)
 enddo
   write (*, ' (1x, f5.0, 3f15.3) ') s, s*ds, v (s), h (s)
 enddo
 end
```

三、例题分析解答

【例 7-1】 梯形断面壤土渠道通过流量 $Q=10.5\text{m}^3/\text{s}$，底宽 $b=8.9\text{m}$，边坡系数 $m=1.5$，正常水深 $h_0=1.25\text{m}$，糙率 $n=0.025$，求底坡 i，并判断渠道底坡是陡坡还是缓坡？流态是急流还是缓流？

解： $A=1.25\times(8.9+1.5\times1.25)=13.47(\text{m}^2)$

$\chi=8.9+2\times1.25\times\sqrt{1+1.5^2}=13.41(\text{m})$

$R=A/\chi=1.005\text{m}$，$C=1.005^{1/6}/0.025=40.03(\text{m}^{1/2}/\text{s})$

$$i=\left(\frac{Q}{AC\sqrt{R}}\right)^2=\left(\frac{10.5}{13.47\times40.03\times\sqrt{1.005}}\right)^2=0.00038,\quad v=Q/A=0.78\text{m/s}$$

$Fr=\dfrac{v}{\sqrt{g\dfrac{A}{B}}}=0.241<1$，缓流，因为均匀流时流态为缓流，所以底坡为缓坡。

【例 7-2】 有一灌溉干渠，断面为梯形，底宽 $b=2.2\text{m}$，边坡系数 $m=1.5$，实测得流量 $Q=8.11\text{m}^3/\text{s}$ 时，均匀流水深 $h_0=2\text{m}$，在 1800m 长的顺直渠段水面落差 $\Delta h=0.5\text{m}$，求渠道的糙率 n。

解： $i=J=J_P=\Delta h/L=1/3600$，$A=2\times(2.2+1.5\times2)=10.4(\text{m}^2)$

$\chi=2.2+2\times2\times\sqrt{1+1.5^2}=9.41(\text{m})$，$R=A/\chi=1.105\text{m}$

$n=AR^{2/3}i^{1/2}/Q=10.4\times1.105^{2/3}/3600^{1/2}/8.11=0.0228$

【例 7-3】 一梯形断面石渠的边坡系数 $m=0.1$，糙率 $n=0.020$，底宽 $b=4.3\text{m}$，均匀流水深 $h=2.75\text{m}$，底坡 $i=1/2000$，求流量和流速。

解： $A=2.75\times(4.3+0.1\times2.75)=12.58\ (\text{m}^2)$

$\chi=4.3+2\times2.75\times\sqrt{1+0.1^2}=9.83(\text{m})$

$R=A/\chi=1.28\text{m}$，$Q=\dfrac{1}{n}R^{2/3}A\sqrt{i}=16.58\text{m}^3/\text{s}$，$v=Q/A=1.318\text{m/s}$

【例 7-4】 有一顶盖为拱形的输水隧洞，过水断面为矩形，宽 $b=3.3\text{m}$，糙率 $n=0.017$，底坡 $i=0.001$，当流量 $Q=16\text{m}^3/\text{s}$ 时，求均匀流水深 h，问流速是否超过 2.0m/s？

解： 此题需要试算，可以采用不同试算方法，也可以采用水面线程序 zmd.c 或 zmd.for。

最后计算结果为：$h=2.6\text{m}$

验算：$A=3.3\times2.6=8.58(\text{m}^2)$，$\chi=3.3+2\times2.6=8.5(\text{m})$，$R=1.01$

$Q=\dfrac{1}{n}R^{2/3}A\sqrt{i}=16.06\text{m}^3/\text{s}\approx16\text{m}^3/\text{s}$（与已知流量相等）

所以 $h=2.6\text{m}$，$v=Q/A=1.86\text{m/s}<2.0\text{m/s}$

【例 7-5】 一梯形断面土渠，糙率 $n=0.0225$，边坡系数 $m=1.5$，底坡 $i=0.0001$，流量 $Q=75\text{m}^3/\text{s}$，规定流速 $v=0.8\text{m/s}$，试确定渠道的底宽和水深。

解：$A=Q/v=75/0.8=93.75(\text{m}^2)=(b+mh_0)h_0$

由 $Q=\frac{1}{n}R^{2/3}A\sqrt{i}=\frac{1}{n}\frac{A^{2/3}}{\chi^{2/3}}A\sqrt{i}$，得 $\chi=\frac{A^{5/2}i^{3/4}}{(nQ)^{3/2}}=b+2h_0\sqrt{1+m^2}=38.82\text{m}$

$$h_0=\frac{\chi\pm\sqrt{\chi^2-4A(2\sqrt{1+m^2}-m)}}{2(2\sqrt{1+m^2}-m)}=\begin{cases}15.58\text{m}\\2.858\text{m}\end{cases}$$

$b=\chi-2\sqrt{1+m^2}h_0=\begin{cases}-17.35\text{m} & \text{不是真解}\\28.516\text{m}\end{cases}$，所以 $h_0=2.86\text{m}$，$b=28.52\text{m}$。

【例 7-6】 一大型输水渠道为梯形断面，底坡 $i=1/25000$，糙率 $n=0.015$，设计流量 $Q=500\text{m}^3/\text{s}$ 时，正常水深为 $h_0=7.10\text{m}$。已知某一渠段的边坡系数 $m=2.0$，请设计该段渠道的底宽，并计算相应的流速。

解：此题需要试算，可以采用不同试算方法，也可以采用水面线程序 zmd.c 或 zmd.for。

最后计算结果为：$b=40.3\text{m}$

验算：$A=7.1\times(40.3+2\times7.1)=386.95(\text{m}^2)$

$$\chi=40.3+2\times7.1\times\sqrt{1+2^2}=72.05(\text{m})$$

$R=A/\chi=5.37\text{m}$，$Q=\frac{1}{n}R^{2/3}A\sqrt{i}\approx500\text{m}^3/\text{s}$（与已知流量相等）

所以 $b=40.3\text{m}$，$v=Q/A=1.293\text{m/s}$

【例 7-7】 如图 7-15 所示，采用机械化方法开挖大型土质渠道或河道时，过水断面常呈抛物线形。若已知水深 h 和水面宽 B，试推导过水断面面积和湿周的表达式。

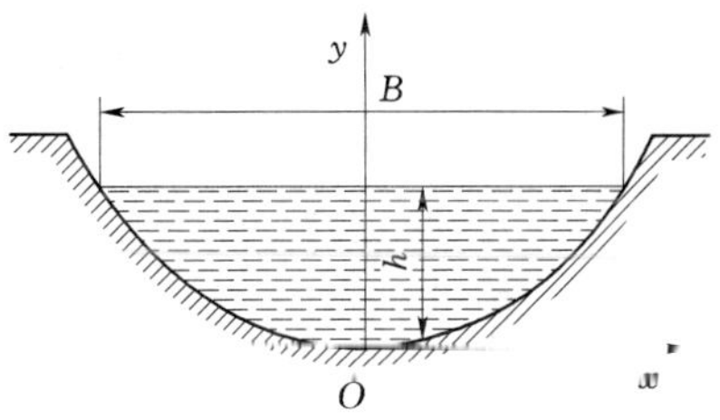

图 7-15

解：如图 7-15，抛物线方程为 $y=ax^2$，当 $x=B/2$ 时，$y=h$，所以 $a=\frac{4h}{B^2}$，$y=\frac{4h}{B^2}x^2$

$$A=2\int_0^{B/2}(h-y)\mathrm{d}x=2h\int_0^{B/2}\left(1-\frac{4x^2}{B^2}\right)\mathrm{d}x=\frac{2}{3}hB$$

$$\chi=2\int_0^{B/2}\sqrt{1+y'^2}\mathrm{d}x=2\int_0^{B/2}\sqrt{1+\left(\frac{8hx}{B^2}\right)^2}\mathrm{d}x=\frac{B^2}{4h}\int_0^{4h/B}\sqrt{1+u^2}\mathrm{d}u$$

$$=\frac{B^2}{4h}\left\{\frac{2h}{B}\sqrt{1+\left(\frac{4h}{B}\right)^2}+\frac{1}{2}\ln\left[\frac{4h}{B}+\sqrt{1+\left(\frac{4h}{B}\right)^2}\right]\right\}$$

【例 7-8】 已知三角形断面明槽的边坡系数 m，流量 Q，底坡 i 和糙率 n，试导出其正常水深的表达式。当 $m=0.75$，$Q=0.3\text{m}^3/\text{s}$，$i=0.0004$，$n=0.013$ 时，求正常水深 h_0。

解：由迭代公式（7-9），对于三角形断面 $b=0$，可得

$$h_0=\left(\frac{Qn}{\sqrt{i}}\right)^{3/8}\frac{(2\sqrt{1+m^2})^{1/4}}{m^{5/8}}$$

当 $m=0.75$，$Q=0.3\text{m/s}$，$i=0.0004$，$n=0.013$ 时

$$h_0=\left(\frac{0.3\times0.013}{\sqrt{0.0004}}\right)^{3/8}\frac{(2\sqrt{1+0.75^2})^{1/4}}{0.75^{5/8}}=0.815(\mathrm{m})$$

【例 7-9】 已知梯形断面渠道的流量 $Q=30\mathrm{m^3/s}$，糙率 $n=0.025$，边坡系数 $m=1.5$，底坡 $i=0.0009$，试分别根据水力最佳断面条件和 $A/A_m=1.04$ 的实用经济断面条件选择宽深比 β，确定正常水深 h_0 和底宽 b，并校核流速是否满足 $0.6\mathrm{m/s}<v<2.0\mathrm{m/s}$?

解：(1) 按水力最佳断面条件，$\beta_m=\dfrac{b}{h}=2(\sqrt{1+1.5^2}-1.5)=0.608$

$$h=h_m=\left(\frac{Qn}{\sqrt{i}}\right)^{3/8}\frac{(\beta_m+2\sqrt{1+m^2})^{1/4}}{(\beta_m+m)^{5/8}}=\left(\frac{30\times0.025}{\sqrt{0.0009}}\right)^{3/8}\frac{(0.608+2\sqrt{1+1.5^2})^{1/4}}{(0.608+1.5)^{5/8}}=3.006(\mathrm{m})$$

$b=\beta_m h_m=1.828\mathrm{m}$，$A_m=3.006\times(1.828+1.5\times3.006)=19.05(\mathrm{m^2})$，$v=Q/A=1.575\mathrm{m}$

(2) 按 $A/A_m=1.04$ 设计实用经济断面，则可以推导出

$$\frac{h}{h_m}=\left(\frac{A}{A_m}\right)^{5/2}\left[1-\sqrt{1-\left(\frac{A}{A_m}\right)^{-4}}\right]=(1.04)^{5/2}(1-\sqrt{1-1.04^{-4}})=0.683$$

$$\beta=\left(\frac{h_m}{h}\right)^2\frac{A}{A_m}(2\sqrt{1+m^2}-m)-m=3.202$$

所以　$h=2.053\mathrm{m}$，$b=\beta h=6.574\mathrm{m}$，$A=1.04A_m=19.8\mathrm{m}$，$v=Q/A=1.514\mathrm{m/s}$

可见两种情况下面积相差不大，流速均满足 $0.6\mathrm{m/s}<v<2.0\mathrm{m/s}$，但宽深比相差 5.3 倍。

【例 7-10】 试证明：(1) 水力最佳的梯形断面水力半径 $R=h/2$；(2) 给定过水断面面积 A，边坡系数 $m=1/\sqrt{3}$ $(\alpha=60°)$ 的梯形水力最佳断面的湿周为最小。

证明：(1) 因为 $\beta_m=2(\sqrt{1+m^2}-m)$，所以

$\chi=b+2h\sqrt{1+m^2}=h(\beta_m+2\sqrt{1+m^2})=2h(2\sqrt{1+m^2}-m)$

$A=h(b+mh)=h^2(\beta_m+m)=h^2(2\sqrt{1+m^2}-m)$，$R=A/\chi=h/2$　证毕。

(2) 由 $R=A/\chi=h/2$ 可得，$h=2A/\chi$，带入上式整理得：

$$\chi=2A^{1/2}(2\sqrt{1+m^2}-m)^{1/2}$$

当 A 一定、对湿周取极值时，$\dfrac{d\chi}{dm}=\dfrac{A^{1/2}}{(2\sqrt{1+m^2}-m)^{1/2}}\left(\dfrac{2m}{\sqrt{1+m^2}}-1\right)=0$

得：$2m=\sqrt{1+m^2}$，即 $m=1/\sqrt{3}$　证毕。

【例 7-11】 有一土渠，经过衬砌，已知底部糙率 $n_1=0.025$，中部糙率 $n_2=0.03$，上部糙率 $n_3=0.02$，各部分相应的湿周长度分别为 $\chi_1=6.32\mathrm{m}$，$\chi_2=5.37\mathrm{m}$，$\chi_3=3.13\mathrm{m}$，试计算综合糙率。

解：$n_{\max}/n_{\min}=n_2/n_3=0.03/0.02=1.5<2$，可采用湿周加权平均法计算 $(\alpha=1)$：

综合糙率 $n=\left(\dfrac{\chi_1 n_1^\alpha+\chi_2 n_2^\alpha+\chi_3 n_3^\alpha}{\chi_1+\chi_2+\chi_3}\right)^{1/\alpha}=\dfrac{6.32\times0.025+5.37\times0.03+3.13\times0.02}{6.32+5.37+3.13}=0.0259$

如果采用别洛康爱因斯坦和巴甫洛夫斯基公式计算，当 $\alpha=2$ 和 $\alpha=3/2$ 时，综合糙率分别为：$n=0.0260$，$n=0.0261$，可见计算结果相差不大。

【例 7-12】 已知甲、乙两河的流量、流速和水面宽，试判断其水流的流态。(1) 甲河：$Q=173\text{m}^3/\text{s}$，$v=1.6\text{m/s}$，$B=80\text{m}$；　(2) 乙河：$Q=1730\text{m}^3/\text{s}$，$v=6.86\text{m/s}$，$B=90\text{m}$。

解： (1) 甲河：$A=Q/v=108.1\text{m}^2$，$c=\sqrt{gA/B}=3.64\text{m/s}>v$，缓流。

(2) 乙河：$A=Q/v=252.2\text{m}^2$，$Fr=\dfrac{v}{\sqrt{g\dfrac{A}{B}}}=1.309>1$，急流

【例 7-13】 一梯形断面渠道，底宽 $b=10\text{m}$，边坡系数 $m=1.5$，流量 $Q=20\text{m}^3/\text{s}$，分别对底坡 $i=0.0005$ 和 $i=0.3$ 两种情况确定其临界水深。

解： 此题需要试算，可以采用不同试算方法，也可以采用水面线程序 zmd.c 或 zmd.for。

(1) $i=0.0005$，$\cos\theta=\sqrt{1-i^2}\approx1$

最后计算结果为：$h_K=0.714\text{m}$，

验算：$A=0.714\times(10+1.5\times0.714)=7.905(\text{m}^2)$

$$B=10+2\times1.5\times0.714=12.14\ (\text{m}),\ \alpha=1.0,$$

$\dfrac{\alpha Q^2B}{gA^3}=\dfrac{1\times20^2\times12.14}{9.8\times7.905^3}=0.997\approx1$（满足临界水深方程），所以 $h_K=0.714\text{m}$

(2) $i=0.3$，$\cos\theta=\sqrt{1-0.3^2}=0.954$（应考虑底坡影响）

最后计算结果为：$h_K=0.726\text{m}$，

验算：$A=0.726\times(10+1.5\times0.726)=8.05\ (\text{m}^2)$

$$B=10+2\times1.5\times0.726=12.19\ (\text{m})$$

$\dfrac{\alpha Q^2B}{gA^3}=0.953\approx\cos\theta$（满足临界水深方程），所以 $h_K=0.726\text{m}$

【例 7-14】 有一矩形断面渠道，宽度 $B=6\text{m}$，糙率 $n=0.015$，流量 $Q=15\text{m}^3/\text{s}$，求临界水深 h_K 和临界坡度 i_K。

解： 单宽流量 $q=Q/b=2.5\text{m}^2/\text{s}$

临界水深 $h_K=\sqrt[3]{\dfrac{\alpha q^2}{g}}=0.86\text{m}$

$A_K=6\times0.86=5.16\ (\text{m}^2)$

$\chi_K=6+2\times0.86=7.72\ (\text{m})$，$R_K=A_K/\chi_K=0.668\text{m}$，$C_K=R_K^{1/6}/n=62.34\text{m}^{1/2}/\text{s}$

临界坡度：$i_K=\dfrac{Q^2}{A_K^2C_K^2R_K}=\dfrac{15^2}{5.16^2\times62.34^2\times0.668}=0.0039$

【例 7-15】 有一梯形断面渠道，底宽 $b=6\text{m}$，边坡系数 $m=2.0$，糙率 $n=0.0225$，通过流量 $Q=12\text{m}^3/\text{s}$。求临界坡度 i_K。

解： 临界水深 h_K 需要试算，……，取 $h=0.684\text{m}$，$A=5.04\text{m}^2$，$B=8.736\text{m}$，$\alpha=1.0$，

$\frac{\alpha Q^2 B}{gA^3}=\frac{1\times 12^2\times 8.736}{9.8\times 5.04^3}=1.003\approx 1$，满足临界水深方程，所以 $h_K=0.684\text{m}$

$\chi_K=6+2\times 0.684\times(1+4)^{1/2}=9.06$（m），$R_K=A_K/\chi_K=0.556\text{m}$，$C_K=R_K^{1/6}/n=40.31\text{m}^{1/2}/\text{s}$

临界坡度 $i_K=\frac{Q^2}{A_K^2 C_K^2 R_K}=\frac{12^2}{5.04^2\times 40.31^2\times 0.556}=0.00628$

【例 7-16】 某工程施工截流时，龙口近似为矩形断面，宽度 $b=100\text{m}$，水深 $h=3\text{m}$，流量 $Q=2100\text{m}^3/\text{s}$，试计算龙口处微幅波向上游和下游传播的绝对波速，并判断水流是急流还是缓流。

解： $v=Q/(bh)=7\text{m/s}$，$c=\sqrt{gh}=5.42\text{m/s}$

向下游传播的波速 $c_下=v+c=12.42\text{m/s}$

向上游传播的波速 $c_上=c-v=-1.58\text{m/s}<0$，微幅波不能向上游传播，流态为急流。

【例 7-17】 一瀑布，在跌坎上游约 4m 处测得水深为 1.0m，试估算其单宽流量。

解： 依情况判断，此处水深为临界水深，即 $h_K\approx 1.0\text{m}$，$q=\sqrt{gh_K^3/\alpha}=3.13\text{m}^2/\text{s}$

【例 7-18】 某矩形断面平坡渠道，底宽 $b=4\text{m}$，流量 $Q=16\text{m}^3/\text{s}$，设跃前水深 $h'=0.6\text{m}$，求跃后水深 h'' 和水跃长度。

解： $q=16/4=4\text{m}^2/\text{s}$，$Fr_1=\sqrt{\frac{\alpha q^2}{gh'^3}}=2.75>1.7$，为典型水跃

$$h''=\frac{1}{2}h'\left(\sqrt{1+8Fr_1^2}-1\right)=2.05\text{m}，水跃长度\ l_j=6.9(h''-h')=10.0\text{m}$$

【例 7-19】 有一底宽为 12m 的矩形断面渠道中发生水跃，已知渠底高程为 120.43m，流量 $Q=60\text{m}^3/\text{s}$，测得跃后水位高程为 123.5m，试求水跃中单位体积水体所消耗的能量和消能率。

解： $q=60/12=5(\text{m}^2/\text{s})$，$h''=123.5-120.43=3.07$，$Fr_2=\sqrt{\frac{\alpha q^2}{gh''^3}}=0.297$

$$h'=\frac{1}{2}h''\left(\sqrt{1+8Fr_2^2}-1\right)=0.47\text{m}$$

水跃水头损失：$\Delta E_j=E_1-E_2=h'-h''+\frac{q^2}{2g}\left(\frac{1}{h'^2}-\frac{1}{h''^2}\right)=3.05\text{m}$

单位体积水体消耗能量：$\gamma\Delta E_j=3.05\times 9800=29.89$（kJ/m^3）

水跃消能效率：$\frac{\Delta E_j}{E_1}=\frac{\Delta E_j}{h'+\frac{q^2}{2gh'^2}}=48.7\%$

【例 7-20】 试证明与水跃函数的极小值 $J_{\min}$ 相应的水深满足条件 $1-\frac{\alpha' Q^2 B}{gA^3}=0$。

证明：水跃函数为：　　$J(h)=y_c A+\frac{\alpha' Q^2}{gA}$

取极值时 $$\frac{\mathrm{d}J(h)}{\mathrm{d}h}=\frac{\mathrm{d}}{\mathrm{d}h}(y_c A)+\frac{\mathrm{d}}{\mathrm{d}h}\left(\frac{\alpha' Q^2}{gA}\right)=0$$

其中 $$\frac{\mathrm{d}}{\mathrm{d}h}\left(\frac{\alpha' Q^2}{gA}\right)=-\frac{\alpha' Q^2}{gA^2}\frac{\mathrm{d}A}{\mathrm{d}h}=-\frac{\alpha' Q^2 B}{gA^2}$$

当水深增加 Δh，面积矩 Ay_c 增量

$$\Delta(Ay_c)=[A(y_c+\Delta h)+\Delta A\Delta h/2]-Ay_c=(A+\Delta A/2)\ \Delta h$$

所以 $\frac{\mathrm{d}}{\mathrm{d}h}(Ay_c)=\lim\limits_{\Delta h\to 0}\frac{\Delta(Ay_c)}{\Delta h}=\lim\limits_{\Delta h\to 0}\frac{(A+\Delta h/2)\Delta h}{\Delta h}=A$，$\frac{\mathrm{d}J(h)}{\mathrm{d}h}=A-\frac{\alpha' Q^2 B}{gA^2}=0$

即 $1-\frac{\alpha' Q^2 B}{gA^3}=0$ 为极值条件。而

$$\frac{\mathrm{d}^2 J}{\mathrm{d}h^2}=\frac{\mathrm{d}A}{\mathrm{d}h}-\frac{\alpha' Q^2}{gA^3}\left(A\frac{\mathrm{d}B}{\mathrm{d}h}-2B\frac{\mathrm{d}A}{\mathrm{d}h}\right)=B\left(1-\frac{\alpha' Q^2 B}{gA^3}\right)+\frac{\alpha' Q^2}{gA^3}\left(3B^2-A\frac{\mathrm{d}B}{\mathrm{d}h}\right)=\frac{A}{B}\left(\frac{3B^2}{A}-\frac{\mathrm{d}B}{\mathrm{d}h}\right)$$

一般情况下大于零，所以得到的极值是极小值 $J_{\min}$。证毕。

【例 7-21】 如图 7-16 所示，一长陡坡渠道接一段长度为 L 的平坡渠道，平坡段末端为一跌坎，定性分析随着长度 L 的变化，渠道中水面曲线以及水跃发生位置的各种可能的情况。

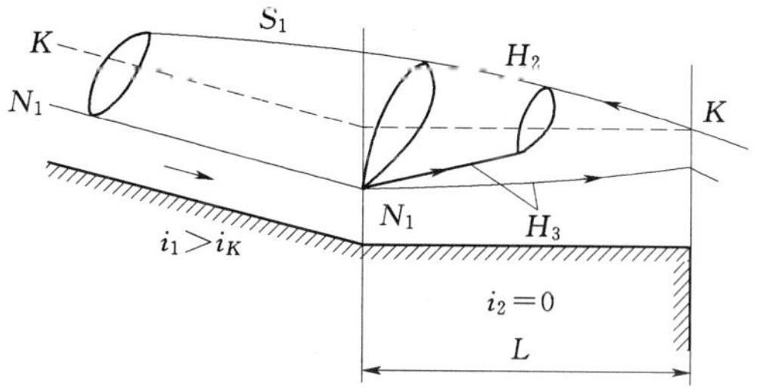

图 7-16

解： 陡坡长渠上游远处来流为均匀流，流态为急流，是否发生水跃以及水跃的位置与平坡段长度 L 有关，有几种可能的情况。

当 L 较短时，在平坡段 H_3 型壅水曲线，曲线末端在跌坎处的水深 $h_D\leqslant h_K$，不发生水跃。

若 L 较长时，平坡段后段将形成 H_2 型降水曲线，前段将形成 H_3 型壅水曲线。当平坡段中间某处 H_3 型壅水曲线的水深和 H_2 型降水曲线的水深满足共轭水深关系时，会发生水跃。

如果陡坡长渠均匀流水深和 H_2 型降水曲线的水深正好满足共轭水深关系时，将在交界处发生水跃，没有 H_3 型壅水曲线，只有 H_2 型降水曲线。

如果陡坡长渠均匀流水深相应的跃后水深小于 H_2 型降水曲线的水深，将在陡坡上形成 S_1 型壅水曲线，当 S_1 型曲线的水深与均匀流水深满足共轭条件时，在陡坡上发生水跃。平坡段越长，水跃发生位置越向上游。

【例 7-22】 如图 7-17 所示，有一由 4 段不同底坡的渠段组成的渠道，每一段均充分长，渠道首端为一闸孔出流，闸下收缩断面水深 $h_c<h_K$，渠道末端为一跌坎，试绘出其水面线。

解：（1）根据已知条件，画出各渠段的 K—K 线和 N—N 线。

（2）确定各渠段的控制水深，绘出水面线。平坡进口控制水深为收缩断面水深，平坡出口和跌坎处控制水深为临界水深，3 段顺坡渠道在渠段的中部为均匀流水深。

在平坡段先形成 H_3 型壅水曲线，然后在适当处发生水跃，跃后接 H_2 型降水曲线。陡坡段以 S_2 型降水曲线从临界水深过渡到正常水深 h_{02}。在临界坡渠段上以 C_3 型壅水曲

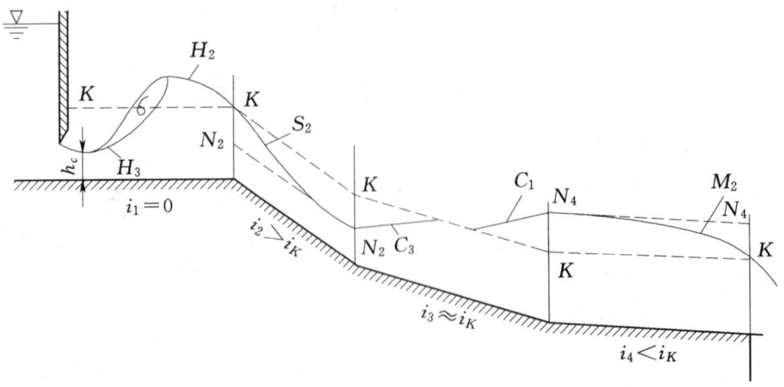

图 7-17

线过渡到正常水深 h_{03}，再以 C_1 型壅水曲线从正常水深过渡到缓坡正常水深 h_{04}；缓坡段 M_2 型降水曲线在跌坎处降到临界水深。

【例 7-23】 如图 7-18 所示，一矩形断面渠道，底宽 $b=5\text{m}$，底坡 $i=0.005$，分为充分长的两段，糙率分别为 $n_1=0.0225$ 和 $n_2=0.015$。当流量 $Q=5\text{m}^3/\text{s}$ 时，试判断两段渠道底坡的性质，并定性绘出水面曲线。

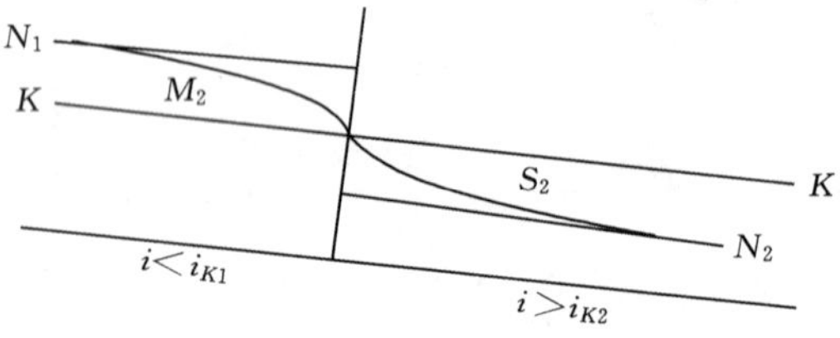

图 7-18

解： $q=Q/b=1\text{m}^2/\text{s}$，$h_K=\sqrt[3]{\dfrac{\alpha q^2}{g}}=0.467\text{m}$

渠道 1 的正常水深为 $h_{01}=0.544\text{m}>h_K$，为缓坡，远处均匀流为缓流。

渠道 2 的正常水深为 $h_{02}=0.420\text{m}<h_K$，为陡坡，远处均匀流为急流。

从缓流到急流必以水跌衔接，在交界处控制水深为临界水深，上游为 M_2 型降水曲线，下游为 S_2 型降水曲线。

【例 7-24】 矩形断面渠道，上、下两段宽度相等，底坡 $i_1>i_2$，当单宽流量 $q=4\text{m}^2/\text{s}$ 时，正常水深分别为 $h_{01}=0.66\text{m}$ 和 $h_{02}=1.55\text{m}$，判断流态和底坡性质，并确定水跃发生在哪段渠道中。

解： $h_K=\sqrt[3]{\dfrac{1\times 4^2}{9.8}}=1.18\ (\text{m})$

渠道 1，$h_{01}=0.66\text{m}<h_K$，为陡坡，远处均匀流为急流；

渠道 2，$h_{02}=1.55\text{m}>h_K$，为缓坡，远处均匀流为缓流。

从急流到缓流必以水跃衔接，水跃可能发生在上段、下段或交界处，需要根据具体数值判断。以下段正常水深为跃后水深，计算相应的跃前水深，如果跃前水深大于上段正常水深，则水跃发生在下段；如果跃前水深小于上段正常水深，则水跃发生在上段；如果跃前水深等于上段正常水深，则水跃发生在交界处。

设 $h''=h_{02}$，$Fr_2=\sqrt{\alpha q^2/gh''^3}=0.662$，$h'=\dfrac{1}{2}h''\left(\sqrt{1+8Fr_2^2}-1\right)=0.87\text{m}>h_{01}$

所以水跃发生在下段。

类题思考：若以上段正常水深为跃前水深，计算相应的跃后水深，如何判断水跃发生位置。

【例 7-25】 一矩形断面渠道，糙率 $n=0.025$，底宽 $b=8.2$m，底坡 $i=0.002$，通过流量 $Q=35\text{m}^3/\text{s}$。渠中建有一座节制闸，当闸前水深 $H=4.5$m 时，闸后收缩断面水深为 0.5m，试分析计算渠道中的水面曲线。

解：（1）判断渠道底坡性质和水面曲线形式。

将已知的 $b=8.2$m，$i=0.002$，$n=0.025$，$Q=35\text{m}^3/\text{s}$，$\alpha=1.05$ 代入程序计算可得：临界水深 $h_K=1.25$m；正常水深 $h_0=1.97\text{m}>h_K$，所以渠道坡度为缓坡。

根据情况判断，闸前水面曲线为 M_1 型壅水曲线，控制水深为 4.5m，闸后水面曲线为 M_3 型壅水曲线，曲线上游控制水深为 0.5m，曲线下游发生水跃，跃后断面水深为均匀流水深，跃前断面水深可由水跃方程求出：

$$Fr_2=\sqrt{\alpha q^2/gh''^3}=\sqrt{1.05\times35^2/(8.2^2\times g\times1.97^3)}=0.50$$

$$h'=\frac{1}{2}h''(\sqrt{1+8Fr_2^2}-1)=0.73\text{m}$$

渠道出口水面曲线为 M_2 型降水曲线，出口处控制水深为临界水深 h_K。

（2）计算水面曲线：重复 3 次应用 zmd. for 程序，3 次控制断面水深分别输入为：4.5m，0.5m，1.25m。计算结果如下（表 7-3）。

表 7-3

段	s	L (m)	v (m/s)	h (m)
闸前段	0	0	0.949	4.500
	1	300.000	1.078	3.958
	2	600.000	1.241	3.440
	3	900.000	1.440	2.964
	4	1200.000	1.670	2.556
	5	1500.000	1.895	2.252
	6	1800.000	2.055	2.077
	7	2100.000	2.131	2.003
	8	2400.000	2.156	1.980
	9	2700.000	2.162	1.974
	10	3000.000	2.164	1.972
闸后段	0	0	8.537	0.500
	1	5.000	7.834	0.545
	2	10.000	7.236	0.590
	3	15.000	6.719	0.635
	4	20.000	6.265	0.681
	5	25.000	5.860	0.728
	6	30.000	5.495	0.777
出口段	0	0	3.415	1.250
	1	100.000	2.373	1.799
	2	200.000	2.285	1.868
	3	300.000	2.239	1.906
	4	400.000	2.212	1.929
	5	500.000	2.196	1.944
	6	600.000	2.185	1.953
	7	700.000	2.178	1.959
	8	800.000	2.174	1.963
	9	900.000	2.171	1.966
	10	1000.000	2.169	1.968

根据计算结果，定性绘制水面线示意图如下（图 7-19）。

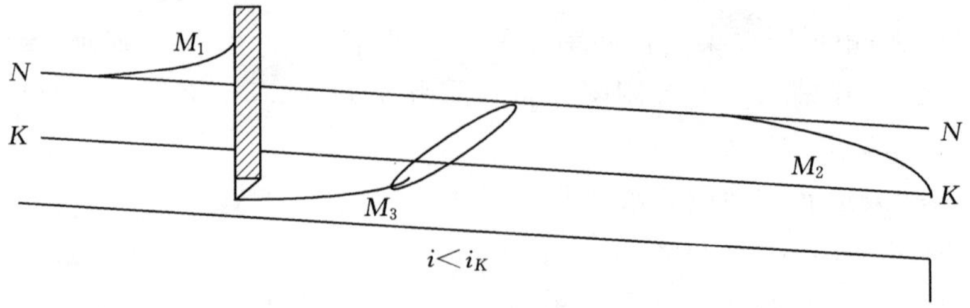

图 7-19

【例 7-26】 某水库泄水渠纵剖面如图 7-20 所示，渠道断面为矩形，宽 $b=5\text{m}$，底坡 $i=0.25$，用浆砌块石护面，糙率 $n=0.025$，当泄流量 $Q=30\text{m}^3/\text{s}$ 时，闸前水深和闸后收缩断面水深分别为 9.5m 和 0.45m，试分析计算渠道中的水面曲线。

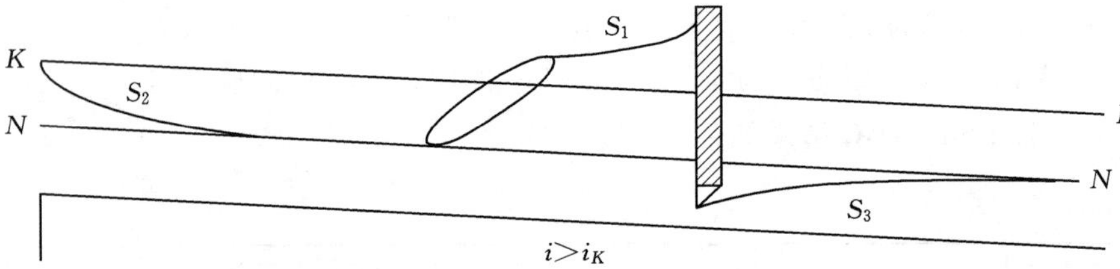

图 7-20

解：（1）判断渠道底坡性质和水面曲线形式。

将已知的 $b=5\text{m}$，$i=0.25$，$n=0.025$，$Q=30\text{m}^3/\text{s}$，$\alpha=1.05$ 代入程序计算可得：

临界水深 $h_K=1.5852\text{m}$；正常水深 $h_0=0.524\text{m}<h_K$，所以渠道坡度为陡坡。

根据情况判断渠道进口水面曲线为 S_2 型降水曲线，进口处控制水深为临界水深 h_K，曲线下游逐渐趋近于正常水深；闸前水面曲线为 S_1 型壅水曲线，曲线下游控制水深为 9.5m，曲线上游接水跃，跃前断面水深为均匀流水深，跃后断面水深可由水跃方程求出：

$$Fr_1=\sqrt{\alpha q^2/gh'^3}=\sqrt{1.05\times6^2/(g\times0.524^3)}=5.178$$

$$h''=\frac{1}{2}h'(\sqrt{1+8Fr_1^2}-1)=3.584\text{m}$$

闸后水面曲线为 S_3 型壅水曲线，控制水深为 0.45m，曲线下游逐渐趋近于正常水深。

（2）计算水面曲线：重复 3 次应用 zmd.for 程序，3 次控制断面水深分别输入为：1.585m，9.5m，0.45m。计算结果见表 7-4。

根据计算结果，定性绘制水面线示意图如图 7-20 所示。

表 7-4

	s	L (m)	v (m/s)	h (m)		s	L (m)	v (m/s)	h (m)
	0	0	3.785	1.585		5	5.000	1.011	5.936
	1	8.000	7.960	0.754		6	6.000	1.114	5.386
	2	16.000	9.341	0.642	闸前段	7	7.000	1.231	4.874
	3	24.000	10.146	0.591		8	8.000	1.364	4.397
	4	32.000	10.638	0.564		9	9.000	1.519	3.948
进口段	5	40.000	10.942	0.548		10	10.000	1.703	3.523
	6	48.000	11.132	0.539		0	0	13.333	0.450
	7	56.000	11.251	0.533		1	6.000	12.780	0.469
	8	64.000	11.326	0.530		2	12.000	12.391	0.484
	9	72.000	11.372	0.528		3	18.000	12.115	0.495
	10	80.000	11.401	0.526		4	24.000	11.921	0.503
	0	0	0.632	9.500	闸后段	5	30.000	11.783	0.509
	1	1.000	0.693	8.654		6	36.000	11.685	0.513
闸前段	2	2.000	0.761	7.883		7	42.000	11.617	0.517
	3	3.000	0.836	7.179		8	48.000	11.568	0.519
	4	4.000	0.918	6.532		9	54.000	11.533	0.520

【例 7-27】 如图 7-21 所示，梯形断面明槽，底宽 $b=10$m，边坡系数 $m=1.0$，糙率 $n=0.025$，分为底坡不同的 3 段：$i_1=0.001$，$l_1=5000$m，$i_2=0$，$l_2=150$m，$i_3=0.05$，$l_3=500$m。设流量 $Q=15m^3/s$，试分析和计算其水面曲线。

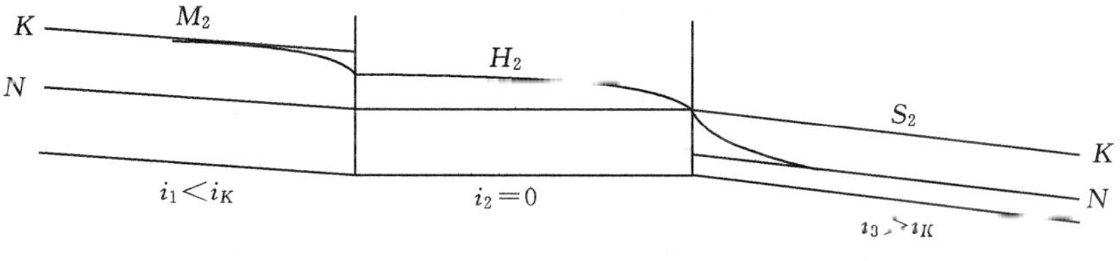

图 7-21

解：用程序可分别计算出临界水深和各段渠道的正常水深（取 $\alpha=1.05$）：

$h_K=0.6098$m；渠道 1，$h_{01}=1.112\text{m}>h_K$，为缓坡；渠道 3，$h_{03}=0.344<h_K$，为陡坡。定性分析水面曲线如图 7-21 所示，平坡与陡坡段之间必以水跌过渡，控制水深为临界水深。

以渠道 2、渠道 3 交界断面临界水深为控制水深分别计算渠道 2、渠道 3 的水面曲线。渠段 3：控制水深为 h_K，步长为 5m，计算结果见表 7-5。

30m 以后就已基本上是正常水深。

渠段 2：控制水深为 h_K，步长为 15m，计算结果见表 7-6。

表 7-5

s	L (m)	v (m/s)	h (m)	s	L (m)	v (m/s)	h (m)
0	0	2.318	0.610	4	20.000	4.092	0.354
1	5.000	3.544	0.407	5	25.000	4.145	0.350
2	10.000	3.843	0.376	6	30.000	4.175	0.347
3	15.000	4.002	0.362				

表 7-6

s	L (m)	v (m/s)	h (m)	s	L (m)	v (m/s)	h (m)
0	0	2.318	0.610	6	90.000	1.348	1.011
1	15.000	1.720	0.807	7	105.000	1.313	1.035
2	30.000	1.589	0.869	8	120.000	1.282	1.058
3	45.000	1.503	0.914	9	135.000	1.255	1.079
4	60.000	1.440	0.951	10	150.000	1.231	1.098
5	75.000	1.390	0.983				

以渠段 1、渠段 2 交界处水深为 1.098m（$<h_{01}$），渠段 1 的水面曲线为 M_2 型降水曲线。

渠段 1：控制水深为 1.098m，步长为 200m，计算结果见表 7-7。

表 7-7

s	L (m)	v (m/s)	h (m)	s	L (m)	v (m/s)	h (m)
0	0	1.231	1.098	3	600.000	1.216	1.111
1	200.000	1.222	1.106	4	800.000	1.215	1.111
2	400.000	1.218	1.109	5	1000.000	1.214	1.112

约 1000m 之外趋近均匀流。

【例 7-28】 一梯形断面土质渠道，糙率 $n=0.025$，底宽 $b=8.2$m，边坡系数 $m=1.5$，底坡 $i=0.0004$，通过流量 $Q=35\text{m}^3/\text{s}$。渠中建有一座节制闸，当闸前水深 $H=4$m 时，请计算节制闸上游的水面曲线，确定回水影响范围（本题以水深与正常水深相差不到 1cm 的断面为回水末端）。

解： 用程序计算，$h_K=1.16$m，$h_0=2.519$m，控制水深为 4m，步长 1000m，水面曲线为 M_1 型，水面曲线计算结果见表 7-8。

大约 10km 以后水面线基本消落到正常水深线。

表 7-8

s	L (m)	v (m/s)	h (m)	s	L (m)	v (m/s)	h (m)
0	0	0.616	4.000	6	6000.000	1.077	2.665
1	1000.000	0.694	3.676	7	7000.000	1.112	2.601
2	2000.000	0.780	3.382	8	8000.000	1.134	2.563
3	3000.000	0.868	3.128	9	9000.000	1.146	2.543
4	4000.000	0.952	2.922	10	10000.000	1.152	2.531
5	5000.000	1.023	2.769				

【例 7-29】 试证明，无摩阻的矩形渠道水面曲线可以表示为：$s=\frac{h}{2i}\left[2+\left(\frac{h_K}{h}\right)^3\right]+$常数。

证明：无摩阻，$J=0$，所以 $\frac{\mathrm{d}h}{\mathrm{d}s}=\frac{i-J}{1-Fr^2}=\frac{i}{1-Fr^2}=\frac{i}{1-\frac{\alpha q^2}{gh^3}}=\frac{i}{1-\left(\frac{h_K}{h}\right)^3}$

有 $\frac{\mathrm{d}s}{\mathrm{d}h}=\frac{1}{i}\left[1-\left(\frac{h_K}{h}\right)^3\right]$， 积分得 $s=\frac{h}{2i}\left[2+\left(\frac{h_K}{h}\right)^3\right]+$常数。证毕。

【例 7-30】 如图 7-22 所示，某闸的下游为一水平渠道，然后与一断面形状尺寸相同的陡坡长渠连接，(1) 试定性分析水平段长度 l 不同时，渠道中会出现哪些类型的水面曲线？(2) 若渠道断面均为矩形，底宽 $b=10$m，糙率 $n=0.025$，水平段长度 $l=37$m，长渠底坡 $i=0.03$，且已知通过的流量 $Q=80\text{m}^3/\text{s}$，闸下收缩断面水深 $h_c=0.68$m，试计算水平段和长渠上的水面曲线。

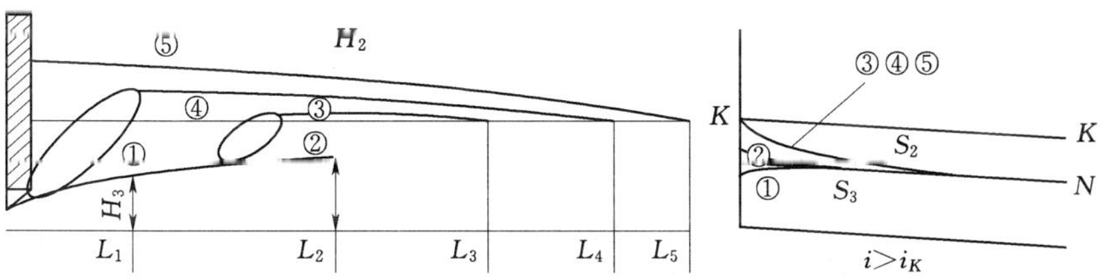

图 7-22

解：(1) 当 L 较短时，在平坡段形成 H_3 型壅水曲线，如果曲线末端在跌坎处的水深 $h_D\leqslant h_{02}$，不发生水跃，在陡坡段形成 S_3 型壅水曲线，如图 7-22 中曲线①。

如果曲线末端在跌坎处的水深 $h_{02}\leqslant h_D\leqslant h_K$，不发生水跃，在陡坡段形成 S_2 型降水曲线，如图 7-22 中曲线②。

当 L 较长时，平坡段后段将形成 H_2 型降水曲线，前段将形成 H_3 型壅水曲线。当平坡段中间某处 H_3 型壅水曲线的水深和 H_2 型降水曲线的水深满足共轭水深关系时，在平坡段中发生水跃，在陡坡段形成 S_2 型降水曲线，如图 7-22 中曲线③。

如果收缩断面水深和 H_2 型降水曲线的水深正好满足共轭水深关系时，将在闸下发生临界水跃，平坡段没有 H_3 型壅水曲线，只有 H_2 型降水曲线，在陡坡段形成 S_2 型降水曲线，如图 7－22 中曲线④。

如果收缩断面水深相应的跃后水深小于 H_2 型降水曲线的水深，将在闸下发生淹没水跃，平坡段没有 H_3 型壅水曲线，只有 H_2 型降水曲线，在陡坡段形成 S_2 型降水曲线，如图 7－22 中曲线⑤。

（2）用程序计算得 $h_K=1.90$m 大于收缩断面水深，平坡段水面曲线为 H_3 型。以收缩断面为控制断面，控制水深为 0.68m，向下游计算水面线，步长为 3.7m，计算结果见表 7－9。

表 7－9

s	L (m)	v (m/s)	h (m)	s	L (m)	v (m/s)	h (m)
0	0	11.765	0.680	6	22.200	9.266	0.863
1	3.700	11.261	0.710	7	25.900	8.944	0.894
2	7.400	10.798	0.741	8	29.600	8.642	0.926
3	11.100	10.371	0.771	9	33.300	8.358	0.957
4	14.800	9.976	0.802	10	37.000	8.088	0.989
5	18.500	9.609	0.833				

该水面线末端水深仍小于临界水深，不会发生水跃。

仍用程序计算得长坡段正常水深 $h_{02}=1.187\text{m}<h_K$，为陡坡渠道。以平坡段末端断面为控制断面，控制水深为 $0.989\text{m}<h_{02}$，水面曲线为 S_3 型，步长 20m，结果见表 7－10。

表 7－10

s	L (m)	v (m/s)	h (m)	s	L (m)	v (m/s)	h (m)
0	0	8.089	0.989	6	120.000	6.811	1.175
1	20.000	7.589	1.054	7	140.000	6.783	1.179
2	40.000	7.268	1.101	8	160.000	6.765	1.183
3	60.000	7.064	1.132	9	180.000	6.755	1.184
4	80.000	6.937	1.153	10	200.000	6.748	1.185
5	100.000	6.859	1.166				

四、习题与答案

1. 概念题（判断、填空、选择）

7－1　缓变流一定是缓流，急变流一定是急流。（　　）

7－2　棱柱形明渠中形成 M_3 型、S_3 型、H_3 型、A_3 型、C_3 型水面曲线时，其佛汝德数 Fr 沿程减小。（　　）

7－3　S_1 型水面曲线是发生在______。（　　）

（1）缓坡渠道中的缓流　　（2）陡坡渠道中的缓流

(3) 缓坡渠道中的急流　　(4) 陡坡渠道中的急流

7-4　在明渠渐变流中__________。　　(　)

(1) 总水头线一定平行于底坡线　　(2) 总水头线与自由水面重合

(3) 测压管水头线与自由水面重合　　(4) 水面线与底坡线平行

7-5　发生水跃的必要条件是__________。　　(　)

(1) 从层流过渡到紊流　　(2) 从陡坡过渡到缓坡

(3) 从缓流过渡到急流　　(4) 从急流过渡到缓流

7-6　已知某水闸下游收缩断面水深 $h_{c0}=0.6\text{m}$（相应的跃后水深 $h''_{c0}=3.5\text{m}$），临界水深 $h_c=1.6\text{m}$，下游河道水深 $t=1.4\text{m}$，则闸下将发生__________。　　(　)

(1) 远离水跃　　(2) 临界水跃　　(3) 淹没水跃　　(4) 急流

7-7　明渠中发生 M_2 型、H_2 型、A_2 型水面曲线时，其佛汝德数 Fr ____。　　(　)

(1) 小于 1　　(2) 等于 1　　(3) 大于 1　　(4) 无法确定

7-8　有两条梯形断面渠道，已知其流量、边坡系数、糙率和底宽均相同，但底坡 $i_1>i_2$，则其均匀流水深 h_{01} 和 h_{02} 的关系为__________。　　(　)

(1) $h_{01}>h_{02}$　　(2) $h_{01}<h_{02}$　　(3) $h_{01}=h_{02}$　　(4) 无法确定

7-9　有两条梯形断面渠道，已知其流量、边坡系数、底坡和糙率均相同，但底宽 $b_1>b_2$，则其均匀流水深 h_{01} 和 h_{02} 的关系为__________。　　(　)

(1) $h_{01}>h_{02}$　　(2) $h_{01}<h_{02}$　　(3) $h_{01}=h_{02}$　　(4) 无法确定

7-10　有两条梯形断面渠道，其流量、边坡系数、底宽及底坡均相同，但糙率 $n_1>n_2$，则其均匀流水深 h_{01} 和 h_{02} 的关系为__________。　　(　)

(1) $h_{01}>h_{02}$　　(2) $h_{01}<h_{02}$　　(3) $h_{01}=h_{02}$　　(4) 无法确定

7-11　有 4 条矩形断面棱柱形渠道，其过水断面面积、糙率、底坡均相同，其底宽 b 与均匀流水深 h_0 有以下几种情况，则通过流量最大的渠道是__________。　　(　)

(1) $b_1=4\text{m}$，$h_{01}=1\text{m}$　　(2) $b_2=2\text{m}$，$h_{02}=2\text{m}$

(3) $b_3=2.83\text{m}$，$h_{03}=1.414\text{m}$　　(4) $b_4=2.67\text{m}$，$h_{04}=1.5\text{m}$

7-12　矩形明渠水流中，断面单位能量 E_s 与水深 h 之比值 $E_s/h=1.8$ 时，水流的佛汝德数 Fr 为______。

7-13　S_2 型水面曲线发生在______坡上，其水流属于______流。曲线的特征是______________________________。

7-14　两条棱柱形明渠的断面形状、尺寸、底坡和通过的流量均相同，但糙率不同 ($n_1>n_2$)。它们的正常水深 h_{01} ____ h_{02}；临界水深 h_{c1} ____ h_{c2}。

7-15　水跌是水流从______流过渡到______流的局部水力现象。当流量一定时，跌坎处的水深等于______。

7-16　水跃是水流从______流过渡到______流的局部水力现象；当流量一定，跃前水深增大时，跃后水深______。

7-17　在明渠水流中，发生______型水面曲线时，断面单位能量 E_s 沿程增大；发生______型水面曲线时，E_s 沿程减小。

7-18　在矩形断面明渠均匀流中，均匀流水深与临界水深之比为 2，则佛汝德数 Fr

为__________。

7-19　在进行明渠渐变流水面曲线计算时，对于______流，控制断面应选在上游；对于______流，控制断面应选在下游。

7-20　梯形明渠断面单位能量 Es 与水深 h 之比值 $E_s/h>1.5$ 时，水流的流态一定为__________。

7-21　棱柱形明渠恒定渐变流基本微分方程 $\mathrm{d}h/\mathrm{d}s=(i-J)/(1-Fr^2)$ 表示水深 h 沿程变化规律，其分子反映水流的________________________________，分母反映水流的__________________。

7-22　平底棱柱形明渠的水跃函数为____________________，水跃的前后水深以 h' 和 h'' 表示，则有水跃函数关系式____________________。

7-23　明渠水流的佛汝德数 Fr 表示水流的______力与______力作用之比，可作为判别流态的标准，当水流为急流时，______力作用为主，Fr ______，当水流为缓流时，______力作用为主，Fr ______。

7-24　断面单位能量 E_s 和单位重量液体总能量 E 有什么区别？明渠均匀流 E_s 和 E 沿流是怎样变化的？明渠非均匀流 E_s 和 E 沿流是怎样变化的？

7-25　何谓断面单位能量？试叙述断面单位能量曲线的特征。

2. 作图题

7-26　试定性分析下面各种情况下（图 7-23）渠道里的水面曲线形式，假设各段渠道均充分长，且流量、糙率、断面形状及尺寸均相同。

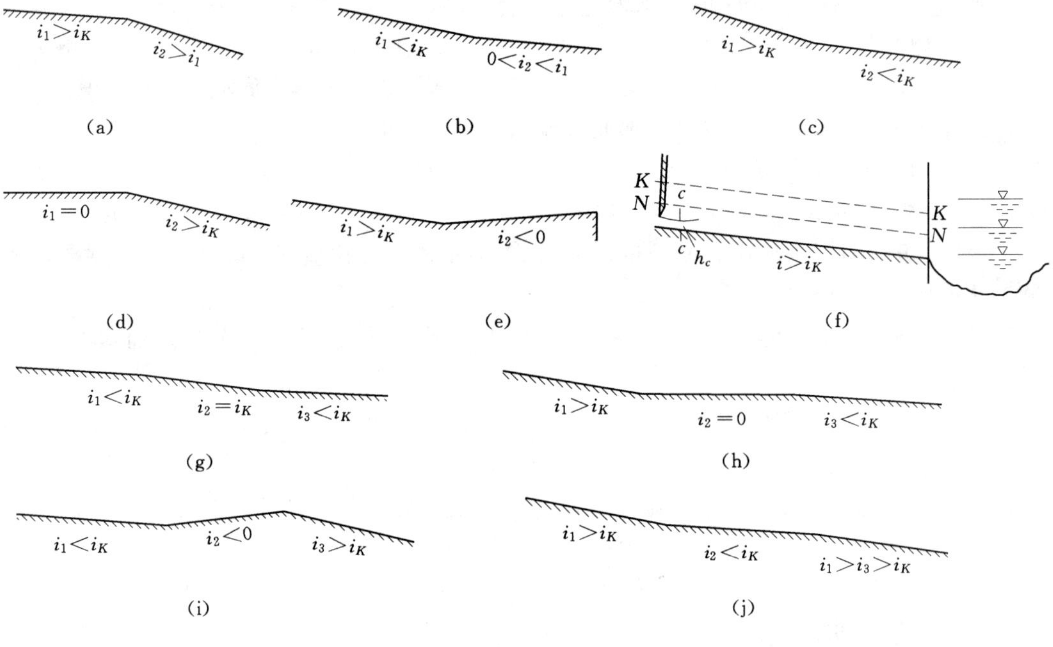

图 7-23

7-27　定性绘出图 7-24 所示棱柱形明渠的水面曲线，并注明曲线名称。（各渠段均充分长，各段糙率相同）

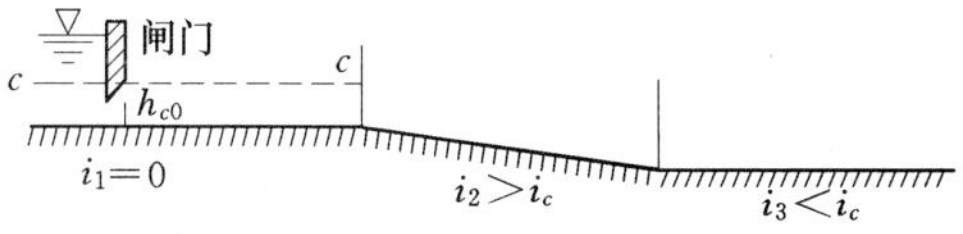

图 7-24

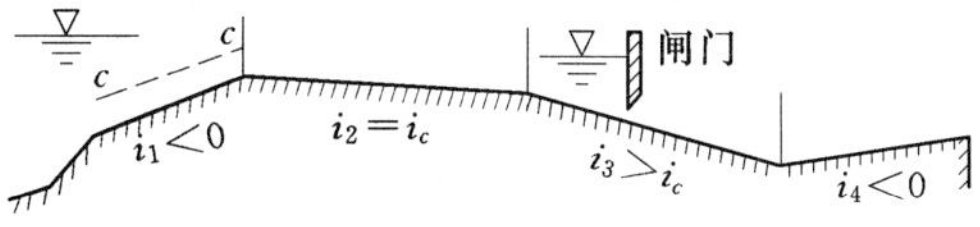

图 7-25

7-28　定性绘出图 7-25 所示棱柱形明渠的水面曲线，并注明曲线名称（各渠段均充分长，各段糙率相同）。

7-29　定性绘出图 7-26 所示两段宽度不同的棱柱形明渠的水面曲线，并注明曲线名称（各渠段均充分长，各段糙率相同）。

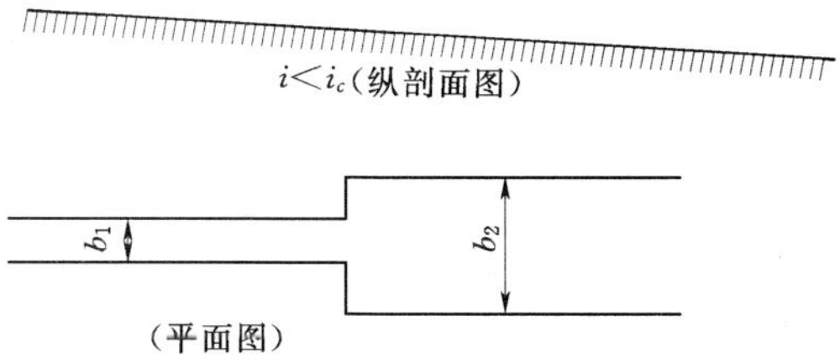

图 7-26

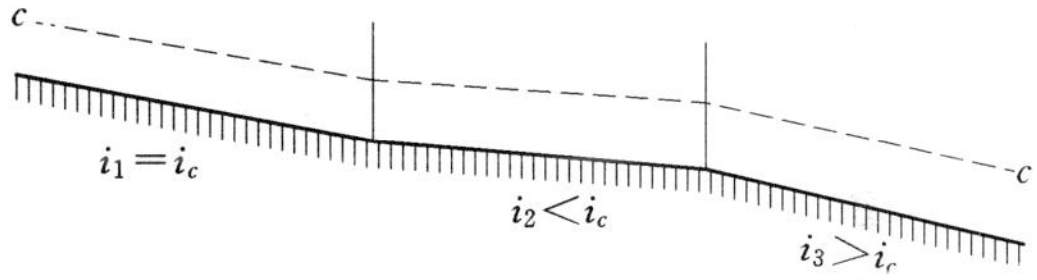

图 7-27

7-30　定性绘出图 7-27 所示棱柱形明渠的水面曲线，并注明曲线名称（各渠段均充分长，各段糙率相同）。

7-31　定性绘出图 7-28 所示棱柱形明渠的水面曲线，并注明曲线名称（各渠段均充分长，各段糙率相同）。

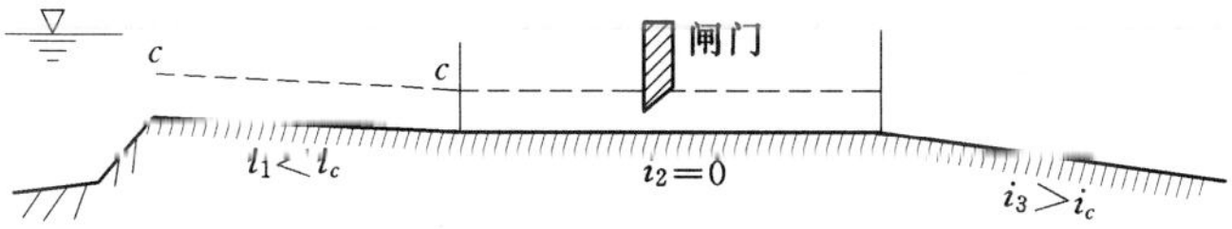

图 7-28

7-32　图 7-29 所示两图中所绘水面线是否正确，试分析改正之。

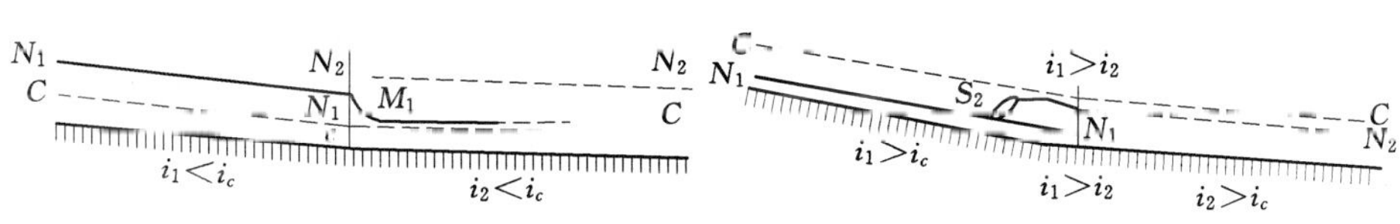

图 7-29

7-33　如图 7-30 所示宽矩形渠道由 3 段长渠组成，3 段渠道底宽均相等。*AB* 渠段

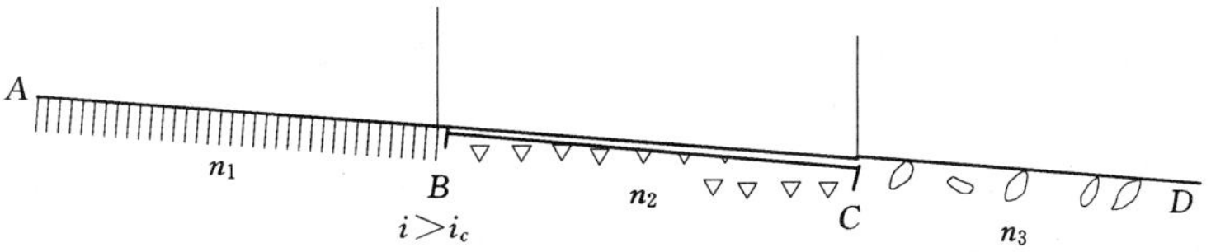

图 7-30

糙率为 n_1，BC 渠段糙率为 n_2，CD 渠段糙率为 n_3，$n_1<n_3<n_2$。3 段渠道底坡相等（$i>i_c$）。定性绘制水面线，并注明水面线类型。

7-34　水库经长泄洪洞泄洪，泄洪洞断面为矩形，洞内水流为无压流，其纵剖面如图 7-31 所示。洞后接一等宽的矩形长陡坡，出口为平底矩形消能池。试定性绘出水面曲线，并标明型号。h_{c0} 为收缩断面水深；i_c 为临界底坡；h_c 为临界水深；d 为消能池池深。

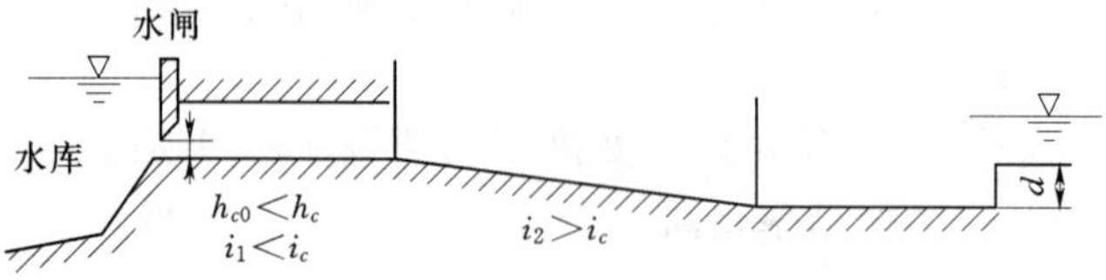

图 7-31

7-35　如图 7-32 所示，试分析以下 3 种水面线发生的可能性，如能发生，请说明发生的条件，曲线名称符号及 h_1 和 h_2 的取值大小或范围。

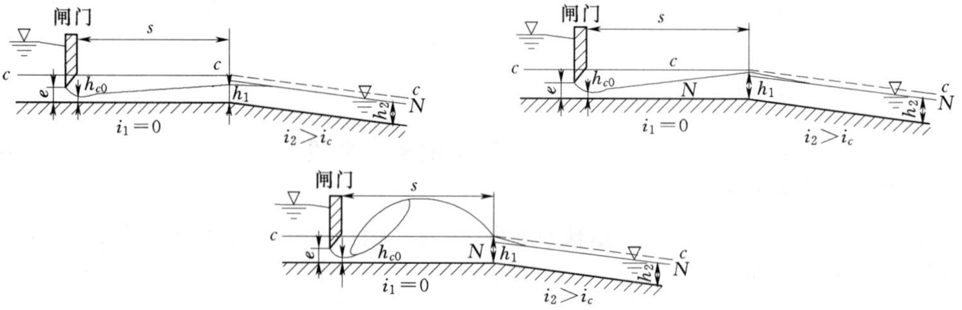

图 7-32

3. 计算题

7-36　一宽度 $b=1.0$m 的矩形断面棱柱形渠道，通过流量 $Q=3.13\text{m}^3/\text{s}$ 时，正常水深 $h_0=1.5$m。要求：(1) 判别该渠道底坡属于缓坡、陡坡还是临界坡；(2) 测得某断面水深 $h=1.25$m，判别该处水流为缓流还是急流，渠中发生何种水面曲线，绘出其图形。

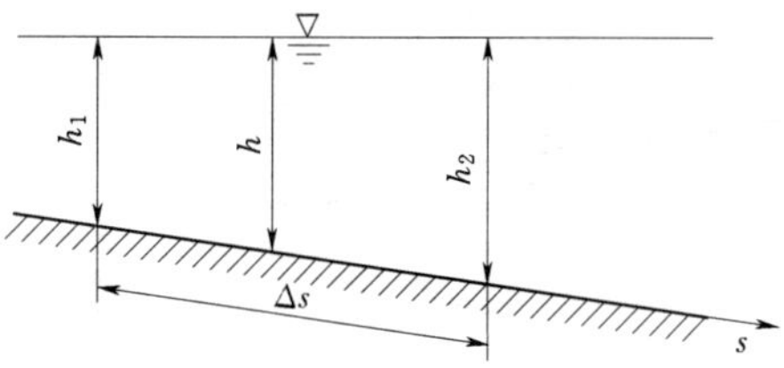

图 7-33

7-37　如图 7-33 所示，底坡 $i=0.01$ 的等宽矩形断面渠道，内盛静水。今在相距 $\Delta s=100$m 两个断面测得水深分别为 $h_1=2$m 及 $h_2=3$m。试导出微波波速 C 随距离 s 变化的关系式，并求出波从断面 1 到断面 2 所需的时间 t。

7-38　有一梯形断面渠道，底坡 $i=0.0005$，边坡系数 $m=1$，糙率 $n=0.027$，过水断面面积 $A=10\text{m}^2$。求水力最佳断面及相应的最大流量。若改为矩形断面，仍欲维持原有流量，且其糙率及底坡 i 均不变，问其最佳尺寸如何？

7-39　试证明渠均匀流时水力坡度、测压管水头线坡度、底坡相等，即 $J=J_p=i$。

7-40　试证明在其他条件一定时，梯形断面渠道的均匀流水深随底宽增大而减小。

7-41　试证明宽浅矩形断面渠道中恒定均匀流时佛汝德数 $Fr=i^{9/20}q^{1/10}/(n^{9/10}g^{1/2})$，

式中 i 为底坡；n 为糙率；q 为单宽流量；g 为重力加速度。

7-42　由两段不同底坡 i_1 和 i_2 相连接的棱柱形明渠，渠道断面为矩形，宽度 $b=3\text{m}$。当通过流量 $Q=15\text{m}^3/\text{s}$ 时，已知 i_1 和 i_2 渠段的正常水深分别为 $h_{01}=0.7\text{m}$，$h_{02}=2\text{m}$。要求：(1) 判别上、下游渠道各为何种底坡；(2) 确定水跃发生在哪一渠段上；(3) 定性绘出渠道的水面曲线，并注明曲线的名称。

7-43　图 7-34 所示为一渐变扩散渠段 AB 连接两棱柱形长渠。已知渠道断面为矩形，上游渠宽 $b_1=3\text{m}$，正常水深 $h_{01}=1.8\text{m}$，下游渠宽 $b_2=4\text{m}$，正常水深 $h_{02}=2\text{m}$，渐变段底坡 $i=0$，上游端断面 A 处水深 $h=1.94\text{m}$；渠中流量 $Q=10\text{m}^3/\text{s}$。要求绘出水面曲线相接图，并注明棱柱形渠段的水面曲线类型。

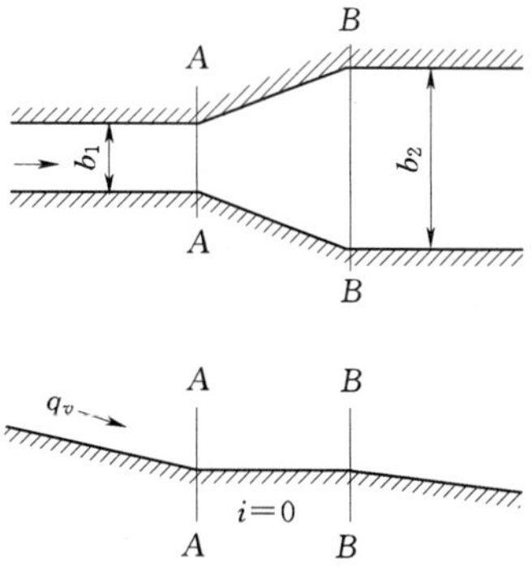

图 7-34

7-44　图 7-35 所示为 4 种过水断面形状不同的明渠，但其过水断面面积、糙率、底坡均相同，试论证并比较各明渠通过流量的大小。

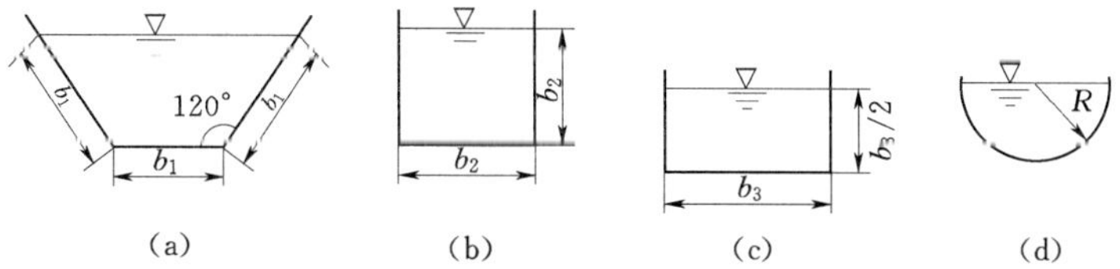

图 7-35

7-45　图 7-36 所示为一矩形断面平底明渠中的水跃，水跃底部有一低坎。已知单宽流量 $q=6\text{m}^2/\text{s}$。跃前水深 $h_1=0.5\text{m}$，水流作用在单宽低坎上的总压力 $R'=(\rho g h_1^2)/2$。取动量校正系数为 1。(1) 求跃后水深 h_2，(2) 求无低坎时的跃后水深？

7-46　已知梯形断面渠道的底宽 $b=1\text{m}$，边坡系数 $m=1$。在水平渠段上的水跃共轭水深为 $h_1=0.2\text{m}$，$h_2=0.6\text{m}$，求通过渠道的流量 Q。[梯形断面形心的深度 $h_c=h(3b+2mh)/6/(b+mh)$]

7-47　某矩形断面平底渠道，底宽 $b=7\text{m}$，通过流量 $Q=40\text{m}^3/\text{s}$。若渠中发生水跃时，跃前水深 $h_1=0.8\text{m}$。求该水跃的水头损失。

7-48　若不对称的梯形断面两侧边坡系数分别为 m_1、m_2，试推导其水力最佳条件。

7-49　矩形渠槽，底宽 $b=4\text{m}$，水深 $h=1.5\text{m}$，设槽底糙率 $n_1=0.0225$，槽壁两边的糙率分别为 $n_2=0.017$ 和 $n_3=0.012$，试计算综合糙率。

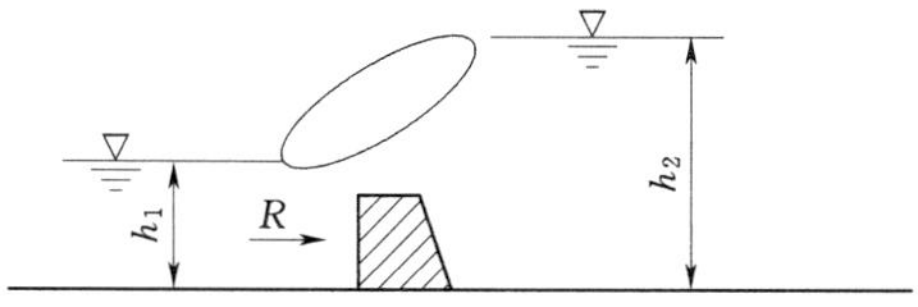

图 7-36

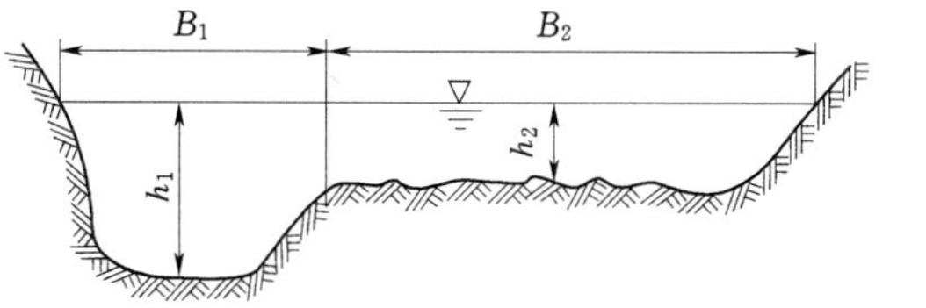

图 7-37

7－50　如图 7－37 所示，某河流在汛期洪水漫滩，实测纵向水面坡度 $J_P=0.0003$，主槽水深 $h_1=3\text{m}$，水面宽 $B_1=120\text{m}$，滩地水深 $h_2=1.5\text{m}$，水面宽 $B_2=230\text{m}$。糙率分别为 $n_1=0.025$，$n_2=0.035$。试估算洪水流量。

7－51　一直径 $D=1.0\text{m}$ 的水平无压圆管中发生水跃，已知流量 $Q=1.0\text{m}^3/\text{s}$，跃前水深 h' 为 0.4m，求跃后水深 h''。

7－52　试证明，当流量给定时，矩形断面明槽的临界坡度随宽度 b 的增加而变化的规律为：$b<5.66(\alpha Q^2/g)^{1/5}$ 时，i_K 随 b 的增加而减小；$b>5.66(\alpha Q^2/g)^{1/5}$ 时，i_K 随 b 的增加而增大。

7－53　试证明，在边坡系数为 m 的平底梯形断面明槽中，水跃前、后的水深之间满足以下关系 $\eta^4+\left(\frac{5}{2}\beta+1\right)\eta^3+\left(\frac{3}{2}\beta+1\right)(\beta+1)\ \eta^2+\left[\left(\frac{3}{2}\beta+1\right)\beta-\frac{3\sigma^2}{\beta+1}\right]\eta-3\sigma^2=0$

其中：$\eta=h''/h'$，$\beta=\frac{b}{mh'}$，$\sigma=\frac{Q}{g^{1/2}mh'^{5/2}}$

7－54　如图 7－38 所示，矩形断面斜坡明槽上发生水跃，假设水跃区水体的重量 $G=\frac{1}{2}K\gamma L\ (h'+h'')$（$L$ 为水跃段长度，K 为修正系数），试推导水跃方程，并证明其跃前、跃后水深满足 $\frac{h''}{h'}=\frac{1}{2}\sqrt{1+8W_1^2}-1$，式中 ${W_1}^2=Fr_1^2/\left[\cos\theta+\frac{KL\sin\theta}{h'-h''}\right]$，$Fr_1^2=\alpha q^2/(gh'^3)$

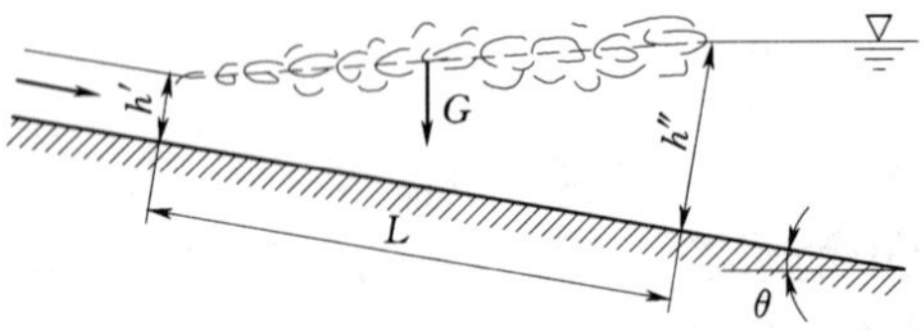

图 7－38

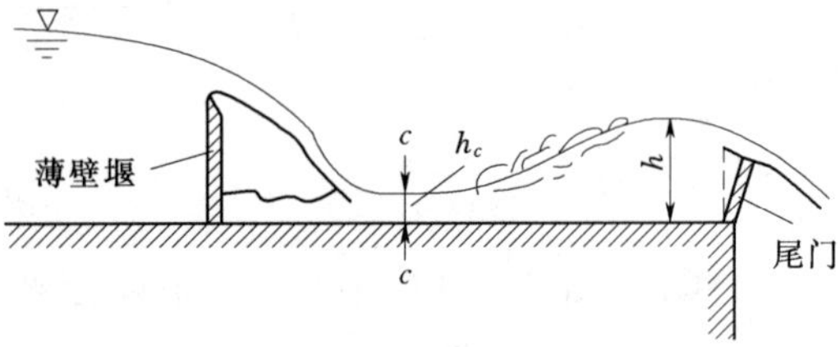

图 7－39

7－55　实验水槽中的水流现象如图 7－39 所示，且流量不变，若提高或降低尾门，试分析水跃位置向哪边移动，为什么？

7－56　如图 7－40 所示，一排水渠上段底坡 $i_1=0.0005$，下段底坡 $i_2=0.00033$，排水入下游河道中，已知在排泄一定流量时两段渠道中均匀流水深均大于临界水深，下游河水位很低，试定性分析渠道中的水面曲线。

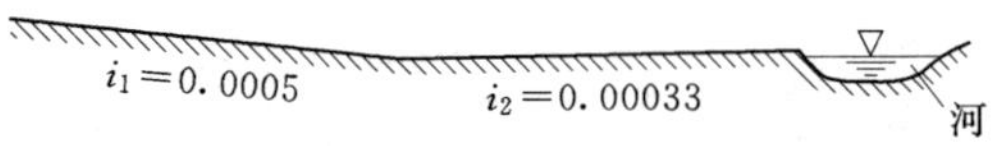

图 7－40

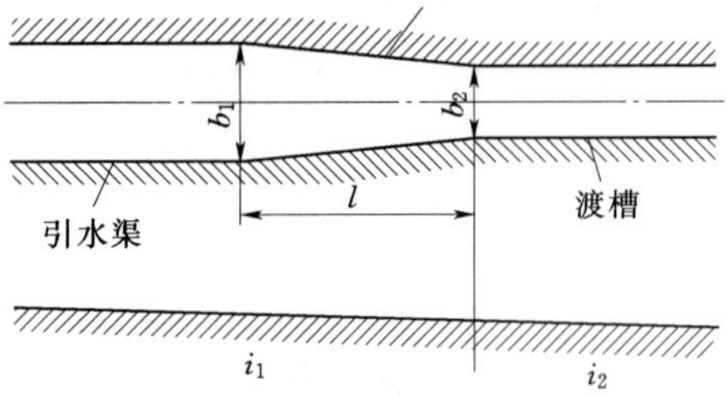

图 7－41

7－57　如图 7－41 所示，水流从引水渠经渐变段流入渡槽，糙率均为 $n=0.022$，流

量 $Q=10\text{m}^3/\text{s}$。引水渠底宽 $b_1=4\text{m}$，底坡 $i_1=0.001$，渡槽底宽 $b_2=2.5\text{m}$，底坡 $i_2=0.005$，断面均为矩形；渐变段长度 $l=18\text{m}$，宽度沿流动方向按直线收缩，底坡与引水渠相同。试计算渐变段进、出口断面的水深。

4. 习题答案

7-1（错）。7-2（对）。7-3（2）。7-4（3）。7-5（4）。7-6（4）。7-7（1）。7-8（2）。7-9（2）。7-10（1）。7-11（3）。7-12（1.265）。7-13（陡、急、降水）。7-14（>、=）。7-15（缓、急、临界水深）。7-16（急、缓、减小）。7-17（M_1、S_2、C_1、S_1，M_3、S_3、C_3、A_3、H_3、M_2、H_2、A_2）。7-18（0.35）。7-19（急、缓）。7-20（急流）。7-21（均匀程度、急缓程度）。7-22 $\left[J(h)=\dfrac{\alpha' Q^2}{gA}+y_cA,\ J(h')=J(h'')\right]$。

7-23（惯性力、重力、惯性力、>1、重力、<1）。7-24～7-35 答案略。

7-36 $h_K=\sqrt{\alpha q^2/g}=1\text{m}<h_0=1.5\text{m}$，为缓坡，水深 $h=1.25\text{m}>h_K$ 为缓流，M_2 曲线。

7-37 $c=\sqrt{gh}=\sqrt{g(0.01s+2)}$，$T=\int_{t1}^{t2}\mathrm{d}t=\int_{s1}^{s2}\mathrm{d}s/c=\int_{0}^{100}\mathrm{d}s/\sqrt{g(0.01s+2)}=20.3$（s）。

7-38 $\beta_m=b/h=2(\sqrt{1+m^2}-m)=0.828$，$h=\sqrt{A/(\beta_m+m)}=2.34\text{m}$，$b=1.94\text{m}$，$Q=AC\sqrt{Ri}=9.19\text{m}^3/\text{s}$，矩形最佳断面：$Q=\dfrac{1}{n}AR^{2/3}\sqrt{i}=1.04h^{8/3}$，$h=2.26\text{m}$，$b=4.53\text{m}$。

7-39～7-41（略）。

7-42 $h_{02}>h_c=\sqrt[3]{\alpha q^2/g}=1.37\text{m}>h_{01}$，$i_1>i_c$ 为陡坡，$i_2<i_c$ 为缓坡，$h_2=2.37\text{m}$，M_3 型曲线。

7-43 $h_{K1}=1.043\text{m}<h_{01}$，$h_{K2}=0.861\text{m}<h_{02}$，为缓坡，曲线为 M_1 型接 H_2 型。

7-44 $Q_d>Q_a>Q_c>Q_b$。

7-45 有坎时由动量方程 $P_1-P_2-R'=\rho q(\beta_2 v_2-\beta_1 v_1)$ 得 $h_2=3.55\text{m}$，无坎时 $h_2=3.59\text{m}$。

7-46 由水跃方程可得 $Q_v=\sqrt{\dfrac{gA_1A_2(y_{c2}A_2-y_{c1}A_1)}{A_2-A_1}}=0.849\text{m}^3/\text{s}$。

7-47 $h_2=h_1/2(\sqrt{1+8Fr_1}-1)=2.51\text{m}$，$\Delta E=[h_1+\alpha v_1^2/(2g)]-[h_2+\alpha v_2^2/(2g)]=0.64\text{m}$。

7-48 $\chi=A/h+\left[\sqrt{1+m_1^2}+\sqrt{1+m_2^2}-(m_1+m_2)/2\right]h$，$\beta_m=\sqrt{1+m_1^2}+\sqrt{1+m_2^2}-m_1-m_2$。

7-49 $n_{\max}/n_{\min}=n_1/n_3=0.025/0.012>2$，$n=\left(\dfrac{\chi_1 n_1^{3/2}+\chi_2 n_2^{3/2}+\chi_3 n_3^{3/2}}{\chi_1+\chi_2+\chi_1}\right)^{2/3}=0.0209$。

7－50　$A_1 \approx h_1 B_1$，$A_2 \approx h_2 B_2$，$R_1 \approx h_1$，$R_2 \approx h_2$，$Q = A_1 R_1^{2/3}/n_1 \, J^{1/2} + A_2 R_2^{2/3}/n_2 \, J^{1/2} = 742.7 \mathrm{m^3/s}$。

7－51　$A = r^2(a - \sin a \cos a)$，$y_c = -r\cos\alpha + \dfrac{2r}{3}\dfrac{\sin^3\alpha}{\alpha - \sin\alpha\cos\alpha}$，$J(h) = 0.397$，$\alpha' = 1.3694$，$\alpha'' = 2.22$，$h'' = r(1 - \cos 2.22) = 0.802 \mathrm{m}$。

7－52　$i_K = \dfrac{gn^2 \chi_K}{\alpha R_K^{1/3} B_K} = \dfrac{gn^2 (b + 2h_K)^{4/3}}{\alpha b^{4/3} h_K^{1/3}}$，$\dfrac{\mathrm{d}i_K}{\mathrm{d}b} = -\dfrac{2gn^2 (b + 2h_K)^{1/3}}{9\alpha b^{4/3} h_K^{1/3}} \dfrac{10h_K - b}{b}$，$10h_K - b = 0$。

7－53　提示：梯形断面的水跃函数 $J(h) = \dfrac{Q^2}{g}\dfrac{1}{(b + mh)h} + \dfrac{1}{2}bh^2 + \dfrac{mh^3}{3}$。

7－54　提示：倾斜渠道的水跃方程 $\gamma y_{c1} A_1 + \dfrac{\rho\alpha' Q^2}{A_1} + G\sin\theta = \gamma y_{c2} A_2 + \dfrac{\rho\alpha' Q^2}{A_2}$。

7－55　**提高尾门，增加跃后水深 h''，减小跃前水深 h'，水跃位置向左（上游）移动。**

7－56　因为 $i_1 > i_2$，所以 $h_{02} > h_{01} > h_K$，上段发生 M_1 型壅水曲线，下段发生 M_2 型降水曲线。

7－57　$h_{01} = 1.802 \mathrm{m}$，$h_{K1} = 0.861 \mathrm{m}$；$h_{02} = 1.581 \mathrm{m}$，$h_{K2} = 1.178 \mathrm{m}$，$h_{出} = 1.581 \mathrm{m}$，$h_{入} = 1.834 \mathrm{m}$。

第八章 堰流及闸孔出流

一、学习指导

堰闸是水利工程中常见的水工建筑物，堰流和闸孔出流水利计算在水工设计中经常遇到。堰流和闸孔出流都可分为不同类型，而不同类型有不同的特点和计算方法。因此，在学习本章时，首先要区分、判断流动的类型，如堰流和闸孔出流的判别、淹没出流和自由出流的判别、薄壁堰、实用堰和宽顶堰的判别等。本章计算公式较多，但只需记住流量计算的基本公式即可，其他经验公式和图表不必一一记住，只需了解其应用条件和适用范围即可。对于流量系数、淹没系数、侧收缩系数等，需要了解其物理意义、变化规律、影响因素等。

二、内容提要

（一）基本概念

1. 闸孔出流

明槽水流受闸门控制而从建筑物顶部与闸门下缘间的孔口流出，这种水流状态叫做闸孔出流。闸孔出流时，过水断面受到闸门的限制，其水面是不连续的。

2. 堰流

明槽水流受建筑物的影响，上游水位壅高，水流经过建筑物溢流至下游的水流现象称为堰流。这种既能壅高明渠水流水位又能从自身溢流的建筑物称为溢流堰。堰流的水面为连续的自由降落水面。

3. 堰流和闸孔出流的分界限

闸底坎为宽顶堰时，$\frac{e}{H}\leqslant 0.65$ 为闸孔出流，$\frac{e}{H}>0.65$ 为堰流。

闸底坎为曲线型堰时，$\frac{e}{H}\leqslant 0.75$ 为闸孔出流，$\frac{e}{H}>0.75$ 为堰流。

式中：e 为闸孔开度；H 为堰上游水面超出堰顶的高度，简称堰顶水头。

4. 堰流的类型

（1）薄壁堰流［图 8-1（a）］：$\frac{\delta}{H}<0.67$。

（2）实用堰流［图 8-1（b）］：$0.67\leqslant\frac{\delta}{H}<2.5$。

（3）宽顶堰流［图 8-1（c）］：$2.5\leqslant\frac{\delta}{H}\leqslant 10$。

如果堰壁厚度与堰顶水头的比值$\frac{\delta}{H}>10$，则沿程水头损失已经不能略去，水流特性不再属于堰流，应按明渠水流考虑了。

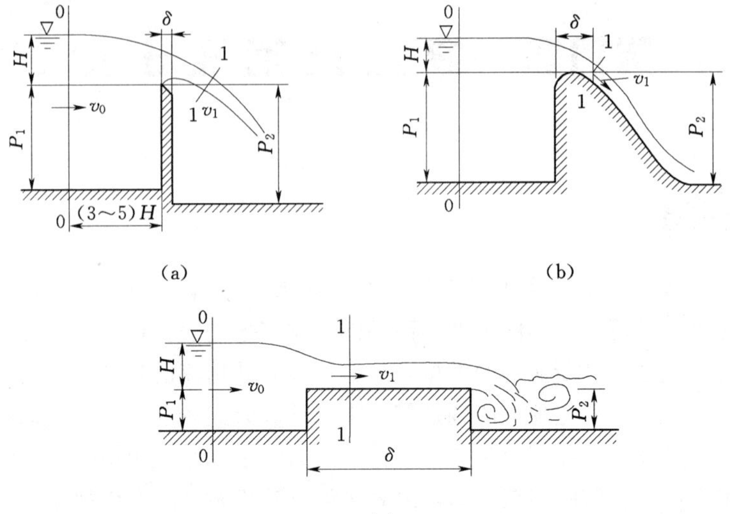

图 8-1

5. 闸孔出流的类型

按照闸底坎形式不同，闸孔出流分为底坎为宽顶堰的闸孔出流和底坎为实用堰的闸孔出流；按照闸门型式不同，闸孔出流分为平板闸门及弧形闸门两种出流（图 8-2）。按照出口水流与下游水流衔接形式不同，闸孔出流可分为自由出流（急流、远驱水跃或临界水跃衔接）和淹没出流（淹没水跃衔接）。

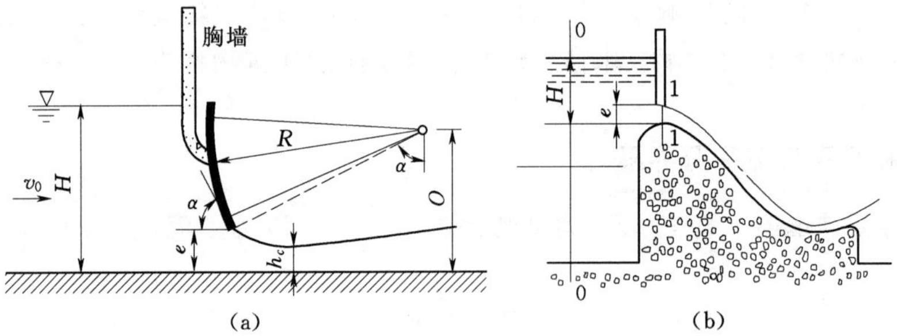

图 8-2

(二) 薄壁堰流的水力计算

1. 矩形薄壁堰的流量公式

(1) 巴赞公式：

$$Q=m_0 b\sqrt{2g}H^{3/2} \tag{8-1}$$

$$m_0=\left(0.405+\frac{0.003}{H}\right)\left[1+0.55\left(\frac{H}{H+P}\right)^2\right] \tag{8-2}$$

适用条件为：水头 $H=0.1\sim0.6$m，堰宽 $b=0.2\sim2.0$m，堰高 $P\leqslant0.75$m。后来纳格勒（F. A. Nagler）的试验证实，式（8-1）、式（8-2）的适用范围可扩大为 $H\leqslant1.24$m，

$b \leqslant 2\text{m}$，$P \leqslant 1.13\text{m}$。

（2）雷伯克公式：

$$Q=\left[1.782+\frac{0.24(H+0.0011)}{P}\right]b(H+0.0011)^{3/2} \quad (8-3)$$

适用范围为：$0.15\text{m}<P<1.22\text{m}$，$H<4P$。

（3）爱格利公式：$Q=m_c b\sqrt{2g}H^{3/2}$

当有侧向收缩影响时，流量系数用考虑侧向收缩在内的流量系数 m_c。

$$m_c=\left(0.405+\frac{0.0027}{H}-0.030\frac{B_0-b}{B_0}\right)\left[1+0.55\left(\frac{b}{B_0}\right)^2\frac{H^2}{(H+P)^2}\right] \quad (8-4)$$

式中：B_0 为引水渠宽度。当 $B_0 \gg b$，爱格利建议采用下式：

$$m_c=\left(0.405+\frac{0.0027}{H}-\frac{0.003}{1+b/B_0}\right)\left[1+0.55\left(\frac{b}{B_0}\right)^2\frac{H^2}{(H+P)^2}\right] \quad (8-5)$$

2. 矩形薄壁堰流的特点

当矩形薄壁堰流为无侧收缩、自由出流时，水流最为稳定，测量精度也较高。为了保证堰为自由溢流，应满足：①堰上水头不宜过小（一般应使 $H>2.5\text{cm}$），否则溢流水舌受表面张力作用，出流很不稳定；②水舌下面的空间与大气相通，否则由于溢流水舌把空气带走，压强降低，水舌下面形成局部真空，影响出流的稳定性。

3. 直角三角形薄壁堰的流量公式

$$Q=1.4H^{5/2} \quad (8-6)$$

适用范围：$H=0.05\sim0.25\text{m}$，H 单位为 m，Q 单位为 m^3/s。

$$Q=1.343H^{2.47} \quad (8-7)$$

适用范围：$H=0.06\sim0.55\text{m}$，H 单位为 m，Q 单位为 m^3/s。

（三）实用堰流的水力计算

1. 曲线型实用堰的剖面设计

（1）设计原则。首先要求堰的溢流面有较好的压强分布，不产生过大负压；其次要求流量系数较大，有较大的泄流能力；另外还要求堰的剖面较瘦，以节省工程量及建造费用。目前工程实际中应用较多的是 WES 型实用堰。

（2）真空堰的特点。堰面形状一定时，如果堰顶水头较大，溢流水舌脱离堰面，水舌与堰面之间将形成真空，此时为真空剖面堰。堰面产生真空（负压），对增加堰的过水能力有利，但是，常导致堰体振动，并使堰面混凝土及其他防护盖面（如钢板等）受到空蚀损坏。

2. 实用堰流流量基本公式

$$Q=\sigma_s\sigma_c m\sqrt{2g}bH_0^{3/2} \quad (8-8)$$

式中：m 称为流量系数，综合反映水流局部阻力、动水压强分布情况等因素对出流能力的影响；H_0 为包括行近流速水头在内的作用水头。

3. WES 型实用堰流的流量系数

当 $P_1/H_d \geqslant 1.33$ 时，称为高堰，流量系数 m 只与水头 H/H_d 有关，而与 P_1/H_d 无关。流量系数 m 随 H/H_d 的增大而增大，当实际工作水头等于设计水头，即 $H/H_d=1$ 时，流量系数为 $m_d=0.502$。

当 $P_1/H_d<1.33$ 时，称为低堰，流量系数 m 与水头 H/H_d 和堰高 P_1/H_d 有关。流

量系数 m 随 H/H_d 的增大而增大，m 随 P_1/H_d 的增大而增大。与上游堰面坡度的关系可查相关图表。

4. 实用堰流的淹没条件及淹没系数

试验研究表明：WES 剖面实用堰流的淹没条件为：$h_s/H_0>0.15$ 或 $P_2/H_0\leqslant 2$。淹没系数 σ_s 综合反映下游水位及护坦高程对过水能力的影响。σ_s 与 h_s/H_0 和 P_2/H_0 有关，可查相关图表（图 8－3）。

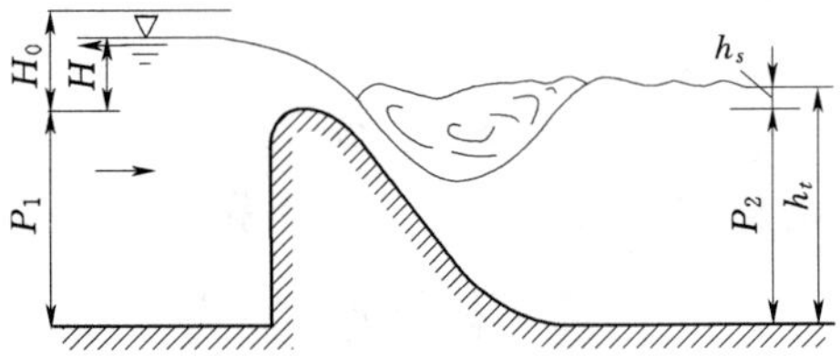

图 8－3

5. 实用堰流的侧收缩系数

侧向收缩增加过堰水流的局部阻力，减少堰的过水能力。侧向收缩对过水能力的影响，用侧向收缩系数 σ_c 来反映。计算侧收缩系数的经验公式为：

$$\sigma_c=1-\frac{0.2}{n}[\xi_k+(n-1)\xi_0]\frac{H_0}{b},\frac{H_0}{b}\leqslant 1 \tag{8-9}$$

$$\sigma_c=1-\frac{0.2}{n}[\xi_k+(n-1)\xi_0],\frac{H_0}{b}>1 \tag{8-10}$$

式中：ξ_k 为边墩减少系数；ξ_0 为中墩减少系数。它们分别表示边墩和中墩迎水部分的外形对侧向收缩的影响，其值可查相关图表。

（四）宽顶堰流的水力计算

1. 宽顶堰流流量基本公式

$$Q=\sigma_s\sigma_c m\sqrt{2g}bH_0^{3/2} \tag{8-11}$$

式中：m 称为流量系数，综合反映水流局部阻力、动水压强分布情况等因素对出流能力的影响。

2. 宽顶堰流的流量系数

宽顶堰流的流量系数随相对堰高的增大而减小，宽顶堰流的流量系数最大值为 0.385。

（1）对堰顶入口为直角的宽顶堰：

当 $0\leqslant P_1/H\leqslant 3$ 时，
$$m=0.32+0.01\times\frac{3-\dfrac{P_1}{H}}{0.46+0.75\dfrac{P_1}{H}} \tag{8-12}$$

当 $P_1/H>3$ 时，　　$m=0.32$

（2）对堰顶进口为圆角的宽顶堰：

当 $0\leqslant P_1/H\leqslant 3$ 时，
$$m=0.36+0.01\times\frac{3-\dfrac{P_1}{H}}{1.2+1.5\dfrac{P_1}{H}} \tag{8-13}$$

当 $P_1/H>3$ 时，　　$m=0.36$

（3）无坎宽顶堰的流量系数，可根据进口翼墙的形式及平面收缩的程度，由相应图表查出。

3. 宽顶堰流的淹没条件及淹没系数

当堰顶以上的下游水深 $h_s>(0.75\sim0.85)\ H_0$ 时，收缩断面水深增大为 h，且 $h>h_K$，此时，整个堰顶上水流变为缓流状态，成为淹没出流，如图 8-4 所示。

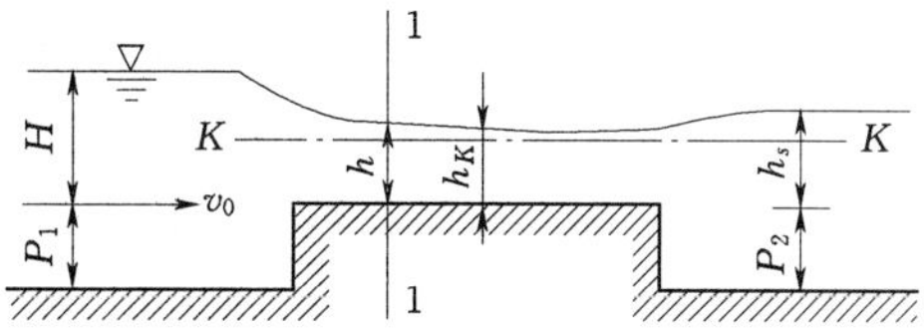

图 8-4

宽顶堰的淹没系数 σ_s 随相对淹没度 h_s/H_0 的增大而减小，可查相关图表。

4. 宽顶堰流的侧收缩系数

有坎矩形宽顶堰自由溢流所受的侧向收缩影响与实用堰的情况相同，侧向收缩系数也可以采用实用堰侧向收缩系数公式计算。无坎矩形宽顶堰自由溢流所受的侧向收缩影响，已在流量系数中考虑，不必再单独计算。

（五）闸孔出流

1. 闸孔出流流量基本公式

$$Q=\sigma_s\mu be\ \sqrt{2gH_0} \tag{8-14}$$

式中：μ 为闸孔自由出流流量系数，综合反映水流能量损失和收缩对出流能力的影响，在其他条件一定时，流量系数一般随相对开度的增大而减小，但流量随开度增大而增大；H_0 为包括行近流速水头在内的作用水头，当闸前水头较高且闸孔开度较小或上游坎高较大时，行近流速较小，在计算中可以不考虑行近流速水头，即令 $H\simeq H_0$。由于闸孔出流的侧向收缩对流量的影响很小，在闸孔出流的计算中，一般不需要单独考虑侧收缩的影响。

2. 闸孔出流的流量系数

（1）底坎为宽顶堰的平板闸门闸孔出流。

$$\mu=0.60-0.18\frac{e}{H} \tag{8-15}$$

应用范围：$0.1<\frac{e}{H}<0.65$。

（2）底坎为宽顶堰的弧形闸门闸孔出流。

$$\mu=\left(0.97-0.81\frac{\theta^\circ}{180^\circ}\right)-\left(0.56-0.81\frac{\theta^\circ}{180^\circ}\right)\frac{e}{H} \tag{8-16}$$

应用范围：$25^\circ<\theta\leqslant90^\circ$，$0.1<\frac{e}{H}<0.65$。

（3）底坎为实用堰的平板闸门闸孔出流。

$$\mu=0.745-0.274\frac{e}{H} \tag{8-17}$$

应用范围：$0.1<\frac{e}{H}<0.75$。

（4）底坎为实用堰的弧形闸门闸孔出流。

$$\mu=0.685-0.19\frac{e}{H} \tag{8-18}$$

应用范围：$0.1<\frac{e}{H}<0.75$。

3. 闸孔出流的淹没系数

进行闸孔出流水力计算时，应先判别是自由出流还是淹没出流。设闸下游收缩断面水深 h_c 相应的跃后水深为 h_c''。

(1) 如果下游水深 $h_t<h_c''$ 或 $h_t=h_c''$，在闸后发生远驱水跃或临界水跃，闸孔过水能力不受下游水深的影响，称为闸孔自由出流［图 8-5 (a)、(b)］。

(2) 如果 $h_t>h_c''$，在闸后发生淹没水跃。下游水位淹没到闸孔，闸孔的过水能力受下游水深的影响，称为闸孔淹没出流［图 8-5 (c)］。

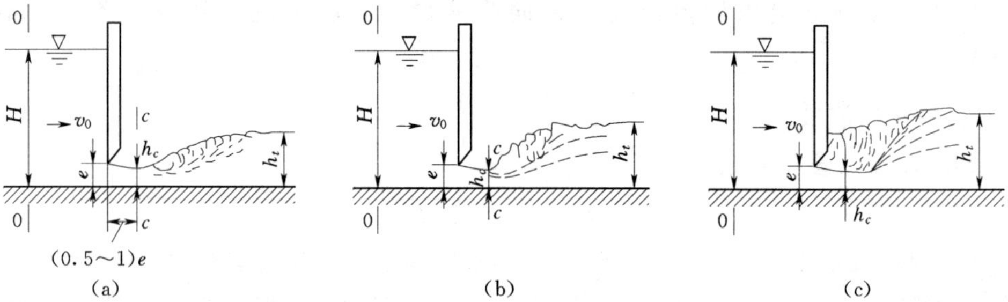

图 8-5

(a) $h_t<h''_c$；(b) $h_t=h''_c$；(c) $h_t>h''_c$

采用上述方法判别是自由出流还有淹没出流比较麻烦，实际计算时可采用下式判断较为简单。

闸孔自由出流：
$$\frac{h_t}{h_c}\left(\frac{h_t}{h_c}+1\right)\leqslant 4\varphi^2\left(\frac{H_0}{h_c}-1\right) \tag{8-19}$$

闸孔淹没出流：
$$\frac{h_t}{h_c}\left(\frac{h_t}{h_c}+1\right)>4\varphi^2\left(\frac{H_0}{h_c}-1\right) \tag{8-20}$$

闸孔淹没后其流量小于自由出流的流量。实际计算时，是在闸孔自由出流的公式右端乘上一个淹没系数 σ_s，淹没系数与闸门开度和上、下游水深有关，可查相关图表。

三、例题分析解答

【例 8-1】 已知顶角为直角的三角形薄壁堰的堰顶水头变化为 $H=0.1\text{m}\sim0.30\text{m}$，试绘制堰顶水头与流量关系曲线。

解： 当 $H=0.1\sim0.25\text{m}$ 时，流量公式用 $Q=1.4H^{5/2}$

当 $H=0.25\sim0.30\text{m}$ 时，流量公式用 $Q=1.343H^{2.47}$

由上式计算出 $H\sim Q$ 关系见表8-1和图 8-6。

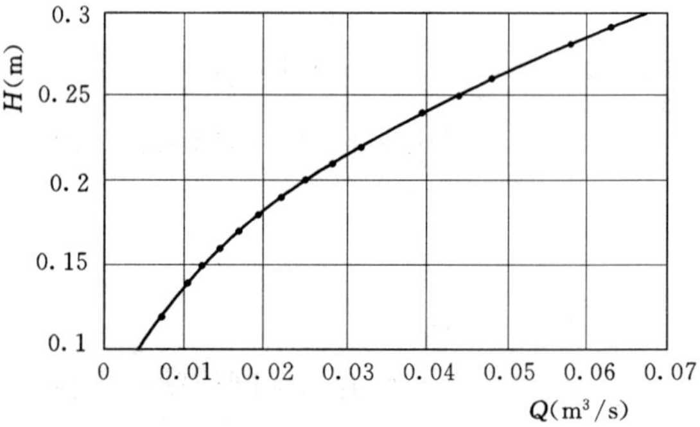

图 8-6

表 8-1

H (m)	0.10	0.12	0.14	0.15	0.16	0.17	0.18	0.19	0.20
Q (m^3/s)	0.0044	0.0070	0.0103	0.0122	0.0143	0.0167	0.0192	0.0220	0.0250
H (m)	0.21	0.22	0.24	0.25	0.26	0.27	0.28	0.29	0.30
Q (m^3/s)	0.0283	0.0318	0.0395	0.0438	0.0482	0.0529	0.0579	0.0631	0.0686

【例 8-2】 如图 8-7 所示，有一种建在岩石河床上的桩板坝，由埋入河床的钢筋混凝土桩柱和固定于两桩柱之间的松木面板构成，桩柱之间跨度不超过 3m，每米坝宽通过流量不超过 $30m^3/s$。已知上、下游坝区河段两岸是直立的块石浆砌挡土墙，河床上游宽 $B_0=40m$，坝宽 $b=30m$，通过流量 $Q=150m^3/s$，坝高 $P=3m$，(1) 当下游水深 $h_t=2m$，试求坝上水头 H；(2) 若洪水期上、下游水位差 $z=1.65m$，下游水深 $h_t=4.0m$，求通过流量为若干？

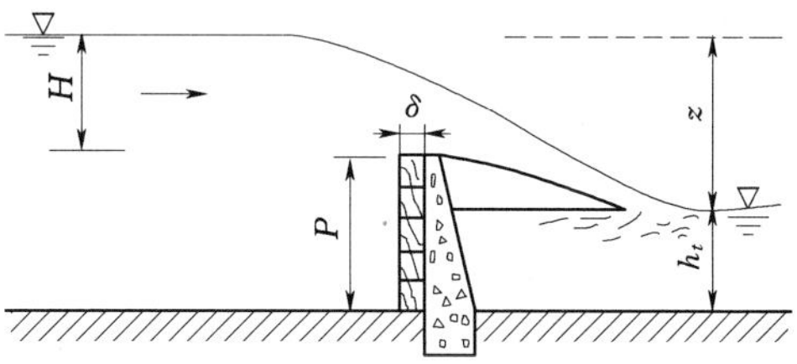

图 8-7

解：(1) 由 $Q=m_0\sqrt{2g}bH^{3/2}$ 得： $150=m_0\sqrt{19.6}\times30\times H^{3/2}$ ①

由式 (8-4) 得：$m_0=\left(0.405+\dfrac{0.0027}{H}-0.030\dfrac{40-30}{40}\right)\left(1+0.55\left(\dfrac{30}{40}\right)^2\dfrac{H^2}{(H+3)^2}\right)$ ②

联立求解可得 $H=1.941m$，$m_0=0.418$

(2) 当 $h_t=4.0m$，$z=1.65m$ 时，$H=h_t+z-P=4+1.65-3=2.65$ (m)

此时由式 (8-4) 计算得：$m_0=0.4256$

$$Q=m_0\sqrt{2g}bH^{3/2}=0.4256\sqrt{19.6}\times30\times2.56^{3/2}=243.9(m^3/s)$$

(这种情况可能为淹没出流，但薄壁堰的淹没出流研究成果很少，没有相应的计算和判别方法，如果按实用堰的淹没条件和淹没系数计算，可以看出其淹没程度很小，淹没系数近似为1。)

【例 8-3】 如图 8-8 所示，某水闸溢洪道建于低 WES 堰上，溢洪道上游引水渠与溢洪道同样宽，下游接矩形陡槽。低 WES 堰上下游堰高相同，$P=3.0m$，堰顶高程 21.0m，设计水头 $H_d=15m$，在正常库水位时，采用宽 $b=14m$ 的弧形闸门控制泄洪，墩厚 $d=2.0m$，边墩和中墩的头部都是圆形的，要求保坝洪水流量 $Q=8770m^3/s$ 时，库内非常洪水位不超过 37.5m。问此闸应设几孔？

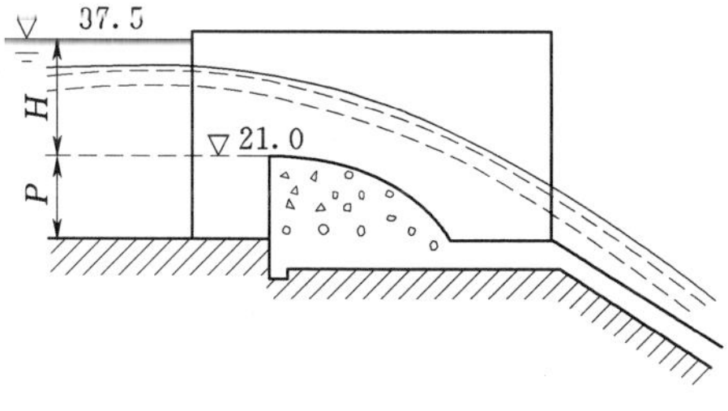

图 8-8

解：(1) $P/H_d=3/15=0.2<1.33$，属于低堰，$H_0/H_d=(37.5-21.0)/15=1.1$，查图得，$m=0.47$

先不考虑侧收缩影响，估算流量为 $Q=8770m^3/s$ 时所需的宽度

$$B=\frac{Q}{m\sqrt{2g}H^{3/2}}=\frac{8770}{0.47\times\sqrt{19.6}\times16.5^{3/2}}=63(m)$$

(2) 取 5 孔，则 $B=5\times14=70$ (m)，

$$\sigma_c=1-\frac{0.2}{n}(\zeta_k+(n-1)\zeta_0)=1-\frac{0.2}{5}(0.7+(5-1)\times0.45)=0.9,(H/b>1)$$

$$Q=\sigma_c m\sqrt{2g}BH^{3/2}=0.9\times0.47\times\sqrt{19.6}\times70\times16.5^{3/2}=8780>8770\text{m}^3/\text{s}$$

故取 5 孔可以满足要求（若考虑行近流速水头，流量系数和流量会更大）。

【例 8-4】 已知堰高 $P=50$m，上游堰面垂直，设计水头 $H_d=8.0$m，堰面下游直线段坡 $m_1=0.65$，若最大工作水头为 10m，孔闸有 12 孔，每孔净宽 $b=15$m，闸墩和边墩的头部为尖圆形，堰上游的引水渠总宽 $B_0=220$m，闸墩厚 $d=2.5$m，采用 WES 堰型，求通过流量应为多少？

解： $P/H_d=50/8=6.25>1.33$m，故属于高堰，$H/H_d=10/8=1.25$，查图得 $m=0.520$

收缩系数 $\sigma_c=1-0.2[\zeta_k+(n-1)\zeta_0]\dfrac{H}{nb}=1-0.2[0.7+(12-1)\times0.25]\dfrac{10}{12\times15}$ $=0.962$

流量 $Q=\sigma_c m\sqrt{2g}BH^{3/2}=0.962\times0.520\times\sqrt{19.6}\times12\times15\times10^{3/2}=12606(\text{m}^3/\text{s})$

【例 8-5】 水库的正常高水位为 72.0m，非常洪水位为 75.6m，溢洪道为无闸控制的宽顶堰进口，下接陡槽和消能池。宽顶堰宽 60m，堰坎高 $P=2$m，坎顶高程 70.6m，坎顶进口修圆。若堰与上游的引水渠同宽，问上述两种水位时，通过的流量为多少？

解： 依题意流动为无侧收缩、自由溢流的宽顶堰。$B=60$m，$P=2$m。

(1) 当堰顶水头 $H_1=\nabla_{72.0}-\nabla_{70.6}=72-70.6=1.4$ (m) 时，$0<P/H=2/1.4=1.43<3.0$

流量系数 $m_1=0.36+0.01\dfrac{3-P/H_1}{1.2+1.5P/H_1}=0.36+0.01\dfrac{3-2/1.4}{1.2+1.5\times2/1.4}$ $=0.365$

如忽略行进流速水头流量 $Q_1=m_1\sqrt{2g}BH^{3/2}=0.365\times\sqrt{9.8\times2}\times60\times1.4^{3/2}=160.6$ (m^3/s)

考虑行进流速水头则 $Q_1=m_1\sqrt{2g}BH_0^{3/2}=0.365\times\sqrt{9.8\times2}\times60\times\left[1.4+\dfrac{Q_1^2}{2g60^2(1.4+2)^2}\right]^{3/2}$

试算得 $Q_1=165.0\text{m}^3/\text{s}$

(2) 当堰顶水头 $H_2=\nabla_{75.6}-\nabla_{70.6}=5$m 时，$P/H_2=2/5=0.4<3.0$

流量系数 $m_2=0.36+0.01\dfrac{3-2/5}{1.2+1.5\times2/5}=0.374$

如忽略行进流速水头流量 $Q_2=0.374\times\sqrt{9.8\times2}\times60\times5^{3/2}=1110.7$ (m^3/s)

考虑行进流速水头则 $Q_2=m_2\sqrt{2g}BH_0^{3/2}=0.374\times\sqrt{9.8\times2}\times60\times\left[5+\dfrac{Q_2^2}{2g60^2(5+2)^2}\right]^{3/2}$

试算得 $Q_2=1247.6\text{m}^3/\text{s}$

在正常水位下流量和流速较小，忽略行近流速对计算结果影响不大，在洪水位下流量和流速较大，忽略行进流速对计算结果影响较大，流量误差为 11%。

【例 8-6】 如图 8-9 所示，有一水库的平底四孔溢洪道，每孔宽 $b=13.0\text{m}$，墩厚 $d=3.0\text{m}$，边墩头为半径 $r=6.0\text{m}$ 的 1/4 圆弧，弧与上游引渠垂直挡土墙连接。中墩头为尖圆形，通过最大流量时，闸门全开，已知溢洪道底坎高程为 272.0m，溢洪道闸室末端接陡槽。问通过特大洪水流量 $Q=6000\text{m}^3/\text{s}$ 时，库内洪水位将为多少？

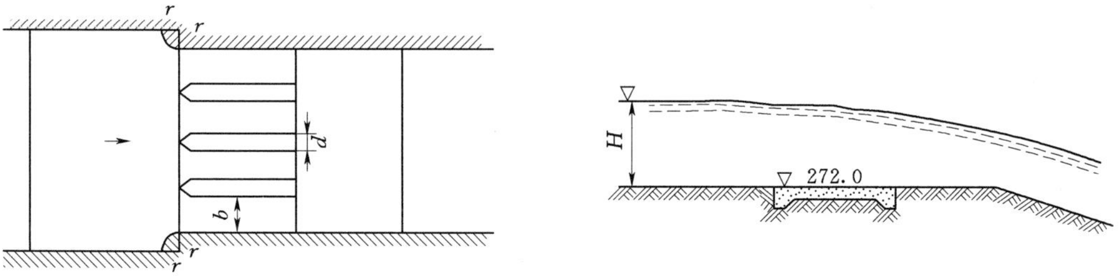

图 8-9

解： $b=13.0\text{m}$，$d=3.0\text{m}$，$r=6.0\text{m}$，$n=4$，$B_0=nb+(n-1)d+2r=4\times13+(4-1)\times3+2\times6=73(\text{m})$

查表得 $m_m=0.367$，$m_s=0.365$，$m=\dfrac{m_m(n-1)+m_s}{n}=\dfrac{0.367\times3+0.365}{4}=0.3665$

由 $Q=nbm\sqrt{2g}H_0^{3/2}$ 得

$$6000=4\times13\times0.3665\sqrt{19.6}\left(H+\frac{6000^2}{2g\times73^2H^2}\right)^{3/2}$$

试算得：$H=15.78\text{m}$，故库内洪水位为 $272.0+15.78=287.78$（m）

【例 8-7】 水库的平底闸溢洪道底板高程为 122.0m。要求在水库非常水位为 130.4m 时下泄流量 $Q=1150\text{m}^3/\text{s}$。设溢洪道总宽与上游引水渠一样，每孔净宽 b 不超过 6.0m，敦厚不超过 1.5m，边墩和闸墩头部为圆形，闸室后接陡槽，问此闸应设多少孔？

解： 依题意流动为无坎宽顶自由堰流，先设 $m=0.385$，$H_0=H$，估计所需过水宽度 B

由 $Q=Bm\sqrt{2g}H^{3/2}$ 得 $B=\dfrac{Q}{m\sqrt{2g}H^{3/2}}=\dfrac{1150}{0.385\sqrt{19.6}\times8.4^{1.5}}=27.7$（m）

（1）若取 $b=6\text{m}$，$n=4$，$d=1.5\text{m}$，$B_0=nb+nd=4\times6+4\times1.5=30$（m）

由 $b/(b+d)=\dfrac{6}{7.5}=0.8$、$\dfrac{r}{b}=\dfrac{1.5/2}{6}=0.125$ 查表得：$m=m_m=m_s=0.366$

$$Q=nbm\sqrt{2g}H_0^{3/2}=4\times6\times0.366\times\sqrt{19.6}\times\left(8.4+\frac{Q^2}{19.6\times30^2\times8.4^2}\right)^{3/2}$$

试计算得：$Q=1123\text{m}^3/\text{s}<1150\text{m}^3/\text{s}$，故不能取 4 孔。

（2）取 $b=6\text{m}$，$n=5$，$d=1.5\text{m}$，$B_0=nb+nd=5\times6+5\times1.5=37.5$（m）

由 $b/(b+d)=\dfrac{6}{7.5}=0.8$，$\dfrac{r}{b}=\dfrac{1.5/2}{6}=0.125$ 查表得：$m=m_m=m_s=0.366$

则 $Q=nbm\sqrt{2g}H_0^{3/2}=5\times6\times0.366\times\sqrt{19.6}\times\left(8.4+\frac{Q^2}{19.6\times37.5^2\times8.4^2}\right)^{3/2}$

试算得：$Q=1404\text{m}^3/\text{s}>1150\text{m}^3/\text{s}$，可通过洪水，但过流能力偏大，可适当缩窄孔宽。

(3) 取 $b=5\text{m}$，$n=5$，$d=1.5\text{m}$，$B_0=nb+nd=5\times5+5\times1.5=32.5$ (m)

由 $b/(b+d)=\frac{6}{6.5}=0.77$，$\frac{r}{b}=\frac{0.75}{5}=0.15$，查表得：$m=m_m=m_s=0.3665$

$$Q=nbm\sqrt{2g}H_0^{3/2}=5\times5\times0.3665\times\sqrt{19.6}\times\left(8.4+\frac{Q^2}{19.6\times32.5^2\times8.4^2}\right)^{3/2}$$

试算得：$Q=1152\text{m}^3/\text{s}>1150\text{m}^3/\text{s}$，故可通过洪水。

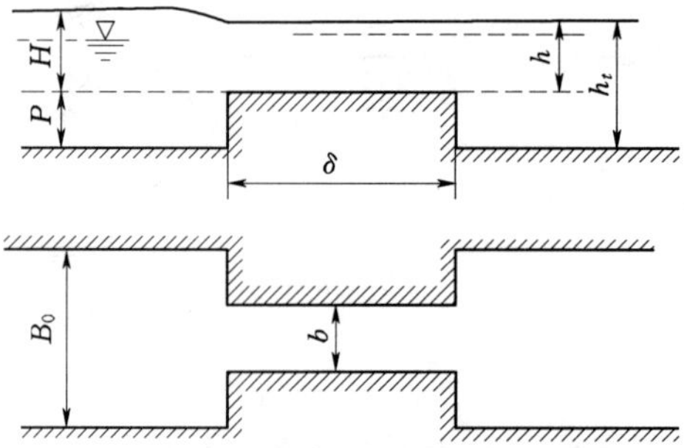

图 8-10

【例 8-8】 如图 8-10 所示，矩形宽顶堰底坎进口边缘为直角，堰壁厚 $\delta=6.5\text{m}$。堰高 $P=1.5\text{m}$，堰宽 $b=4.0\text{m}$，上、下游渠道渠底同高，上游引渠宽 $B_0=8.0\text{m}$，下游水深 $h_t=2.4\text{m}$。试求通过流量 $Q=4.0\text{m}^3/\text{s}$ 时堰顶水头 H。

解： 先假设 $H=0.95\text{m}$，则

$$m=0.32+0.01\frac{3-P/H}{0.46+0.75P/H}=0.3286$$

$$H_0=H+\frac{v_0^2}{2g}=H+\frac{4^2}{19.6\times8^2\times(1.5+H)^2}$$

$$=H+\frac{0.01276}{(1.5+H)^2}=0.952$$

$$\sigma_c=1-0.2[\zeta_k+(n-1)\zeta_0]\frac{H_0}{nb}=1-0.05H_0=0.952$$

$$\frac{h_s}{H_0}=\frac{h_t-P}{0.952}=\frac{2.4-1.5}{0.952}=0.945>0.85\text{，查表得：}\sigma_s=0.675$$

$$Q=\sigma_c\sigma_s mb\sqrt{2g}H_0^{3/2}=0.675\times0.952\times0.3286\times4\times\sqrt{2g}\times0.952^{1.5}=3.47<4.0\text{ 偏小}$$

试算得：$H=0.969\text{m}$，$H_0=0.971\text{m}$，$\frac{\delta}{H}=\frac{6.5}{0.969}=6.7>2.5$ 属宽顶堰堰流。

【例 8-9】 如图 8-11 所示，平底闸闸底高程为 28.5m，闸前水位为 32.5m，闸门开度 $e=1.0\text{m}$ 时，闸下游水位为 30.0m，下游渠底与闸上游渠底同高。闸宽 $b=5\text{m}$，流速系数 $\varphi=0.95$。求通过平板闸门的流量。如闸门开度 $e=1.6\text{m}$，下游水位为 31.5m，其他条件不变，过闸流量应为多少？

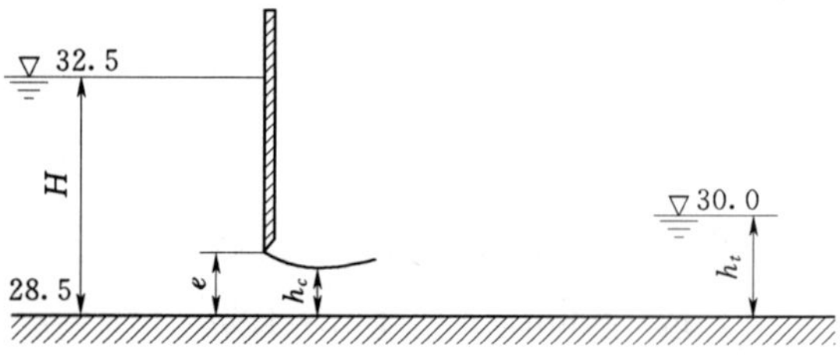

图 8-11

解：(1) $\frac{e}{H}=\frac{1.0}{32.5-28.5}=0.25<0.65$，属闸孔出流。

由$\frac{e}{H}=0.25$查表得：$\varepsilon=0.622$，$h_c=\varepsilon e=0.622\text{m}$

$$\frac{h_t}{h_c}\left(\frac{h_t}{h_c}+1\right)=\frac{30-28.5}{0.622}\times\left(\frac{30-28.5}{0.622}+1\right)=8.23$$

$$4\varphi^2\left(\frac{H_0}{h_c}-1\right)=4\times0.95\times\left(\frac{4}{0.622}-1\right)=19.6$$

$\frac{h_t}{h_c}\left(\frac{h_t}{h_c}+1\right)<4\varphi^2\left(\frac{H_0}{h_c}-1\right)$，故为闸孔自由出流。

流量系数：$\mu_0=0.60-0.18\frac{e}{H}=0.6-0.18\times0.25=0.555$

流量：$Q=\mu_0 be\sqrt{2gH_0}=0.555\times5\times1\times\sqrt{2\times9.8\times4}=24.6\ (\text{m}^3/\text{s})$

(2) $\frac{e}{H}=\frac{1.6}{32.5-28.5}=0.4<0.65$，故为闸孔出流。

由$\frac{e}{H}=0.4$查表得：$\varepsilon=0.63$，$h_c=e\varepsilon=1.6\times0.063=1.008$

$4\varphi^2\left(\frac{H_c}{h_c}-1\right)=4\times0.95^2\times\left(\frac{4}{1.008}-1\right)=10.72$，$\frac{h_t}{h_c}\left(\frac{h_t}{h_c}+1\right)=\frac{31.5-28.5}{1.008}\times\left(\frac{31.5-28.5}{1.008}+1\right)=11.83$，$\frac{h_t}{h_c}\left(\frac{h_t}{h_c}+1\right)>4\varphi^2\left(\frac{H_0}{h_c}-1\right)$，故为闸孔淹没出流。

淹没系数：当$\frac{z}{H}=\frac{32.5-31.5}{32.5-28.5}=0.25$，$\frac{e}{H}=0.4$时，$\sigma_s=0.8$

流量系数：$\mu_0=0.6-0.18\times\frac{e}{H}=0.6-0.18\times0.4=0.528$

流量：$Q=\sigma_s\mu_0 be\sqrt{2gH_0}=0.8\times0.528\times5\times1.6\times\sqrt{2\times9.8\times4}=29.9\ (\text{m}^3/\text{s})$

【例 8-10】 如图 8-12 所示，弧形闸门 4 孔，每孔宽 $b=13.0\text{m}$，弧半径 $R=20.0\text{m}$，闸门转动轴高 $c=14.9\text{m}$。闸前水头 $H=14\text{m}$，闸门开度 $e=6.0\text{m}$，弧形闸门的底坎为平底，底坎末端紧接跌坎，求通过的流量。

解：$\frac{e}{H}=\frac{6.0}{14}=0.43<0.65$，故为闸孔出流

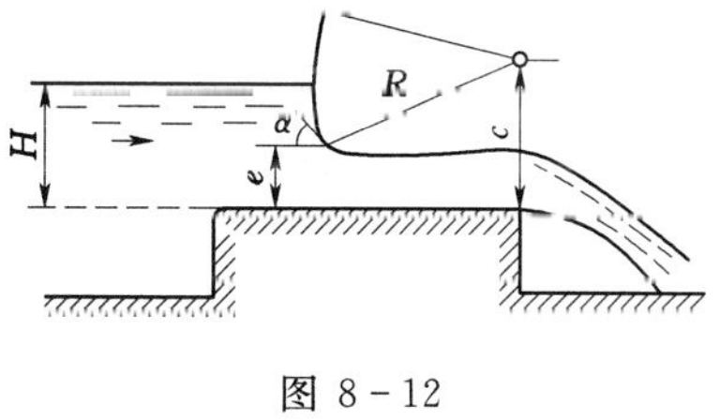

图 8-12

依题意，闸下游紧接陡槽，故可按自由出流情况计算：

$\alpha=\arccos\frac{c-e}{R}=\arccos\frac{14.9-6}{20}=63.6°$，查表得，$\varepsilon=0.666$

$$\mu_0=\left(0.97-0.258\times\frac{\pi}{180°}\times63.6°\right)-\left(0.56-0.258\times\frac{\pi}{180°}\times63.6°\right)\times\frac{6}{14}=0.566$$

$$Q=\mu_0 be\sqrt{2gH_0}=0.566\times4\times13\times6.0\times\sqrt{2\times9.8\times14}=2925\ (\text{m}^3/\text{s})$$

【例 8-11】 如图 8-13 所示，梯形渠道流量 $Q=2.0\text{m}^3/\text{s}$，边坡 $m=1.5$，正常水深

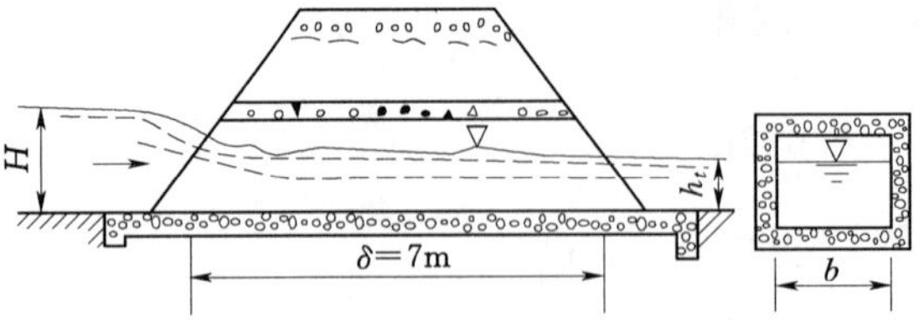

图 8-13

$h_0=1.2$m，底宽 $B_0=1.6$m，因要穿过公路底下，拟建一矩形涵洞，洞底宽 $b=0.8$m，洞长 $\delta=7$m，洞高为 1.40m，涵洞进口平顺，采用八字翼墙，求涵洞进口前渠道水深 H 为多少？

解： 已知进口平顺，$b/B_0=\dfrac{0.8}{1.6}=0.5$，取 $\cot\theta=3$，查表得，$m=0.358$

假设 $H_0=1.40$m，$\dfrac{h_s}{H_0}=\dfrac{1.20}{1.40}=0.86>0.75$ 为淹没出流，查表得，$\sigma_s=0.95$

由 $Q=\sigma_s mb\sqrt{2g}H_0^{3/2}$ 得

$$H_0=\left(\frac{Q}{\sigma_s mb\sqrt{2g}}\right)^{3/2}=\left(\frac{2.0}{0.95\times0.358\times0.8\sqrt{19.6}}\right)^{3/2}=1.40\ (\text{m})\text{，假设正确。}$$

由 $H_0=H+\dfrac{Q^2}{2gA^2}=H+\dfrac{2^2}{19.6\ (1.6+1.5H)^2H^2}$

试算得：$H=1.39$m，进口前渠道水深 $H=1.39$m，$\dfrac{\delta}{H}=\dfrac{7.0}{1.39}=5>2.5$ 属宽顶堰堰流。

【例 8-12】 如图 8-14 所示，泄洪闸采用低 WES 堰，堰前河床高程 26.5m，堰顶高程 29.0m，堰下游河床高程 27.0m，宣泄最大洪水流量 $Q=4000\text{m}^3/\text{s}$ 时，上游水位 33.59m，下游水位 32.55m，设计水头 $H_d=0.9H_{max}$，堰顶装有弧形闸门，每孔宽 $b=12.0$m，闸墩头为圆形，墩厚 $d=1.60$m，闸前行近流速 $v_0=1.0$m/s，边墩 $\xi_k=0.7$。试确定闸孔总宽及孔数。

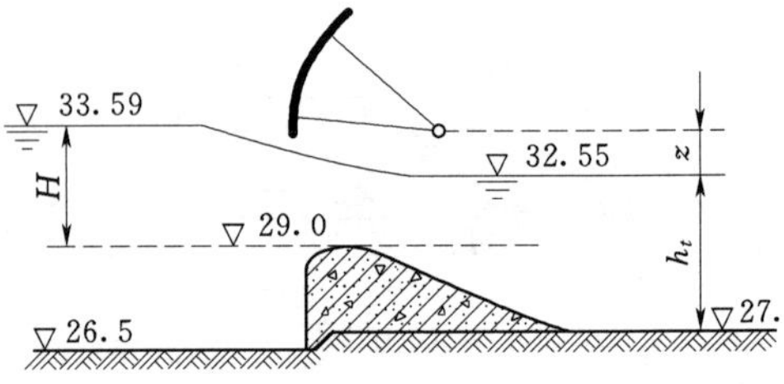

图 8-14

解： 依题意：$H=33.59-29=4.59$ (m)，$h_t=32.55-27=5.55$ (m)

$P=29-26.5=2.5$ (m)，$z=33.59-32.55=1.04$ (m)

$$H_0=H+\frac{v_0^2}{2g}=4.59+\frac{1^2}{19.6}=4.64\ (\text{m})$$

(1) 先不考虑闸墩，预估闸门过水宽度 B

流量系数：$\dfrac{H_0}{H_d}=\dfrac{4.64}{0.9\times4.64}=1.11$，$\dfrac{P}{H_d}=\dfrac{2.5}{0.9\times4.64}=0.6$，查图得，$m=0.496$

淹没系数：$\dfrac{z}{H_0}=\dfrac{1.04}{4.64}=0.22$，$\dfrac{z+h_t}{H_0}=\dfrac{1.04+5.55}{4.64}=1.42$，查图得，$\sigma_s=0.90$

由 $Q=\sigma_s m\sqrt{2g}BH_0^{3/2}$ 得

$$B=\frac{Q}{\sigma_s m\sqrt{2g}BH_0^{3/2}}=\frac{4000}{0.90\times0.496\sqrt{19.6}\times4.64^{3/2}}=202.5(\text{m})$$

(2) 取 $n=18$ 孔

$$\sigma_c=1-0.2[\zeta_k+(n-1)\zeta_0]\frac{H_0}{nb}=1-0.2[0.7+17\times0.45]\frac{4.64}{18\times12}=0.964$$

$$Q=\sigma_s\sigma_c mnb\sqrt{2g}H_0^{3/2}=0.90\times0.964\times0.496\times18\times12\sqrt{19.6}\times4.64^{3/2}$$
$$=4113\text{m}^3/\text{s}>4000\text{m}^3/\text{s}$$

故 18 孔可以满足要求。

类题思考：题目假设闸前行近流速 $v_0=1.0\text{m/s}$ 是否合理，如果没有假设 v_0，如何计算？

【例 8-13】 有一 3 孔平板节制闸门，闸前水深 $H=2.5\text{m}$，使用 3 孔一起开启。闸墩厚 $d=0.60\text{m}$，孔宽 $b=3.4\text{m}$，上游渠宽和闸室同宽，上、下游渠底高程和闸底同样，当通过流量 $Q=19.6\text{m}^3/\text{s}$ 时，闸下游水深 $h_t=1.75\text{m}$，流速系数 $\varphi=0.95$，求闸门开启高度 e。

解： 设 $e=0.7\text{m}$，则

$\frac{e}{H}=\frac{0.7}{2.5}=0.28<0.65$，故为闸孔出流，查表得：$\varepsilon=0.624$，$h_c=0.624\times0.7=0.437$

$\frac{h_t}{h_c}\left(\frac{h_t}{h_c}+1\right)=\frac{1.75}{0.437}\left(\frac{1.75}{0.437}+1\right)=20$，$4\varphi^2\left(\frac{H_0}{h_c}-1\right)=4\times0.95^2\times\left(\frac{2.5}{0.437}-1\right)=17$

$\frac{h_t}{h_c}\left(\frac{h_t}{h_c}+1\right)>4\varphi^2\left(\frac{H_0}{h_c}-1\right)$故为淹没出流，$\frac{z}{H}=\frac{2.5-1.75}{2.5}=0.3$ 查图，$\sigma_s=0.78$

$$\mu_0=0.6-0.18\times\frac{e}{H}=0.6-0.18\times0.28=0.55$$

$Q=\mu_0 be\sigma_s\sqrt{2gH}=0.55\times3\times3.4\times0.7\times0.78\sqrt{2\times9.8\times2.5}=21.4\ (\text{m}^3/\text{s})$

取 $e=0.6\text{m}$，重复以上计算可得 $Q=19.65\text{m}^3/\text{s}\approx19.6\text{m}^3/\text{s}$，故取 $e=0.6\text{m}$ 可以满足要求。

【例 8-14】 矩形平底渠道中有一平板闸门，闸前水头 $H=3.05\text{m}$，闸门开启高度 $e=1.22\text{m}$，假定 $\varphi=0.95$，问闸下游水深 $h_t=2.28\text{m}$ 及 1.98m 时，过闸单宽流量。

解： $\frac{e}{H}=\frac{1.22}{3.05}=0.4<0.65$，故为闸孔出流。

查表得：$\varepsilon=0.63$，则 $h_c=\varepsilon e=0.63\times1.22=0.7686\ (\text{m})$

(1) 当 $h_t=2.28$ 时，

$\frac{h_t}{h_c}\left(\frac{h_t}{h_c}+1\right)=\frac{2.28}{0.7686}\left(\frac{2.28}{0.7686}+1\right)=11.8$，$4\varphi^2\left(\frac{H_0}{h_c}-1\right)=4\times0.95^2\times\left(\frac{3.05}{0.7686}-1\right)=10.7$

$\frac{h_t}{h_c}\left(\frac{h_t}{h_c}+1\right)>4\varphi^2\left(\frac{H_0}{h_c}-1\right)$故为淹没出流，由$\frac{z}{H}=\frac{3.05-2.28}{3.05}=0.25$，查图得 $\sigma_s=0.8$

$\mu_0=0.6-0.18\times\frac{e}{H}=0.6-0.18\times0.4=0.528$

$Q=\mu_0 be\sigma_s\sqrt{2gH}=0.8\times0.528\times1\times1.22\times\sqrt{2\times9.8\times3.05}=3.98(\text{m}^3/\text{s})$

(2) 当 $h_t=1.98$ 时，

$\frac{h_t}{h_c}\left(\frac{h_t}{h_c}+1\right)=\frac{1.98}{0.7686}\left(\frac{1.98}{0.7686}+1\right)=9.2<4\varphi^2\left(\frac{H_0}{h_c}-1\right)=10.7$ 故为自由出流

$$Q=\mu_0 be\sqrt{2gH}=0.528\times1\times1.22\times\sqrt{2\times9.8\times3.05}=4.98(\text{m}^3/\text{s})$$

【例 8-15】 金鸡拦河闸闸底板高程与上游河床底部高程相同，都是 5m，闸孔共 28 个，孔宽 10m，闸墩厚 $d=1.6$m，墩头为半圆形，边墩为 1/4 圆弧，圆弧半径 $r=1.9$m，闸上游河宽 $B_0=327$m，求闸门全开，上游正常水位为 9m、过闸水流为自由出流时的流量。

解： 本例属于无坎宽顶堰，先分别求出一个边孔和 27 个中孔的流量系数，再加权平均，求出综合系数。

边孔流量系数：根据 $\dfrac{r}{b}=\dfrac{1.9}{10}=0.19$ 和 $\dfrac{b}{B_0}=\dfrac{10}{327-27\times(10+1.6)}=0.725$，查表得 $m_s=0.3639$。

中孔流量系数：根据 $\dfrac{r}{b}=\dfrac{0.8}{10}=0.08$ 和 $\dfrac{b}{B_0}=\dfrac{10}{10+1.6}=0.862$，查表得 $m_m=0.3690$。

综合流量系数：$m=\dfrac{27m_m+m_s}{28}=\dfrac{27\times0.3690+0.3639}{28}=0.3688$

先设 $H_0=H$，不靠虑行近流速水头，流量为

$$Q_1=mnb\sqrt{2g}\,H_0^{3/2}=0.3688\times28\times10\sqrt{2g}\times4^{3/2}=3657.35(\text{m}^3/\text{s})$$

（有的参考书就到此为止了，实际上还应考虑行近流速水头）

$$v_1=\frac{Q_1}{A}=\frac{3657.35}{4\times327}=2.8\ (\text{m/s})$$

流速水头：$\dfrac{v_1^2}{2g}=\dfrac{2.8^2}{2g}=0.4\text{m}$，$H_0=H+0.4$

$$Q_2=mnb\sqrt{2g}H_0^{3/2}=0.3688\times28\times10\sqrt{2g}\times(4+0.4)^{3/2}=4219.45(\text{m}^3/\text{s})$$

可见两者相差较大，流速水头不能忽略。若要提高精度，可以再算几次。

$$v_2=\frac{Q_2}{A}=\frac{4219.45}{4\times327}=3.226\ (\text{m/s})$$

流速水头：$\dfrac{v_2^2}{2g}=\dfrac{3.226^2}{2g}=0.53\ (\text{m})$，$H_0=H+0.53$

$$Q_3=mnb\sqrt{2g}H_0^{3/2}=0.3688\times28\times10\sqrt{2g}\times(4+0.53)^{3/2}=4407.8(\text{m}^3/\text{s})$$

反复迭代后，可计算出流量为 $Q=4527\text{m}^3/\text{s}$。可见，不考虑行近流速水头的流量误差为 $(4527-3657.35)/4527=19\%$。

四、习题与答案

1. 概念题（判断、填空、选择）

8-1 当水头及其他条件相同时，堰流的流量系数随相对堰高增大而增大。 （ ）

8-2 只要下游水位超过宽顶堰堰顶，一定是淹没出流。 （ ）

8-3 两个 WES 型实用堰，都属于高堰，它们的设计水头 $H_{d1}>H_{d2}$，但堰顶水头 $H_1=H_{d1}$，$H_2=H_{d2}$，两者的流量系数关系是__________。 （ ）

（1）$m_1=m_2$ （2）$m_1>m_2$ （3）$m_1<m_2$ （4）不能确定

8-4 当水头、堰型及其他条件相同时，无侧收缩的过流能力大于有收缩的过流能力。 （ ）

8-5　锐缘平面闸门的垂向收综系数 ε' 随相对开度 e/H 的增大而__________。　(　　)

(1) 增大　(2) 减小　(3) 不变　(4) 不能确定

8-6　当实用堰堰顶水头大于设计水头时，其流量系数 m 与设计水头的流量系数 m_d 的关系是__________。　(　　)

(1) $m=m_d$　(2) $m>m_d$　(3) $m<m_d$　(4) 不能确定

8-7　平底渠道中弧形闸门的闸孔出流，其闸下收缩断面水深 h_c 小于下游水深对应的水跃跃前水深，则下游水跃的型式为__________。　(　　)

(1) 远离式水跃　(2) 临界式水跃　(3) 淹没式水跃　(4) 无法判断

8-8　当水头等于设计水头 H_d 时，WES 型实用堰（高堰）的流量系数 m 等于__________。　(　　)

(1) 0.385　(2) 0.36　(3) 0.502　(4) 0.32

8-9　闸孔自由出流的流量系数随开度增大而__________，流量随开度增大而__________。

8-10　宽顶堰的总水头 $H_0=2$m，下游水位超过堰高度 $h_s=1.0$m，此种堰流为__________出流。

8-11　影响宽顶堰流量系数 m 值的主要因素为__________和__________。

8-12　当堰的溢流宽度与上游渠道宽度相等时，称为__________的堰流，当堰的溢流宽度小于上游渠道宽度时，称为__________的堰流。

8-13　对于宽顶堰式闸孔出流，当下游水深 h_t 小于闸后收缩断面水深对应的跃后水深 h_c'' 时，发生__________水跃；当 $h_t>h_c''$ 时，发生__________水跃；当 $h_t=h_c''$ 时，发生__________水跃。

8-14　闸孔出流和堰流的水流特征的不同点是__________。

8-15　矩形棱柱体渠道上的无侧收缩宽顶堰自由出流，流量系数为 0.5，堰顶水头为 1m，则单宽流量为 $0.5\sqrt{19.6}\text{m}^2/\text{s}$。　(　　)

8-16　当实用堰流下游发生淹没水跃时，堰流为淹没出流。

8-17　图 8-15 所示的三个溢流坝，作用水头不同，而其他条件完全相同，试比较其流系数 m 的大小，并说明理由。

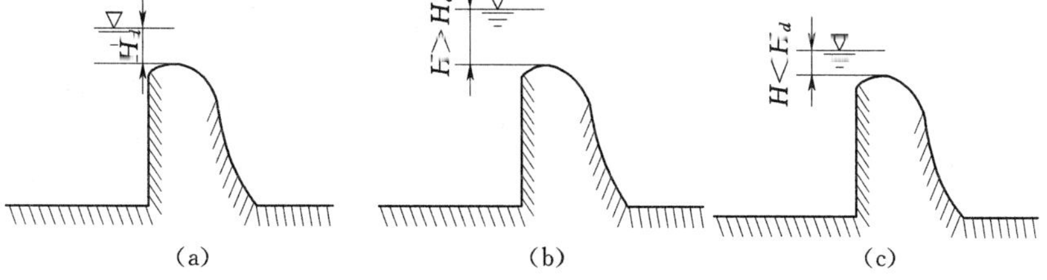

图 8-15

2. 计算题

8-18　某宽顶堰式水闸闸门全部开启时，上游水位为0.6m，闸底板高程为0.4m，河底高程为0，下游水位为0.5m，流量系数 $m=0.35$。不计侧收缩影响。求水闸的单宽流量 q。

8-19　某水库的溢洪道断面为WES型实用剖面。溢洪道共5孔，每孔净宽 $b=10\text{m}$。堰顶高程为343.0m。上游水位为358.7m，下游水位为303.1m。流量系数 $m=0.45$，侧收缩系数 $\sigma_c=0.95$。忽略行近流速 v_0。求通过溢洪道的流量 Q。

8-20　某溢流坝，共4孔，每孔宽度 $b=8\text{m}$，各部分高程如图8-16所示，侧收缩系数 $\sigma_c=0.93$。上游设计水位为210.0m，下游水位为168.0m。当闸门开启高度 $e=5\text{m}$ 时，求通过溢流坝的流量。

8-21　在宽度 $B=1\text{m}$ 的矩形明渠中，前后各装设一矩形薄壁堰（堰高 $a_1=1\text{m}$）和三角形薄壁堰（堰高 $a_2=0.5\text{m}$），如图8-17所示。水流为恒定流时，测得矩形薄壁堰前水头 $H_1=0.13\text{m}$，下游水深 $t=0.4\text{m}$。试求：(1) 通过明渠的流量 Q；(2) 三角堰前水头 H_2。

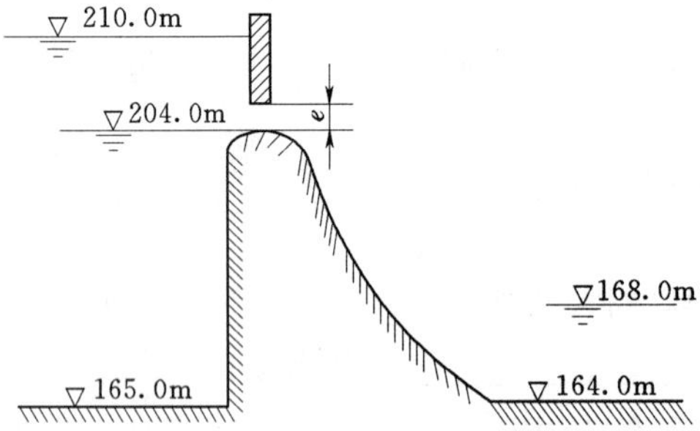

图 8-16

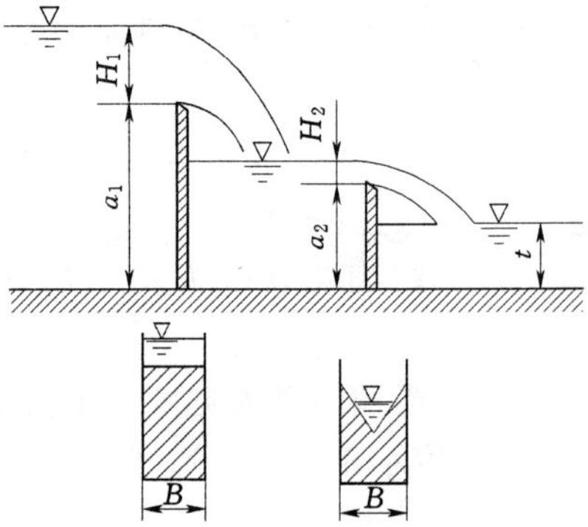

图 8-17

8-22　有一溢流堰，堰顶厚度 $\delta=2\text{m}$，堰上水头 $H=2\text{m}$，下游水位在堰顶以下，如图8-18所示。如上、下游水位及堰高、堰宽均不变，当 δ 分别增大至4m及8m时，堰的过水能力有无变化？为什么？

8-23　某矩形断面渠道中，设一弧形闸门，如图8-19所示。已知闸前水深 $H=14\text{m}$，闸门开度 $e=1\text{m}$，闸孔净宽与渠道宽度 b 相等，且 $b=3\text{m}$，闸孔垂向收缩系数 $\varepsilon'=0.72$。流量系数 $\mu=0.732$。通过设计流量时，渠中正常水深 $h_0=3\text{m}$。不计闸前行近流速。要求：(1) 计算闸孔的流量 Q；(2) 判别闸下游水流衔接形式。

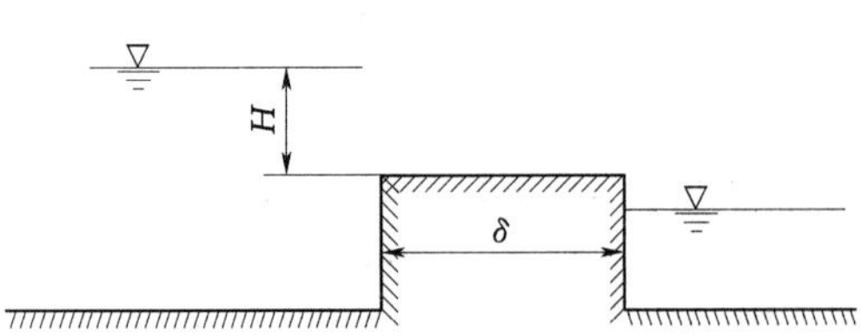

图 8-18

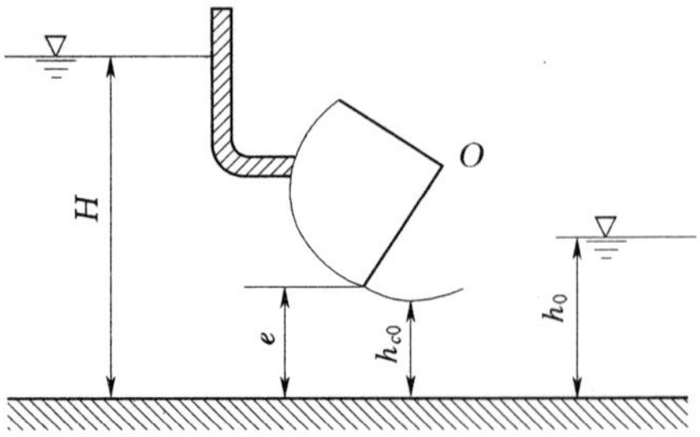

图 8-19

8-24　某 WES 型剖面溢流坝位于矩形渠道中，如图 8-20 所示。坝高 $a=15\text{m}$，设计坝顶水头 $H=2.5\text{m}$。不计侧收缩影响。坝下游收缩水深 $h_{c0}=0.5\text{m}$，下游渠道底坡 $i=0.02$，糙率 $n=0.014$，水深为均匀流水深。要求：(1) 计算溢流坝的单宽流量 q；(2) 分析坝下游是否发生水跃，说明其水流是缓流还是急流；(3) 定性绘出坝下游水面曲线，标明曲线类型。

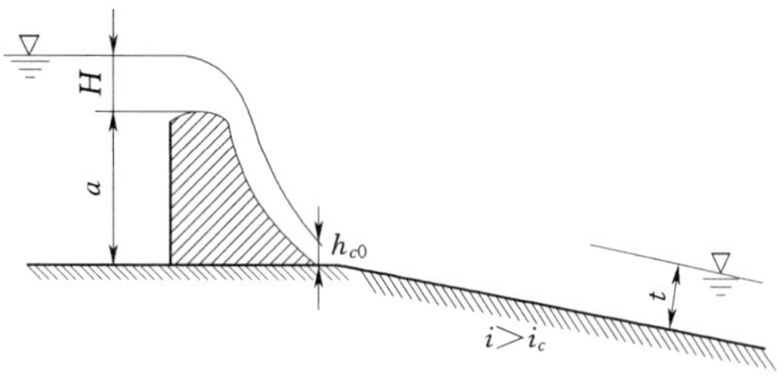

图 8-20

8-25　图 8-21 所示为矩形断面棱柱体渠道中设一平面闸门，已知闸门开度 $e=0.3\text{m}$，闸孔流速系数 $\varphi=0.98$，垂向收缩系数 $\varepsilon=0.615$，渠道宽度 $b=4\text{m}$，糙率 $n=0.02$，底坡 $i_1=0$，$i_2=0.02$，$i_3=0.04$。长度 l_1 很短，l_2、l_3 充分长。临界水深 $h_K=0.6\text{m}$。不计闸前行近流速。要求：(1) 判别渠道底坡类型，定性绘出渠中的水面曲线，注明曲线类型；(2) 计算闸前水深 H。

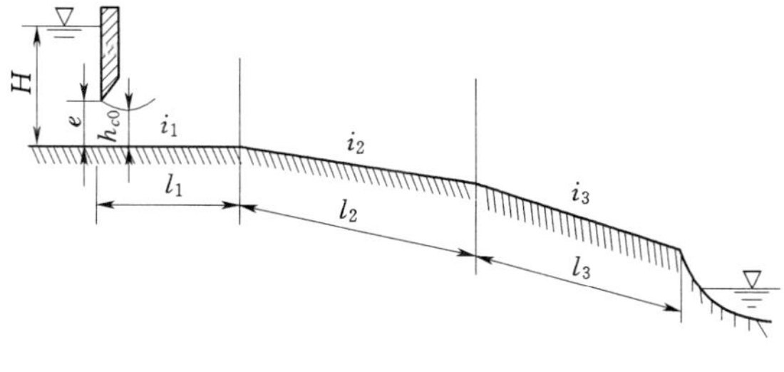

图 8-21

8-26　已知矩形薄壁堰的水头 $H=0.10\sim0.75\text{m}$，$b=1.10\text{m}$，堰高 $P=0.95\text{m}$，使用雷伯克公式绘制水头流量关系曲线。

8-27　已知矩形薄壁堰建在 $B_0=5.0\text{m}$ 的矩形水槽中，堰高 $P=0.95\text{m}$，堰宽 $b=1.45\text{m}$，堰顶水头 $H=0.45\text{m}$，下游水深 $h_t=0.45\text{m}$，求过堰的流量。

8-28　WES 型高坝，坝高 $P=107.0\text{m}$，最大水头 $H_{max}=11.0\text{m}$，设计水头取 $H_d=0.85H_{max}$，下游坝面直线段坡度 $m_t=0.75$。决定采用垂直的上游坝面，若通过的最大流量 $Q_{max}=3100\text{m}^3/\text{s}$，堰孔总净宽 B 为多少？若每孔定为 $b=10\text{m}$，应设多少孔？已知闸门为弧形，闸墩和边墩头部都是圆形，墩厚 $d=2.0\text{m}$，上游引渠宽 $B_0=410\text{m}$。

8-29　弧形闸门位于有坎宽顶堰上，闸前水头 $H=4.60\text{m}$，闸门开度 $e=1.2\text{m}$ 时，为自由出流，闸门净宽 $b=18.3\text{m}$，闸门弧面半径 $R=7.60\text{m}$，闸门转动轴位于堰顶以上，$C=6.10\text{m}$，求通过的流量。

8-30　岳庄坝泄洪闸，共 9 孔，孔宽 $b=5.0\text{m}$，闸墩厚 $d=0.7\text{m}$，墩头圆形，上游引水渠宽约 $B_0=55.0\text{m}$，与边墩以 $r=2.2\text{m}$ 的圆弧相接，闸底板与上游渠底同高，高程为 45.50m，通过最大洪水流量时，闸前水位为 50.50m，闸下游水位为 48.79m，下游渠底高程为 44.40m。试求最大洪水流量为多少？

8-31　有一双孔平底闸，孔宽 $b=3.0\text{m}$，闸前水深 $H=2.20\text{m}$，下游水深 $h_t=1.80\text{m}$，$\varphi=0.97$，求闸门开度 $e=0.60\text{m}$ 时的流量。

3. 答案

8-1 (错)。8-2 (错)。8-3 (1)。8-4 (对)。8-5 (1)。8-6 (2)。8-7 (1)。8-8 (3)。8-9 (减小、增大)。8-10 (自由)。8-11 (进口底坎形式和翼墙形

式、相对堰高)。8－12（无侧收缩、有侧收缩)。8－13（远驱、淹没、临界)。8－14（略)。8－15（错 $H_0\neq 1m$)。8－16（错)。8－17（$m_b>m_a>m_c$)。

8－18　自由出流，$q=m\sqrt{2g}H_0^{3/2}=0.35\sqrt{2\times 9.8}\times(0.2+0.1417q^2)^{3/2}$，$q=0.141m^2/s$。

8－19　自由出流，$Q=\sigma_c mnb\sqrt{2g}H_0^{3/2}=0.95\times 0.45\times 5\times 10\sqrt{2\times 9.8}\times 15.7^{3/2}=5886.9\ (m^3/s)$。

8－20　自由出流、高堰，$Q=\sigma_c mnb\sqrt{2g}H_0^{3/2}=0.93\times 0.502\times 4\times 8\sqrt{2\times 9.8}\times 6^{3/2}=972.1\ (m^3/s)$。

8－21　$m_0=0.403+0.053\dfrac{H_1}{P_1}+\dfrac{0.007}{H_1}=0.415$，$Q=m_0 b\sqrt{2g}H_1^{3/2}=0.0861m^3/s$，由 $Q=1.4H_2^{2.5}$ 得：$H_2=(Q/1.4)^{0.4}=(0.0861/1.4)^{0.4}=0.328\ (m)$。

8－22　当 $\delta=2m$、$4m$ 时为实用堰，过水能力相同；当 $\delta=8m$ 时为宽顶堰，过水能力减小。

8－23　闸自由孔出流 $Q=\mu be\sqrt{2gH_0}=36.38m^3/s$、$0.72m=h_{c0}<h_K<h_0<h''_{c0}$，$h_K=2.47m$，$h''_{c0}=\dfrac{h_{c0}}{2}\left(\sqrt{1+\dfrac{8q^2}{gh_{c0}^3}}-1\right)=6.11m$、从急流到缓流，发生远离水跃，水面曲线为 M_3 型。

8－24　高坝自由出流，$q=m\sqrt{2g}H_0^{3/2}=0.502\sqrt{2g}2.5^{3/2}=8.785(m^3/s)$，$h_K=\sqrt[3]{\dfrac{\alpha q^2}{g}}=1.99m$，$t=h_0=\left(\dfrac{nq}{\sqrt{i}}\right)^{3/5}=0.92m$，$h_{c0}<h_0<h_K$，从急流到急流，不发生水跃，为 S_3 型壅水曲线。

8－25　$i_K=\dfrac{gP_K}{\alpha C_K^2 b}=0.0066$，$i_3>i_2>i_K$，均为陡坡，水面曲线依次为 H_3 型、S_3 型、S_2 型，$Q=\sqrt{\dfrac{gb^2h_K^3}{\alpha}}=5.82m^3/s$，$Q=\varphi b\varepsilon e\sqrt{2g(H_0-\varepsilon e)}$：$H=3.49m$。

8－26

H (m)	0.1	0.15	0.2	0.25	0.3	0.35	0.45	0.55	0.65	0.75
Q (m^3/s)	0.064	0.118	0.182	0.255	0.338	0.428	0.632	0.865	1.125	1.412

8－27　$m_0=\left(0.405+\dfrac{0.0027}{H}-0.030\dfrac{B_0-b}{B_0}\right)\left[1+0.55\left(\dfrac{b}{B}\right)^2\times\dfrac{H^2}{(H+P)^2}\right]=0.392$，$Q=0.76m^3/s$。

8－28　取 5 孔，$m=0.512$，$\sigma_c=1-\dfrac{0.2}{5}[0.7+(5-1)\times 0.45]=0.9$，$Q=3721.3m^3/s$。

8－29　$a=\arccos\dfrac{c-e}{R}=50°$，$\mu_0=0.658$，$Q=\mu_0 be\sqrt{2gH_0}=137.2m^3/s$。

8－30　$m_m=0.369$，$m_s=0.365$，$Q=mnb\sqrt{2g}\left(H+\dfrac{Q^2}{2gB_0^2H^2}\right)^{3/2}$，$Q=1015.5m^3/s$。

8－31　$\mu_0=0.55$，$\varepsilon=0.623$，$h_c=0.37m$，$\sigma_s=0.57$，$Q=\mu_0 be\sigma_s\sqrt{2gH}=7.41m^3/s$。

第九章　泄水建筑物下游的水流衔接与消能

一、学习指导

堰闸等水工建筑物使其上游水位抬高、水流具有较大的势能。当水流通过泄水建筑物后大部分势能将转化为动能，水流一般具有水深小、流速大、动能大的特点。巨大的动能将在下游相当长的河段上对河床进行冲刷，威胁着建筑物本身的安全。因此必须采取工程措施，控制泄水建筑物下游的水流衔接，在下游较短距离内消能防冲，以确保主体建筑物的安全，这是泄水建筑物水力设计中的重要内容之一。

本章要求掌握泄水建筑物下游收缩断面水深的计算和泄水建筑物下游衔接形式的判断。了解底流消能及挑流消能的设计和计算方法。其他消能方式的水力计算，可参阅有关资料。

二、内容提要

1. 常用的衔接与消能类型

水利工程中常采用的衔接与消能措施有下列 4 种类型：①底流型衔接消能；②面流型衔接消能；③戽流型衔接消能；④挑流型衔接消能。

2. 泄水建筑物下游收缩断面水深计算

矩形断面收缩断面水深 h_c 计算公式：

$$E_0=h_c+\frac{q^2}{2g\varphi^2h_c^2} \tag{9-1}$$

流速系数 φ 值可用经验公式或图表近似确定（图 9-1）。

3. 泄水建筑物下游衔接形式

泄水建筑物下游水跃的位置和衔接形式决定于坝址收缩断面水深 h_c 的共轭水深 h_c'' 与下游水深 h_t 的相对关系。可能出现下列 3 种情况（图 9-2）。

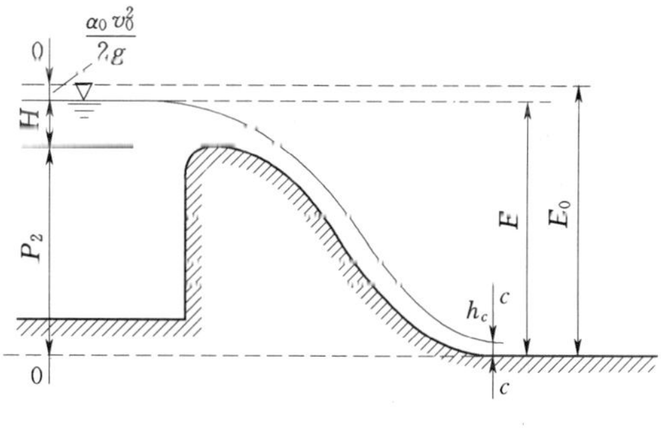

图 9-1

（1）$h_t=h_c''$，在这种情况下，因为 h_t 恰好等于 h_c 的共轭水深 h_c''，故水跃正好在收缩断面处发生。这种衔接形式称为临界式水跃衔接。

（2）$h_t<h_c''$，下游将形成急流的壅水曲线，流速逐渐减小，水深逐渐增大，当水深增加至下游水深 h_t 对应的跃前水深时发生水跃。这种衔接形式称为远驱式水跃衔接。

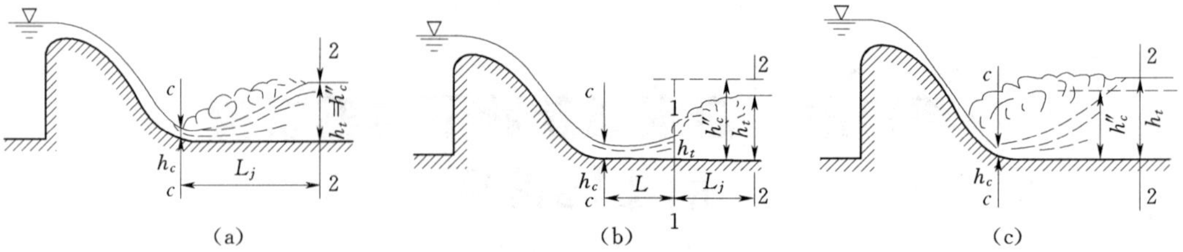

图 9－2

(a) $h_t=h_c''$；(b) $h_t<h_c''$；(c) $h_t>h_c''$

(3) $h_t>h_c''$，由于下游的水深相对较大，水跃表面旋滚将涌向上游，并淹没收缩断面。这种水跃叫做淹没水跃，其衔接形式则称为淹没式水跃衔接。

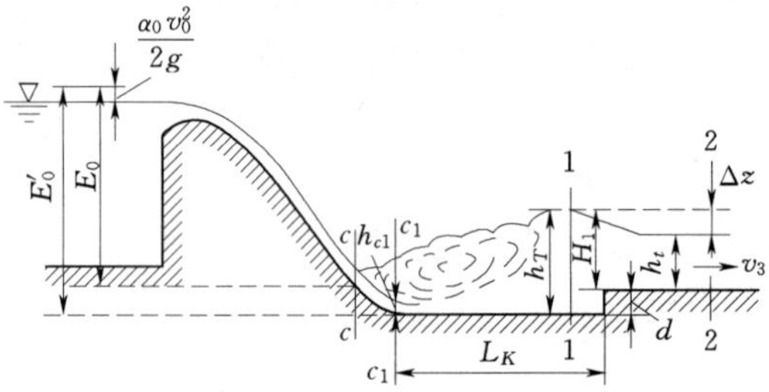

图 9－3

工程设计中，一般要求下游产生淹没程度 $\sigma_j=1.05\sim1.10$ 的水跃。这时，护坦长度较小，消能效果也比较好，并能得到较为稳定的淹没水跃。

4. 降低护坦高程形成的消能池

(1) 消能池深度 d 的计算：采用试算法，联合求解以下 4 个方程可得消能池深度 d（图 9－3）。

$$h_T=\sigma_j h_{c1}''=\frac{\sigma_j h_{c1}}{2}\left(\sqrt{1+8Fr_{c1}^2}-1\right) \tag{9-2}$$

$$E_0'=E_0+d=h_{c1}+\frac{q^2}{2g\varphi^2 h_{c1}^2} \tag{9-3}$$

$$h_T=d+h_t+\Delta z \tag{9-4}$$

$$\Delta z=\frac{q^2}{2g}\left[\frac{1}{(\varphi' h_t)^2}-\frac{1}{(\sigma_j h_{c1}'')^2}\right] \tag{9-5}$$

式中，消能池的流速系数 φ'决定于消能池出口处的顶部形式，一般取 $\varphi'=0.95$。

(2) 消能池长的确定：

$$L_K=(0.7\sim0.8)L_j=(0.7\sim0.8)\times6.9(h_{c1}''-h_{c1}) \tag{9-6}$$

(3) 消能池设计流量的选择：消能池深 d 随（$h_{c1}''-h_t$）增大而增大，对应（$h_{c1}''-h_t$）最大时的流量即为池深的设计流量，实践证明，池深 d 的设计流量并不一定是建筑物所通过的最大流量。

消能池的池长随水跃长度增大而增大，而水跃长度随收缩断面水深对应的跃后水深增大而增大。所以，要求临界水跃跃后水深最大的流量就是池长的设计流量。一般来说，建筑物下泄的最大流量可能就是池长的设计流量。

5. 挑流消能及水力计算

(1) 挑流消能是在泄水建筑物的下游端修建一挑流坎，利用下泄水流的巨大动能，将水流挑入空中，然后降落在远离建筑物的下游，再与下游水体碰撞，消除部分能量。

(2) 挑流消能的优点是可以不用在下游修建护坦，构造简单，便于维修；缺点是雾气大，尾水波动大。

（3）挑流消能水力计算的主要任务是：按已知的水力条件选定适宜的挑坎型式，确定挑坎的高程、反弧半径和挑射角，计算挑流射程和下游冲刷坑深度。

（4）计算挑流总射程的公式（图 9－4）：

$$L=\varphi_1^2\ \sin 2\theta S_1\left(1+\sqrt{1+\frac{a-h_t}{\varphi_1^2\sin^2\theta S_1}}\right)+\frac{t_s+h_t}{\sqrt{\tan^2\theta+\dfrac{a-h_t}{\varphi_1^2\cos^2\theta S_1}}}\tag{9-7}$$

或

$$L=0.933\varphi_1^2\ \sin 2\theta S_1\left(1+\sqrt{1+\frac{a+t_s}{0.933\varphi_1^2\sin^2\theta S_1}}\right)\tag{9-8}$$

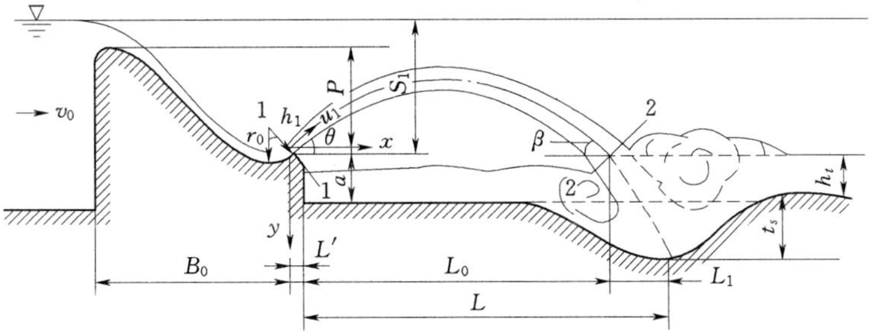

图 9－4

（5）计算冲刷坑深度的经验公式为

$$t_s=k_s q^{0.5}z^{0.25}-h_t\tag{9-9}$$

式中：t_s 为冲刷坑深度，m；z 为上下游水位差，m；h_t 为冲刷坑后的下游水深，m；q 为单宽流量，m^2/s；k_s 为反应岩基特性的系数；其他符号如图 9－4 所示。

三、例题分析解答

【例 9－1】 如图 9－5 所示，无闸门控制的溢流坎，下游坎高 $P_2=6$m，单宽流量$q=8m^3/s\cdot m$时的流量系数 $m=0.45$。求收缩断面水深 h_c 及临界水跃的跃后水深 h''_c。

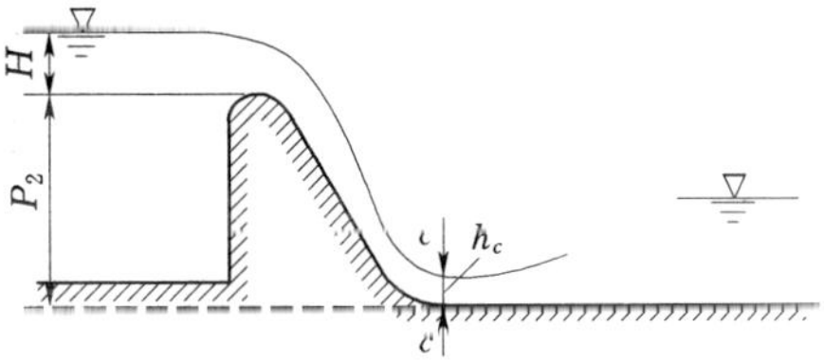

图 9－5

解：（1）由式 $q=m\sqrt{2g}H_0^{3/2}$，可求得：

$$H_0=\left(\frac{q}{m\sqrt{2g}}\right)^{2/3}=\left(\frac{8}{0.45\sqrt{19.6}}\right)^{2/3}=2.53(\text{m})$$

$$E_0=P_2+H_0=6+2.53=8.53(\text{m})$$

因为 $P_1/H=\dfrac{6}{2.53}=2.37<30$，

可由经验公式计算 $\varphi=1-0.0155\dfrac{P}{H}=1-0.155\times\dfrac{6}{2.53}=0.96$

（2）由 $E_0=h_c+\dfrac{q^2}{2g\varphi^2h_c^2}$得：$8.53=h_c+\dfrac{8^2}{2\times9.8\times0.96^2h_c^2}$，试算得 $h_c=0.67$m

（3）$F_{r_c}=\dfrac{q_c}{\sqrt{gh_c^3}}=\dfrac{8}{\sqrt{9.8\times0.67^3}}=4.65$

$$h''_c=\frac{h_c}{2}(\sqrt{1+8Fr_c^2}-1)=\frac{0.67}{2}\times(\sqrt{1+8\times4.65^2}-1)=4.09(\text{m})$$

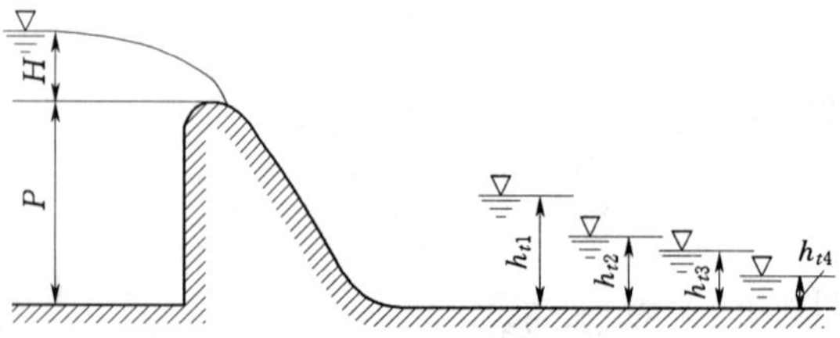

图 9-6

【例 9-2】 如图 9-6 所示，无闸门控制的溢流坝，坝高 $P=13\text{m}$，单宽流量 $q=9\text{m}^3/\text{s}\cdot\text{m}$ 时的流量系数 $m=0.45$。若下游水深分别为 $h_{t1}=7\text{m}$，$h_{t2}=4.55\text{m}$，$h_{t3}=3\text{m}$，$h_{t4}=1.5\text{m}$，试判断这 4 个下游水深时的底流衔接形式。

解：（1）由式 $q=m\sqrt{2g}H_0^{3/2}$，可求得：

$$H_0=\left(\frac{q}{m\sqrt{2g}}\right)^{2/3}=\left(\frac{9}{0.45\sqrt{19.6}}\right)^{2/3}=2.73(\text{m}),E_0=P_2+H_0=13+2.73=15.73(\text{m})$$

因为 $P/H=\dfrac{13}{2.73}=5.48<30$，可由经验公式计算得

$$\varphi=1-0.0155\frac{P}{H}=1-0.0155\times\frac{13}{2.73}=0.926$$

（2）由 $E_0=h_c+\dfrac{q^2}{2g\varphi^2h_c^2}$得：$15.73=h_c+\dfrac{9^2}{2\times9.8\times0.926^2h_c^2}$，试算得 $h_c=0.564\text{m}$

$$F_{r_c}=\frac{q}{\sqrt{gh_c^3}}=\frac{9}{\sqrt{9.8\times0.564^3}}=6.79,\ h_K=\sqrt[3]{\frac{\alpha q^2}{g}}=\sqrt[3]{\frac{1.1\times9^2}{9.8}}=2.09\ (\text{m})$$

$$h''_c=\frac{h_c}{2}(\sqrt{1+8Fr_c^2}-1)=\frac{0.564}{2}(\sqrt{1+8\times6.79^2}-1)=5.14(\text{m})$$

（3）$h_{t1}=7\text{m}>h''_c>h_K$，为淹没式水跃衔接。

$h_K<h_{t2}=4.5\text{m}$、$h_{t3}=3\text{m}<h''_c$，为远离水跃衔接。

$h_{t4}<h_K<h''_c$，无水跃发生。

【例 9-3】 如图 9-7 所示，无闸门控制的克—奥型曲线溢流坝，上、下游坝高分别为 $P_1=11\text{m}$，$P_2=10\text{m}$，过流宽度 $b=40\text{m}$，在设计水头下流量 $Q=120\text{m}^3/\text{s}$（$m=0.49$），下游水深 $h_t=2.5\text{m}$，（1）判别下游水流的衔接形式；（2）若需采取消能措施，就上述条件提出降低护坦消能池的轮廓尺寸。

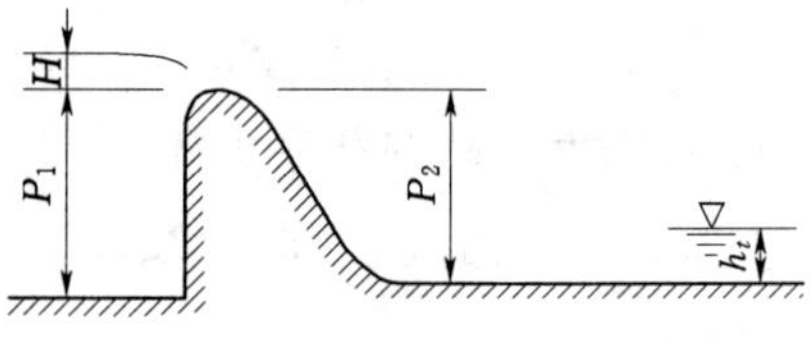

图 9-7

解：（1）由式 $q=m\sqrt{2g}H_0^{3/2}$，得：

$$H_0=\left(\frac{Q}{mb\sqrt{2g}}\right)^{2/3}=\left(\frac{120}{0.49\times40\sqrt{19.6}}\right)^{2/3}=1.24(\text{m})$$

$$E_0=H_0+P_2=1.24+10=11.24\ (\text{m})$$

因 $P_2/H\approx\dfrac{10}{1.24}<30$，取 $\varphi\approx1-0.0155\dfrac{P_2}{H}=1-0.0155\times\dfrac{10}{1.24}=0.875$

由 $E_0=h_c+\dfrac{q^2}{2g\varphi^2h_c^2}$得：$11.24=h_c+\dfrac{(120/40)^2}{2\times9.8\times0.875^2h_c^2}$，试算得 $h_c=0.233\text{m}$

$$Fr_c=\frac{Q/b}{\sqrt{gh_c^3}}=\frac{3}{\sqrt{9.8\times0.233^3}}=8.52$$

$h_c''=\frac{h_c}{2}(\sqrt{1+8Fr_c^2}-1)=\frac{0.233}{2}(\sqrt{1+8\times8.52^2}-1)=2.69$（m）$>h_t$，需建消能。

（2）消能池尺寸计算。

由式（9－5）代入式（9－4）整理得（φ'取 0.95）

$$h_T+\frac{q^2}{2gh_T^2}-d=h_t+\frac{q^2}{2g\varphi'^2h_t^2}=2.5+\frac{(120/40)^2}{2g\times0.95^2\times2.5^2}=2.58(\text{m})$$

试算得：$d=0.34$m，$h_{c1}=0.231$m，$h_{c1}''=2.71$m，$h_T=2.87$m，$\sigma_j=h_T/h_{c1}''=2.87/2.71=1.06$

池长 $L_K=0.75\times6.9\times(h_{c1}''-h_{c1})=0.75\times6.9\times(2.71-0.231)=12.8(\text{m})$

【例 9－4】 单孔水闸已建成消能池如图 9－8 所示，池长 $L_B=16$m，池深 $d=1.5$m。在图示的上、下游水位时开闸放水，闸门开度 $e=1$m，流速系数 $\varphi=0.9$。验算此时消能池中能否发生稍有淹没的水跃衔接。

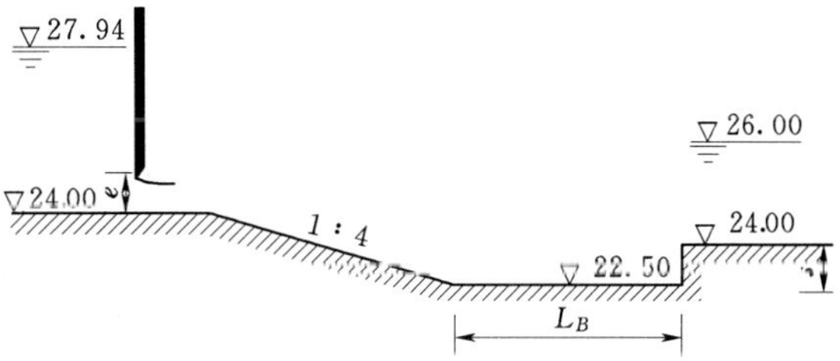

图 9－8

解： 依题意 $E_0=27.94-22.50=5.44$m，$H=27.94-24=3.94$m，下游水深 $h_t=26-24=2$m

$$\mu=0.6-0.18\frac{e}{H}=0.6-0.18\times\frac{1}{3.94}=0.554$$

$$q=\mu_0e\sqrt{2gH_0}=0.554\times1\times\sqrt{19.6\times3.94}=4.87\ (\text{m}^3/\text{s}\cdot\text{m})$$

由 $E_0=h_c+\frac{q^2}{2g\varphi^2h_c^2}$得，$5.44=h_c+\frac{4.87^2}{2\times9.8\times0.9^2h_c^2}$，试算得 $h_c=0.553$

$$Fr_c=\frac{q}{\sqrt{gh_c^3}}=\frac{4.87}{\sqrt{9.8\times0.553^3}}=3.783$$

$$h_c''=\frac{h_c}{2}(\sqrt{1+8Fr_c^2}-1)=\frac{0.553}{2}(\sqrt{1+8\times3.783^2}-1)=2.70$$

由 $h_T+\frac{q^2}{2gh_T^2}-d=h_t+\frac{q^2}{2g\varphi'^2h_t^2}=1.5+2+\frac{4.87^2}{2\times9.8\times0.95^2\times2^2}=3.835$

试算得

$$h_T=3.75\ (\text{m}),\ \sigma=\frac{h_T}{h_c''}=\frac{3.75}{2.70}=1.39$$

故下游产生淹没的水跃，但淹没程度偏大，稍有淹没水跃 $\sigma=1.05\sim1.10$。

池长 $L_K=0.75\times6.9\times(h_{c1}''-h_{c1})=0.75\times6.9\times(2.70-0.553)=11.1\text{m}<L_B=16\text{m}$，可以满足。

类题思考：如果希望发生稍有淹没的水跃衔接，应如何修改消能池尺寸。

【例 9－5】 顶孔由平板闸门控制的溢流坝，有多种运用情况，其中一组为，当水

头 $H=2.5\sim3.5$m 时，闸门开度 $e=1.5$m，坎高 $P=8.5$m，流速系数 $\varphi=0.9$。下游水深与单宽流量的关系见下表。试选定这组消能池设计单宽流量 q_{ds} 及 q_{dt}。

h_t（m）	3.40	3.45	3.50	3.55
q（$m^3/s\cdot m$）	5.00	5.50	6.00	6.50

解： $\mu=0.6-0.18\dfrac{e}{H}=0.6-\dfrac{0.27}{H}$，$q=\mu e\sqrt{2gH}=6.64\mu\sqrt{H}$，$H$、$h_c''$—$q$ 的关系如下：

H（m）	2.5	2.75	3.0	3.25	3.5
μ	0.492	0.502	0.510	0.517	0.522
q（$m^3/s\cdot m$）	5.16	5.53	5.87	6.19	6.5
E_0（m）	11	11.25	11.5	11.75	12
h_c	0.40	0.42	0.44	0.46	0.48
Fr_c	6.57	6.46	6.38	6.30	6.23
h_c''	3.51	3.64	3.77	3.89	4.00

作 h''—q 及 h_t—q 辅助曲线图（图 9-9），可见在 $q=6.5m^2/s$ 时，(h_c''—h_t) 最大，故池深池长的设计流量应均为 $q_d=6.5m^2/s$

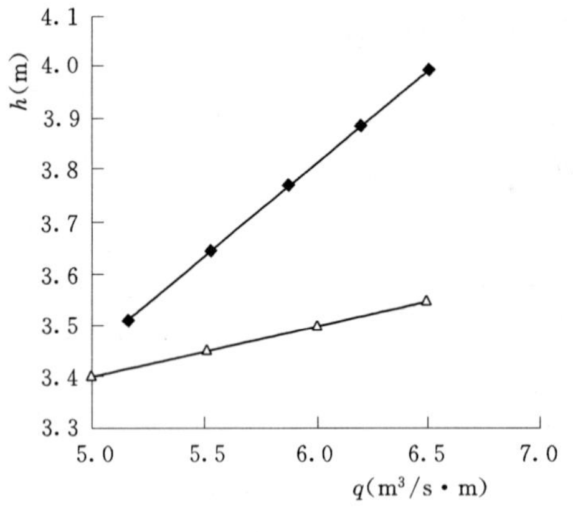

图 9-9

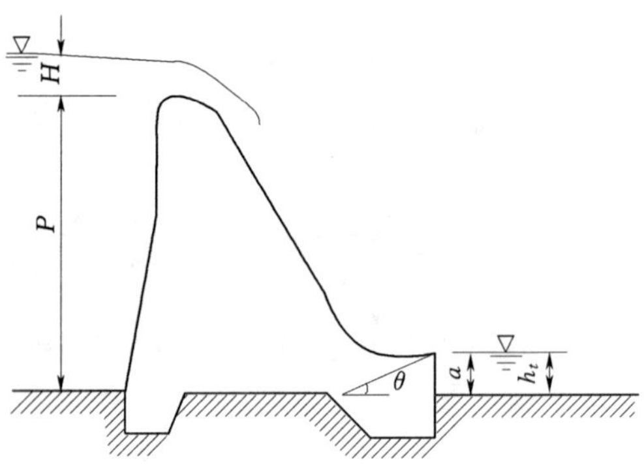

图 9-10

【例 9-6】 如图 9-10 所示，有一 WES 型溢流坝，坝高 $P=50$m，连续式挑流鼻坎高 $a=8.5$m，挑角 $\theta=30°$。下游河床为第Ⅲ类岩基。坝的设计水头 $H_d=6$m。下泄设计洪水时的下游水深 $h_t=6.5$m。估算：(1) 挑流射程；(2) 冲刷坑深度；(3) 检验冲刷坑是否危及大坝安全。

解：(1) 对于 $\dfrac{P}{H}=\dfrac{50}{6}>1.33$，高坝忽略行近流速水头

单宽流量 $q=m_d\sqrt{2g}H_d^{3/2}=0.502\times\sqrt{19.6}\times6^{3/2}=32.66$（$m^3/s\cdot m$）

上下游水位差：$Z=P+H_d-h_t=50+6-6.5=49.5$（m）

对于Ⅲ类岩石，查相关表取 $K=1.5$

冲刷坑深度 $t_s=Kq^{0.5}Z^{0.25}-h_t=1.5\times32.66^{0.5}\times49.5^{0.25}-6.5=16.24$（m）

（2）$K_E=\dfrac{q}{\sqrt{g}L^{1.5}}=\dfrac{32.66}{\sqrt{9.8}\times49.5^{1.5}}=0.03$，$\varphi_1=\sqrt[3]{1-\dfrac{0.055}{K_E^{0.5}}}=\sqrt[3]{1-\dfrac{0.055}{0.03^{0.5}}}=0.88$

对于高坝 $S_1\approx S=P+H_d-a=50+6-8.5=47.5$（m）

射程 $L=0.933\varphi_1^2S_1\sin2\theta\left(1+\sqrt{1+\dfrac{t_s+a}{0.933\varphi_1^2S_1\sin^2\theta}}\right)$

$$=0.933\times0.88^2\times47.5\times\sin60°\times\left(1+\sqrt{1+\frac{16.24+8.5}{0.933\times0.88^2\times47.5\sin^2 30°}}\right)=88.3\text{（m）}$$

（3）冲刷坑后坡 $i=\dfrac{t_s}{L}=\dfrac{16.24}{88.3}=0.184<i_k\left(\dfrac{1}{2.5}\sim\dfrac{1}{5}\right)$

故认为冲刷坑不会危及大坝安全。

四、习题与答案

1. 概念题（判断、填空、选择）

9－1　计算消力池池深的设计流量是建筑物下泄的最大流量。　　（　　）

9－2　计算消力池池长的设计流量一般选择__________。　　（　　）

（1）使池深最大的流量　　（2）泄水建筑物的设计流量

（3）使池深最小的流量　　（4）泄水建筑物下泄的最大流量

9－3　下面几种情况，哪一种情况不需做消能工（h_t 为下游水深；h_c''为临界水跃的跃后水深）。　　（　　）

（1）$h_c''>h_t/1.05$　（2）$h_c''<h_t/1.05$　（3）$h_c''=h_t$　（4）$h_c''<1.05h_t$

9－4　从水跃发生的位置、水跃的稳定性以及消能效果综合考虑，底流消能的水跃流态以__________________水跃为佳，必须避免出现__________________水跃。

9－5　底流消能主要是通过________来消耗水流的动能，底流消能水力计算的任务是确定________________。

9－6　挑流消能的主要优点有__________________________，缺点是______________。

9－7　计算消力池池深的设计流量一般选择__________________。　　（　　）

9－8　有一堰流，如图 9－11 所示。其堰前水深不变，当下游水深为 h_t 时，堰下游为远离式水跃，问当下游水深逐渐增大时，水流情况如何变化？

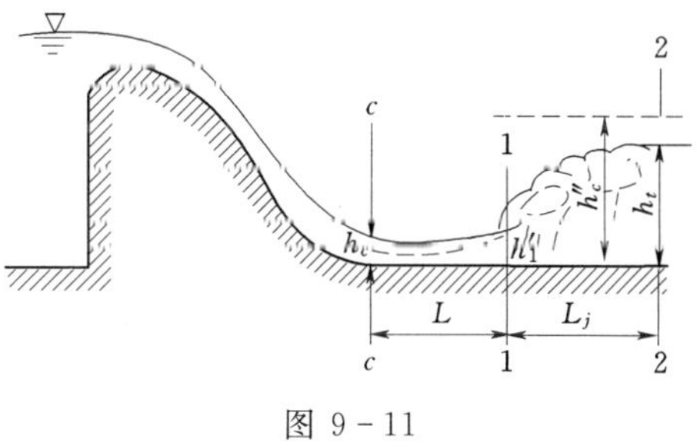

图 9－11

2. 计算题

9－9　某矩形断面渠道中有一泄洪闸，闸门为平面闸门。已知闸上游水深 $H=5$m，下游水深 $h_t=2.5$m，闸门开度 $e=2$m，垂向收缩系数 $\varepsilon'=0.6$，流速系数 $\varphi=0.95$。试判别闸孔下游是否要做消能工。

9-10　设有一溢流坝，各部位的高程如图 9-12 所示。当下泄单宽流量$q=15m^3/s\cdot m$时，下游矩形断面河槽中的水深 $h_t=5.5m$，坝趾收缩断面水深 $h_{c0}=0.86m$，流量系数 $m=0.49$。(1) 求坝顶全水头 H_0；(2) 求坝前水流总能量 E_0；(3) 坝下游是否产生水跃？(4) 判别坝下游是否要采取消能措施。

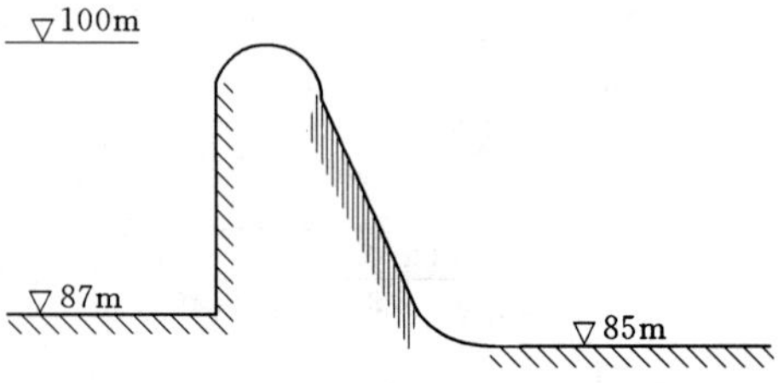

图 9-12

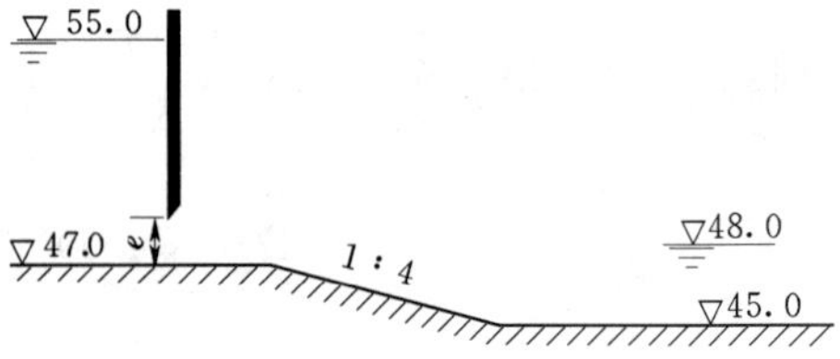

图 9-13

9-11　单孔进水闸，设计单宽流量 $q=12m^3/s\cdot m$，流速系数 $\varphi=0.95$，其他数据如图 9-13 所示。判别下游水流的衔接形式；若需要采取消能措施，设计这种条件下降低护坦消能池的轮廓尺寸。

9-12　无闸门控制的克—奥型曲线溢流坝，上、下游坝高分别为 $P_1=11m$，$P_2=10m$，过流宽度 $b=50m$，在设计水头下流量 $Q=150m^3/s$ ($m=0.49$)，下游水深 $h_t=2.5m$，(1) 判别下游水流的衔接形式；(2) 若需采取消能措施，就上述条件提出加筑消能坎的轮廓尺寸。

9-13　某水库溢流坝为单孔，坝面按 WES 型曲线设计，坝末端设有挑角 θ 为 35°的挑坎。其他已知数据：(1) 下泄流量 Q 为 $450m^3/s$；(2) 上游水位高程为 1688.65m；(3) 下游水位高程为 1661.96m；(4) 下游河床高程为 1657.30m；(5) 溢流宽度与挑坎宽度相同，即 b 为 30m；(6) 坝下游河床岩基属Ⅲ类。其余尺寸如图 9-14 所示。试计算下泄水流的射程和冲刷坑深度。

9-14　某分洪闸建于宽度为 10m 的矩形渠道中，底坎为曲线型低堰，流速系数为 0.903，泄洪流量 $q=110m^3/s\cdot m$，其他有关数据如图 9-15 所示。试设计这种条件下降低护坦高程消能池的轮廓尺寸。

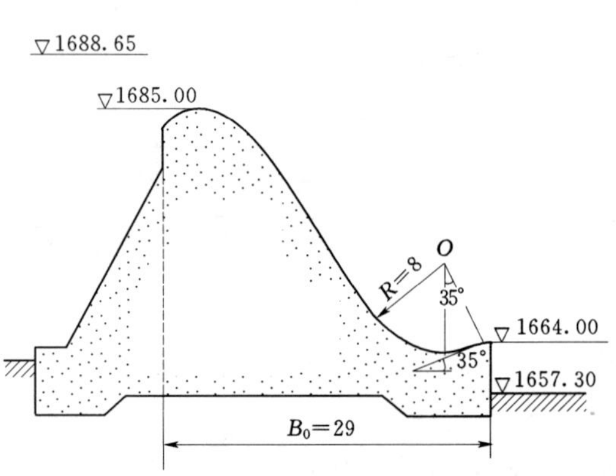

图 9-14　(单位：m)

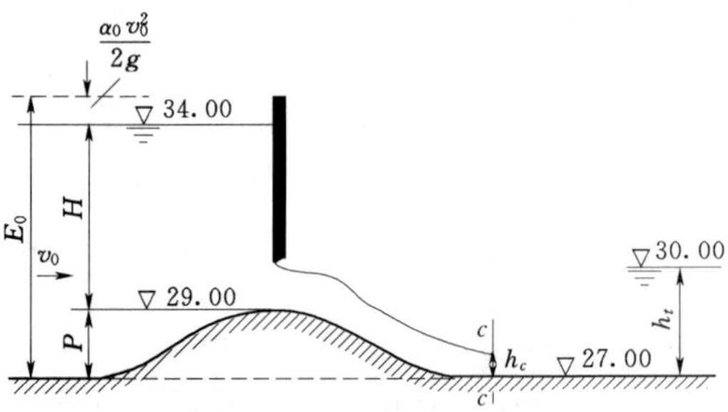

图 9-15

3. 答案

9-1（错）。9-2（4）。9-3（2）。9-4（稍有淹没的、远驱水跃）。9-5（水跃、消力池池长、池深）。9-6（挑流消能的优点是可以不用在下游修建护坦，构造简单，便于维修；缺点是雾气大，尾水波动大）。9-7（使池深最大的流量）。

9-8　水跃逐渐向上游移动，然后变为临界水跃、淹没水跃。

9-9　$h''_{c0}>h_t=2.5$m，闸下游发生远离式水跃，要做消能工。

9-10　$H_0=3.63$m、$E_0=18.63$m，$h_c=2.84$m，$h_{c02}=6.89\text{m}>h_t$，远离式水跃，需消能工。

9-11　$h''_c=5.13\text{m}>h_t=3$m，远驱水跃、$d=2.1$m，$L_B=0.75\times6.9\times(5.48-0.85)=24.0$m。

9-12　$h''_c=2.65\text{m}>h_t=2.5$m，坎高 $C=1.4$m，池长 $L_B=0.75\times6.9\times(2.65-0.24)=12.5$m。

9-13　$h_t=4.66$m，$a=6.7$m，$q=15\text{m}^2/\text{s}$，$z=26.69$m，$S_1=24.65$m，$\varphi_1=0.94$，$S_0=35.8$m，$t_s=k_s q^{0.5}z^{0.25}-h_t=6.78$m，$L=\varphi_1^2\sin2\theta S_1\left(1+\sqrt{1+\dfrac{a-h_t}{\varphi_1^2\sin^2\theta S_1}}\right)+\dfrac{t_s+h_t}{\sqrt{\tan^2\theta+\dfrac{a-h_t}{\varphi_1^2\cos^2\theta S_1}}}=37.6$（m）。

9-14　$h_{c1}=1.02$m，$h''_{c1}=4.44$m，池深 $d=1.19$m，池长 $L_B=0.75\times6.9(h''_{c1}-h_{c1})=17.7$m。

第十章　有压管道和明槽中的非恒定流

一、学习指导

非恒定流运动要素既随空间位置变化，又随时间变化，相应的流动现象、控制方程、计算方法等都较恒定流复杂得多。对于有压管道非恒定流，要求了解水击现象、水击产生的原因、水击波传播过程，能够判断水击的类型并计算直接水击的最大压强。间接水击压强的计算以及水击方程组的求解，在有关专业课中再进一步学习掌握。对于明槽非恒定流，要求了解明槽非恒定流的特性和分类，理解明槽非恒定渐变流方程各项的物理意义。明槽非恒定渐变流方程的求解在有关专业课中再进一步学习掌握。

二、内容提要

（一）有压管道中的水击现象

1. 水击现象

在有压管道中，由于某种外界原因（如阀门突然关闭、水泵机组突然开机、停机等），使得管道内流速发生突然变化，从而引起压强急剧升高或降低的交替变化，这种水力现象称为水击或水锤。由于压强变化很大，不仅要计及水的压缩性，还要考虑管壁的弹性。

2. 水击产生的内在原因

引起管道水流速度突然变化的因素（如阀门突然关闭）是发生水击的条件，水流本身具有惯性和压缩性则是发生水击的内在原因（图 10－1）。

3. 水击压强计算的基本公式

水击压强计算公式是儒柯夫斯基 1898 年得出的，可写为：

$$\Delta p=\rho c(v_0-v) \qquad (10-1)$$

或

$$\Delta H=c(v_0-v)/g \qquad (10-2)$$

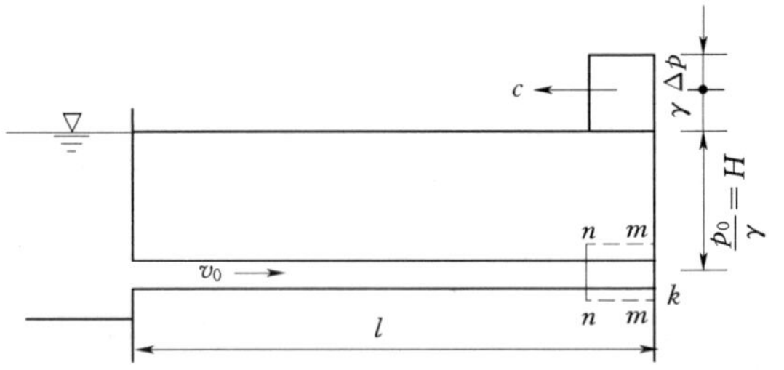

图 10－1

4. 水击波的传播速度

水击波传播速度 c 与液体的压缩性和管壁的弹性有关，其关系式可以从连续性原理推出。

$$c=\frac{c_0}{\sqrt{1+\frac{K}{E}\frac{D}{\delta}}} \qquad (10-3)$$

式中，$c_0=\sqrt{\frac{K}{\rho}}$为不受管壁影响的水击波传播速度，也是声波在水体中的传播速度。当水温为 10℃左右，压强为 1～25atm 时，$c_0=1435\text{m/s}$。可以看出，水击波传播速度 c 与液体的体积弹性模量 K 和管壁材料的弹性模量 E 有关，也与管道直径和管壁厚度有关。

5. 水击波的传播过程

水击波在全管段来回传递两次所需的时间 $T=4l/c$，称为一个周期，水击波在全管段来回传递一次所需的时间 $T_r=2l/c$，称为一个相（Phase）（或半周期）。一个周期可分为 4 个阶段，每阶段长 $T_p=l/c$。

6. 直接水击和间接水击

如果阀门关闭时间小于或等于一个相长（$T_s\leqslant 2l/c$），那么最早发出的水击波的反射波到达阀门以前，阀门已经全部关闭。这时阀门处的最大水击压强和阀门在瞬时完全关闭时相同，这种水击称为直接水击。如阀门关闭时间大于一个相长 $T_s>2l/c$，则阀门开始关闭时发出的水击波的反射波，在阀门尚未完全关闭前，已返回阀门断面，由于返回水击波的负水击压强和阀门继续关闭产生的正水击压强相叠加，使阀门处最大水击压强小于按直接水击计算的数值。这种情况的水击称为间接水击。

7. 降低水击压强增量的方法

（1）在管路上设置空气室或安装具有安全阀性质的水击消除阀。这种阀能在压强升高时自动开启，将部分水从管中放出以降低管中流速的变化，从而降低水击压强增量，而当增高的压强消除以后，又自动地关闭。

（2）在水电站的有压输水道上常设有调压塔，调压塔可减小水击压强及缩小水击的影响范围。当水击波传播到调压塔时，水流受到调压塔调节，水击压强变小，水击危害可大大减少。

（3）延长阀门的关闭时间、缩短有压管路的长度、减少管内流速（如加大管径）等都可以不同程度降低水击压强增量。

（二）水击运动的基本微分方程

1. 连续性方程

一维非恒定流连续性微分方程的基本形式为：

$$\frac{\partial}{\partial s}(\rho vA)+\frac{\partial}{\partial t}(\rho A)=0 \tag{10-4}$$

式（10－4）可以适用于有压管道非恒定流，也可以适用于明渠非恒定流。水击的连续性微分方程为：

$$\frac{\mathrm{d}p}{\mathrm{d}t}+\rho c^2\frac{\partial v}{\partial s}=0 \tag{10-5}$$

2. 运动方程

一维非恒定流运动微分方程的基本形式为：

$$\frac{\partial}{\partial s}\left(z+\frac{p}{\gamma}\right)+\frac{1}{g}\left(\frac{\partial v}{\partial t}+v\frac{\partial v}{\partial s}\right)+\frac{\lambda}{8}\frac{v|v|}{Rg}=0 \tag{10-6}$$

式（10－6）反映了非恒定流的重力、压力、阻力和惯性力之间的关系。可以适用于有压管道非恒定流，也可以适用于明渠非恒定流。

3. 水击微分方程组

考虑压强与测压管水头的关系：$z+p/\gamma=H$，$\frac{\partial z}{\partial t}=0$，$\frac{\partial z}{\partial s}=\sin\alpha$，$J=\frac{\lambda}{8}\frac{v|v|}{Rg}$，水

击基本微分方程组可写为：

$$\frac{\partial H}{\partial t}+v\frac{\partial H}{\partial s}+\frac{c^2}{g}\frac{\partial v}{\partial s}+v\sin\alpha=0 \tag{10-7}$$

$$\frac{\partial H}{\partial s}+\frac{1}{g}\left(\frac{\partial v}{\partial t}+v\frac{\partial v}{\partial s}\right)+J=0 \tag{10-8}$$

水击基本方程组式（10－7）和式（10－8）为一阶拟线性双曲型偏微分方程组，存在两根实特征线，可以变为由4个常微分方程组成的特征方程：

$$\frac{\mathrm{d}s}{\mathrm{d}t}=v+\omega_1\frac{c^2}{g}=v+c \tag{10-9}$$

$$\frac{\mathrm{d}v}{\mathrm{d}t}+\frac{g}{c}\frac{\mathrm{d}H}{\mathrm{d}t}+\frac{\lambda|v|}{2D}v+\frac{gv}{c}\sin\alpha=0 \tag{10-10}$$

$$\frac{\mathrm{d}s}{\mathrm{d}t}=v+\omega_2\frac{c^2}{g}=v-c \tag{10-11}$$

$$\frac{\mathrm{d}v}{\mathrm{d}t}-\frac{g}{c}\frac{\mathrm{d}H}{\mathrm{d}t}+\frac{\lambda|v|}{2D}v-\frac{gv}{c}\sin\alpha=0 \tag{10-12}$$

4. 水击方程的求解

水击问题的计算方法通常有解析法、图解法和结合电子计算机求解的数值解法（如特征线法）等。解析法假设阀门直线启闭，不计阻力，在简单边界条件下，直接求解简化方程，以公式的形式给出计算结果。图解法可以适应较复杂的边界条体，有着明晰的物理图像，便于验证，但在相数较多、计及阻力时，用起来也非常麻烦，且因作图比例所限，有时也不够准确。运用特征差分法结合电子计算机的求解方法，理论基础严谨，可以考虑多方面的因素，计算速度快。因此，这种方法已逐渐取代解析法和图解法，成为水击计算和管道设计的主要方法，在第三部分将结合例题介绍数值计算方法和计算程序。

（三）明槽非恒定流特性及分类

1. 明槽非恒定流的主要特性

（1）明槽非恒定流的基本特征是过水断面上的水力要素既是时间 t 的函数又是流程 s 的函数，明槽非恒定流必然是非均匀流动。

（2）明槽非恒定流是一种具有自由液面的波动现象，其主要作用力是重力、摩擦阻力和惯性力。明槽非恒定流水流质点是随着波动而移动的，故有流量和质量的传递，这种波动叫做运行波（移动波、位移波）。

（3）明槽非恒定流的波动为浅水波或长波。一般水深 h 与波长 L 之比小于1/20。

（4）明槽非恒定流中过水断面的水位、流量关系曲线呈绳套形曲线。同一水位可以对应不同的流量，同一流量可以对应不同的水位。

2. 明槽非恒定流波动的分类

（1）连续波和断波（不连续波）。当波动发生过程比较缓慢，所形成的波高相对于波长很小，瞬时水面坡度较缓，其水力要素随时间和流程变化缓慢，可视为时间和流程的连续函数，这种波动称为连续波。当波动发生过程非常迅速，瞬时水面坡度很陡，甚至出现阶梯形状，其水力要素不再是时间或流程的连续函数，这种波动则称为不连续波或断波，这样的流动属于明槽非恒定急变流。

（2）顺行波和逆行波、涨水波和落水波。在工程实际中，根据波的传播方向和波所到之处引起水面的涨落情况，明槽非恒定流波动可分为以下 4 种类型：①顺行涨水波；②逆行落水波；③顺行落水波；④逆行涨水波。

（四）明槽非恒定渐变流的基本方程

1. 连续性方程

对于明槽非恒定流，密度 ρ 可以看作常数，连续性方程式（10－4）可以变为：

$$\frac{\partial A}{\partial t}+\frac{\partial Q}{\partial s}=q \text{ 或 } \frac{\partial A}{\partial t}+\frac{\partial vA}{\partial s}=q \text{ 或 } B\frac{\partial z}{\partial t}+\frac{\partial Q}{\partial s}=q \text{ 或 } B\frac{\partial h}{\partial t}+\frac{\partial Q}{\partial s}=q \tag{10-13}$$

式中：h 为水深；z 为水位；q 为单位流程上从旁侧流入明槽的流量，m^2/s。

连续性方程说明在单位流程上、单位时间内流量的变化与面积的变化之和等于旁侧入流量。

2. 运动方程

一维明槽非恒定渐变流的运动微分方程通常可以写成如下几种形式：

$$i-\frac{\partial h}{\partial s}+\frac{1}{g}\frac{\partial v}{\partial t}+\frac{v}{g}\frac{\partial v}{\partial s}+\frac{v|v|}{RC^2}=0 \tag{10-14}$$

$$\frac{\partial Q}{\partial t}+\frac{2Q}{A}\frac{\partial Q}{\partial s}+\left[gA-B\left(\frac{Q}{A}\right)^2\right]\frac{\partial z}{\partial s}=\left(\frac{Q}{A}\right)^2\frac{\partial A}{\partial s}\bigg|_z-gA\frac{Q|Q|}{K^2} \tag{10-15}$$

$$\frac{\partial Q}{\partial t}+\frac{2Q}{A}\frac{\partial Q}{\partial s}+\left[gA-B\left(\frac{Q}{A}\right)^2\right]\frac{\partial h}{\partial s}=gAi-\left(\frac{Q}{A}\right)^2\frac{\partial A}{\partial s}\bigg|_h-gA\frac{Q|Q|}{K^2} \tag{10-16}$$

式中：i 为单位重量液体上重力在流向上的分量，或单位重量液体、单位流程上位能变化或重力所做的功；$\frac{\partial h}{\partial s}$ 为单位重量液体上压力在流向上的分量，或单位重量液体、单位流程上压能变化；$\frac{\partial z}{\partial s}$ 为单位重量液体上重力和压力在流向上的分量，或单位重量液体、单位流程上势能变化；$\frac{1}{g}\frac{\partial v}{\partial t}$ 为单位重量液体上当地加速度引起的惯性力，或单位重量液体、单位流程上惯性能变化；$\frac{v}{g}\frac{\partial v}{\partial s}=\frac{\partial\left(\frac{v^2}{2g}\right)}{\partial s}$ 为单位重量液体上迁移加速度引起的惯性力，或单位重量液体、单位流程上动能变化；$\frac{v|v|}{RC^2}=J$ 为单位重量液体上的阻力，或单位重量液体、单位流程上能量损失或阻力所做的功。

3. 圣维南方程组求解

圣维南方程组求解方法有显式差分法、隐式差分法、特征线法和瞬时流态法等，每种方法又有不同的计算格式。显式差分法计算简单，稳定性受一定条件限制，要求时间步长较短。隐式差分法稳定性较好，精度较高，计算较为复杂。特征线适用范围较广，精度较高，在第三部分将结合例题介绍计算方法和程序。

三、例题分析解答

【例 10－1】 某水电站的压力钢管，管长 $L=328$m，直径 $D=800$mm，管壁厚度 $\delta=$

6mm。水轮机的静水头 $H_0=100$m。管道末端阀门全开时，通过钢管的流量 $Q=2\text{m}^3/\text{s}$。求阀门完全关闭时间 $T_s=0.6$s 时的水击压强。(钢管弹性模量 $E=19.6\times10^{10}\text{N/m}^2$，水的体积弹性模量 $K=19.6\times10^8\text{N/m}^2$)。

解： 水击波速 $c=\dfrac{1435}{\sqrt{1+\dfrac{KD}{E\delta}}}=\dfrac{1435}{\sqrt{1+\dfrac{800}{6}\times\dfrac{19.6\times10^8}{19.6\times10^{10}}}}=939.4(\text{m/s})$

相长 $$T_r=\frac{2L}{c}=\frac{2\times328}{939.4}=0.7\text{s}>T_s\text{，发生直接水击}$$

阀门全开时流速：$v_0=\dfrac{Q}{A}=\dfrac{2}{\pi\times0.4^2}=3.98\text{m/s}$，阀门关闭时流速 $v=0$

水击压强： $$\Delta p=\rho c(v_0-v)=3738.8\text{kPa}$$

【例 10-2】 一水电站压力钢管的直径 $D=2.5$m，管壁厚度 $e=25$mm，若钢管从水库引水到水电站管道长度 $L=2000$m，管道末端阀门关闭时间 $T_s=3s$，问将产生直接水击或间接水击？若关闭时间为 6s，则将产生什么水击？如在距水电站 $L_1=500$m 处设置调压室，阀门关闭时间仍为 3s，这时将产生什么水击？如果阀门关闭前管道通过流量为 $10\text{m}^3/\text{s}$，相应水头 $H_0=90$m，直接水击时产生最大水击压强的增量是多少？计算时不考虑水头损失。

解：(1) 判别水击类型。已知 $L=2000$m，$D=2.5$m，$e=25$mm，钢管：$\dfrac{K}{E}=0.01$，可计算水击波速

$$c=\frac{1435}{\sqrt{1+\dfrac{DK}{eE}}}=\frac{1435}{\sqrt{1+\dfrac{2500}{25}\times0.01}}=1014.7(\text{m/s})$$

以及相长 $$T_r=\frac{2L}{c}=\frac{2\times2000}{1014.7}=3.94(\text{s})$$

当阀门关闭时间 $T_s=3$s，有 $T_s<T_r$，发生直接水击。当关闭时间 $T_s=6$s，有 $T_s>T_r$，则发生间接水击。

(2) 在设置调压室后，调压室的作用类似于水库，水击波将由调压室反射，这时管长 $L=500$m，相应的相长 $T_r=\dfrac{2\times500}{1014.70}=0.986$s。当阀门关闭时间 $T_s=3$s，有 $T_s>T_r$，则发生间接水击。

(3) 计算水击压强增量。已知管长 $L=2000$m 时，水头 $H_0=90$m，流量 $Q=10\text{m}^3/\text{s}$，则 $v_0=v_{\max}=\dfrac{4Q}{\pi D^2}=\dfrac{4\times10}{\pi\times2.5^2}=2.04$ (m/s)

当阀门关闭时间 $T_s=3$s，发生直接水击。则由直接水击压强公式得水击压强增量

$$\Delta H=\frac{cv_0}{g}=\frac{1014.7\times2.04}{9.8}=211.22(\text{m})(\text{水柱高})$$

【例 10-3】 如图 10-2 所示，已知一引水钢管直径 $D=4.6$m，管壁厚度为 0.02m，管道长度 $L=395$m，管道沿程水头损失系数为 0.025，恒定流时压强水头 $H_0=40$m，最大流量 $Q=45\text{m}^3/\text{s}$，阀门为线性关闭，关闭时间 $T_s=7$s，假定管道为水平放置，试计算

$T_m=14\text{s}$ 内，管道压强水头的沿程变化情况。

解：(1) 参数选取与计算。

流速 $v=\dfrac{4Q}{\pi D^2}=\dfrac{4\times 45}{\pi\times 4.6^2}=2.7(\text{m/s})$

波速 $c=\dfrac{c_0}{\sqrt{1+0.01D/\delta}}$

$=\dfrac{1435}{\sqrt{1+0.01\times 4.6/0.02}}=790(\text{m/s})$

相长 $T_r=\dfrac{2L}{c}=\dfrac{2\times 395}{790}=1.0\text{s}<T_s=7.0\text{s}$ 为间接水击。

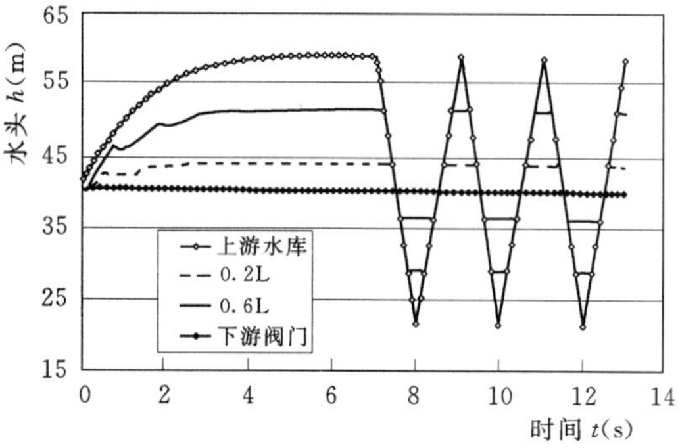

图 10-2 水头变化过程线

采用特征线方法进行计算，将管段平均分成 5 段 ($N=5$)，距离步长为 $\Delta s=79\text{m}$，时间步长为：

$$\Delta t=\frac{\Delta s}{c}=\frac{79}{790}=0.1(\text{s})$$

管道上游端为水位恒定的水库，边界条件为 $h_{p1}=40\text{m}$

管道下游端为逐渐关闭的阀门，边界条件为 $v_{pN+1}=\left(1-\dfrac{t}{T_s}\right)v_0\sqrt{2g\dfrac{h_{pN+1}}{h_0}}$

利用差分法求解特征方程，可得内点迭代计算公式：

$$h_{pi}=\frac{1}{2}\left[h_{i-1}+h_{i+1}+\frac{c}{g}(v_{i-1}-v_{i+1})-\Delta t\sin\theta(v_{i-1}+v_{i+1})-\frac{\lambda\Delta s}{2gD}(v_{i-1}|v_{i-1}|+v_{i+1}|v_{i+1}|)\right]$$

$$v_{pi}=\frac{1}{2}\left[\frac{g}{c}(h_{i-1}-h_{i+1})+(v_{i-1}+v_{i+1})-\frac{g\Delta t\sin\theta}{c}(v_{i-1}+v_{i+1})-\frac{\lambda\Delta t}{2D}(v_{i-1}|v_{i-1}|+v_{i+1}|v_{i+1}|)\right]$$

(2) 计算程序。

```
C变量符号说明:RL为管长L,Tao为阀门开度τ,f为阻力系数λ,M为时间步数,Cf=λdS/(2gD)
C数组说明、变量赋值
  COMMONh(601,6),v(601,6),Tao(601),T(301)
  dataD/4.6/,e/0.02/,RL/395/,N/5/
  dataTs/7/,Tm/14/,h0/40/,Q/45/,g/9.81/,f/0.025/
C计算基本参数
  c=1435/sqrt(1+0.01*D/e);Tr=2*RL/c;ds=RL/N;dt=ds/c
  v0=Q/(0.7854*D*D);M=Tm/dt+2;Tao(1)=1;Cf=f*ds/D/2/g
  write(*,*)'ds,dt,v0,c,Tr',ds,dt,v0,c,Tr
C确定初始条件
  doi=1,N+1
    v(1,i)=v0;h(1,i)=h0-Cf*(i-1)*v(1,i)**2
  enddo
C计算流速压强
  doj=2,M
```

```
    T(j)=(j-1)*dt;  Tao(j)=1-T(j)/Ts;if(Tao(j).LT.0)Tao(j)=0
C 管道内点计算
    doi=2,N
      h(j,i)=0.5*(h(j-1,i-1)+h(j-1,i+1)+c/g*(v(j-1,i-1)-v(j-1,i+1))
+     -Cf*(v(j-1,i-1)*abs(v(j-1,i-1))-v(j-1,i+1)*abs(v(j-1,i+1))))
      v(j,i)=0.5*(g/c*(h(j-1,i-1)-h(j-1,i+1))+(v(j-1,i-1)+v(j-1,i+1))
+     -g/c*Cf*(v(j-1,i-1)*abs(v(j-1,i-1))+v(j-1,i+1)*abs(v(j-1,i+1))))
    enddo
C 上游边界计算
    i=1;h(j,i)=h0;
+   v(j,i)=v(j-1,i+1)
    +g/c*(h(j,i)-h(j-1,i+1)-Cf*v(j-1,i+1)*abs(v(j-1,i+1)))
C 下游边界计算
    i=N+1;Ch=v0**2*Tao(j)**2/2/h0*c/g
    Cp=h(j-1,N)+v(j-1,N)*(c/g-Cf*abs(v(j-1,N)))
    v(j,i)=-Ch+sqrt(Ch*Ch+2*Ch*Cp*g/c)
    h(j,i)=h(j-1,i-1)
+           -c/g*(v(j,i)-v(j-1,i-1))-Cf*v(j-1,i-1)*abs(v(j-1,i-1))
    write(*,12)j,T(j),Tao(j),(h(j,i),i=1,N+1)
  enddo
C 输出计算结果
  doj=1,M,10
    write(*,'(i4,8f9.3)')j,T(j),Tao(j),(h(j,i),i=1,N+1)
  enddo
  END
```

(3) 计算结果。

时　间 (s)	开　度	水头 h (m)					
		水库	0.2L	0.4L	0.6L	0.8L	阀门
0.0	1.000	40.000	39.840	39.679	39.519	39.358	39.198
1.0	0.857	40.000	41.766	43.535	45.308	47.087	49.457
2.0	0.714	40.000	42.915	45.829	48.744	51.659	54.780
3.0	0.571	40.000	43.463	46.925	50.385	53.841	57.344
4.0	0.429	40.000	43.675	47.349	51.021	54.690	58.363
5.0	0.286	40.000	43.745	47.491	51.235	54.978	58.719
6.0	0.143	40.000	43.772	47.544	51.316	55.088	58.859
7.0	0.000	40.000	43.783	47.565	51.347	55.129	58.890
8.0	0.000	40.000	36.218	32.436	28.655	24.874	21.114
9.0	0.000	40.000	43.782	47.563	51.343	55.123	58.882
10.0	0.000	40.000	36.219	32.438	28.659	24.880	21.122
11.0	0.000	40.000	43.780	47.560	51.339	55.117	58.874
12.0	0.000	40.000	36.220	32.441	28.663	24.885	21.130
13.0	0.000	40.000	43.779	47.558	51.335	55.112	58.866

【例 10-4】 如图 10-3 所示，某电站由引水渠道从水库取水发电。已知水渠长度为 5000m，底坡 $i=0.0002$，进口渠底高程为 11.018m，糙率 $n=0.013$。渠道断面为梯形，底宽 $b=5$m，边坡系数 $m=3$。渠道末端与水轮机相连，初始时渠道内为静水，水位为 15.518m。水轮机流量在 25min 内线性增加到 150m^3/s，后一直保持不变。又设上游水位 $z=15.518$m，并保持不变。试计算：渠道各断面的流量和水位变化过程。

解：（1）计算条件。基本方程采用因变量为 z、Q 并且无旁侧入流的圣维南方程组式（10-9）和式（10-12）。根据实例条件，全长分为 10 个计算渠段，11 个计算断面。每个计算渠段长度也就是距离步长为 500m。时间步长选取 60s，可以验证：时间步长和距离步长满足库朗稳定性条件。

上游边界条件是水位为常数，即 $z=15.518$m

下游边界条件为流量过程线，即 $Q=\begin{matrix} t\times150/25 & t<25\text{min} \\ 150 & t\geqslant25\text{min}\end{matrix}$，式中流量的单位为 m^3/s，时间 t 的单位为 min。

（2）迭代格式。利用有限差分法将连续性方程和运动方程变为差分方程，整理可得内点水位和流量的迭代格式分别为

$$z_i^{j+1}=-\frac{\Delta t}{2B\Delta s}(Q_{i+1}^j-Q_{i-1}^j)+\alpha z_i^j+(1-\alpha)\frac{z_{i-1}^j+z_{i+1}^j}{2}$$

$$Q_i^{j+1}=Q_i^j-v\frac{\Delta t}{\Delta s}(Q_{i+1}^j-Q_{i-1}^j)-(gA-Bv^2)\frac{\Delta t}{2\Delta s}(z_{i+1}^j-z_{i-1}^j)+\Delta tN$$

上游边界处已知水位变化过程，将运动方程变化差分方程整理可得流量迭代格式为

$$Q_i^{j+1}=Q_i^j-2v\frac{\Delta t}{\Delta s}(Q_{i+1}^j-Q_i^j)-(gA-Bv^2)\frac{\Delta t}{\Delta s}(z_{i+1}^j-z_i^j)+\Delta tN$$

下游边界处已知流量变化过程，将连续性方程变为差分方程，整理可得水位迭代格式为

$$z_i^{j+1}=-\frac{\Delta t}{B\Delta s}(Q_i-Q_{i-1})+z_i^j$$

（3）计算程序。

```
PARAMETER(IM=10,JM=180)
DIMENSION Q(0:JM,0:IM),Z(0:JM,0:IM),Z0(0:IM),DS(0:IM)
DTTA DT/60/,G/9.8/,Rn/0.013/,Ri/0.0002/,Rm/3/,B/5/,AF/0.333/
  DO I=0,IM
  Z(0,I)=15.518                                              ! 水位初始条件
  Q(0,I)=0                                                   ! 流量初始条件
  DS(I)-500
  20(I)=11.018-DS(I)*I*Ri
END DO
OPEN(2,FILE="DAT2.DAT")
    DO 20 J=0,JM
    T=(J)*DT/60
    Z(J+1,0)=15.518                                          ! 上游边界条件
    Q(J+1,IM)=(T+DT/60)*150/25                               ! 下游边界条件
    IF(Q(J+1,IM).GE.150)  Q(J+1,IM)=150
```

```
          DO I=0,IM
          H=Z(J,I)-Z0(I)
          BS=B+2*Rm*H
          A=(B+Rm*H)*H
          P=B+2*H*(1+Rm*Rm)**0.5
          U=Q(J,I)/A
          RN0=BS*Ri*U**2-G*U**2/A**(1.0/3)*Rn*Rn*P**(4.0/3)
          IF(I.EQ.0)THEN                                          ! 上游边界流量计算
            Q(J+1,I)=Q(J,I)-2*U*DT/DS(I+1)*(Q(J,I+1)-Q(J,I))
1           -(G*A-BS*U*U)*DT/DS(I+1)*(Z(J,I+1)-Z(J,I))+DT*RN0
      ENDIF
      IF(I.EQ.IM)THEN                                             ! 下游边界流量计算
          Z(J+1,I)=-DT/BS/DS(I)*(Q(J,I)-Q(J,I-1))+Z(J,I)
      ENDIF
      IF(I.GT.0.AND.I.LT.IM)THEN                                  ! 内点水位流量计算
          Z(J+1,I)=-DT/BS/(DS(I+1)+DS(I))*(Q(J,I+1)
1         -Q(J,I-1))+(Z(J,I+1)+Z(J,I-1))/2*(1-AF)+Z(J,I)*AF
          Q(J+1,I)=(Q(J,I+1)+Q(J,I-1))/2*(1-AF)+Q(J,I)*AF
1         -2*U*DT/(DS(I+1)+DS(I))*2*(Q(J,I+1)-Q(J,I-1))+DT*RN0
1     -(G*A-BS*U*U)*DT/(DS(I+1)+DS(I))*(Z(J,I+1)-Z(J,I-1))
      ENDIF
    ENDDO
20  WRITE(2,15)T,Q(J,0),Q(J,IM/2),Q(J,IM),Z(J,0),Z(J,IM/2),Z(J,IM)
15  FORMAT(F5.1,3F10.2,3F10.3)
  GLOSE(2)
  END
```

(4) 计算结果。

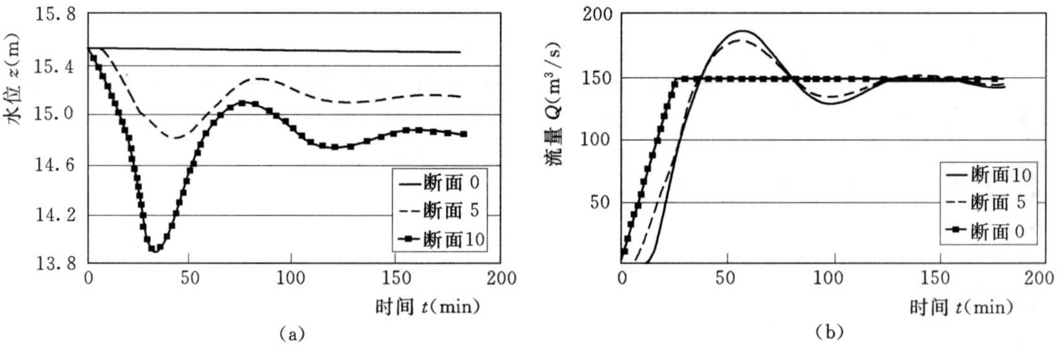

图 10-3

(a) 水位变化过程线；(b) 流量变化过程线

四、习题与答案

1. 概念题

10-1 直接水击是指有压管道末端阀门处的最大水击压强________。 (　　)

（1）不受来自上游水库反射波的影响　（2）受来自上游水库反射波的影响
（3）受阀门反射波的影响　（4）不受管道长度的影响

10－2　发生间接水击的条件是（式中 T_a 为阀门关闭时间，L 为管道长度，C 为水击波速）。（　）

（1）$T_a<L/C$　（2）$T_a>L/C$　（3）$T_a<2L/C$　（4）$T_a>2L/C$

10－3　在水击研究中，必须认为________。（　）

（1）液体是可压缩的，管道是刚体　（2）液体是不可压缩的，管道是弹性体
（3）液体和管道都是弹性体　（4）液体是不可压缩的，管道是刚体

10－4　当阀门突然关闭时，水击波传播的第二阶段（即 $L/C<t<2L/C$）中，压强的变化为______________，波的传播方向为______________，液体处于______________状态。

10－5　减小水击压强的措施有：________________；________________；________________。

10－6　当管道条件（材料、直径、管长等）、水头、流速相同时，为什么间接水击压强小于直接水击压强？

10－7　圣维南方程对明渠非恒定渐变流和急变流均适用。（　）

10－8　明渠非恒定流一定是非均匀流。（　）

10－9　水坝瞬时溃决时，坝的上游将发生______。（　）

（1）顺行涨水波　（2）顺行落水波　（3）逆行涨水波　（4）逆行落水波

10－10　明渠非恒定渐变流的连续方程为：________________，式中各项的意义是______________。

10－11　当水位相同时，明渠非恒定流涨水过程中的流量一般________（大于、等于、小于）落水过程中的流量。

10－12　明渠非恒定流通常以波的形式出现。按波的传播方向可分为________波和________波；按水位变化可分为________波和________波。

10－13　简要说明阀门突然开启过程中，水击波传播的4个阶段的流速压强变化过程。

2. 计算题、证明题

10－14　某水电站压力钢管，管长 $L=800\text{m}$，管径 $D=100\text{cm}$，管壁厚度 $e=20\text{mm}$，水头 $H_0=100\text{m}$，水头损失忽略不计。管道末端装有一节流阀门，用以控制水轮机的运转。阀门全开时，管中流速 $v_{\max}=2\text{m/s}$。若假定阀门的关闭时间 $T_s=1\text{s}$，试计算初始开度 $\tau_0=1$，终止开度 $\tau_e=0$ 时阀门断面的水头。

10－15　水平放置的电站引水管道，管径 $D=0.9\text{m}$，管长 $L=1296\text{m}$，上游端与水库相连接，其水头 $H_0=90\text{m}$，流量 $Q=0.7\text{m}^3/\text{s}$，沿程损失系数 $\lambda=0.02$，波速 $c=1000\text{m/s}$，阀门关闭规律 $\tau=(1-t/T_s)$，阀门关闭时间 $T_s=6\text{s}$。要求计算总时间 $T_e=16\text{s}$ 内，管道水击压强沿程的变化情况。

10－16　证明 $\left.\dfrac{\partial A}{\partial s}\right|_z=\left.\dfrac{\partial A}{\partial s}\right|_h+Bi$，其中 A 为面积，B 为水面宽，i 为底坡。

10－17　试证棱柱体渠道非恒定流中的水力坡度 J 可以下式表示：

$$J=J_p+F_r^2(i-J_p)+\frac{2Q}{gA^2}\frac{\partial A}{\partial t}-\frac{1}{gA}\frac{\partial Q}{\partial t}$$

10－18　某梯形断面渠道，下游与一溢流坝相接，已知：渠道长度 $L=4\text{km}$，底宽 $b=8\text{m}$，边坡系数 $m=1.5$，粗糙系数 $n=0.025$，底坡 $i=0.0009$。初始时假定为均匀流，此时流量 $Q=15\text{m}^3/\text{s}$，渠中各断面相应水深 $h_0=1.26\text{m}$。末端断面的流量变化为 $Q_d=10.6056h_d^{3/2}$，式中 h_d 为末端断面水深。渠道的上游流域下了一场大雨，在上游端断面测得洪水水位过程如下表所示，试用特征线法、差分法计算各时刻各断面的水深、流量。

t(s)	0	60	120	180	240	300	360	420
z(m)	1.26	1.42	1.64	1.83	2.00	2.15	2.22	2.21
t(s)	480	540	600	660	720	780	840	900
z(m)	2.12	2.05	1.90	1.77	1.66	1.55	1.47	1.30

3. 答案

10－1（1）。10－2（4）。10－3（3）。10－4（压强增量 $\Delta p\rightarrow 0$ 恢复原状、水库→闸门、速度 $0\rightarrow -\Delta v$ 减速减压状态）。10－5［在管路上设置空气室或安装具有安全阀性质的水击消除阀；在水电站的有压输水道上常设有调压塔；延长阀门的关闭时间、缩短有压管路的长度、减少管内流速（如管径加大）等］。10－6（间接水击阀门关闭时间大于一个相长 $T_s>2L/c$，则阀门开始关闭时发出的水击波的反射波，在阀门尚未完全关闭前，已返回阀门断面，由于返回水击波的负水击压强和阀门继续关闭产生的正水击压强相叠加，使阀门处最大水击压强小于按直接水击计算的数值）。10－7（错）。10－8（对）。10－9（4）。10－10 $\left(\frac{\partial A}{\partial t}+\frac{\partial Q}{\partial s}\right)=q$。单位流程上、单位时间内流量变化与面积变化之和等于旁侧入流量）。10－11（大于）。10－12（顺行、逆行、涨水、落水）。10－13（略）。

10－14　$c=\dfrac{1435}{\sqrt{1+\dfrac{DK}{eE}}}=1172\text{m/s}$，$T_r=\dfrac{2L}{c}=1.365\text{s}>T_s=1\text{s}$，$H_1^A=H_0+\dfrac{cv_{\max}}{g}=339.2\text{m}$。

10－15　$v=1.1\text{m/s}$，$T_r=0.79\text{s}$。10－16～10－18（略）。

第十一章 渗　　流

一、学习指导

本章研究的是以水为代表的液体在以土为代表的孔隙介质中的流动，首先要了解土的基本特性和水在土壤中的状态，正确理解渗流模型的概念。本章要求掌握的内容有：①均匀渗流的达西定律及适用条件；②非均匀渐变渗流的杜比公式以及浸润线的特性和井的渗流计算；③水工建筑物透水地基中的渗流主要掌握水电比拟法，流网法和数值解法了解一下即可，以后在专业课水工建筑物中再进一步学习掌握。均质土坝的渗流主要掌握边界条件的确定，浸润线及计算问题先了解一下，以后在专业课土力学中再进一步学习掌握。本章难点是渗流模型的概念，要正确理解模型的假设条件和渗流速度、渗流阻力和损失的处理方法。

二、内容提要

（一）基本概念

1. 水在土壤中的状态

水在土壤中的状态可以分为气态水、附着水、薄膜水、毛细水和重力水。重力水是指在重力及动水压强作用下在土壤孔隙中流动的水，重力水的自由水面称为浸润面，渗流理论研究的就是重力水的运动。

2. 土的特性

（1）土的孔隙率：在一定体积的土中，孔隙的体积 w 与土所占总体积 W（包含孔隙体积）的比值为土的孔隙率$\left(n=\dfrac{w}{W}\right)$。

（2）土粒的不均匀系数：土粒的不均匀程度用不均匀系数 $\eta=\dfrac{d_{60}}{d_{10}}$表示。其中，$d_{60}$表示土粒经过筛分时，占 60%重量的土粒所能通过的筛孔直径；d_{10}表示筛分时占 10%重量的土粒所能通过的筛孔直径。

（3）透水性：透水性是指土允许水透过的性能。透水性不随位置而改变的称为均质土，否则为非均质土；在同一位置，各个方向的透水性都相同的土称为各向同性土，否则为各向异性土。

（4）渗透系数：衡量透水性大小的参数为渗透系数，它综合反映了土和液体两方面对透水性能的影响，渗透系数的物理意义可以理解为单位水力坡度下的渗流流速，其量纲为$[LT^{-1}]$。

3. 渗流模型

设想渗流区内的全部土粒骨架不存在，整个渗流区的全部空间是被水所充满的连续流动，但要保证渗透流量、水头损失、渗透压力和渗流区边界条件与实际渗流完全一样，由渗流简化模型得到的结果基本可以满足实际的需要。

4. 渗流流速

以土壤中任意点 A 为中心取体积为 ΔW 的一微元体，若该微元体的孔隙的体积为 Δw，则微元体中实际流速的平均值$\vec{u}_0$，称为点 A 的实际流速，不考虑土粒所占体积，按渗流简化模型得到的微元体内平均流速$\vec{u}$，称为 A 的渗流流速，渗流流速一般远小于实际流速，他们的关系为：

$$\vec{u}=n\vec{u}_0 \tag{11-1}$$

5. 水头

渗流中水的运动很缓慢，流速水头 $u^2/2g$ 很小，可以忽略不计。因此在渗流中，可以认为总水头 H 等于测压管水头 H_p，即：

$$H=H_p=z+\frac{p}{\gamma} \tag{11-2}$$

6. 渗流阻力

液体在介质的孔隙中流动受到孔隙周界的阻力称为渗流阻力。在设想渗流区内的全部土粒骨架不存在的渗流模型中，认为渗流阻力分布在每个空间位置，可以看作是作用在简化模型的液体内部的一个质量力。

（二）均匀渗流

1. 达西定律

渗流流量 Q 与过水断面 A 以及水力坡度 J 成正比，渗流流速与水力坡度成正比。即

$$Q=kAJ \text{ 或 } v=kJ \text{ 或 } u=kJ \tag{11-3}$$

2. 达西定律的适用范围

达西定律适用的条件是水头损失与流速成线性关系的层流渗流。即：

$$Re_p=\frac{1}{0.75n+0.23}\frac{vd}{\upsilon}<7\sim9 \tag{11-4}$$

式中：Re_p 为渗流雷诺数；d 为粒径，可用 d_{10}代替；υ 为水的运动黏性系数。如果渗流的雷诺数加大，水头损失也将与流速的 1～2 次方成比例，这时已属于非线性的紊流渗流。

（三）非均匀渐变渗流

1. 杜比公式

在渐变渗流条件下，同一过水断面上任意一点的流速 u 等于断面平均流速 v，与水力坡度 J 成正比，即：

$$u=v=-k\frac{\mathrm{d}H}{\mathrm{d}s}=kJ \tag{11-5}$$

杜比公式和达西公式形式相同，适用范围不同，达西公式适用于均匀渗流场内任意一点，杜比公式适用于非均匀渐变渗流同一断面上任意一点。

2. 地下明槽的浸润线

地下明槽的浸润线有 4 种：①正坡壅水曲线 M_1（图 11－1）；②正坡降水曲线 M_2（图 11－1）；③平坡降水曲线 H_2（图 11－2）；④负坡降水曲线 A_2（图 11－3）。正坡、平坡、负坡浸润线的方程分别为：

$$\frac{il}{h_0}=\eta_2-\eta_1+\ln\frac{\eta_2-1}{\eta_1-1}\text{或 }il=h_2-h_1+h_0\ln\frac{h_2-h_0}{h_1-h_0},\quad i>0 \tag{11-6}$$

$$\frac{q}{k}l=\frac{1}{2}(h_1^2-h_2^2)\text{或 }ql=\frac{k}{2}(h_1^2-h_2^2),i=0 \tag{11-7}$$

$$\frac{i'l}{h_0'}=\zeta_1-\zeta_2+\ln\frac{1+\zeta_2}{1+\zeta_1}\text{或 }i'l=h_1-h_2+h_0'\ln\frac{h_0'+h_2}{h_0'+h_1},i<0 \tag{11-8}$$

式中，$h/h_0=\eta$，$h/h_0'=\zeta$，h_0' 为 $i'=|i|$ 时的均匀流水深。

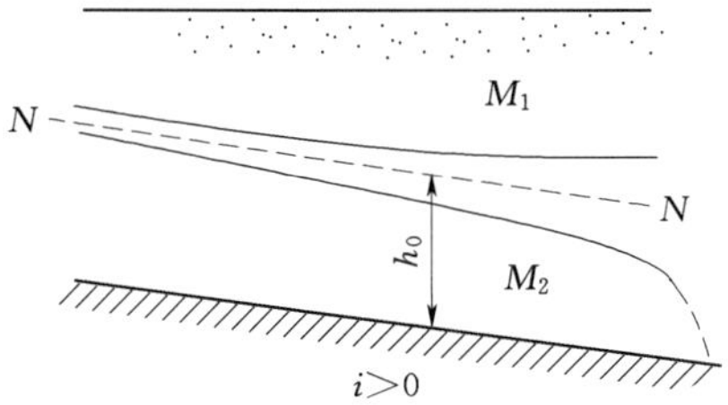

图 11-1

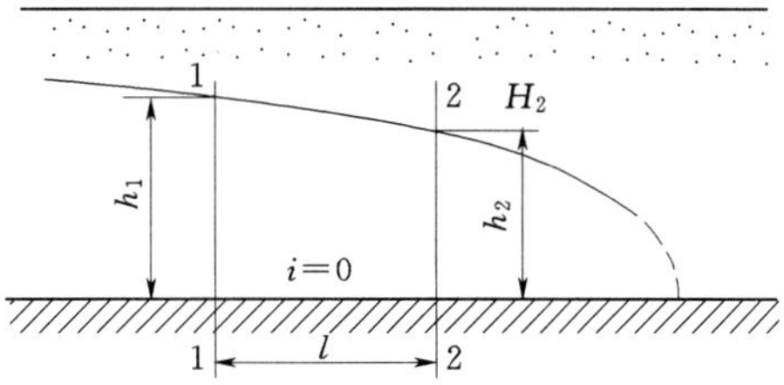

图 11-2

3. 井的渗流

井可以分普通井和承压井，也可分为完整井和非完整井。

（1）完整普通井（图 11-4）的浸润线公式和流量公式分别为：

$$z^2-h_0^2=\frac{Q}{\pi k}\ln\frac{r}{r_0} \tag{11-9}$$

$$Q=\frac{k\pi(H^2-h_0^2)}{\ln\dfrac{R}{r_0}} \tag{11-10}$$

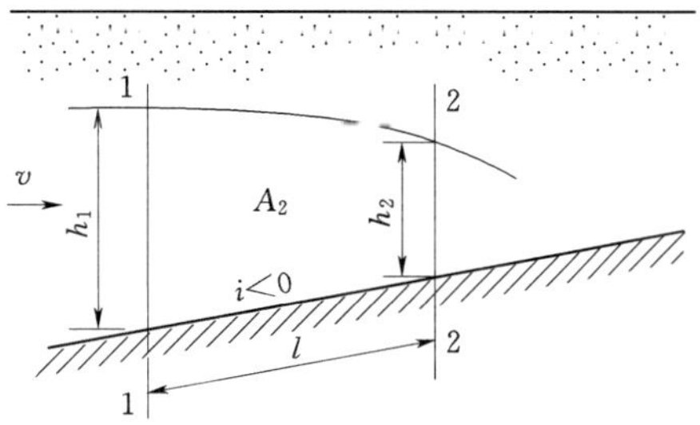

图 11-3

式中：h_0 和 r_0 为井的水深和井的半径；R 为影响半径。

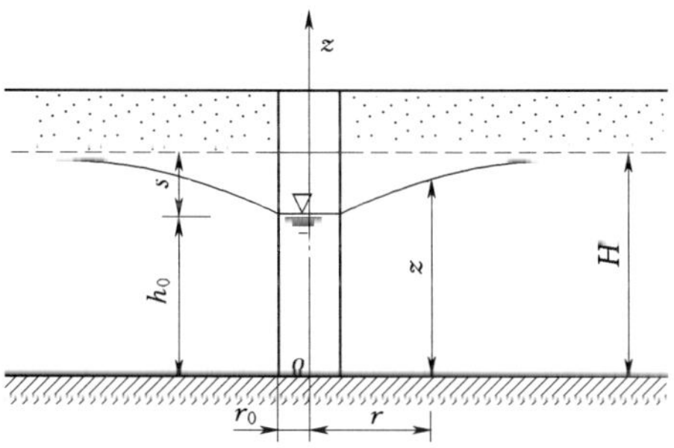

图 11-4

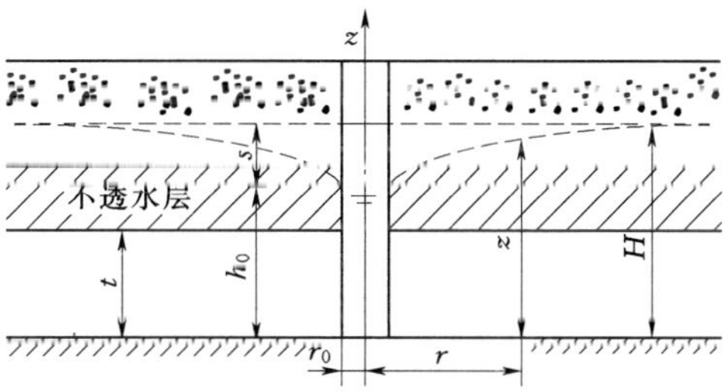

图 11-5

假设在距井中心的距离为 R 以外的区域，原地下水位基本不受影响，即当 $r=R$ 时，$z=H$（原地下水深）。根据经验，对细粒土，$R=50\sim200\text{m}$；中粒土，$R=100\sim500\text{m}$；粗粒土，$R=400\sim1000\text{m}$。

（2）完整承压井（图 11-5）的浸润线公式和流量公式分别为：

$$z-h_0=\frac{Q}{2\pi tk}\ln\frac{r}{r_0} \tag{11-11}$$

$$Q=\frac{2\pi tk(H-h_0)}{\lg\dfrac{R}{r_0}} \tag{11-12}$$

式中：t 为含水层厚度。

(四) 渗流的基本方程式

1. 渗流的连续性方程

作了渗流模型假设后，渗流流场应也满足不可压缩流体的连续性微分方程：

$$\frac{\partial u_x}{\partial x}+\frac{\partial u_y}{\partial y}+\frac{\partial u_z}{\partial z}=0 \tag{11-13}$$

2. 恒定渗流的拉普拉斯方程

均质各向同性土中恒定渗流是一种有势流动，渗流水头 H、流速势函数 $\varphi=-kH$、流函数 ψ 均满足拉普拉斯方程：

$$\nabla^2 H=0,\quad \nabla^2\varphi=0,\quad \nabla^2\psi=0 \tag{11-14}$$

3. 渗流方程的定解条件

以图 11-6 所示的均质土坝渗流问题为例，渗流问题的边界条件如下。

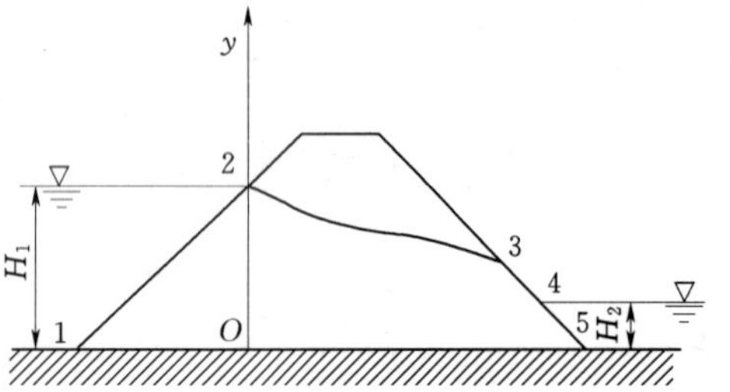

图 11-6

(1) 透水边界：透水边界指水流渗入的边界和低于下游水位的渗出边界，如图中的边界 1—2 和边界 4—5，透水边界是一条等水头线（或等势线），渗流流速必与边界垂直，有：

$$H_{1-2}=H_1,H_{4-5}=H_2,\frac{\partial\psi}{\partial n}=0 \tag{11-15}$$

(2) 渗出段边界：渗出段边界是浸润面高于下游水面，暴露于大气之中的渗出段（如图 11-6 中的边界 3—4），渗出段各点的压强等于大气压强，水头 H=已知的边界高程 y。

(3) 不透水边界：不透水边界指不透水岩层或不透水的建筑物轮廓，如图 11-6 中的边界 1—5，它本身是一条流线，与其垂直的法向流速分量等于零，水头的法向导数也为 0，即：

$$\frac{\partial H}{\partial n}=\frac{\partial\varphi}{\partial n}=0,\ \psi=c \tag{11-16}$$

(4) 浸润面边界：浸润线也是流线，该面上压强等于大气压强，如图 11-6 中的边界 2—3，边界条件与不透水边界类似：

$$\frac{\partial H}{\partial n}=\frac{\partial\varphi}{\partial n}=0,\quad \psi=c \tag{11-17}$$

4. 渗流方程的求解方法

渗流方程的求解方法主要有水电比拟法、绘制流网法和数值解法等，具体方法可进一步参考有关书籍。这里仅简单介绍一下水电比拟法及原理：符合达西定律的恒定渗流场，可用拉普拉斯方程描述。在导体中的电流场，也可以用拉普拉斯方程描述。如果用导电材料做成的模型与渗流区域做到几何相似、边界条件相似和电导系数与渗流系数相似，则通过在电场中测等电位线，即可得到渗流场中的等水头线或流线。利用这种通过对电流场的电学量的量测来求解渗流问题方法叫做水电比拟法。

三、例题分析解答

【例 11-1】 如图 11-7 所示，厚度 $M=15\text{m}$ 的含水层，用两个观测井（沿渗流方向的距离为 $l=200\text{m}$）测得观测井 1 中的水位为 64.22m，观测井 2 中的水位为 63.44m。含水层由粗砂组成，已知渗透系数 $k=45\text{m/d}$。试求含水层单位宽度（每米）的渗流量 q。

解： 渗流属于有压均匀渗流，由达西公式计算渗流单宽流量为

$$q=kMi=45\times15\times1\times\frac{64.22-63.44}{200}=2.63(\text{m}^2/\text{d})$$

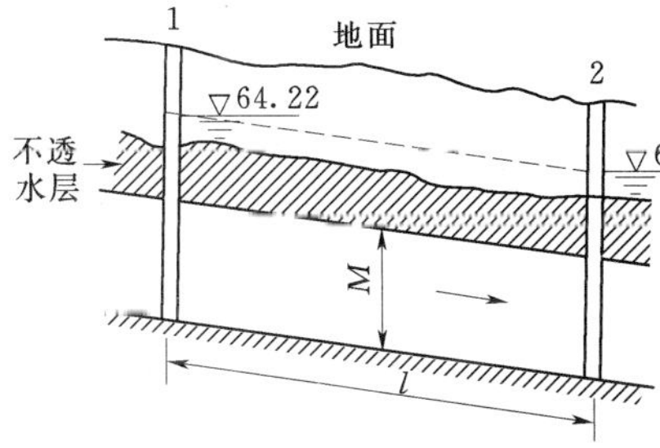

图 11-7

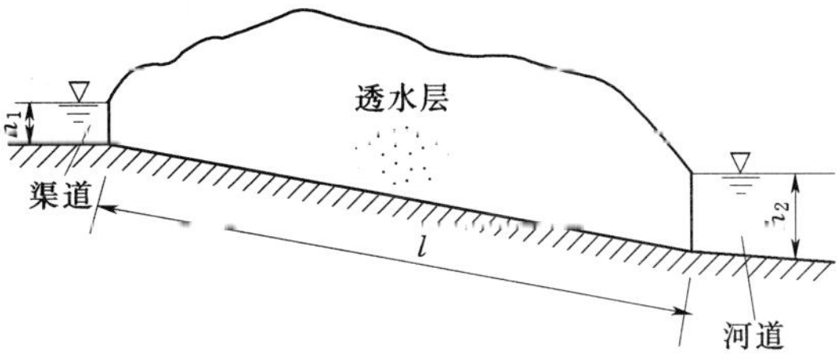

图 11-8

【例 11-2】 如图 11-8 所示，一渠道与一河道相互平行。长 $l=300\text{m}$，不透水层的底坡 $i=0.025$，透水层的渗透系数 $k=2\times10^{-3}\text{cm/s}$。当渠中水深 $h_1=2\text{m}$，河中水深 $h_2=4\text{m}$ 时，求渠道向河道渗流的单宽渗流量，并计算浸润线。

解： 依题意 $i=0.025>0$，$h_2>h_1$，故为壅水曲线 M_1。

曲线方程为：$il=h_2-h_1+h_0\ln\dfrac{h_2-h_0}{h_1-h_0}$

即：$0.025\times300=4-2+h_0\ln\dfrac{4-h_0}{2-h_0}$

试算可得：$h_0=1.886\text{m}$

单宽渗流量 $q=kih_0=2\times10^{-3}\times0.025\times1.886\times100=9.43\times10^{-3}(\text{cm}^2/\text{s})$

由浸润线方程 $ix=h-h_1+h_0\ln\dfrac{h-h_0}{h_1-h_0}$ 可计算浸润线如下表。

h (m)	2.0	2.2	2.5	2.7	3.0	3.5	3.7	4.0
x (m)	0.0	84.4	147.0	176.3	212.0	259.9	276.7	300.0

【例 11-3】 某处地质剖面如图 11-9 所示。河道的左岸为透水层，其渗透系数 $k=2\times10^{-3}\text{cm/s}$。不透水层的底坡 $i=0.005$。距离河道 1000m 处的地下水深为 2.5m。今在该

河修建一水库，修建前河中水深为 1m，地下水补给河道；修建后河中水位抬高了 10m，设距离 1000m 处的原地下水位仍保持不变。试计算建库前和建库后的单宽渗流量。

解：(1) 建库前 $i=0.005>0$，$h_2=1\text{m}<h_1=2.5\text{m}$，故为降水曲线 M_2。

曲线方程为：$li=h_2-h_1+h_0\ln\dfrac{h_2-h_0}{h_1-h_0}$

即：$1000\times0.005=1-2.5+h_0\ln\dfrac{1-h_0}{2.5-h_0}$

试算得：$h_0=2.64\text{m}$

单宽渗流量 $q=kih_0=2\times10^{-3}\times0.005\times2.64\times100=2.64\times10^{-3}(\text{cm}^2/\text{s})$

(2) 建库后 $i=-0.005<0$，$h_1=11\text{m}>h_2=2.5\text{m}$，故为降水曲线 A_2。

曲线方程为：$i'l=h_1-h_2+h_0'\ln\dfrac{1+h_2}{1+h_1}$

即：$1000\times0.005=11-2.5+h_0'\ln\dfrac{2.5+h_0'}{11+h_0'}$

试算得：$h_0'=4.33\text{m}$

单宽渗流量 $q=ki'h_0'=2\times10^{-3}\times0.005\times4.3\times100=4.33\times10^{-3}(\text{cm}^2/\text{s})$

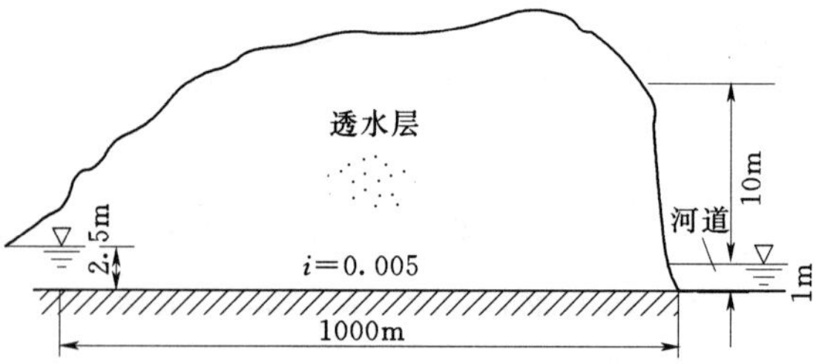

图 11-9

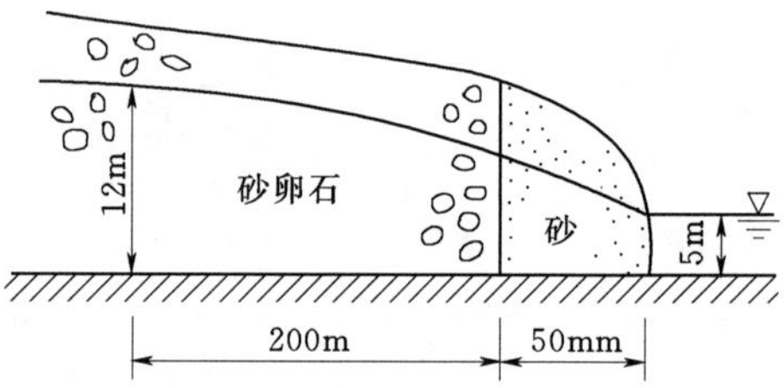

图 11-10

类题思考：建库后，河道水位在什么范围时，浸润线为 M_2 型降水曲线；河道水位在什么范围时，浸润线为 M_1 型壅水曲线；河道水位在什么范围时，浸润线为 A_2 型降水曲线；河道水位为多少时，浸润线与不透水层的底坡平行，此时单宽渗流量等于多少？

【例 11-4】 如图 11-10 所示，河边岸滩由两种土壤组成。已知河道水深为 5m，不透水层底坡为零。距离河道 250m 处的地下水深为 12m，试求距离河道为 50m 处的地下水深。砂卵石的渗透系数为 50m/d，砂的渗透系数为 2m/d。

解：设距河道 50m 处水深为 h，则由平坡降水曲线 $H2$ 的方程得：

$$q=\frac{k_1}{2l_1}(h_1^2-h^2)=\frac{k_2}{2l_2}(h^2-h_2^2)$$

即：$\dfrac{h_1^2-h^2}{h^2-h_2^2}=\dfrac{l_1k_2}{l_2k_1}=0.16$

由 $h_1=12\text{m}$，$h_2=5\text{m}$ 计算得 $h=10.99\text{m}$

【例 11-5】 有一普通完整井如图 11-11 所示。井半径 $r_0=10\text{cm}$。含水层原厚度 $H=8\text{m}$，渗透系数 $k=0.003\text{cm/s}$。抽水时井中水深保持为 $h_0=2\text{m}$，影响半径$R=200\text{m}$，

求出水量 Q 和距离井中心 $r=100\text{m}$ 处的地下水深度 h。

解： 出水量 $Q=\dfrac{k\pi(H^2-h_0^2)}{\ln(R/r_0)}=\dfrac{0.003\times10^{-2}\times3.14\times(8^2-2^2)}{\ln\left(\dfrac{200}{0.1}\right)}=7.44\times10^{-4}(\text{m}^3/\text{s})$

当 $r=100\text{m}$ 时，$h=\left(h_0^2+\dfrac{Q}{\pi k}\ln\dfrac{r}{r_0}\right)^{1/2}=\left(2^2+\dfrac{7.44\times10^{-4}}{\pi\times0.00003}\times\ln\dfrac{100}{0.1}\right)^{1/2}=7.65(\text{m})$

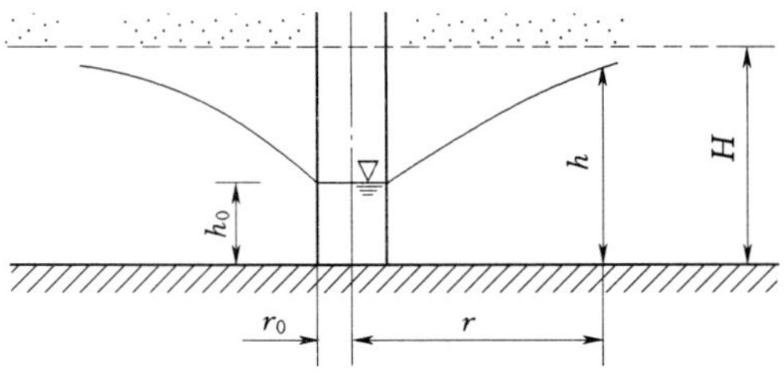

图 11-11

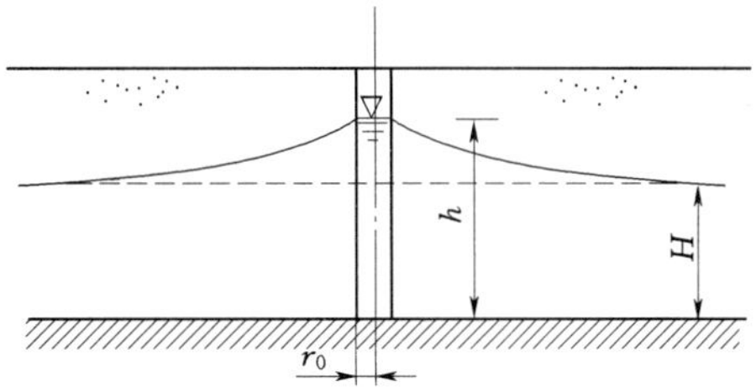

图 11-12

【例 11-6】 如图 11-12 所示，利用半径 $r_0=10\text{cm}$ 的钻井（普通完整井）作注水试验。当注水量稳定在 $Q=0.20\text{L/s}$ 时，井中水深 $h_0=5\text{m}$，含水层为细砂构成，含水层水深 $H=3.5\text{m}$，试求其渗透系数值。

解： 对于注水井，由 $Q=\dfrac{k\pi(h_0^2-H^2)}{\ln\left(\dfrac{R}{r_0}\right)}$ 得：

$$k=\frac{Q\ln\left(\dfrac{R}{r_0}\right)}{\pi(h_0^2-H^2)}=\frac{0.2\times10^{-3}\ln\left(\dfrac{R}{0.1}\right)}{\pi(5^2-3.5^2)}$$

对于细砂，R 近似取为 150m，则：

$$k=3.65\times10^{-3}\text{cm/s}$$

【例 11-7】 某均质土坝建于水平不透水地基上，如图 11-13 所示。坝高为 17m，上游水深 $H_1=15\text{m}$，下游水深 $H_2=2\text{m}$，上游边坡系数 $m_1=3$，下游边坡系数 $m_2=2$，坝顶宽 $b=6\text{m}$，坝身土的渗透系数 $k=0.1\times10^{-2}\text{cm/s}$。试求单宽渗透流量并绘出浸润线。

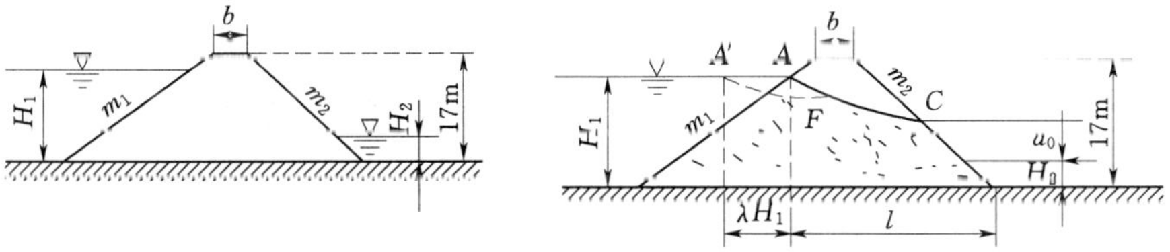

图 11-13

解： 上、下两段单宽渗流量相等，即：

$$q_1=\frac{k[H_1^2-(a_0+H_2)^2]}{2[l+\lambda H_1-m_2(a_0+H_2)]}=ka_0\sin\beta\left(1+\ln\frac{a_0+H_2}{a_0}\right)=q_2$$

式中：$k=0.1\times10^{-2}\text{cm/s}$，$H_1=15\text{m}$，$H_2=2\text{m}$，$l=17m_2+6+2m_3=17\times2+6$

$+2\times3=46\text{m}$

$m_1=3$，$m_2=2$，$\lambda=\dfrac{m_1}{1+2m_1}=\dfrac{3}{1+2\times3}=0.429$，$\sin\beta=\dfrac{1}{\sqrt{1+m_2^2}}=\dfrac{1}{\sqrt{1+2^2}}=0.447$

试算可得：$q=2.35\times10^{-5}\text{m}^2/\text{s}$，$a_0=3.65\text{m}$

由浸润线公式：$y=\left(H_1^2-\dfrac{2q}{k}x\right)^{1/2}$ 可算出曲线 $A'C$ 段，实际浸润线为修改后的 A—F—C。

【例 11-8】 试绘出图 11-14 中各图透水地基的流网图。

解： 图 11-14（a）不透水地基为水平面，坝基没有桩。图 11-14（b）不透水地基为曲面，坝基上游段有桩。图 11-14（c）不透水地基很深，坝基中间有桩。图 11-14（d）不透水地基为水平面，坝基前后段都有桩。

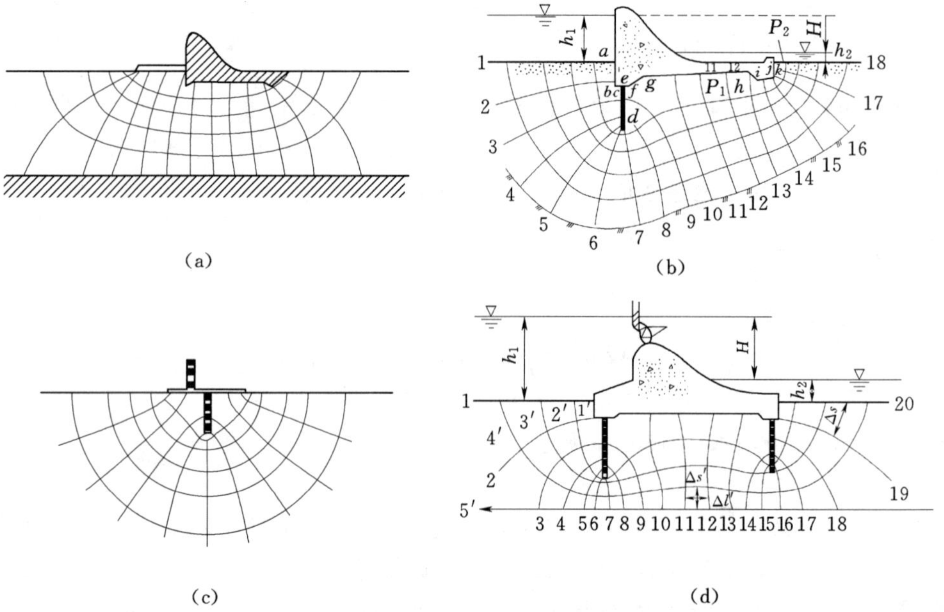

图 11-14

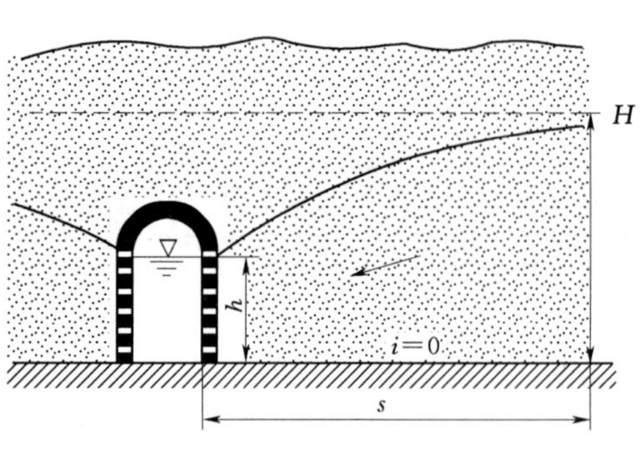

图 11-15

【例 11-9】 如图 11-15 所示，某工厂区为降低地下水位，在水平不透水层上修建了一条长 100m 的地下集水廊道，然后经排水沟排走。经实测，在距廊道边缘距离 s 为 80m 处地下水位开始下降，该处地下水水深 H 为 7.6m，廊道中水深 h 为 3.6m，由廊道排出总流量 Q 为 $2.23\text{m}^3/\text{s}$，试求土层的渗透系数 k 值。

解： 廊道中所集积的地下水流量系由两侧土层中渗出，故每一侧渗出单宽流量为

$$q=\frac{2.23}{2\times100}=0.01115\ (m^3/s\cdot m)$$

由平底地下河槽浸润线计算公式 $qs=\frac{k}{2}(h_1^2-h_2^2)$

可解出：
$$k=\frac{2qs}{H^2-h^2}=\frac{2\times0.01115\times80}{7.6^2-3.6^2}=4\times10^{-2}(m/s)$$

四、习题与答案

1. 概念题（判断、填空、选择）

11－1　渗流模型流速与真实渗流流速数值相等。（　　）

11－2　达西定律既适用于层流渗流，又适用于紊流渗流。（　　）

11－3　渗流模型流量与真实渗流流量数值相等。（　　）

11－4　渐变无压渗流中任意过水断面上各点的渗流流速相等，且等于该断面平均流速。（　　）

11－5　在均质各向同性土壤中，渗流系数 k ________。（　　）

（1）在各点处数值不同　（2）是个常量

（3）数值随方向变化　（4）以上 3 种答案都不对

11－6　闸坝下有压渗流流网的形状与下列哪个因素有关？（　　）

（1）上游水位　（2）渗流系数

（3）上、下游水位差　（4）边界的几何形状

11－7　在同一种土壤中，当渗流流程不变时，上下游水位差减小，渗流流速______。（　　）

（1）加大　（2）减小　（3）不变　（4）不定

11－8　渗流模型的基本假设是____。

11－9　达西定律的表达式为________。符合达西定律的渗流其沿程水头损失 h_f 与流速 v 的________次方成正比。

11－10　完全井与非完全井的区别是____。

11－11　如图 11－16 所示的无压渐变渗流浸润线，如有错误加以改正。

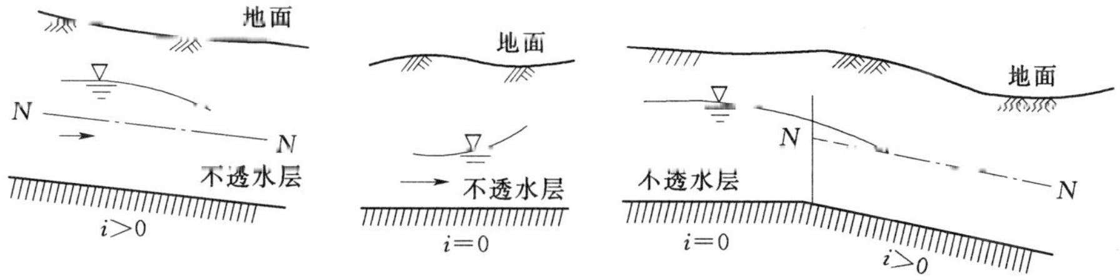

(a)　(b)　(c)

图 11－16

11－12　不透水边界线可以看作是一条________。（　　）

（1）等压线　（2）等水头线　（3）流线　（4）等势线

11-13　透水边界线可能是一条________。　（　）

（1）等压线　（2）等水头线　（3）流线　（4）等势线

11-14　浸润线可以看作是一条________。　（　）

（1）等压线　（2）等水头线　（3）流线　（4）等势线

2. 计算题

11-15　图 11-17 所示为某河道下面的水平不透水层，其高程为 115.0m。河道在筑坝前的水位为 122.0m，岸边有地下水流入，测得 A 处的水位为 123.5m。A 处至河道的距离 $l=670$m。土壤渗流系数 $k=16$m/d。求单宽渗流量 q。若筑坝后河中水位抬高至 124.0m，且筑坝前后流入河道中的地下水量不变，则 A 处水位将抬高多少？

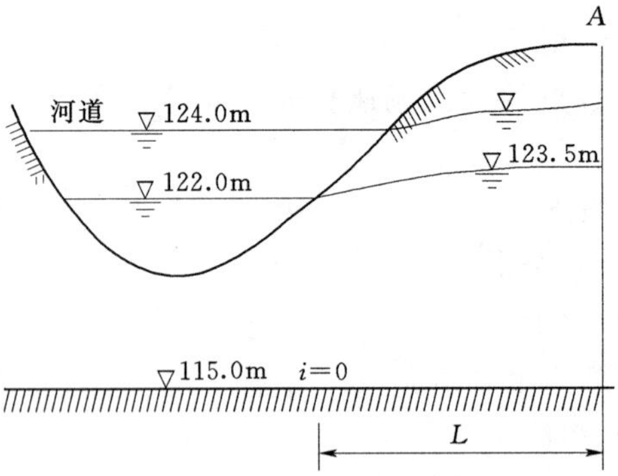

图 11-17

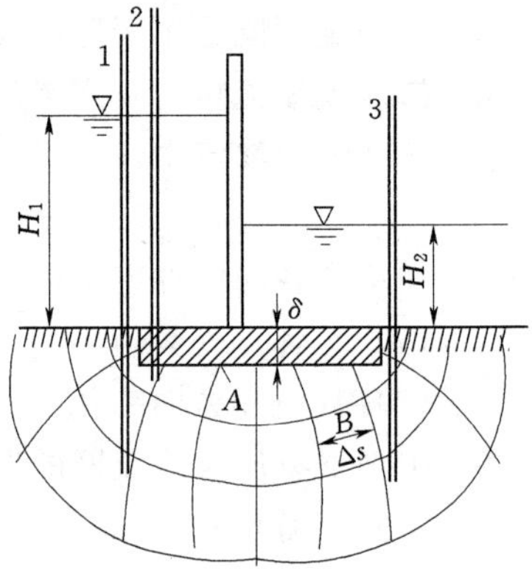

图 11-18

11-16　水闸地基的渗流流网如图 11-18 所示。已知 $H_1=10$m，$H_2=2$m，闸底板厚度 $\delta=0.5$m。地基渗流系数 $k=1\times10^{-5}$m/s。求：（1）闸底 A 点渗流压强 p_A；（2）网格 B 的平均渗流速度 u_b($\Delta s=1.5$m)；（3）测压管 1、2、3 中的水位值（以下游河底为基准面）。

11-17　图 11-19 所示为某建筑物基础下的渗流流网图。已知上游水深 $h_1=12$m，下游水深 $h_2=2$m，地面高程为 100m，A、B、C 3 点的高程分别为 $Z_A=98.0$m，$Z_B=96.0$m，$Z_C=97.0$m。求：（1）A、B、C 3 点的测压管水位，（以下游水面为基准面）；（2）A、B、C 3 点的渗流压强。

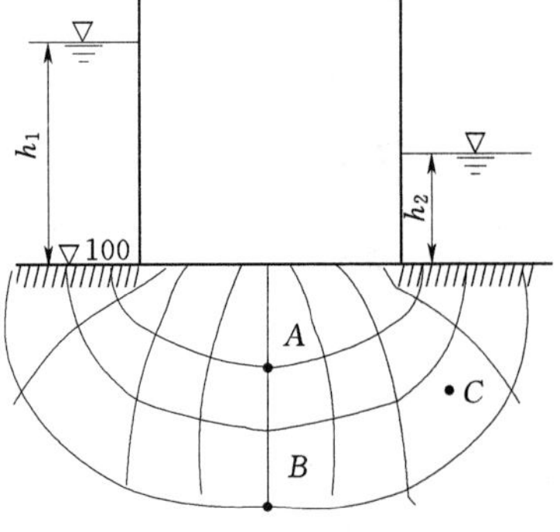

图 11-19

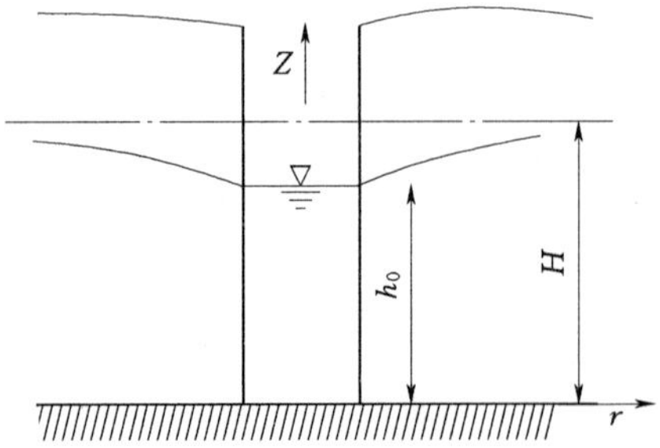

图 11-20

11－18　如图 11－20 所示为一完全普通井。井底至一水平不透水层。在不从井中取水时，井水位高为 H，取水流量为 Q 时，井中水位为 h_0，渗流系数为 k，井的半径为 r_0。试求井周围渗水层中的浸润线方程。

11－19　如图 11－21 所示，在渗透仪的圆管中装有均质的中砂，圆管直径 $d=15.2\text{cm}$，上部装有进水管，及保持恒定水位的溢流管 b。若测得通过砂粒的渗透流量 $Q=2.83\text{cm}^3/\text{s}$，其余数据如图所示，从 2—2 到 3—3 断面的水头损失忽略不计，计算渗透系数。

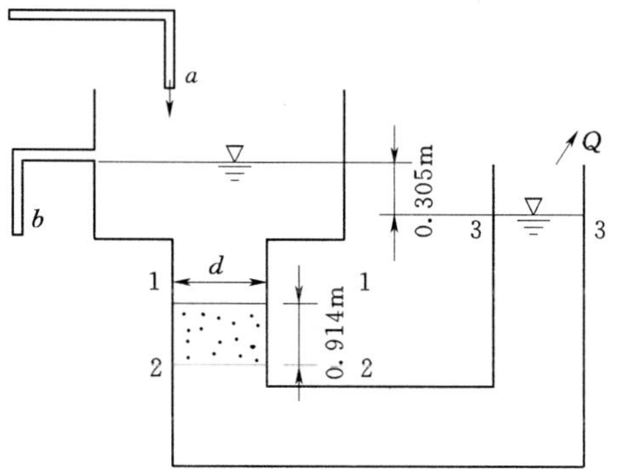

图 11－21

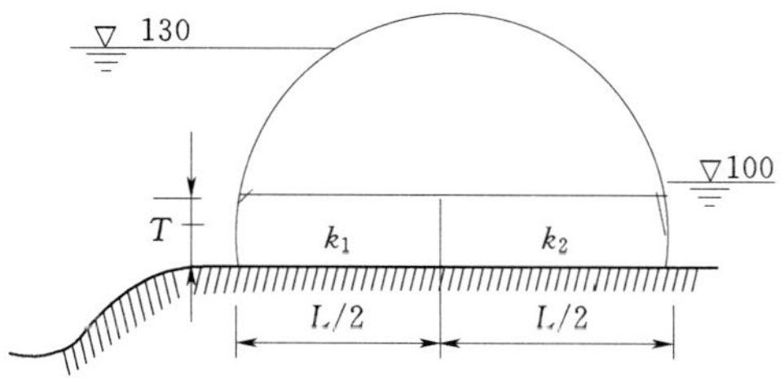

图 11－22

11－20　含水层宽（垂直纸面）$b=500\text{m}$，长 $L=2000\text{m}$，$k_1=0.001\text{cm/s}$，$k_2=0.01\text{cm/s}$，厚度 $T=4\text{m}$，上、下游水位如图 11－22 所示，求通过此含水层的流量和渗流流速。

11－21　某闸的剖面如图 11－23 所示，现已给出流网，渗透系数 $k=2\times10^{-6}\text{m/s}$，求单宽渗流量。

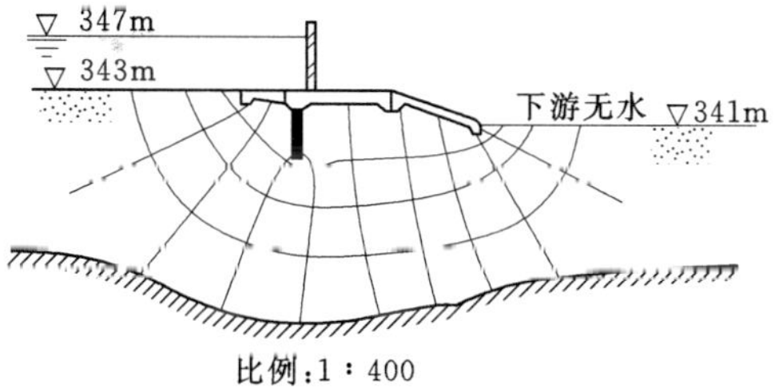

图 11－23

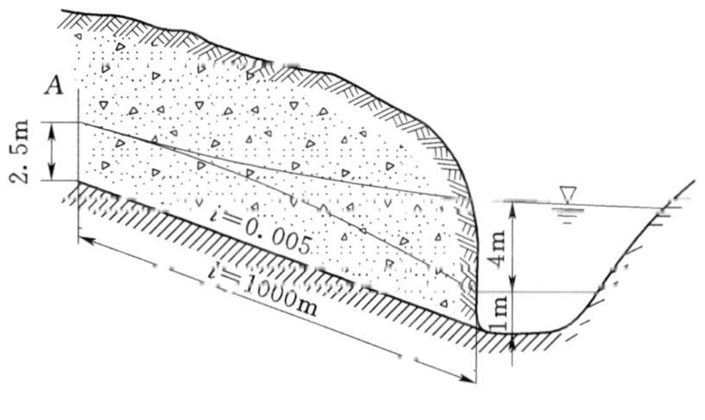

图 11－24

11－22　设某河槽剖面地层情况如图 11－24 所示。左岸透水层中有地下水渗入河槽。河槽水深 1.0m，在距河道 1000m 处的地下水深度为 2.5m。当在此河槽下游修建水库后，此处河槽水位抬高了 4m。如离左岸 1000m 处的地下水位不变，试问在修建水库以后单位长度上渗入流量将减少若干？透水层的渗透系数 $k=0.002\text{cm/s}$。

11－23　绘出图 11－25 各图中透水地基的流网图。

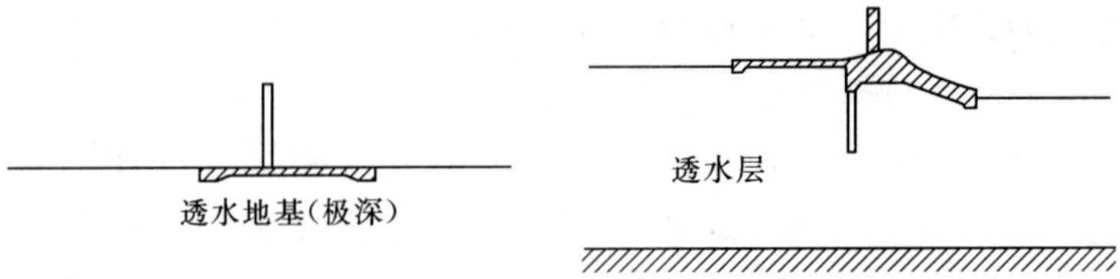

(a)　　　　(b)

图 11-25

3. 答案

11-1 (错)。11-2 (错)。11-3 (对)。11-4 (对)。11-5 (2)。11-6 (4)。11-7 (2)。11-8 (略)。11-9 ($v=kJ$、1)。11-10 (看井是否挖到不透水地基)。11-12 (3)。11-13 (2、4)。11-14 (1、3)。

11-15　$q=\dfrac{k(h_1{}^2-h_2{}^2)}{2\Delta l}=0.278\text{m}^2/\text{d}$，$h_1=\sqrt{\left(\dfrac{2q\Delta l}{k}\right)+h_2{}^2}=10.21\text{m}$，$\Delta H=1.7\text{m}$。

11-16　$p_A=\gamma(H_A-z_A)=73.5\text{kN/m}^2$，$u_B=k\ \dfrac{\Delta H}{\Delta s}=6.7\times10^{-6}\text{m/s}$，$h_1=h_2=8\text{m}$；$h_3=4\text{m}$。

11-17　$h_A=h_B=5\text{m}$，$h_C=1.875\text{m}$，$p_A=88.2\text{kN/m}^2$，$p_B=107.8\text{kN/m}^2$，$p_C=67.4\text{kN/m}^2$。

11-18　$z^2-h_0{}^2=\dfrac{Q}{\pi k}\ln\dfrac{r}{r_0}$。

11-19　$J=\dfrac{0.305}{0.914}=0.334$，$k=\dfrac{Q}{AJ}=\dfrac{2.83}{\pi/4\times15.2^2\times0.334}=0.0467(\text{cm/s})$。

11-20　$h_{w1}=27.27\text{m}, Q=k_1\ \dfrac{h_{w1}}{1000}\times4\times500=5.45\times10^{-4}(\text{m}^3/\text{s})$，$v=2.73\times10^{-7}(\text{m/s})$。

11-21　单宽渗流量 $q\approx\dfrac{m-1}{n-1}kH=\dfrac{5-1}{11-1}\times2\times10^{-6}\times6=4.8\times10^{-6}(\text{m}^2/\text{s})$。

11-22　$h_{01}=2.64\text{m}$，$q_1=kh_{01}i=2.64\times10^{-7}\text{m}^2/\text{s}$，$h_{02}=1.73\text{m}$，$q_2=1.73\times10^{-7}(\text{m}^2/\text{s})$。11-23 (略)。

附录　武汉大学期末考试和研究生入学考试试题与答案

经过多年的教学改革与实践，水力学考试模式基本定型。试题类型一般包含概念题、作图题、计算题3种，有时还会有简答题和证明题。

作图题包括：①静水压强分布图和压力体图的绘制；②有压管道总水头线和测压管水头线的定性绘制；③明渠水面曲线的定性绘制。水面曲线绘制要求标出曲线名称和类型、参考线 N—N 线和 K—K 线；压力体图应标出压力方向、标明可以抵消的部分。

计算题包括：①静水压强和静水总压力的计算；②能量方程、动量方程、连续性方程的综合应用；③明渠均匀流、临界流、水跃消能的计算；④平面势流流函数、势函数、流速3种物理量之间的相互计算。

概念题一般以是非判断题、选择题、填空题3种形式出现。概念题主要考察学生对基本概念、基本理论的认识和理解程度，重点内容在前面几章，如水静力学、水动力学、阻力损失、有压管流、明渠流和堰闸出流。其他几章如非恒定流、消能防冲、渗流、模型试验等为基本理论在实际中的应用，试题中所占比例相对很少。

这里给出武汉大学近两年的水力学期末考试真题和研究生入学考试真题及解答，可以帮助学生了解考试范围、考题类型和难易程度，做好应试准备。

武 汉 大 学

2015 年攻读硕士学位研究生入学考试试题

科目名称：水力学（A 卷） **科目代码：900**

一、是非题（共 10 小题，每小题 2 分，共 20 分）

1.（ ）层流和紊流的区别之一是紊流中存在大小不同的涡体相互掺混，而层流中流体质点互不掺混不存在涡体。

2.（ ）理想液体的流动不一定是有势流动。

3.（ ）平坡渠道中的恒定流动，断面比能沿程减小。

4.（ ）不可压缩液体连续性微分方程$\frac{\partial u_x}{\partial x}+\frac{\partial u_y}{\partial y}+\frac{\partial u_z}{\partial z}=0$可适用于非恒定流。

5.（ ）并联管道中各管段的水力坡度是相同的，各管段水流损失的总机械可能是不相同的。

6.（ ）层流边界层内的流动都是层流，紊流边界层内的流动都是紊流。

7.（ ）当水头及其他条件相同时，薄壁堰的流量大于实用堰的流量。

8.（ ）恒定总流能量方程中的动能修正系数大小与过水断面流速分布有关。

9.（ ）当阀门关闭时间 $T_s>l/c$ 时（l 为管段长度，c 为波速），管道系统将发生间接水击。

10.（ ）圣维南方程组不适用于明渠急变流。

二、选择题（共 10 小题，每小题 2 分，共 20 分）

1. 恒定均匀流动的壁面切应力等于（ ）。

(A) $\frac{\lambda}{8}$ (B) $\lambda\frac{\rho v^2}{8}$ (C) $v\sqrt{\frac{8}{\lambda}}$ (D) $\frac{\rho v^2}{2}$

2. 两根直径、长度、管壁当量粗糙高度都相同的工业管道，其中一根输油，另一根输水，流动均为紊流状态，运动黏性系数 $\nu_{油}>\nu_{水}$，当两管的流速相等时，则沿程损失（ ）。

(A) $h_{f油}=h_{f水}$ (B) $h_{f油}>h_{f水}$ (C) $h_{f油}<h_{f水}$ (D) $h_{f油}\geqslant h_{f水}$

3. 小底坡梯形断面明渠水流中，断面比能 E_s 与水深 h 之比为 1.4，水流流态为（ ）。

（A）急流　　（B）缓流　　（C）临界流　　（D）以上都有可能

4. 下列命题中正确的命题是（　　）。

（A）圆管层流中，断面流速分布符合指数曲线分布

（B）管道断面突然扩大的局部水头损失 $h_j=\dfrac{v_1^2-v_2^2}{2g}$

（C）恒定水流运动方向是从压强大处流向压强小处

（D）平板边界层的壁面切应力沿程减小

5. 如图 1 所示 A、B、C 三种恒定水流，其作用水头 H，直径 d 相等，则正确答案是（　　）。

（A）$Q_A<Q_B$；$Q_B<Q_C$；$v_B>v_C$　　（B）$Q_A>Q_B$；$Q_B>Q_C$；$v_B>v_C$

（C）$Q_A>Q_B$；$Q_B>Q_C$；$v_B<v_C$　　（D）$Q_A<Q_B$；$Q_B>Q_C$；$v_B<v_C$

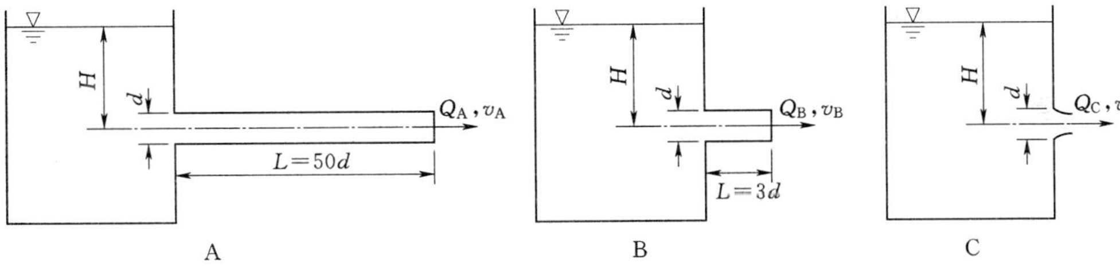

图 1

6. 流量一定的情况下，宽浅矩形断面的临界底坡随着底宽的增大而（　　）。

（A）减小　　（B）增大　　（C）不变　　（D）可能增大也可能减小。

7. 土坝渗流的浸润线不能看作是一条（　　）。

（A）等压线　　（B）等势线　　（C）流线　　（D）迹线

8. 计算消力池池长的设计流量一般选择（　　）。

（A）使池深最大的流量　　（B）泄水建筑物的设计流量

（C）使池深最小的流量　　（D）泄水建筑物下泄的最大流量

9. 平底渠道中弧形闸门的闸孔出流，其闸下收缩断面水深 h_c 小于下游水深对应的水跃跃前水深，则下游水跃的型式为（　　）。

（A）远离式水跃　（B）典型水跃　　（C）淹没式水跃　　（D）波状水跃

10. 棱柱体渠道 S_2 型水面线满足的条件是（　　）。

（A）$\dfrac{dE_s}{ds}>0$　　（B）$\dfrac{dh}{ds}>0$　　（C）$\dfrac{dE_s}{dh}>0$　　（D）$h_0>h_k$

三、综合题（共 7 小题，共 110 分）

1.（20 分）如图 2 所示，有一矩形断面的棱柱体平底水槽，现测得水槽中两个断面的水深 $h_1=0.42$m，$h_2=0.28$m，两断面间距 $L=1.47$m。（1）求单宽流量；（2）定性绘制水槽出口段的水面曲线；（3）定性绘制断面 1—1 的压强分布图；（4）说明水槽出口段流态变化情况和能量变化情况。

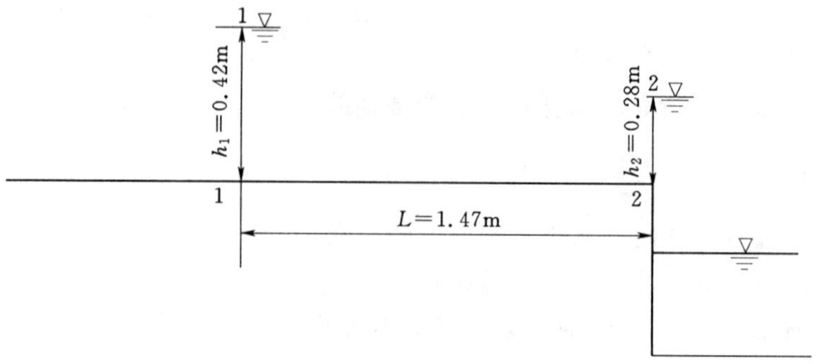

图 2

2. (20 分) 圆管均匀流常用的流速分布经验公式为$\dfrac{u}{u_{\max}}=\left(\dfrac{y}{r_0}\right)^{\frac{1}{6}}$，若已知管道的半径$r_0=0.1$m，最大流速$u_{\max}=0.1$m/s，(1) 分析该速度分布公式不合理的地方；(2) 分析液体微团运动变形情况；(3) 计算断面平均流速和流量。

3. (10 分) 水流从开口向下的圆管流出后，在距离为 0.1m 的流段内，水柱断面面积从 0.05m^{2}减少到 0.04m^2，计算这段水柱的体积和重量（水的重度为 9800N/m^3)。

4. (5 分) 某溢流坝水工模型试验，已知速度的比尺为$\lambda_v=4.5$，若测得模型中某点的绝对压强为 1.01 个当地大气压，则原型中相应点的绝对压强为多少?

5. (20 分) 如图 3 所示为一种酒精和水银双液测压计，水银液面的压强始终为当地大气压，当细管上端气体压强为当地大气压时，酒精液面高度的读数为零，当细管上端气体压强为p时，酒精液面高度上升$h_1=30$mm，已知：$d_1=5$mm，$d_2=20$mm，$d_3=50$mm，酒精密度为 800kg/m^3，水银比重为 13.6。(1) 求细管上端的气体压强p；(2) 定

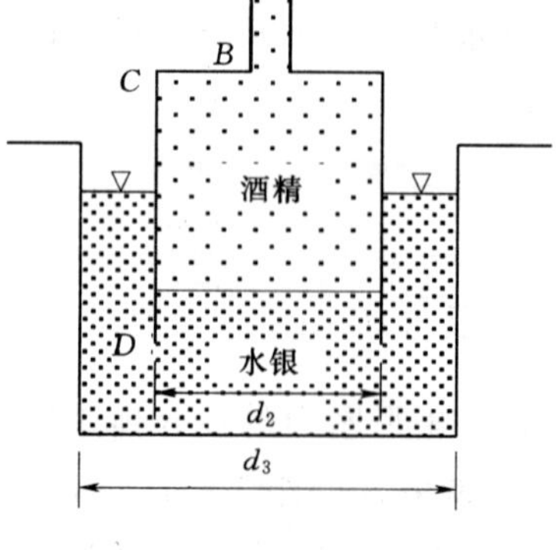

图 3

性绘制当细管上端气体压强为 p 时，内筒所受的压力体图和壁面 AB、CD 上的水平方向压强分布图。

6.（20 分）有一水泵系统如图 4 所示，水泵功率 $N_p=5\text{kW}$，水泵效率 $\eta_p=0.85$，流量 $Q=0.057\text{m}^3/\text{s}$，吸水管直径 $d_1=0.2\text{m}$，压水管直径 $d_2=0.15\text{m}$，吸水管长度 $l_1=4\text{m}$，吸水管进口局部水头损失系数为 6.4，每个弯管局部水头损失系数为 1.0，管壁糙率均为 0.0119，水泵进口断面中心 B 点与水泵出口断面中心 C 点位于同一高程，若 $z_p=2\text{m}$，试求：(1) 水泵进口断面中心处 B 点绝对压强；(2) 水泵出口断面中心处 C 点绝对压强；(3) 水流对水泵的水平作用力 F；(4) 定性绘制整个管路系统的总水头线和测压管水头线。

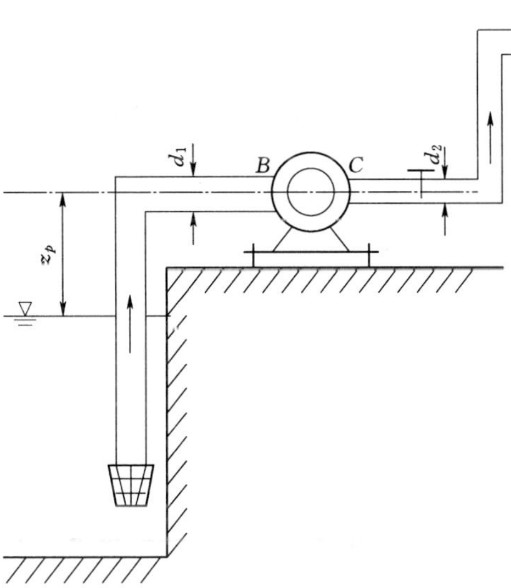

图 4

7.（15 分）证明在流量和断面形状一定时，水跃函数最小值对应的水深是临界水深，并分析水跃函数曲线的特征。

武 汉 大 学

2015 年攻读硕士学位研究生入学考试试题答案

科目名称：水力学（A 卷） **科目代码：900**

一、是非题（共 10 小题，每小题 2 分，共 20 分）

1.（非） 2.（是） 3.（是） 4.（是） 5.（非） 6.（非） 7.（非） 8.（是） 9.（非） 10.（是）

二、选择题（共 10 小题，每小题 2 分，共 20 分）

1.（B） 2.（D） 3.（D） 4.（D） 5.（D） 6.（B） 7.（B） 8.（D） 9.（A） 10.（A）

三、综合题（共 7 小题，共 110 分）

1. 解：（1）根据水跌特性，在跌坎断面处 $h_K \approx h_2/0.7 = 0.28/0.7 = 0.4(\text{m})$，$q = \sqrt{gh_K^3} = 0.792(\text{m}^2/\text{s})$

（2）断面 1—1 处为急变流断面，压强不符合静水压强分布，渠底压强小于 γh_1。

（3）要画出 K—K 线，水面线与 K—K 线交点在 1—1 断面下游，1—1 断面水面在 K—K 线以上（图 5）。

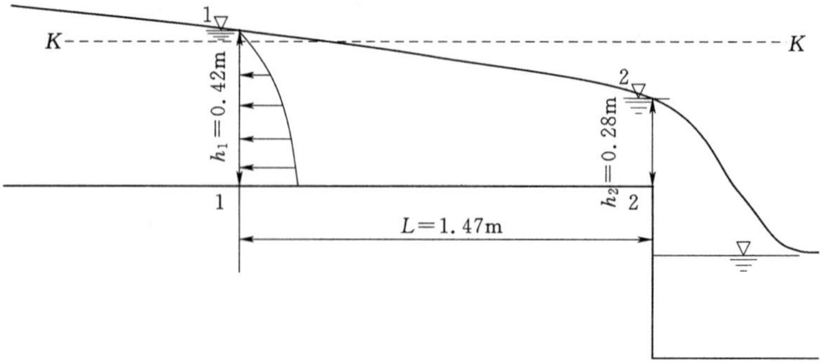

图 5

（4）流态从缓流经过 K—K 线（临界流）变到急流，势能转化为动能和损失，动能沿程增加，势能和总能量沿程减小。

2. 解：(1) 当 $y=r_0$ 时，计算出的速度梯度不等于 0，切应力不等于 0，速度分布不光滑；当 $y=0$ 时，计算出的速度梯度为无穷大，切应力也为无穷大。不符合实际情况。

(2) 有平移，无线变形，有角变形，有旋转（要有具体计算公式和计算结果）。

(3) $$Q=\int_0^{r_0}2\pi ru\,\mathrm{d}r=\int_{r_0}^{0}2\pi(r_0-y)u_{\max}\left(\frac{y}{r_0}\right)^{\frac{1}{6}}\mathrm{d}(r_0-y)=0.00249(\mathrm{m^3/s})$$

$$v=Q/A=0.00249/\pi/r_0^2=0.079(\mathrm{m/s})$$

3. 解：此题要采用连续性方程、能量方程、动量方程联合求解。忽略能量损失，采用能量方程和连续性方程得 $v_1=2.3333\mathrm{m/s}$，$v_2=1.8667\mathrm{m/s}$，$Q=0.09333\mathrm{m^3/s}$；采用动量方程得 $G=\rho Q(v_2-v_1)=43.55\mathrm{N}$，$V=G/\gamma=0.00444\mathrm{m^3}$。

如果认为水柱为圆台，采用圆台体积公式求出体积和重量，虽然结果接近但不能得分。如果不采用动量方程，而是列出距出口 x 处的断面与出口断面之间的能量方程，推导出此处微小体积的表达式 $\mathrm{d}V_x=A_x\mathrm{d}x$，再从 0 到 0.1 积分，也可以得到水柱的体积和重量，请读者自己推导。

4. 解：采用重力相似：$\lambda_p=\lambda_l=\lambda_v^2$

相对压强

$$p_p=\lambda_p p_m=\lambda_v^2(p'_m-1)=4.5^2\times(1.01-1)=0.2025p_{at}$$

绝对压强

$$p'_p=p_p+1=1.2025p_{at}$$

此题压强比尺要用相对压强计算，不能直接用绝对压强计算，因为原型和模型都在大气中进行。

5. 解：(1) 当细管酒精液面上升高度 $h_1=30\mathrm{mm}$ 时，根据体积不变原则，中间水银液面上升高度、周边水银液面下降高度和细管酒精液面上升高度的关系为

$$h_3(d_3^2-d_2^2)=h_2d_2^2=h_1d_1^2$$

由此可以计算出

$$h_2=h_1d_1^2/d_2^2=1.875(\mathrm{mm}),\ h_3=h_1d_1^2/(d_3^2-d_2^2)=0.357(\mathrm{mm})$$

当细管酒精液面上升后，在原来平衡的基础上，筒外和筒内压强变化相同，即

$$s_{水银}\gamma_{水}h_3=\rho_{酒精}gh_1-\rho_{酒精}gh_2+s_{水银}\gamma_{水}h_2+p$$

$$p=-s_{水银}\gamma_{水}h_3-\rho_{酒精}gh_1+\rho_{酒精}gh_2-s_{水银}\gamma_{水}h_2=-518(\mathrm{Pa})$$

$$h_p=p/\gamma_{酒精}=-518/8000/9.8=-66(\mathrm{mm})$$

(2) 根据计算结果分析，细管内相对压强等于 0 的地方位于细管液面以下 66mm 处 (E)，以此处为等效自由液面，AB、CD 上的压强分布图和内筒的压力体图见图 6 (a)。如果以外筒液面作为相对压强为 0 的自由液面，则内筒压力体图见图 6 (b)，铅直压力为虚线部分体积乘水银重度减去实线部分体积乘以酒精重度，请读者自行计算比较两者结果是否相同。

另外，读者还可以分析当细管上端气体压强为 p 时，酒精液面下降 30mm 后，可能出现的各种情况。

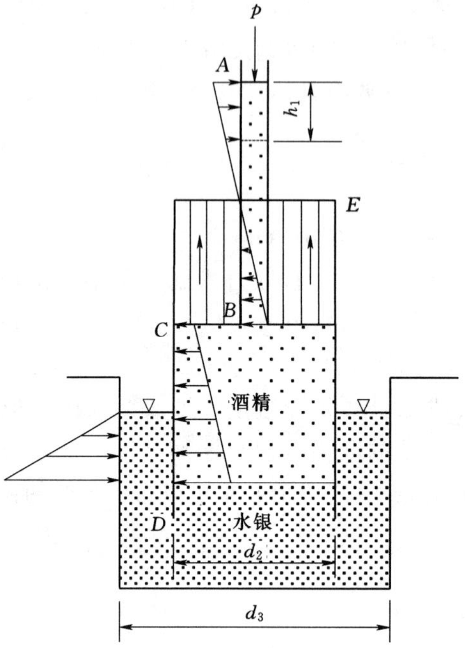

(a)　　(b)

图 6

6. 解：(1) 以上游水池液面为基准面，列上游水池和断面 B 之间的能量方程：

$$0+0+0=z_p+\frac{p_B}{\gamma}+\frac{\alpha v_B^2}{2g}+\left(\lambda\frac{l_1}{d_1}+\sum\xi\right)\frac{v_B^2}{2g}$$

代入已知数据可得 B 点相对压强 $p_B=-34.3\text{kPa}$，绝对压强 $p_B'=98-34.3=63.7$ (kPa)

(2) 以上游水池液面为基准面，列上游水池和断面 C 之间的能量方程：

$$0+0+0+H_m=z_p+\frac{p_C}{\gamma}+\frac{\alpha v_C^2}{2g}+\left(\lambda\frac{l_1}{d_1}+\sum\xi\right)\frac{v_B^2}{2g}$$

水泵的扬程

$$H_m=\frac{N_p\eta_p}{\gamma Q}=\frac{5000\times0.85}{9800\times0.057}=7.61(\text{m})$$

代入已知数据可得 C 点相对压强 $p_C=36.65\text{kPa}$，绝对压强 $p_C'=98+36.65=134.65$ (kPa)

(3) 假定水泵整体对水流的作用力为 F'，方向向右（与水流方向相同），列断面 B 和断面 C 之间水体的动量方程：

$$\rho Q(\beta_2 v_C-\beta_1 v_B)=A_1p_B-A_2p_C+F'$$

代入已知数据得

$$F'=\rho Q(\beta_2 v_C-\beta_1 v_B)-A_1p_B+A_2p_C=1.81(\text{kN})$$

水流对水泵的作用力 $F=-F'=-1.81\text{kN}$，方向水平向左（与水流方向相反）。

(4) 整个管路系统的总水头线和测压管水头线如图 7 所示。

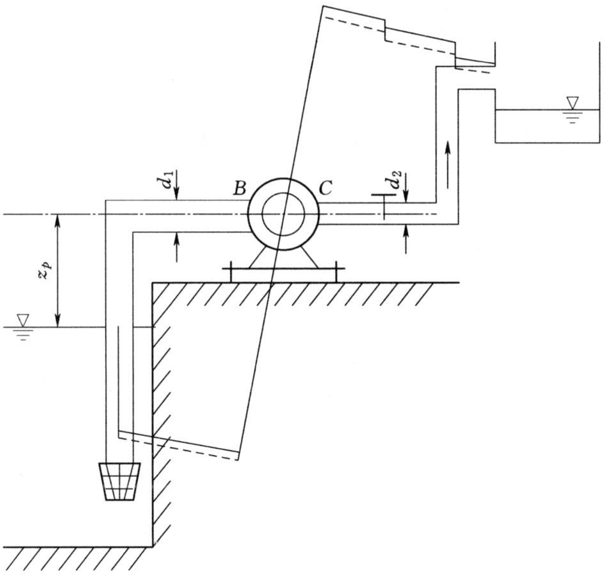

图 7

7. 参见【例 7-20】。

武　汉　大　学

2016—2017学年上学期水力学期末考试试题

一、判断题（共5小题，每小题2分，共10分）

1.（　　）在有压管流中，下临界雷诺数与管径和流速无关，仅与液体种类有关。

2.（　　）明渠均匀流两断面之间液体的重力在流动方向的分量与水流所受到的边壁阻力相平衡。

3.（　　）连续性方程$\frac{\partial u_x}{\partial x}+\frac{\partial u_y}{\partial y}+\frac{\partial u_z}{\partial z}=0$可以适用于不可压缩液体非恒定流。

4.（　　）并联管路中各支管的水力坡度相等。

5.（　　）当水头及其他条件相同时，管嘴出流的流量大于孔口出流的流量。

二、填空题（共5小题，每小题2分，共10分）

1. 紊流切应力由____________和____________组成（写出名称和表达式）。

2. 紊流光滑区的沿程水头损失系数与____________有关，紊流粗糙区的沿程水头损失系数与____________有关。

3. 渐变流断面的特点是____________、________________________。

4. 雷诺数反映____________力与____________力之比。

5. 恒定总流的能量方程中引入动能修正系数α，是因为________________，动能修正系数一般会________动量修正系数。

三、选择题（共10小题，每小题1分，共10分）

1. 影响水的运动黏性系数的主要因素为（　　）。

(A) 水的温度　　(B) 水的重度　　(C) 当地气压　　(D) 水的流速

2. 黏性底层厚度随着雷诺数的增大而（　　）。

(A) 增大　　(B) 减小　　(C) 不变　　(D) 不确定

3. 液体中某点的绝对压强为58kPa（当地大气压强$p_a=98000\text{N/m}^2$），则该点的相对压强为（　　）。

(A) 156kPa　　(B) 40kPa　　(C) －58kPa　　(D) －40kPa

4. 理想不可压缩液体恒定流动，当质量力仅为重力时（　　）。

(A) 整个流场内各点的总水头相等　　(B) 同一流线上的各点总水头相等

(C) 同一流线上总水头沿程减小　　(D) 同一流线上总水头沿程增加

5. 谢才系数C的量纲是（　　）。

(A) L　　(B) $L^{-1}T^{1/2}$　　(C) $L^{1/2}T^{-1}$　　(D) [1] 无量纲量

6. 圆管均匀层流与圆管均匀紊流的（　　）。

(A) 断面流速分布规律相同　　(B) 断面上切应力分布规律相同

(C) 断面上压强平均值相同　　(D) 水力坡度相同

7. 毕托管可以用来测（　　）。

(A) 瞬时流速　　(B) 时均流速　　(C) 脉动流速　　(D) 动水压强

8. 流量一定，管径沿程减小时，测压管水头线（　　）。

(A) 可能沿程上升也可能沿程下降的　　(B) 可能与总水头线平行

(C) 只能沿程下降　　(D) 只能沿程上升

9. 如图 1 所示 A、B、C 三种恒定水流，其作用水头 H、直径 d 相等，则正确答案是（　　）。

(A) $Q_A<Q_B$；$Q_B<Q_C$；$v_B<v_C$　　(B) $Q_A<Q_B$；$Q_B>Q_C$；$v_B>v_C$

(C) $Q_A>Q_B$；$Q_B>Q_C$；$v_B>v_C$　　(D) $Q_A<Q_B$；$Q_B>Q_C$；$v_B<v_C$

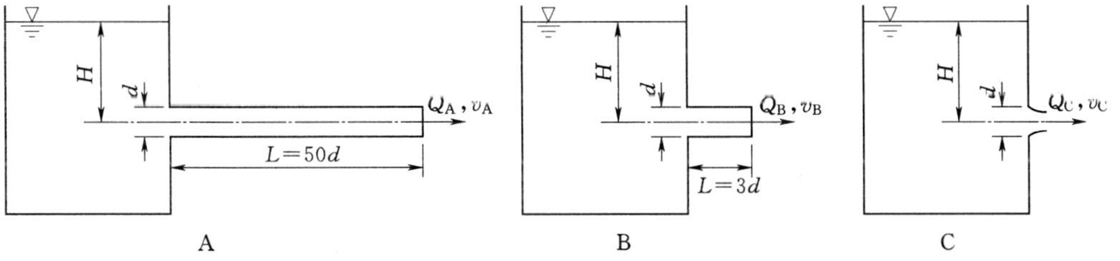

图 1

10. 两根直径、长度、管壁当量粗糙高度都相同的工业管道，其中一根输油，另一根输水，流动均为紊流状态，运动黏性系数 $\nu_{油}>\nu_{水}$，当两管的雷诺数相等时，则沿程损失____。

(A) $h_{f油}=h_{f水}$　　(B) $h_{f油}>h_{f水}$　　(C) $h_{f油}<h_{f水}$　　(D) $h_{f油}\geq h_{f水}$

四、作图题（共 2 小题，共 15 分）

1.（7 分）绘出图 2 ABC 面上水平压强分布图和压力体图，并标出水压力铅直分力的方向。

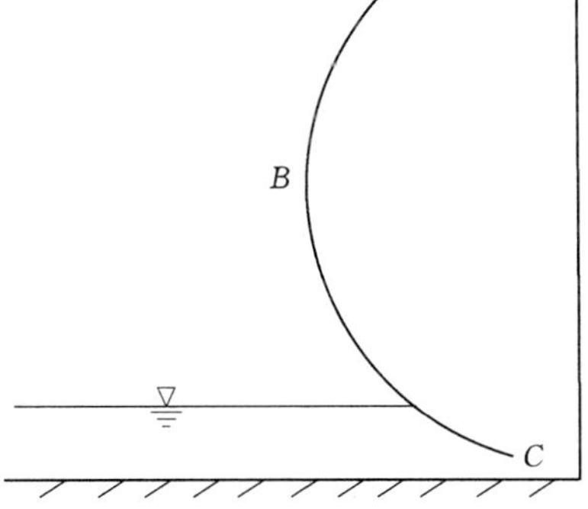

图 2

2. (8 分)定性绘出如图 3 所示抽水系统总水头线和测压管水头线。

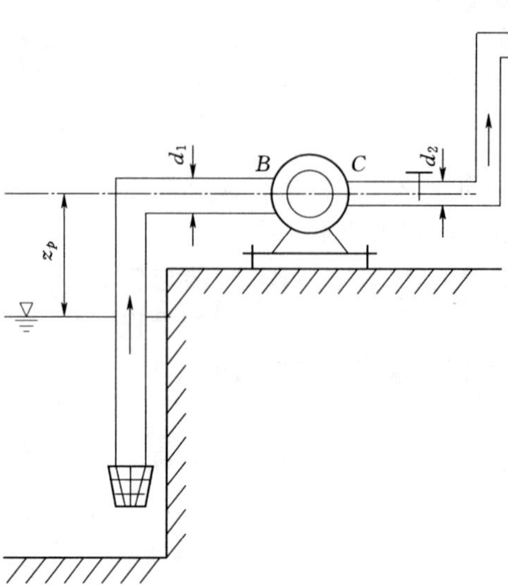

图 3

五、计算题(共 5 小题,共 55 分)

1. (15 分)一直径沿程不变的输水管道,连接两水池如图 4 所示。已知管道直径$d=300\text{mm}$,管道全长 $L=75\text{m}$,沿程水头损失系数$\lambda=0.036$,局部水头损失系数:进口 $\xi_1=0.5$,转弯 $\xi_2=0.3$,出口 $\xi_3=1.0$。出口中心在下游水面以下深度 $h_2=2.3\text{m}$。在距出口 $l=25\text{m}$ 处有一水银测压计,其液面高差 $\Delta h=0.5\text{m}$,较低的水银液面至管轴的高度 $h=1.5\text{m}$。(1)计算通过管道的流量;(2)计算两水池的液面差 z;(3)定性绘制总水头线和测压管水头线。

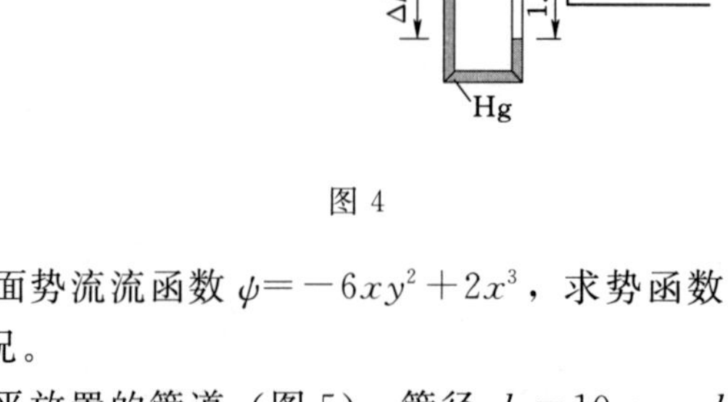

图 4

2. (10 分)已知平面势流流函数 $\psi=-6xy^2+2x^3$,求势函数 φ 和速度表达式,判断液体微团运动及变形情况。

3. (10 分)有一水平放置的管道(图 5)。管径 $d_1=10\text{cm}$,$d_2=5\text{cm}$,管中流量 $Q=$

10L/s，测管高度 $h=2\text{m}$，不计管段的水头损失，取动量校正系数和动能校正系数均为 1，求水流作用于收缩段管壁上的力。

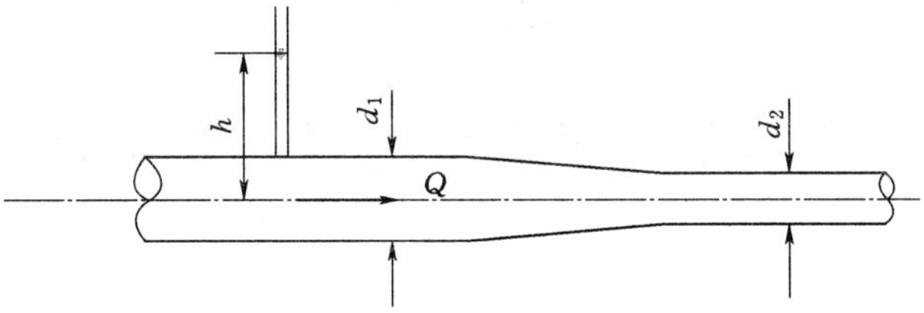

图 5

4.（10 分）已知梯形断面渠道，底坡 $i=0.0006$，边坡系数 $m=1$，糙率 $n=0.0296$，过水断面面积 $A=10\text{m}^2$，求均匀流时渠道可能通过的最大流量。

5.（10 分）有一恒定孔口自由出流如图 6 所示，孔口面积为 A，行近流速为 V_0，水头为 H，试用量纲分析法确定孔口自由出流流量公式。

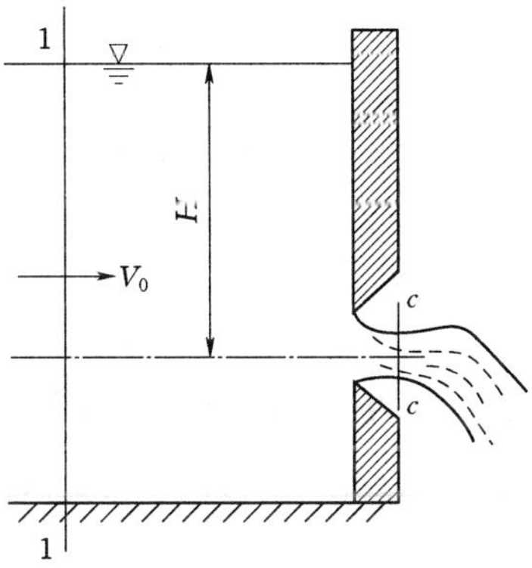

图 6

武 汉 大 学

2016—2017 学年上学期水力学期末考试试题答案

一、判断题（共 5 小题，每小题 2 分，共 10 分）

1.（非） 2.（是） 3.（是） 4.（非） 5.（是）

二、填空题（共 5 小题，每小题 2 分，共 10 分）

1. 黏性切应力 $\tau=\mu\frac{\mathrm{d}\bar{u}}{\mathrm{d}y}$、紊动附加切应力 $\tau'=-\rho\overline{u'_x u'_y}$。

2. 雷诺数、相对粗糙度。

3. 断面近似为平面、断面压强分布近似符合静水压强分布$\left(z+\frac{p}{\gamma}\approx C\right)$。

4. 惯性力、黏性力。

5. 断面速度分布不均匀、大于。

三、选择题（共 10 小题，每小题 1 分，共 10 分）

1.（A） 2.（B） 3.（D） 4.（B） 5.（C） 6.（B） 7.（B） 8.（C） 9.（D） 10.（B）

四、作图题（共 2 小题，共 15 分）

1. ABC 面上水平压强分布图、压力体图及水压力铅直分力的方向，见图 7。

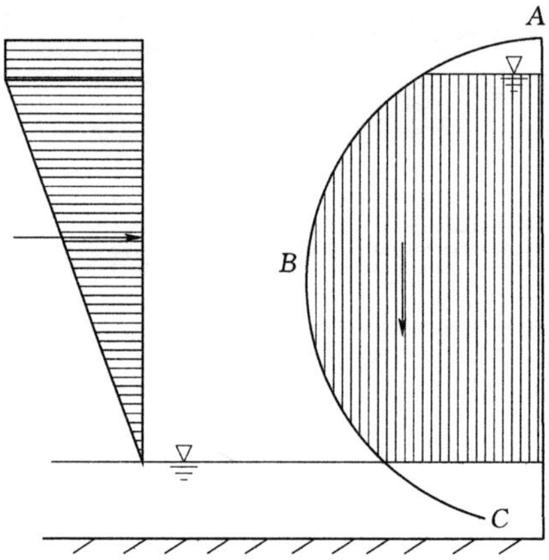

图 7

2. 参见 2015 攻读硕士学位研究生入学考试试题答案图 7。

五、计算题（共 5 小题，共 55 分）

1. 解：参见题 6 - 31

2. 解：势函数 $\varphi=2y^3-6x^2y$，速度 $u_x=-12xy$，$u_y=6y^2-6x^2$

根据速度表达式可以计算判断有平移运动，有线变形和角变形运动，无旋转运动（要求写出公式并推导计算）。

3. 解：参见【例 3 - 19】，水流作用于收缩管壁上的力 $R'=101.31\text{N}$，方向向右。

4. 解：面积一定时流量最大的条件是断面为水力最佳断面。

水力最佳断面宽深比

$$\beta_m=b/h=2(\sqrt{1+m^2}-m)=2(\sqrt{2}-1)=0.828$$

与面积公式 $A=(b+mh)h$ 联立，可解出 $h=2.34\text{m}$，$b=1.94\text{m}$

最大流量：$Q=\dfrac{\sqrt{i}}{n}\dfrac{A^{5/3}}{\chi^{2/3}}=9.19$（$\text{m}^3/\text{s}$）

5. 解：根据孔口出流特性，流量 Q 与面积 A、重力加速度 g 以及包括行近流速水头的作用水头 $H_0=H+\dfrac{V_0^2}{2g}$有关。

设变量关系式为

$$Q=kA^\alpha g^\beta H_0^\gamma$$

其量纲关系式为

$$[L^3T^{-1}]=[L^2]^\alpha[LT^{-2}]^\beta[L]^\gamma=[L]^{2\alpha+\beta+\gamma}[T]^{-2\beta}$$

根据量纲一致性原理，对于 $[L]$：$2\alpha+\beta+\gamma=3$，对于 $[T]$：$-2\beta=-1$

根据常识，流量 Q 应与面积 A 的一次方成正比，即 $\alpha=1$，从而可得 $\gamma=1/2$

将 α、β、γ 的值代入变量关系式，并设 $\mu=k/\sqrt{2}$，可得 $Q=\mu A\sqrt{2gH_0}$。

武 汉 大 学

2016—2017 学年下学期工程水力学期末考试试题

一、选择题（共 5 小题，每小题 2 分，共 10 分）

1. 当实用堰流下游发生淹没水跃时，堰流为（　　）。

A. 淹没出流　B. 自由出流　C. 可能淹没出流也可能自由出流　D. 缓流

2. 棱柱形明渠中形成 S_2 型水面线时，其弗劳德数 Fr 沿程（　　）。

A. 降低　B. 增高　C. 不变　D. 可能降低也可能增高

3. 降水曲线的水位沿程（　　）。

A. 降低　B. 增高　C. 不变　D. 可能降低也可能增高

4. 水坝瞬时溃决时，坝下游河道中将发生（　　）。

A. 顺行涨水波　B. 顺行落水波　C. 逆行涨水波　D. 逆行落水波

5. 增压增速波发生在闸门突然关闭水击波的（　　）。

A. 第一阶段　B. 第二阶段　C. 第三阶段　D. 第四阶段

二、填空题（共 2 小题，每空 1 分，共 20 分）

1. 根据渗流模型假设，渗流流速与真实流速的关系为________；渗流流量与真实流量的关系为________。参考明渠水流的概念，地下明槽渗流的临界水深趋近于________，临界底坡趋近于________，地下明槽渐变渗流的底坡有________、________、________三种，浸润线有（写出符号）________、________、________、________四种。恒定无压渐变渗流断面流速分布形式为________。

2. 作用水头一定时，闸孔出流的流量系数随开度增大而________，闸孔出流的流量随开度增大而________。实用堰流的流量系数随相对堰高增大而________，实用堰流的流量系数随堰顶水头增大而________。宽顶堰流的流量系数随相对堰高增大而________，宽顶堰流的流量随堰顶水头增大而________，宽顶堰流的流量系数的最大值为________，在设计水头时，WES 实用堰流的流量系数为________。

三、证明题（20 分）

试证明水跃函数极小值与断面比能极小值对应的水深满足相同条件，并定性绘出水跃函数曲线与断面比能函数曲线（假设动能修正系数与动量修正系数均为 1.0）。

四、综合题（共 3 小题，共 50 分）

1. （15 分）有一底宽为 $b=12\text{m}$ 的平底矩形断面渠道中发生水跃，已知渠底高程为

100m，流量为 $Q=60m^3/s$，测得跃后水位高程为 103.07m，试求跃前水深和水跃消能率。

2.（15 分）定性绘出图 1 长直棱柱体渠道可能出现的水面曲线，并注明曲线的名称。

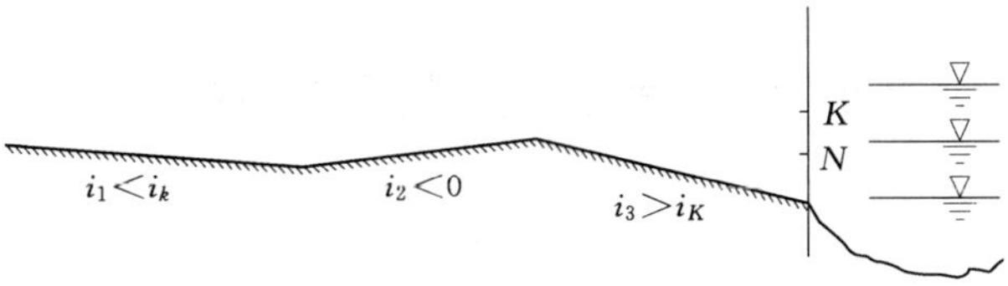

图 1

3.（20 分）某处地质剖面如图 2 所示。透水层长为 2000m，渗透系数 $k=0.002cm/s$，不透水层的底坡 $i=0.005$，左边水深和水位均为 2.5m，求均匀渗流时的单宽渗流量？右边河道水位在什么范围时，浸润线为 M_2 型曲线；右边河道水位在什么范围时，浸润线为 M_1 型曲线；右边河道水位在什么范围时，浸润线为 A_2 型曲线；定性绘出透水层中可能出现的各种浸润线。

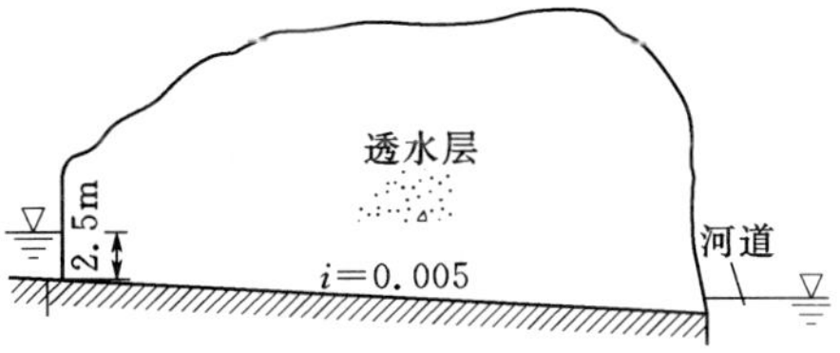

图 2

武　汉　大　学

2016—2017 学年下学期工程水力学期末考试试题答案

一、选择题（共 5 小题，每小题 2 分，共 10 分）

1.（C）　2.（B）　3.（A）　4.（A）　5.（D）

二、填空题（共 2 小题，每空 1 分，共 20 分）

1. $u=nu_0$、$Q=Q_0$、0、无穷大、正坡、负坡、平坡、M_1、M_2、A_2、H_2、矩形。
2. 减小、增大、增大、增大、减小、增大、0.385、0.502。

三、证明题（20 分）

证明和绘图请参见【例 7-20】和图 7-4、图 7-8。

这里介绍一下其中$\frac{\mathrm{d}}{\mathrm{d}h}(Ay_c)$的微积分求解方法。

设任意形状断面（图 3）的宽度为 $B(z)$，则水深为 h 的断面面积矩可以表示为

$$M = y_c A = \int_0^h (h-z)\mathrm{d}A = \int_0^h (h-z)B(z)\mathrm{d}z$$

$$\frac{\mathrm{d}}{\mathrm{d}h}(Ay_c) = \frac{\mathrm{d}}{\mathrm{d}h}\int_0^h (h-z)B(z)\mathrm{d}z = \int_0^h B(z)\mathrm{d}z = A$$

练习题：利用微积分方法证明任意形状断面对水面的惯性矩 J_x 对水深 h 的三阶导数等于水面宽度，即：$\frac{\mathrm{d}^3 J_x}{\mathrm{d}h^3}=B(h)$

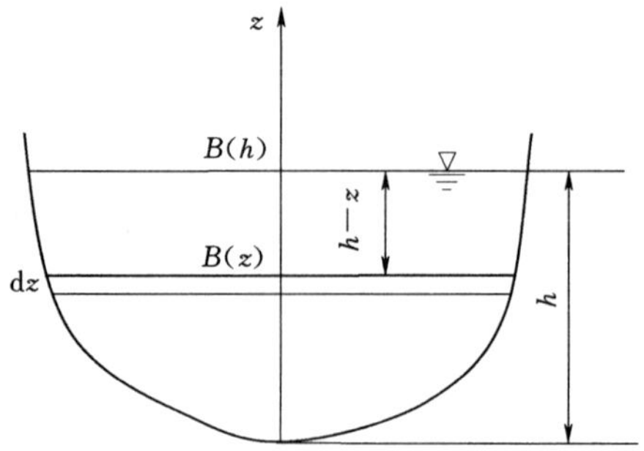

图 3

四、综合题（共 3 小题，共 50 分）

1. 解：参见【例 7-19】，单宽流量：$q=Q/b=60/12=5(\mathrm{m}^2/\mathrm{s})$

跃后水深：$h''=103.07-100=3.07(\text{m})$，$Fr_2=\sqrt{\dfrac{\alpha q^2}{gh''^3}}=0.297$

跃前水深：$h'=\dfrac{1}{2}h''(\sqrt{1+8Fr_2^2}-1)=0.47\text{m}$

水跃水头损失：$\Delta E_j=E_1-E_2=h'-h''+\dfrac{q^2}{2g}\left(\dfrac{1}{h'^2}-\dfrac{1}{h''^2}\right)=3.05\text{m}$

水跃消能效率：$\dfrac{\Delta E_j}{E_1}=\dfrac{\Delta E_j}{h'+\dfrac{q^2}{2gh'^2}}=48.7\%$

2. 长直棱柱体渠道可能出现的水面曲线如图 4 所示。在缓坡与负坡交界处，水位有大于、等于和小于缓坡均匀流水深三种情况。当下游水池水位较低时，陡坡下段为均匀流水深，在渠道内不会壅高也不会降低，在渠道出口处以急变流形式与水池水位相连。

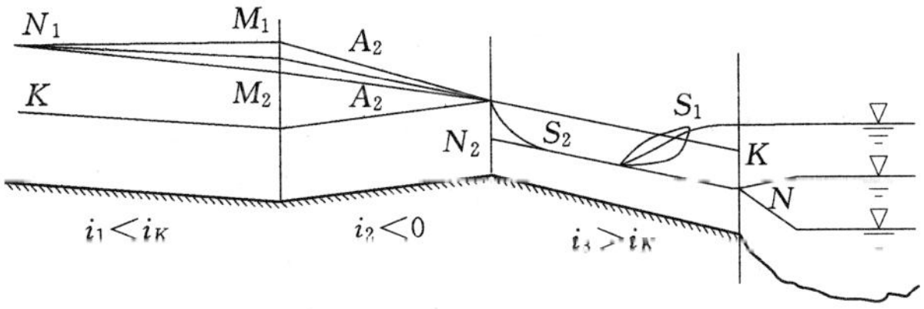

图 4

3. 解：均匀渗流时单宽渗流量：$q=hki=2.5\times0.00002\times0.005=2.5\times10^{-7}(\text{m}^2/\text{s})$

如图 5 所示，当右边河道水位小于−7.5m 时，浸润线为 M_2 型降水曲线；当右边河道水位大于−7.5m 小于 2.5m 时，浸润线为 M_1 型壅水曲线；当右边河道水位大于 2.5m 时，水流从右向左流动，浸润线为 A_2 型降水曲线。

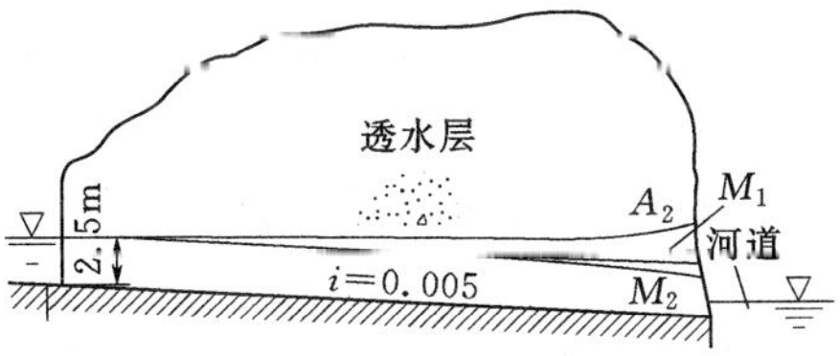

图 5

武汉大学

2018年攻读硕士学位研究生入学考试试题

科目名称：工程水力学（D卷） **科目代码：988**

一、是非题（共10小题，每小题2分，共20分）

1.（　　）牛顿流体剪切变形的大小与剪切作用时间的长短无关。

2.（　　）渐变无压渗流中同一过水断面上各点的渗流流速相等。

3.（　　）断面流速分布越不均匀，动量修正系数的值越大。

4.（　　）棱柱体明渠 M_3、A_3 型水面线中，其弗劳德数和断面比能均沿程减小。

5.（　　）弗劳德相似准则的主要作用力是惯性力。

6.（　　）在研究水击问题时，可以认为液体是均质不可压缩的，但必须认为管道是有弹性的。

7.（　　）若溢流坝模型的长度比尺 $\lambda_L=50$，当溢流坝原型的设计水头为15m，模型的设计水头为0.30m时，原型和模型的流量系数相等。

8.（　　）当水位相同时，明渠非恒定流涨水过程中的流量一般大于落水过程中的流量。

9.（　　）闸底板下均质各向同性地基有压渗流流网的形状与渗透系数、上游水位、下游水位均无关。

10.（　　）在恒定均匀紊流中，沿程水头损失与流速的平方成正比。

二、选择题（共10小题，每小题2分，共20分）

1. 雷诺相似准则下，流速比尺 λ_v、时间比尺 λ_t 分别为______。

(A) $\lambda_v=\lambda_l^{1/2}$　$\lambda_t=\lambda_l^2$　　(B) $\lambda_v=\lambda_l^{-1}$　$\lambda_t=\lambda_l^{1/2}$

(C) $\lambda_v=\lambda_l^{-1}$　$\lambda_t=\lambda_l^2$　　(D) $\lambda_v=\lambda_l^{1/2}$　$\lambda_t=\lambda_l^{1/2}$

2. 随着温度的增加，液体的黏性系数______。

(A) 增加　(B) 减小　(C) 可能增加可能减小　(D) 不变

3. 若两管道的管长、管径、流量及水温均相同，但两管道的糙率 $n_1>n_2$，在相同长度的管段两端分别接两个测压管，则两管的测压管水面差 Δh_1 与 Δh_2 的关系为______。

(A) $\Delta h_1>\Delta h_2$　(B) $\Delta h_1<\Delta h_2$　(C) $\Delta h_1=\Delta h_2$　(D) 无法确定

4. 随着 Re 的增大，黏性底层的厚度 δ______。

(A) 增大　　(B) 减小　　(C) 可能增加可能减小　　(D) 不变

5. 明渠中不可能出现的流动是______。

(A) 恒定均匀流　　(B) 非恒定均匀流

(C) 恒定非均匀流　　(D) 非恒定非均匀流

6. 在紊流粗糙区中，随着液体运动黏度的减小，沿程水头损失系数λ______。

(A) 增大　　(B) 减小　　(C) 不变　　(D) 可能增大也可能减小

7. 随着闸门相对开度的增大，闸孔出流的流量系数______。

(A) 增大　　(B) 减小　　(C) 不变　　(D) 可能增大也可能减小

8. 有两条梯形断面渠道，已知其流量、边坡系数、底坡和糙率均相同，但底宽 $b_1 > b_2$，则其均匀流水深 h_{01} 和 h_{02} 的关系为______。

(A) h_{01} 大于 h_{02}　　(B) h_{01} 小于 h_{02}　　(C) 相等　　(D) 无法确定

9. 平底渠道中弧形闸门的闸孔出流，其闸下收缩断面水深 h_c 小于下游水深对应的水跃跃前水深，则下游水跃的型式为______。

(A) 远驱（离）式水跃　　(B) 临界式水跃　　(C) 淹没式水跃　　(D) 无法判断

10. 平板边界层内的流动为______。

(A) 层流　　(B) 紊流　　(C) 有旋流　　(D) 层流到紊流的过渡流

三、作图题（共 2 小题，共 15 分）

1. (7 分) 绘制如图 1 所示圆柱面上 $BCDA$ 段的压力体图和水平压强分布图。

2. (8 分) 定性绘出图 2 管道的总水头线和测压管水头线（管径 d 为常数）。

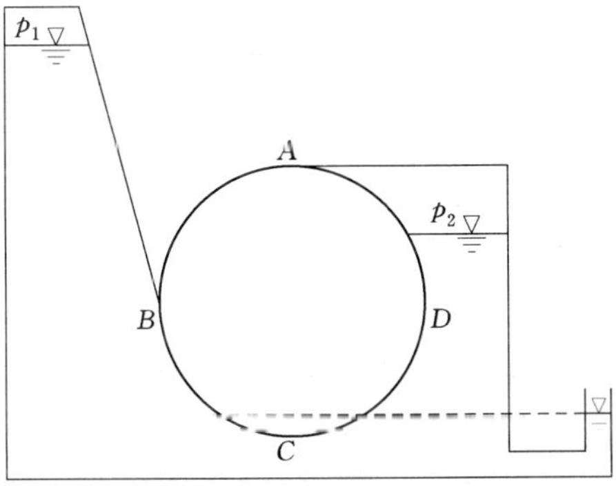

图 1

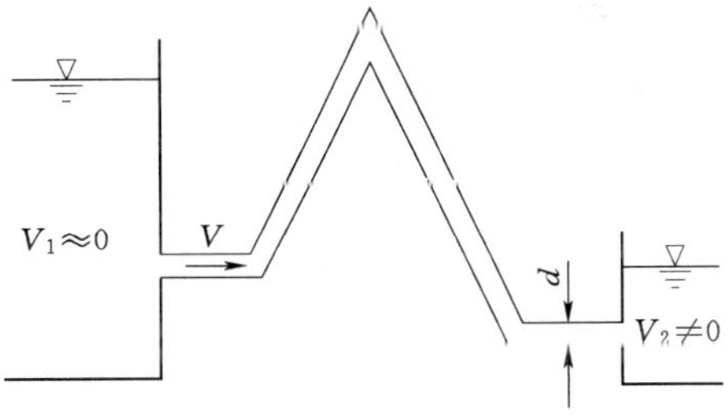

图 2

四、计算题（共 5 小题，共 95 分）

1. (15 分) 如图 3 所示是电气仪表的轴上使用的止推轴承。其转轴的直径 $D=5$mm，转轴和固定基座之间的间隙 $\delta=0.025$mm，间隙内充满润滑油。若油的动力黏度为 $\mu=0.48$Pa·s，计算当转轴以 5000r/min 的速度旋转时，转轴受到的摩擦力矩。

2. (20 分) 有一棱柱形明渠，渠道断面为矩形，宽度为 3m。渠道由上、下游两段不同底坡的渠段相连接。当通过流量为 15m^3/s 时，上、下游渠段的正常水深分别为 $h_{01}=0.7$m，$h_{02}=2$m。

（1）判断上、下游渠段的底坡为何种底坡。

（2）判断水跃发生在哪一渠段上。

（3）定性绘出渠道的水面曲线，并注明曲线的名称。

3.（20分）图4为一抽水装置，利用喉道处安装的细管可以将容器M中的积水抽出。已知 $H=2\text{m}$，$b=0.5\text{m}$，$h=0.5\text{m}$，管道直径 $D=0.08\text{m}$，喷嘴出口断面直径 $d=0.04\text{m}$。

（1）不计水头损失，喉道断面直径满足什么条件才可以使抽水装置开始工作？

（2）求喷嘴对管道的作用力。

（3）若在正常抽水过程中将细管从喉管处拔掉，会出现什么情况？

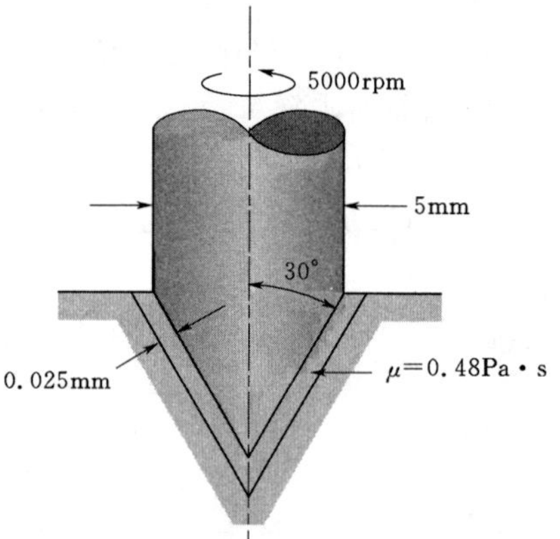

图3

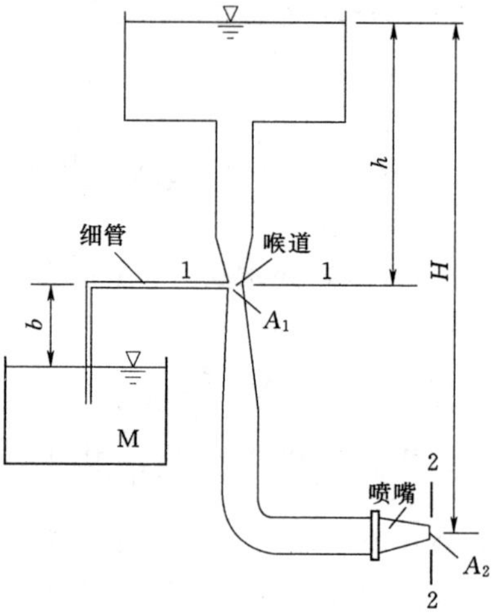

图4

4.（25分）假设某水流运动的速度分量为

$$u_x=0.12x^2-0.12y^2-2y,\ u_y=-0.24xy-2x,\ u_z=0$$

（1）分析说明该流动是否属于均质不可压流体恒定平面势流。

（2）分析流体微团的线变形和角变形运动大小。

（3）计算该流动的当地加速度和迁移加速度。

（4）求经过点（1，2）的迹线和经过点（1，3）的等势线，证明这两条线正交。

（5）求（1，2）和（1，3）两点之间通过的单宽流量和压强水头差。

5.（15分）一渐变扩散渠段 AB 连接两棱柱形长渠，平面图和剖面图如图5所示。

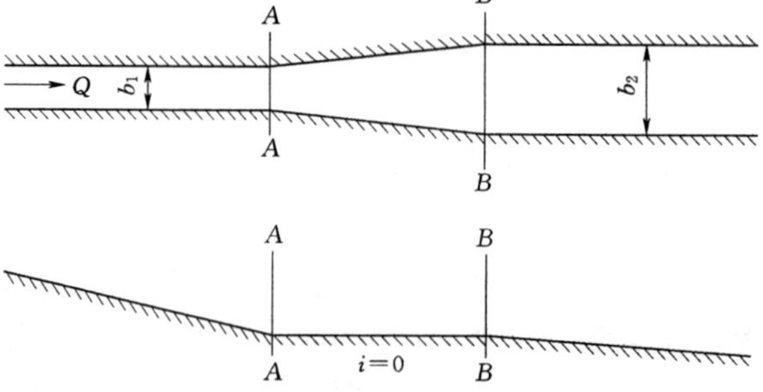

图5

已知渠道断面为矩形，糙率为0.03，渠中流量为$10m^3/s$，上游渠宽$b_1=3m$，正常水深$h_{01}=1.8m$，下游渠宽$b_2=4m$，正常水深$h_{02}=2m$，渐变段底坡$i=0$，上游连接断面A处水深$h=1.94m$。

（1）计算上、下游渠道的临界底坡和实际底坡。

（2）在剖面图上定性绘出水面曲线相接图，并标出水面线名称。

武 汉 大 学

2018 年攻读硕士学位研究生入学考试试题答案

科目名称：工程水力学（D 卷） **科目代码：988**

一、是非题（共 10 小题，每小题 2 分，共 20 分）

1.（非） 2.（是） 3.（是） 4.（是） 5.（非） 6.（非） 7.（是） 8.（是） 9.（是） 10.（非）

二、选择题（共 10 小题，每小题 2 分，共 20 分）

1.（C） 2.（B） 3.（A） 4.（B） 5.（B） 6.（C） 7.（B） 8.（B） 9.（A） 10.（C）

三、作图题（共 2 小题，共 15 分）

1. 圆柱面上 $BCDA$ 段的压力体图和水平压强分布图如图 6 所示。

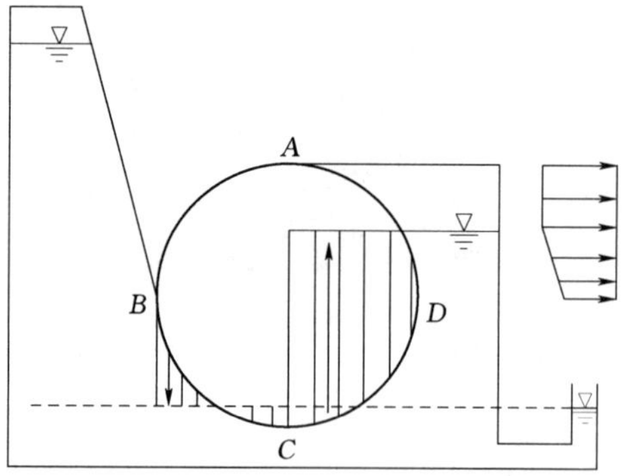

图 6

2. 定性绘出图 2 管道的总水头线和测压管水头线（略）。

四、计算题（共 5 小题，共 95 分）

1. 解：可以参考【例 1－2】，并分析比较两者的差别。

在椎体表面上半径为 r 的地方取一微小宽度带，宽度 $\mathrm{d}L=\mathrm{d}r/\sin30°$，如图 7 所示，则宽度带的微小面积 $\mathrm{d}A=2\pi r\mathrm{d}L$，宽度带上的摩擦力矩 $\mathrm{d}M=r\mathrm{d}F=r\tau\mathrm{d}A$，其中切应力

$\tau=\mu\dfrac{du}{dy}\approx\mu\dfrac{\omega r}{\delta}$（由于间隙很小，可以认为速度为线性分布）。

于是椎体的总力矩

$$M=\int dM=\frac{2\pi\mu\omega}{\delta\sin30^\circ}\int_0^R r^3dr=\frac{\pi\mu\omega}{2\delta\sin30^\circ}R^4=1.234\times10^{-3}(\text{N}\cdot\text{m})$$

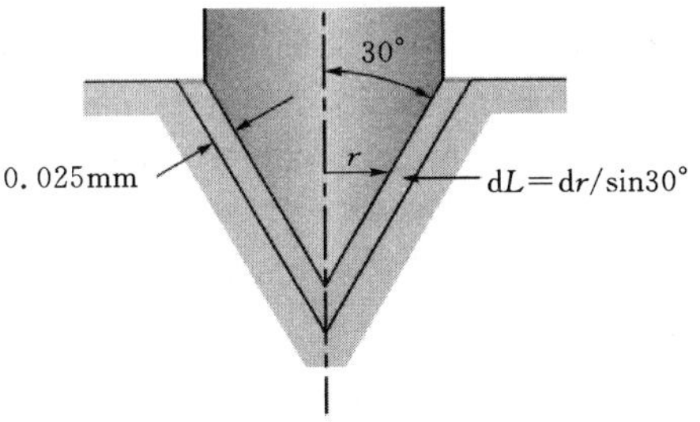

图 7

2. 解：参见题 7-42 和【例 7-24】。

3. 解：(1) 参见【例 3-14】，$d_1\leqslant\left(\dfrac{H}{h+b}\right)^{1/4}d=\left(\dfrac{2}{0.5+0.5}\right)^{1/4}\times0.04=0.0476(\text{m})$

(2) 列喷嘴进口断面 3—3 和喷嘴出口断面 2—2 之间水体的动量方程：

$$\sum F=P_3-R=\rho Q(\beta_2v_2-\beta_3v_3)$$

列喷嘴进口断面 3—3 和喷嘴出口断面 2—2 之间水流的能量方程：

$$\frac{p_3}{\gamma}+\frac{\alpha_3v_3^2}{2g}=\frac{\alpha_2v_2^2}{2g}$$

列水箱液面和喷嘴出口断面 2—2 之间水流的能量方程：

$$H=\frac{\alpha_2v_2^2}{2g}$$

联立上述 3 个方程可得

$$R=P_3-\rho Q(\beta_2v_2-\beta_3v_3)=\frac{\pi}{4}D^2\gamma H\left(1+\frac{d^4}{D^4}-2\frac{d^2}{D^2}\right)=55.2(\text{N})$$

(3) 由于 1—1 断面出现真空，压强小于大气压强，会有空气从孔口处流进管道。

4. 解：此题难度不大，但涉及许多水力学概念、公式及数学推导，如均质不可压流体、恒定流、平面二维流、势流、线变形运动和角变形运动、当地加速度和迁移加速度、流线和迹线、流函数和势函数、流网的特点、欧拉积分方程等。需要通过计算理解概念、记住公式。

5. 解：参见题 7-43，$i_{k1}=0.0176>i_1=0.004$，$i_{k2}=0.0149>i_2=0.0014$。

可以看出，上、下游渠道均为缓坡。曲线在上游段为 M_1 型壅水曲线，接平坡段为 H_2 型曲线（注意在非棱柱体渠段，H_2 可以是壅水曲线），如图 8 所示。

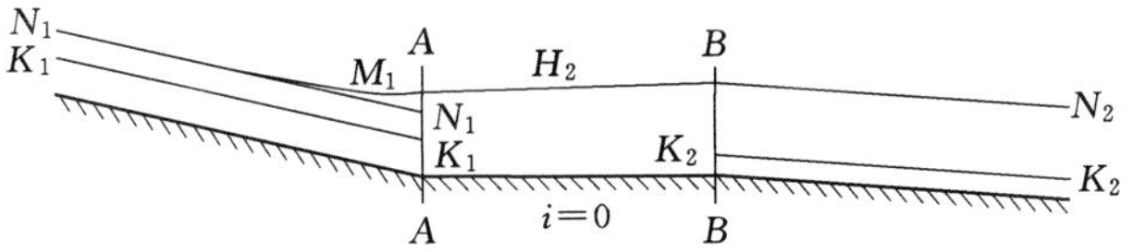

图 8

参 考 文 献

[1] 赵昕，张晓元，赵明登，等．水力学 [M]．北京：中国电力出版社，2009.
[2] 李大美，杨小亭．水力学 [M]．武汉：武汉大学出版社，2005.
[3] 李玮，徐孝平．水力学 [M]．武汉：武汉大学出版社，2000.
[4] 徐正凡．水力学 [M]．北京：高等教育出版社，1986.
[5] 清华大学水力学教研组．水力学 [M]．北京：人民教育出版社，1981.
[6] 吴持恭．水力学 [M]．北京：高等教育出版社，2003.
[7] 白玉川．水力学 [M]．天津：天津大学出版社，2007.
[8] 郭维东，裴国霞，韩会玲．水力学 [M]．北京：中国水利水电出版社，2005.
[9] 赵振兴，何建东．水力学 [M]．北京：清华大学出版社，2005.
[10] 于布，尹小玲．水力学 [M]．广州：华南理工大学出版社，2005.
[11] 莫乃容，槐文信．流体力学水力学习题解答 [M]．武汉：华中科技大学出版社，2002.
[12] 荒木正夫，椿东一郎．水力学解题指导 [M]．杨景芳，译．北京：高等教育出版社，1984.
[13] 齐清兰．水力学学习指导及考试指南 [M]．北京：中国计量出版社，2000.
[14] 禹华谦．水力学学习指导 [M]．成都：西南交通大学出版社，1999.
[15] 杨凌真．水力学难题分析 [M]．北京：高等教育出版社，1987.
[16] 纪立智．水力学理论与习题 [M]．上海：上海交通大学出版社，1987.
[17] 大连工学院水力学教研室．水力学解题指导及习题集 [M]．北京：高等教育出版社，1984.
[18] Ven Te Chow. Open Channel Hydraulics [M]. New York: McGraw _ Hill Book Company, Inc., 1959.
[19] M B Abbort. Computational Hydraulics [M]. London: Pitman Publishing Limited., 1979.
[20] Victor L. Streeter, E. Benjamin Wylie. Fluid Mechanics [M]. New York: Mc Graw_Hill Book Company, Inc., 1979.